中等职业学校规划教材

环境保护

第三版

马桂铭　主编

化学工业出版社

·北京·

本书在介绍有关环境问题的基础上，重点介绍了：大气污染及其防治，水污染及其防治，固体废物及其防治，其他污染如噪声、热污染、光污染、电磁波污染、辐射，环境监测，环境保护对策等。涵盖了环境保护相关的内容。

　　本书具有"以事实为先导，语言通俗易懂、寓意深入浅出"的特点，坚持以大量的事实为"佐证"支持环保观念的教学理念，对提高读者的环保意识具有实际意义。

　　本教材不但适用于职业教育，也适用于普教以及社会大众的环境教育，还可以作为广大群众学习环境知识的普及读物。

图书在版编目（CIP）数据

　　环境保护/马桂铭主编 . —3 版 . —北京：化学工业出版社，2020.2 （2023.3重印）
　　中等职业学校规划教材
　　ISBN 978-7-122-35843-1

　　Ⅰ.①环…　Ⅱ.①马…　Ⅲ.①环境保护-中等专业学校-教材　Ⅳ.①X

　　中国版本图书馆 CIP 数据核字（2019）第 278217 号

责任编辑：王文峡　　　　　　　　　　　文字编辑：林　丹
责任校对：刘　颖　　　　　　　　　　　装帧设计：史利平

出版发行：化学工业出版社（北京市东城区青年湖南街 13 号　邮政编码 100011）
印　　装：三河市延风印装有限公司
787mm×1092mm　1/16　印张18½　字数 454 千字　2023 年 3 月北京第 3 版第 2 次印刷

购书咨询：010-64518888　　　售后服务：010-64518899
网　　址：http://www.cip.com.cn
凡购买本书，如有缺损质量问题，本社销售中心负责调换。

定　　价：49.00 元

编委会

前　言

　　《环境保护》第二版出版到现在已经过去 11 年了，中国经济发生了飞跃式发展，中国的 GDP 在世界上的排位从 2000 年世界各国（地区）GDP 排名第六位，到 2006 年的第四位，到 2008 年的第三位，再到 2010 年超过日本跃升为世界第二。2017 年，中国的 GDP 已达到日本的 3 倍。

　　中国经济发展了，环境状况又如何呢？在一份具有国际权威地位的《全球环境绩效指数》（Environmental Performance Index）❶中，在全球 180 个具有统计价值的经济体中，中国 2018 年的空气质量排名是 177 位。虽然说空气质量不能够代表环境质量的全部，但是，环境是一个整体，空气、水体和土地三个基本环境要素之间其实都是紧密关联的。所以实事求是地说，在一般状况下空气质量好的地方，水土的环境质量不会差到哪里去；而水土环境质量好的地方，空气环境也不会太差（"过境"的环境污染或者突发性的环境事件除外）。所以这个"空气质量排名 177 位"的信息，不能不说是对我们国家的环境的一个很重要的警示——西方国家曾经走过的"先污染后治理"的环境教训必须引起我们的高度重视。

　　我国实行"改革开放"以来，一直都在抓环境保护，但是由于诸多问题如"法制"不健全问题、"法制"和管理漏洞问题、管理经验不足问题、管理人员水平问题，以及官僚主义问题、"利益驱使"问题，还有"鞭长莫及"问题等主客观因素的存在，我国在环境整治中，"边整治边污染""污染多整治少"，甚至"只污染不整治"的现象普遍存在，环境问题导致的人民群众的生存和健康问题也日益显现。这种现象如果不能够得到解决，中国的环境问题将继续恶化，以至于成为制约乃至阻碍中国经济持续发展的消极因素。而且环境的恶化达到极端状态的时候，甚至可能再没有整治的机会。例如：土地荒漠化发展到"石漠"状态的时候，变成"石头渣渣"的完全失去"土地"的所有性状和功能的"土地"，其实已经不是土地。原先生活在这片"土地"上的人类和其他生物都会变成"环境'难民'"，无以为生。又如，深层地下水污染也可以说是几乎无法恢复的，公认的说法是深层地下水完成一个循环的周期超过 600 年。可是即使是地面水的污染，污染的消除也不是一个循环就能够解决的。但是这些本来应该是"常识"的知识，却未必大家都懂，也有或者已经懂得，但是遇到问题的时候却没有记挂在心上的情况。

　　保护环境需要全民的行动，而真正发动全民行动，首要的工作是让大众对环境问题有正确的认识，环境教育就是首当其冲的重要环节。我们期待本教材在新一轮环境教育中发挥更大的作用。

　　"绿水青山"就是"金山银山"，只有全民的健康才有全面的小康，而人民的健康除了需要发达的经济外，更需要良好的生存环境作为基础。

---

❶ 《全球环境绩效指数》（Environmental Performance Index）是由美国耶鲁大学、哥伦比亚大学和世界经济论坛等机构联合发布的，"全球各国环境综合评价"的权威报告，已经连续发布 20 年，获得世界公认。

本教材由马桂铭执笔修订（打＊者为选学内容）。由于所能够获得的环境资料有限，所以在这一次的教材修订中，在某些问题的认识上也未必全面，甚至还可能存在不足，敬请各位读者指出和谅解。谢谢！

编　者

2019 年 9 月

第一版前言

当前世界的环境形势非常严峻，而作为世界上人口最多的中国，情况也令人感到不安。

环境问题，关系到地球上每个国家人民的前途和命运……世界上所有的国家都应义不容辞地承担起保护地球的责任。

为了贯彻《中小学加强国情教育的总体纲要》和《全国环境宣传教育行动纲要》的要求，即"到2010年，全国环境教育体系趋于合理和完善，环境教育制度达到规范化和法制化"和"……中等专业学校要逐步把环保课列为必修课程"，为了适应在中等职业教育过程中加强学生环境保护意识教育的需要，广州市教育局教育研究室牵头组织中专化学教研会组织编写了这本适应中等职业学校的环保教材。

为了适应新世纪新教育模式的需要，本教材采取了具有一定特色的编写方法：以事实为依据，从大量的环境问题事例中，由浅入深、由表及里地逐层剖析环境问题的本质，以使青年一代对地球环境特别是对中国的严峻的环境问题有一个比较清晰的认识，从而在今后的工作和生活中积极地投身环境保护或其他与环境保护有关的工作中去，为保护地球、保护环境做出应有的贡献。

本教材在编排上采取了向读者提供大量事实素材，再由"教"与"学"的双方选取适合的内容进行教学的双向教学模式进行课堂教学组织，其余部分则可以采取课外自学方式，由学生自行阅读（打＊者为选学内容）。本教材还将另行选编多媒体教学辅助材料，以提高教学效果（多媒体教学材料另行编辑发行）。

本教材由广州市化工中专学校马桂铭（编写绪论及第七章），广州市医药中专学校安秀红（编写第一章）、广州市市政中专学校伍玉燕（编写第二章）、广州市交运中专学校张燕文（编写第三、第五章）、广州市轻工中专学校蒋昌珠（编写第四、第六章）共同编写，马桂铭担任主编，负责全书的统稿工作。

本书稿由关贤广高级讲师主审，参加审稿的还有李国华高级讲师（绪论、第一、第二章）、邓尝年高级讲师（第三、第四、第五章）和梁绮思高级讲师（第六、第七章）。

广州市教育局有关领导以及上述学校领导在教材编写工作给予了关心和支持，特此致谢。本教材的编写过程中，还得到广东省和广州市环境保护主管部门的关心和帮助，特别是广东省环境保护宣传教育中心主任、广东省创建绿色学校办公室主任、《环境》杂志社社长叶志容，广东省环境保护宣传教育中心副主任、《环境》杂志社第一副社长周新民及广州市环境保护宣传教育中心宣传策划科科长王卫萌、广州市环境保护宣传教育中心教育培训科黄润潮科长等省、市环境保护工作者对教材的编写给予大力协助，在此一并致谢。

本教材中一些资料引自公开发行的书刊或媒体，在此向原作者致谢。

由于各种原因，书稿中难免存在缺点甚至谬误，敬请读者批评指正。

编 者
2002 年 2 月

第二版前言

六年前，当我们编写的这本环保教材出版的时候，我们曾经怀着忐忑不安的心情等待着社会的反映。因为这是一本突破"传统"教材编写形式，采用了灵活思维、大量使用文学语言，并且在教材中提供大量社会上公开发行的书籍、报刊、媒体信息所刊载的"原文或摘要"的"佐证资料"，由学习者自己阅读和思考的新形式的教材。我们的出发点是让读者可以在教师的指导下（也可以是"完全的"自学），通过对"通俗易懂"的"故事式"的课文的阅读，认识"环境"和"环境问题"。

几年过去了，在全民环境教育浪潮中，这本教材也发挥了应有作用——仅仅是其中的一个很小的部分。但是从今天中国国民的环保意识迅速提高的状况，以及世界和中国的环境依然严峻的形势来看，我们的教材仍然存在不少缺点，有些方面还显得落后于形势发展。

在这次修订中我们去掉一些陈旧的素材，也补充了一些资料让学生们了解更多的信息，从而激发公众积极投身环保，与一切破坏环境、倦怠环保的现象做斗争，为争取自己的生存和健康权利而努力，也为维护子孙后代的生存、发展和健康权利做出贡献。

另外，对于一些过于专业的，或者相对落后的环境整治技术，也做了一些"省略"，为增补新的资讯腾出更多的"空间"。

为了方便组织教学，修订版也对课文编排做了一些调整。另外，建议教师有针对性地选择一部分内容进行课堂讲授，而更多的是指导学生自学（打 * 者为选学内容），可以更加充分发挥他们的聪明才智和活跃思维。

本修订版中我们还增加了一组"辩论设计"的"互动式作业"，由教师指定课题或者由学生选择合适的课题编写"辩论提纲"或者直接组织辩论，从而澄清当前社会上的某些环境问题的模糊认识（也可以选择教材中的题目以外的其他类似课题）。

我们尽量做好工作，但是仍然可能存在不妥之处，欢迎广大读者提出批评意见。我们也欢迎广大读者向我们提供编写教材的参考素材或建议，让我们的教材越编越好。谢谢！

编　者
2008 年 6 月

目　录

绪论 ……………………………………………………………………… 1

上篇　呻吟的地球 …………………………………………… 5

第一章　生病的地球 …………………… 7
　第一节　全球气候异常 ……………… 7
　　一、"厄尔尼诺"和"拉尼娜" …… 7
　　二、中国洪涝灾害及其根源 …… 12
　第二节　断水的河流和沙化的土地 …… 16
　　一、江河的断流和湖泊沼泽化 …… 17
　　二、荒芜的大地 ………………… 22
　第三节　物种在悄悄地消亡 …… 26
　　一、并非自然淘汰 …………… 26

　　二、生态环境恶化加剧 ……… 30
　第四节　蔚蓝色星球的隐忧 …… 39
　　一、耐人寻味的"恐龙灭绝
　　　　之谜" …………………… 39
　　二、地球家园环境恶化 …… 40
　　三、环境与人——现在和未来的
　　　　永恒话题 ……………… 44
　思考题 ……………………… 46

中篇　给生病的地球诊脉 …………………………………… 47

第二章　还我蓝天白云 …………… 49
　第一节　烟雾弥漫的天空 …… 49
　　一、不清净的天空 ………… 49
　　二、有毒的烟雾 ………… 51
　　三、大气污染物随风飘流，
　　　　危害全球 …………… 53
　　四、大气污染与大气污染的危害 …… 54
　第二节　酸雨 …………………… 56
　　一、酸雨的形成 …………… 56
　　二、四处游荡的"腐蚀剂" … 57
　　三、酸雨的危害 …………… 58
　　四、酸雨的防治 …………… 59
　第三节　被撕裂的臭氧层 …… 60
　　一、臭氧层——生命的保护伞 … 60
　　二、揭开"保护伞"穿洞之谜 … 61
　　三、"保护伞"穿洞的危害 … 61
　　四、"修补"臭氧空洞 …… 62
　第四节　盖上被子的地球——
　　　　　温室效应 …………… 62
　　一、奇特的气体"被子" …… 63

　　二、闷热的地球 …………… 63
　　三、"温暖"并非好事 …… 65
　　四、防止全球变暖 …………… 66
　*第五节　身边的空气污染 …… 66
　　一、室内空气污染与健康 …… 66
　　二、吸烟的危害 …………… 68
　第六节　大气污染的防治 …… 70
　　一、控制污染物的排放 …… 70
　　二、加强污染源整治 …… 71
　　三、大气污染的治理方法 …… 73
　　四、常见气态污染物的治理方法 …… 79
　思考题 ……………………… 89
第三章　珍惜生命之源——水 …… 90
　第一节　没有水就没有生命 … 90
　　一、生命之源，无可替代的水 … 90
　　二、为水而战——短缺的淡水 … 90
　　三、全球性的淡水危机 …… 92
　第二节　水体遭遇污染 …… 96
　　一、水体的污染 …………… 96
　　二、无节制的"分流"，黄河

　　　也断流 ………………………… 101
　三、超采地下水，水枯地陷 ……… 102
第三节　水体污染后患无穷 ………… 104
　一、饮用污染水，容易得怪病 …… 104
　二、水生生物中毒，随水漂流 …… 107
　三、祸及土壤和植物 ……………… 108
　四、污水入海，殃及全球 ………… 108
第四节　珍惜水资源，整治水污染 … 113
　一、节约用水，实现可持续发展 … 113
　二、掐断水污染源头，还自然界
　　　绿水清流 …………………… 114
第五节　水污染的常用治理方法 …… 118
　一、废水的分类 …………………… 118
　二、废水水质指标 ………………… 119
　三、废水处理的基本方法 ………… 120
　四、城市污水的治理方法 ………… 120
　五、一般工业废水的治理方法 …… 124
　六、"高毒性"工业废水的
　　　治理方法 …………………… 127
　七、污泥处理、利用与处置 ……… 128
　思考题 ……………………………… 129
第四章　日渐贫瘠的土地 …………… 130
第一节　满目疮痍的大地母亲 ……… 130
　一、土地——无私奉献的母亲 …… 130
　二、狂伐滥采造成荒漠 …………… 133
　三、废物和熏天臭气包围的城市 … 136
　四、危险性废物越境转移 ………… 137
第二节　固体废物的污染 …………… 141
　一、固体废物的污染和危害 ……… 141
　二、固体废物的整治和处置 ……… 147
第三节　生物污染 …………………… 152
　一、一般生物污染 ………………… 152
　二、微生物污染 …………………… 153
　三、基因污染 ……………………… 155
第四节　植树造林，保护青山绿水 … 160
　一、环境绿化的意义 ……………… 160

　二、植树造林，绿化环境 ………… 162
　三、美化城市，创建"花园
　　　城市" ………………………… 165
　四、常用绿化树种和选用 ………… 166
　思考题 ……………………………… 169
第五章　摸不着的公害与其他污染 … 170
第一节　喧嚣的世界——噪声污染 … 170
　一、令人烦恼的声音 ……………… 170
　二、噪声的危险 …………………… 171
　三、环境噪声的控制 ……………… 172
　四、变噪声为福音，谱写
　　　优美新曲 …………………… 173
第二节　无形的污染——放射性
　　　污染 ………………………… 174
　一、悄无声息的污染来自何方 …… 174
　二、生存的威胁——不明不白的
　　　奇难杂症 …………………… 175
　三、放射性污染的防护和治理 …… 177
第三节　警惕地球发烧——"热"
　　　污染 ………………………… 178
　一、地球升温的忧虑 ……………… 178
　二、人类文明进步的副产物——热
　　　污染的来源 ………………… 180
　三、热污染的控制 ………………… 180
*第四节　无处不在的电磁波 ………… 181
　一、电磁波污染 …………………… 181
　二、防治电磁污染的对策 ………… 183
*第五节　光污染 ……………………… 184
　一、光污染的来源 ………………… 184
　二、光污染的防治 ………………… 187
第六节　困扰人类的其他污染 ……… 187
　一、环境荷尔蒙污染 ……………… 187
　二、"餐桌污染" ………………… 189
　三、绿色食品渐入人心 …………… 193
　思考题 ……………………………… 194

下篇　友善对待地球，促进发展与环境友好　　　　195

第六章　让污染物无以遁形的
　　　环境监测 …………………… 197
第一节　环境监测概述 ……………… 197
　一、环境监测的意义和作用 ……… 197

　二、环境监测的目的和任务 ……… 197
　三、环境污染的种类和特征 ……… 198
　四、环境监测的分类 ……………… 199
　五、环境监测的程序和原则 ……… 200

六、环境监测的内容和特点 ……… 200
第二节　环境监测的要求 ………… 201
　一、环境监测的基本要求 ……… 201
　二、环境监测分析方法及选择 … 202
　三、环境标准 …………………… 203
　四、环境监测的管理 …………… 204
第三节　环境监测的发展 ………… 205
　一、环境监测的发展历程 ……… 205
　二、环境监测网络 ……………… 206
　三、环境监测的新发展 ………… 207
　思考题 …………………………… 211
第七章　环境保护对策 ………… 212
第一节　环境宣传、教育和
　　　　公众参与 ………………… 212
　一、全民环境教育的意义 ……… 213
　二、环境宣传的重点 …………… 213
　三、环境教育的内容 …………… 214
　四、环境保护的公众参与 ……… 215
第二节　环境管理 ………………… 218
　一、环境管理的含义、内容和
　　　特点 ………………………… 218
　二、环境管理的任务 …………… 219
　三、环境规划和环境目标 ……… 221
　四、环境质量评价 ……………… 226
第三节　环境法治 ………………… 227
　一、环境法治的意义 …………… 227
　二、环境保护法 ………………… 227
　三、环境违法的追究和惩处 …… 230
第四节　环境保护的国际合作 …… 233
　一、国际环境保护公约 ………… 233
　二、ISO 14000 标准与国际
　　　环境保护 …………………… 235
　三、国际环境保护科学交流 …… 236
　思考题 …………………………… 236
第八章　拯救地球，人类别无选择 … 237
第一节　保护生态环境是人类不可
　　　　推卸的责任 ……………… 237
　一、七十五亿人只有一个家 …… 237
　二、人类破坏的环境，只能由

　　　人类来恢复 ………………… 238
　三、开发外星世界不能代替地球 … 241
　四、良好的生态环境是人类文明
　　　持续发展的基础 …………… 242
第二节　清洁生产是人类的
　　　　唯一选择 ………………… 244
　一、"废物"不废，只在于
　　　如何处置 …………………… 244
　二、综合整治，防止环境污染 … 249
　三、开发可持续发展农业
　　　迫在眉睫 …………………… 251
　四、全面开展"绿色'GDP'核算"，
　　　推动国民经济发展环保化 … 254
第三节　通向可持续发展道路的基石——
　　　　控制人口增长 …………… 255
　一、人口增长是环境问题的
　　　根源之一 …………………… 255
　二、控制人口才能抑制环境的过度
　　　开发和破坏 ………………… 257
　思考题 …………………………… 260
写在最后 ………………………… 261
**互动作业——对某些环保问
题的讨论（辩论设计）** ………… 264
动手做 …………………………… 266
附录 ……………………………… 271
附录1　历年世界环境日主题 …… 271
附录2　历年世界水日主题 ……… 273
附录3　历年世界地球日主题 …… 274
附录4　国家重点保护野生植物
　　　　名录（第一批） ………… 275
附录5　国家重点保护野生动物名录
　　　　（一、二级保护部分） … 276
附录6　重要的环境保护纪念日 … 277
附录7　威胁人类生存的十大
　　　　环境问题 ………………… 279
附录8　中国十大生态环境问题 … 280
附录9　一个孩子的心声 ………… 280
参考文献 ………………………… 282

绪　论

环境保护，顾名思义就是要对环境加以保护。

那么，什么是环境？

按照《中华人民共和国环境保护法》给出的定义：环境是指影响人类生存和发展的各种天然的和经过人工改造的自然因素的总体，包括大气、水、海洋、土地、矿藏、森林、草原、湿地、野生生物、自然遗迹、人文遗迹、自然保护区、风景名胜区、城市和乡村等。

换言之，环境就是人们周围的一切，即人类赖以生存、生产和发展的地球，以及地球上的所有的自然物质、能量（光、热等）及其组合，包括各种因素之间的相互影响、相互依存和相互作用。

科学研究表明，地球有 47 亿年的历史，曾经经历过十几亿年的"无生命"（无机——无生机）时期，到了 35 亿年前后，由于环境条件的变化，地球上出现了简单的有机物，这些简单的有机物演化为复杂的有机大分子，以后又形成最简单的生命体——微生物（病毒、细菌等单细胞生物体），之后再逐渐演化出更加复杂的生命体——浮游生物，从此，地球就发生了非常微妙的变化，原来是这些最原始的生物体使地球表面上的大气层发生了翻天覆地的变化——溶解在水中的高浓度的二氧化碳气体被它们逐渐地吸收，而释放出其中的氧（植物呼吸的废气），越来越复杂的有氧气参与的生物化学反应，又催生了更加复杂的生物体。又经过大约 30 亿年，这许许多多的生物种群的发生发展，各种物种相互影响、相互作用，以及对地球的反作用，使地球环境变得更适宜于生物的生存和发展。其中最典型的是，由于水生植物分解溶解在水中的二氧化碳释放出来的氧气，在太阳光的作用下生成臭氧，并形成可以阻挡宇宙中的可以"穿透"10m"厚度"的水层的"生命杀手"紫外线和其他"杀生射线"的"臭氧防护层"，使潜藏于深水中的生物得以在 4.5 亿年前"登陆"，并在陆地上进一步进化、繁衍，最终形成了现代地球的绚丽多彩的亿万生物竞妖娆的繁华景象。

为什么要保护环境？直截了当地说，就是地球环境出现了问题，因为人类在发展过程中破坏了地球环境原来的自然状况，并且随着人类种群的迅猛发展，破坏越来越严重，而这个受到破坏的地球环境发生的改变，正在对人类社会以及其他生物的发展产生着反作用，形成了各种各样的威胁和危害，而且愈演愈烈。

有人会说，自然界不是一直都在变化吗？地球，甚至宇宙也在不断地变化，那么为什么那种变化不说是"环境出现了问题"？是的，地球乃至宇宙都在不断的变化之中，但是这些"变化"都是很缓慢的过程，生存于大自然中的各种各样的生物在这种缓慢的变化中虽然也受到各种各样的"影响"，但是由于"变化"实在是太缓慢了（缓慢到几十年、几百年，甚至几千年时间都没有可以察觉到的显著的差异），生物自身的"调节功能"使其不断地调整并适应了新的环境条件而很好地生存下来（不适应的生物就自然淘汰掉，地球历史上发生的几次"生物灭绝"就是由于"环境"的显著变化——其实也是很有限的，而且变化还是经历了数百、数千年，甚至更长的时间才形成的）。而现在所经历的"环境问题"则是由人类这

个"生物种群"在近几百年中的突然快速增大和大量应用甚至滥用现代技术，无节制地"利用"和"改造"环境所导致的"急速环境变化"所形成的。

有人说生命是外太空对地球的恩赐；也有人说人类是外星人的后代；人类开发地球的自然环境是对地球的"征服"，一旦地球"毁"了，人类可以在地球以外的空间另外建设一个"地"外新世界。

那么，生命究竟从哪里来?!

人类真的不是地球的孩子吗?!

还有，离开地球环境，人类还能够生存吗!?

为了回答这三个问题，科学家们进行了大量的实验。

首先是关于生命的起源。

实验结果非常惊人，科学家们发现，把人类身体的有机成分排除在外的时候，人类身体中的各种元素含量比例与地球总体的元素组成比例竟然基本相同，其他生物的情况也大致相似。其次，科学家们通过模拟"陨石冲击地球"的实验，发现含氢、氧、碳和氮等元素的无机物质在陨石"冲击"地球所导致的高温、高压条件下，竟然产生了含氮的有机化合物，为构筑生命体打下了物质基础。

由于陨石冲击地球的形式和冲击强度以及参与反应的无机物质的比例上的差异，产生了不同组成和结构的有机氮化合物。各种各样的简单的有机氮化合物，在地球的温和的气候条件下得以长期存在，而且积聚得越来越多。它们之间相互作用，逐步"升级"成为更加复杂的反应，形成更加复杂的有机化合物，并在以后的长期的演化中逐渐衍化为生物化学反应，并逐渐地形成了生命体。

由于这些有机化合物的形成和衍化过程都是在地球环境中发生和发展，自然也就与地球结下不解之缘，地球上的元素进入生命体的内部也是理所当然的事。

实验结果表明："无机物—有机物—生命物质—生命"，是地球生命形成和发展的基本模式。如果说地球生物与外太空有什么瓜葛的话，那么"陨石"就是唯一的联系。

在漫无边界的茫茫宇宙中，能够"冲击"星球的"陨石"数之不尽，类似的冲击随时都在发生——在宇宙的任何角落的星球上，而且每一秒钟发生的冲击都是天文数字。

可是，浩瀚的宇宙中为什么只有地球有生命？其实也很简单，因为只有地球才有适合生物生存和繁衍的气候条件：在目前人们所"知道"的宇宙的400亿颗类似太阳的恒星体系以及它们的4000亿颗行星（恒星的卫星）之中，只有地球上存在生物生存必需的液态水、厚厚的大气层和合适的温度，当然还有其他必需的条件（如足够的可以构成生命体的碳、氢、氧、氮、钙、磷、铁、氯、钠、钾等宏量元素）。

在其他星球上发生的无数次"陨石冲星"，虽然也产生了高压、高温条件，却没有产生生命体，就是因为缺乏必要的原料。没有了可以合成有机氮化合物的基本条件，一切自然徒劳无功。

无机的地球在特定的条件下产生了有机的分子，其中的某些有机分子又在特定的环境条件下，孕育成为生命，原始的生命体在不断地进化以后逐渐地形成了人类。生物学和医学研究还发现：所有动物的胚胎的发育过程中都"存在"从简单的原始生物的形态逐步演变到复杂的现代生物形态的痕迹（物种的原始胚胎的演变惊人地相似），实验中还发现每一种动物都有其特定的演变终点，并以其不再演变的最后形态降生于世界。

"人类胚胎"也不例外，经过和所有动物胚胎的演变程序基本相同的演变过程，从"虫

—鱼—爬虫—四肢有尾动物到'人'",最后以"人"的形态结束了"演变"降生于世界。

至于传说中的外星人,尽管有人绘形绘影,煞有介事,可是直至已经进入21世纪的今天,仍然没有任何人可以提供任何真正的外星人的踪迹,所有关于外星人的"事"与"物"都只存在于人们的传说和猜想之中。

因此,人类和地球上所有的生物一样都是地球的孩子,应该毫无疑问。

对于第三个问题,美国科学家在20世纪80年代曾经建设了一个模仿地球生态环境的,占地面积达1万多平方米,容积20万立方米的近乎密闭的生态实验园——称之为"生物圈2号"的玻璃罩子,里面有海滩、溪流、沙漠及多种动物、植物、微生物,科学家们做了极大的努力,把各方面都设计得非常完美,符合理论计算。8名地球科学家进入"生物圈2号"进行相关的实验(包括在其中利用"人造循环"维持日常生活必需的物质需要),验证"人工生态的科学性和可行性。实际运作的结果却让人大失所望,预计的两年实验时间才过一年多,实验园里的空气氧含量就下降到14%——已经不能维持人类的生命,而二氧化碳却迅速增加,完全与预算"背道而驰",原先安排的很多生物——放养于圈内的25种脊椎动物,死去了19种;安排在实验园里的动、植物,除了白蚁、蟑螂和蛙类等少数低等动物和非花粉传播繁殖的植物以外,大部分都在实验中"香消玉殒";实验园里的大气温度也显著异常,三年后更变得"毒气弥漫"——到处充斥着有强烈毒性的一氧化氮❶。

"生物圈2号"的失败其实是早已注定的——因为实验者"忘记了"地球是一个非常庞大的系统,而且还在另一个更加庞大的系统——太阳系(如果连宇宙也考虑的话,那么"生物圈2号"里的"环境条件"就和大自然有更大的偏离)的影响之下运行了几十亿年,其运行的自然属性是人类无法模拟的。"生物圈2号"实验的失败,证明了在已知的科学技术条件下,人类离开了地球将难以永续生存。同时也证明:地球目前仍是人类唯一能依靠与信赖的"维生系统"。换句话说,就是人类至少在现在和以后很长的时间里是没有办法创建"人造环境"供人类和其他生物共同生活的。

在地球上"创建一个'模拟的地球环境'"尚且如此困难(就目前情况而言应该说是"彻底失败"),在一个不是地球环境的星球上建设"地球生态环境"(或者说"再造一个地球")后果会是怎么样的呢?大概不可设想。更何况到现在为止,人类还没有在地球以外的空间中寻找到可以与地球环境相匹比的星球。地球之子的"离家出走"欲望的实现更是遥遥无期。

另外,就是即使上述问题都解决了,其实人类的"星球移民"计划仍然可能无法实现。因为人类之所以要移民到其他星球,其中的重要原因就是地球资源匮乏,无力支持人类生产和生存。既然没有资源可以支持地球村的正常运行,那么又从哪里挤逼出资源供应"太空探索"和"太空移民"呢?要知道,即使是距离地球最近的恒星,中间的距离也有4.5光年($4.2×10^{13}$km)❷,即使用第三宇宙速度(16.7km/s)❸ 计算,也要飞行8万年,以人类现在所拥有的"现代技术"有可能实现吗?!而且,这颗"离地球最近的"恒星的卫星上并没

---

❶ 在自然环境中"一氧化氮"可以被紫外线分解,可是在"生物圈2号"中由于玻璃外罩的阻挡,紫外线被严重地削弱了,一氧化氮也集聚了。

❷ 宇宙中星体距离的计算单位,1光年等于$300000×3600×24×365=9.46×10^{12}$(km)。

❸ 可以摆脱太阳引力离开太阳系的飞行速度。

有可以供地球生物生存的"水"的任何痕迹❶。

这当然也是"不言而喻"的。

人们并不反对太空科研和探索，但是把人类的将来都寄托在这漫无边际的真空中❷，倒不如脚踏实地地"面对'眼前'"。

人们的眼前是什么？

是满目疮痍的地球，是由于人类无序发展，而导致环境受到多方面的严重破坏的、生态环境十分脆弱的地球。

气候变暖；酸雨肆虐；灾难频繁；污水横流；烟雾弥漫……

已经"病入膏肓、奄奄一息"，但是仍然有一丝希望获得拯救的地球。

当然，如果人类仍然一意孤行，继续坚持对地球进行掠夺式的"开发""改造"，而不思改悔，那么，也很难说，或许到了那一天，地球的"健康"突然急转直下，那时候人类再后悔也将无济于事。宇宙的事物都遵循一个最基本的规律——量变达到临界点就必然引起质变。

作为地球孩子的人类，难道真的要等到那一天的到来吗？！

地球母亲还有没有康复希望？

是那一天真的要到来，地球的孩子真的需要寻找新的母亲？！

还是可以把那一天推迟，推迟再推迟，直至永远不出现呢？！

一连串的问题，都需要人类自己回答。

不是在口头上，而是要行动！

---

❶ 欧洲的天文学家在 2007 年 7 月间向世界宣布："'地'外水世界"终于露面了，可惜那里的水是以"过热水蒸气"的状态存在，而且该行星根本就没有土地——一切都是气态（其最低气温超过 500℃），还离地球"咫尺"60 光年。

❷ 宇宙空间并非"空无一物"，但它的"真空度"却是人类的"现代技术"在地球表面无法实现的。

上篇

呻吟的地球

第一章
生病的地球

在浩瀚无边的宇宙太空中，有一颗迷人的、蔚蓝色的星球，被人们称为"地球"。她的"迷人"不在于其鲜艳夺目的色彩，也不在于她是人们迄今为止所知道的宇宙中唯一的蔚蓝色星球。她的"迷人"在于在她那蔚蓝色的面纱下的球形表面上，有着人们所知的宇宙中可以让生命生存的自然环境，以及在其表面上生存的包括人类在内的所有生物。

数十亿年来，各种生物都以其自有的生存方式在这一颗蔚蓝色星球上共处，以自然形成的"优胜劣汰"规律，在不断进化或被淘汰，从简单的有机分子，到原始生物，逐步发展和分化，生成各种各样的植物、动物，从简单到复杂，从低等到高等，一直进化到在大约一百万年前出现的迄今为止的最高等生物——人类（严格地说是人类的祖先）。

第一节　全球气候异常

人类的出现，使这颗蔚蓝色的星球更增添了神秘的色彩，因为他们是懂得使用工具、和其他早已有之的生物不一样的高度智慧的生物。

开始，人类手无寸铁，而且没有经验，所谓的工具只不过是一些天然的石头、石片、树木的枝干，在自然界里可以说是非常弱势的种群，时时处处生活在其他生物和自然灾害的威胁之中，艰难地为自身的生存而挣扎抗争。

然而，人类具有其他生物所不具备的思维、学习、交流、研究和总结提高的能力，他们从与大自然的"斗争"中总结经验和教训，逐步改善各种工具和操作方式、方法，不断地总结、提高和完善。但是由于种种原因，如欲望、主观臆测、贪婪和霸道，人类也不断地犯错，甚至一错再错。

一、"厄尔尼诺"和"拉尼娜"

1. "厄尔尼诺"

"厄尔尼诺"是赤道东太平洋洋流海表温度突然升高引发的一种异常气候现象，可持续数月或数年之久，其结果往往带来极其严重的灾害。近来研究表明，这一现象与海洋和大气环流的变化有十分密切的关系。

应该说"厄尔尼诺"现象古已有之，但通常是百年或 50 年才一遇。可是，近半个多世纪，尤其近二三十年间，"厄尔尼诺"现象却一再出现，频率不断增加，50 年、30 年、10 年甚至三五年，而且其灾害的强度、损失之大和影响的深远也是空前的（表 1-1、表 1-2）。

表 1-1　1951～1998 年全球的厄尔尼诺

起止时间	持续时间/月	级别
1951 年 8 月～1952 年 4 月	9	弱
1953 年 4 月～1953 年 10 月	7	极弱
1957 年 4 月～1958 年 8 月	17	强
1963 年 7 月～1964 年 1 月	7	极弱
1965 年 5 月～1966 年 3 月	11	中等
1968 年 10 月～1970 年 1 月	16	中等
1972 年 6 月～1973 年 3 月	10	强
1976 年 6 月～1977 年 3 月	10	弱
1982 年 9 月～1983 年 9 月	13	最强
1986 年 10 月～1988 年 3 月	18	强
1991 年 9 月～1992 年 6 月	10	中等
1993 年 1 月～1993 年 10 月	10	中等
1994 年 6 月～1995 年 2 月	9	中等
1997 年 3 月～1998 年 4 月	14	最强

注：转载于张镜湖. 世界资源与环境. 北京：科学出版社，2004。

表 1-2　1990～1995 年全球损失超过 30 亿美元（包括 30 亿美元）的气象灾害

灾害	地点	时间	死亡人数	估计损失/10 亿美元
达赖厄冬季暴风雪	欧洲	1990 年 1 月	缺数据	4.6
维维安冬季暴风雪	欧洲	1990 年 2 月	缺数据	3.2
未命名飓风	孟加拉国	1991 年 5 月	140000	3.0
洪水	中国	1991 年夏	3074	15.0
米赖尔旋风	日本	1991 年 9 月	62	6.0
安德鲁飓风	北美	1992 年 8 月	74	30.0
伊尼基旋风	北美	1992 年 8 月	4	3.0
冬季暴风雪	北美	1993 年 3 月	246	5.0
密西西比河泛滥	北美	1993 年 7 月、8 月	41	12.0
冻害	北美	1994 年 1 月	170	4.0
春汛	中国	1994 年春	1846	7.8
水灾	意大利	1994 年 11 月	64	9.3
冬汛	北欧	1995 年 1 月、2 月	28	3.5

注：来源于格哈特·A. 伯兹，慕尼黑转保公司，慕尼黑，德国，私人信件，1995 年 9 月 1 日。

　　其实，表 1-2 所列仅是其中的一部分。如在 1994 年 8 月间，"9417"号（国际命名为"弗雷德"）台风正面袭击中国温州，导致 1100 人丧生，万吨巨轮被冲上岸几百米，温州机场被海水淹没一周之久，15 万公顷农田绝收，直接经济损失达 25 亿美元；1995 年美国中西部的热浪使 800 人丧生；又如 1995 年 12 月苏格兰高地克拉什克村的严冬，其最低温度为 −29.9℃（比常年低了近 30℃），以致所有供水管道破裂；同年（1995 年），一向青翠繁茂的阿根廷草原遭遇了历史上最严重的干旱，以致 1996 年初出现了数千公顷草原起火，且无法控制的局面，成千上万只牛因饥饿而死；1996 年 2 月号称"万物之都"的纽约因遭受了 50 年来最严重的大风雪而陷入瘫痪。

实际上，表 1-2 仅仅反映了灾难的表面数字，其中 1992 年 8 月 24 日侵袭美国的"安德鲁飓风"，其持续风速高达 235km/h，被袭击的南佛罗里达州戴德县 430km² 被夷为平地，摧毁 8.5 万家民房，使 30 万人无家可归，其损失相当于美国历史上暴风破坏损失的总和。美国台风研究中心估计，如果"安德鲁飓风"再向北侵袭 30km，将会造成 1000 亿美元的经济损失，并把新奥尔良淹没在 6m 深的海水中。

由于"厄尔尼诺"，1990 年起东非索马里、肯尼亚等国持续 3 年大旱，单索马里就有 30 万人活活饿死。而 1997 年 10 月至 1998 年 2 月，东非却阴雨连绵，常年饱受干旱困扰的索马里又遭受了 30 年来最严重的洪灾，2000 人丧生，25 万人流离失所。

1997 年 6 月，"厄尔尼诺"现象导致智利北部发生暴雨，两天的降雨量竟达以往 21 年的降雨量总和，引发的洪水使全国 13 个省沦为重灾区；接着又在边境地区发生了特大暴风雪，积雪最深达 4m；8 月份，智利的中、北部又连降暴雨，4 天降水量达常年年总降水量的 10 倍，大水冲毁道路和桥梁，1 万多人无家可归，20 万人被困，邻国秘鲁南部也因此损失了一半的羊和骆驼……

1997 年的"厄尔尼诺"现象还引起太平洋西岸的印度尼西亚（以下简称印尼）等国家的大旱，引发了苏门答腊的森林大火，30 多万公顷的森林被大火吞没。9 月 26 日印尼一架 A-300 型客机因大火产生的浓烟导致的能见度过低而坠毁，机上 234 名乘员全部遇难。1998 年印尼的加里曼丹与马来西亚的沙捞越又发生森林大火，火势迅速蔓延，烧毁森林超过 300 万公顷，7 月前后，西南季候风把大火吹向邻国，造成更大影响。林火产生的浓烟笼罩着整个东南亚，死亡 300 人以上，是人类有史以来经历的最严重的一次烟雾灾难。

1997～1998 年厄尔尼诺现象的发展演变是 20 世纪的最高峰。它使 41 个国家遭受水灾和旱灾，全球粮食第一次下降到接近世界食品安全线的最低水平。此次厄尔尼诺现象影响最严重的地区是亚洲、南美洲和中美洲，使全世界 37 个发展中国家粮食紧缺。

在 1997～1998 年的"厄尔尼诺"所造成的自然灾害中，全世界有 6 万人死亡，2500 万人无家可归，经济损失近千亿美元，是人类历史上的重灾年。

科学家指出，由于温室气体的排放没有得到有效控制，未来四五十年内全球气温将以每年 0.1℃ 的速度上升，到 2100 年将上升 1～4℃，21 世纪的"厄尔尼诺"的频率和强度将大大超过 20 世纪。

在 2002 年夏季再度活跃的"厄尔尼诺"中，欧洲大陆暴雨"倾缸"，一场百年来罕见的特大洪水袭击了从德国到俄罗斯黑海沿岸的广大地区，捷克、德国、奥地利、俄罗斯的灾情最严重，匈牙利、罗马尼亚、保加利亚、意大利、英国、法国等国家也受到不同程度的灾害。罕见的洪水不但使灾区人民无家可归或者受到长时间的围困，而且使公路、桥梁被破坏，很多世界著名的名胜古迹也受到严重的损毁，农业失收。很多化学工厂遭受洪水冲击或淹没，造成严重的污染。

2002 年大洪水给欧洲带来沉重的经济损失，其中单是德国就达 100 亿欧元，相邻的奥地利也损失了 60 亿欧元，捷克损失达 20 亿美元……

在 2006 年发生的又一个强烈的"厄尔尼诺"，给欧洲和俄罗斯带来了一个"可爱的"暖冬，可是正当人们兴高采烈准备迎接"圣诞节"的时候，"圣婴"在节日前夕忽然变了脸，英国和美国等地出现了恶劣天气，搅得人们无心过节。

科学家们曾预测：2007 年将出现 100 万年来的最高气温。事实上，2007 年的华夏大地的确发了"高烧"，温度之高，持续时间之长，均为历史罕见。地处南方的广东出现了持续

20多天的炎热少雨天气，创造该省有气象记录以来同期35℃以上高温天气天数最多、降雨量最少的记录，广州市竟然连续20多天"高烧"到35℃以上，粤北最高气温达38℃。

2007年7～8月间，一场数十年来最严重的暴雨洪水袭击了东南亚，造成1400人死亡，2500万人流离失所。

2014年10月至2016年4月之间发生的"厄尔尼诺"现象属于有记录以来最强的"厄尔尼诺"事件之一，随后的2017年2～4月份成为有记录的137年来"第二热"的月份，排名前五位的最热年也全部发生在2010年之后。科学家预计高温走向将持续。

但是，刚过去的2018年冬天是近十年最寒冷的冬天，一股极地涡旋使美国中西部遭遇25年来最强寒流，给美国带来50多年来最寒冷的冬天，2019年1月31日芝加哥市最低气温跌至－29℃。在远隔大洋的东方，中国同样度过了一个寒冷的元旦，"超凶"的冷空气使人们不禁感叹"骨头都要冻断了"。紧接着，2019年新的"厄尔尼诺"又紧跟着刚过去的春节"造访"地球。地处华夏大地南方的广东省，本该毛毛春雨的时分，却连续下了多场大雨（暴雨）。即使这样，到"清明"前夕，往年早已出现的3～4月的潮湿"回南天"却没有现身，呈现典型的反常气候特征。

2. "拉尼娜"

与此同时，"拉尼娜"（由于海水变冷而引起的另一种极端气候变化）现象也给大地带来灾难。

2000年初冬，亚洲东北部地区发生数十年来最大的暴风雪，俄罗斯的西伯利亚地区出现低达－57℃的超低温，韩国的高速公路积雪达1m。蒙古国在这一寒冬袭击下，气温低达零下50多摄氏度，90%的国土被积雪封闭，占全国牲畜总量20%的600万头牲畜被冻死、饿死，占全国人口20%的45万牧民受灾，联合国有关机构和蒙古国政府因此向全球发出募捐呼吁。

中国的内蒙古中部和东部地区也在2000年11月先后遭遇10次较大范围的暴风雪，形成了百年不遇的大雪灾，大雪、狂风夹杂着沙尘暴，使能见度变为0，气温急降至－50℃以下，逾135万人口受灾，数十人冻死，使2000万头牲畜被1m甚至2m多厚的积雪所围困，冻死、冻伤无数。由于其后的恶劣天气带来更大的降雪过程，使灾情日益加重，夹有沙尘暴的积雪坚硬如石，给道路的清疏和交通运输带来极大的困难，救灾工作受到阻碍。新疆的阿勒泰、哈密、塔城、伊犁等地也连日暴雪成灾，北部、东部的部分地区积雪达2m，数万名各族群众和数百万头牲畜被大雪围困，气温远低于－40℃。气象专家称此百年不遇的奇冷天气源于"拉尼娜"。在特强寒流的影响下，2001年1月中旬中国内陆出现近10～30年来的最低温天气，首都北京出现了近10年来最低温的－16.4℃的特冷天气；哈尔滨则出现了30年来最低温的－35.3℃的特冷天气；沈阳更出现接近百年来最低温的－33.1℃的特冷天气；地处南方的广州也首次升挂"红色寒冷预警信号"。

中国气象局在2007年秋发出预告：新的一轮"拉尼娜"已经形成，秋汛、冻害、流感乃至"世界卫生组织"及"红十字会与红新月会国际联合会"等国际组织多次呼吁要"严阵以待"的"极其严峻"的禽流感威胁，将给人类带来更大的灾难。

尽管新一轮"拉尼娜"发"雌威"还没有达到顶峰，可是因此而起的2007年11月11日生成的强热带风暴"锡德"，掀起6m高巨浪袭击了孟加拉国南部地区，整片整片的村庄被夷为平地，灾区95%的房屋被大浪冲走，数百万人无家可归，上万人死亡，需要国际救援。受风暴影响，11月14日14时开始，我国云南迪庆藏族自治州德钦县境内普降暴雪，最大雪深 50cm，至 17 日 08 时止总降水量为 86.5mm。强降雪导致德钦县境内交通瘫痪，电力及通信设施受到了极大的破坏。也是 11 月 11 日，黑海与亚速海之间的刻赤海峡的猛烈风暴，使装载 4700t 燃油的"伏尔加石油 139"号油轮断为两截，导致 2000t 燃油流入海中，超过 3 万只海鸟因油污染而毙命，成为极其严重的生态灾难。

2008 年 4 月 27 日在孟加拉湾中部形成特强气旋风暴"纳尔吉斯"，5 月 2 日 12：00 时登陆缅甸伊洛瓦底省，并横扫仰光省、勃固省、孟邦和克伦邦等地，灾难导致 77738 人死亡，55917 人失踪，19359 人受伤。据缅甸官方媒体报道，仰光南部两个城镇 3/4 的房屋倒塌，剩余房屋的房顶差不多全被狂风卷走。

和"厄尔尼诺"现象相似，21 世纪的"拉尼娜"现象的发生频率也比以往的年代显著增高，强度也有所增强。据"中新网"报道：澳大利亚专家研究指出，气候暖化将导致极端的"拉尼娜现象"在 21 世纪更趋频繁，平均每 13 年就会出现一次，较过去一个世纪每 23 年一次的密度提升近一倍。

"拉尼娜"给世界带来 2007 年的大灾难，也是紧接着的 2008 年初在我国南方发生冰冻灾害的根本原因。

事实上，强度比较弱的"拉尼娜"现象的发生周期远短于 13 年，2007 年、2010 年、2016 年和 2018 年都发生了"拉尼娜"现象或者具有"拉尼娜"特征的气候反常现象。

3."厄尔尼诺"和"拉尼娜"的警告

"拉尼娜"现象通常跟随在"厄尔尼诺"的后面出现（但频率要低很多），两者相互交替作用，使地球灾难不断。

在有记载的历史年代里，"厄尔尼诺"和"拉尼娜"现象并不多见，"厄尔尼诺"和"拉尼娜"的联合作用则更少。可是，近几十年的"厄尔尼诺"和"拉尼娜"现象的发生次数显著增加。美国宇航局和马里兰大学的研究人员在美国 2001 年气象年会上发表的论文中指出：近 20 年来"厄尔尼诺"和"拉尼娜"现象的频率更提高到每两年一次，每次持续时间达 12～18 个月。由此可见，"厄尔尼诺"和"拉尼娜"现象的发生，与人类的发展与活动的剧增有密切联系。

"厄尔尼诺"还是导致暑天降雪（即"六月雪"）的重要原因，甚至位于赤道附近的印度尼西亚伊里安岛伊拉卡村也在 1982 年 7 月 24 日下了一整天大雪，气温骤降。

20 世纪 90 年代以后，夏季中国北方的气温普遍超过南方，北京、济南、石家庄等城市变成了名副其实的"火城"，南方的三大"火炉"——重庆、武汉、南京，似乎开始让位了。这种现象也与"厄尔尼诺"有密切关系。

"厄尔尼塔"和"拉尼娜"的单独作用或反复"联动"，不但给地球带来灾难性天气，反复出现的"暖冬"❶ 也为人类和其他大型生物带来各种流行疾病，近十几年来肆虐全球的"禽流感"，2002 年冬暴发的急性烈性传染病——"非典型肺炎（SARS）"，都是典型案例。

世界卫生组织（WHO）负责公共医疗的专家在 2005 年 9 月 29 日警告说，已导致亚洲 65 人死亡的 H5N1 型禽流感病毒一旦变异为能在人际间传播的病毒，届时全球将有 500 万至 1.5 亿人被禽流感夺去性命。

---

❶ 暖冬是气候变暖而产生的新的气象名词，即某年某一区域整个冬季（全国范围冬季为上年 12 月到次年 2 月）的平均气温高于常年值或称气候平均值（常年值一般取近 30 年的平均值）时，称该年该区域为暖冬，否则为冷冬。2007 年是我国的第 17 个暖冬。

因此，高致病性 H5N1 亚型和 2013 年 3 月在人体上首次发现的新禽流感 H7N9 亚型尤为引人关注。

但是，由于人类对"全球变暖"没有达成共识，某些大国更因一己之私拒绝签署为"遏制温室气体排放"而制定的《京都协议书》，甚至有"科学家"用诡辩法否定温室效应对于气候的影响，导致全球性的温室气体排放迟迟得不到有效的控制，"厄尔尼诺"和"拉尼娜"现象反复出现，而且愈演愈烈。尤其是最近十几年"台风"和"飓风"越来越凶残。比如，2005 年的"卡特里娜"、2007 年的"锡德"、2017 年的"天鸽"、以及 2018 年的"山竹""佛罗伦斯"，都达到了历史级别。

台风"山竹"登陆华南前夕，香港天文台率先挂出"十号风球"最高预警，紧接着港澳电台、电视台齐惊呼"恐怖""历史未见"，停工、停课、停市，马路全都空空的，连汽车都不敢行驶。人们通过直播的"视频"，看到的是 8m 高的大浪，冲击着海堤、望海的大厦，停放在滨海公路旁的汽车被狂暴海水冲得七零八落……高楼大厦的窗户玻璃破碎，工地吊车的吊臂折断，台风途经之地一片狼藉……波及广东、广西、海南、湖南、贵州五个省（自治区），甚至连在 1000 多公里外的上海都下起了大雨。整个珠三角，几乎都被泡在"天水"和海水混合的"大浴场"里，泽国一片，称之为"超级'东方威尼斯'"一点都不为过。

有美国经济学家估计："山竹"造成 1200 亿美元的损失，其中中国损失达 1000 亿美元（仅香港一地就损失大约 260 亿美元）。菲律宾的情况更糟糕，经济损失可能达到国内生产总值的 6.6%，超过 200 亿美元。"山竹"也因此被称为 2018 年的"风王"。

全球变暖，导致很多地方本应该寒冷的冬天变得暖和，但是也有地方走向另一极端——持续出现极端严寒的天气。2018 年 1 月，美国的东北部地区竟然出现比火星最低温度还要低的−70℃，而反对"对'温室气体'实施控制"的"科学家"正是利用这种局部现象来否定"全球变暖"。

此外，2018 年 3 月 15 日南非局部地区的干旱已进入国家灾难状态，并引发饮水危机。

2018 年 7 月 5 日，日本西部发生连日严重暴雨灾害。日本气象厅将此次灾害称为"平成三十年 7 月豪雨"，造成两百多人死亡。9 月 4 日，台风"飞燕"两次登陆日本。台风过境造成数十人死亡，600 余人受伤，给日本带来巨大损失。11 月 8 日，极端干旱的美国加利福尼亚州（以下简称"加州"）发生山火，此次山火成为加州史上最具破坏性的一次火灾。大批居民流离失所，火灾造成 85 人死亡，上百人受伤。12 月 27 日，美国中西部出现暴风雪，道路被冰雪覆盖，数百万人受影响。

二、中国洪涝灾害及其根源

1998 年夏季，肆虐中国大地的大洪水，是"厄尔尼诺"和"拉尼娜"的一个典型"杰作"。

1. 把大半个中国泡在水里的洪涝灾害

1998 年是中国的重灾年，洪水量大、涉及范围广、持续时间长，截至当年的 8 月底，全国有 29 个省（区、市）遭受了不同程度的洪涝灾害，受灾面积 2229 万公顷，成灾面积 1378 万公顷，受灾人口 2.23 亿人，死亡 4150 人（其中长江流域 1562 人），倒塌房屋 685 万间，直接经济损失达 2551 亿元。江西、湖南、湖北、黑龙江、内蒙古和吉林等省（区）受灾最重。

这样南北夹击的特大洪水，在中国历史上不曾有过；这样的洪涝灾害，在中国的历史上也极为罕见。

在中国 1998 年抗洪抢险斗争的几个月内，全国出动人民解放军官兵，加上民兵，用兵总数超过解放战争中淮海、辽沈和平津三大战役的总和，全国投入抗洪抢险的军民共800 多万人，单长江流域就达 670 万人；110 多名将军亲临一线指挥，出动各种飞机近1300 架次、车辆 23 万台次、抗洪专列 278 对、舟艇近 3.6 万艘次，是新中国成立以来军队抗灾出动兵力最多的一次。调运抗洪物资总值达 130 多亿元。单从这些数字也可以看到这场抗洪抢险斗争的壮烈和灾情的严重。

在 2006 年强"厄尔尼诺"作用下，长江整个汛期出现了百年罕见的同期最低水位，主要原因是出现了旱灾，影响延续的结果使湖北沙市段在 2007 年 1 月 3 日出现 −0.77m 的水位，比历史同期平均水位还要低 2m。这一天，长江中下游水位均低于有水文记录以来的历史同期平均值，创下 140 多年来的最低记录。

根据全球气象探测系统的信息以及 2006 年的"厄尔尼诺"现象，中央气象台发出 2007年上半年中国中部、南部地区将普降大暴雨的预报。"预报"还向国人提起警告——2007 年中国将遭受和 1998 年的洪灾"不相伯仲"的大水灾。

截至 2007 年 7 月中旬，全国就有云南、贵州、湖南、重庆、河南等 24 个省、自治区、直辖市发生暴雨洪涝灾害，造成 8000 多万人受灾，死亡 400 余人，失踪百余人，直接经济损失达 300 多亿元。尽管这次洪灾的损失明显低于 1998 年，但是对于曾经经受1998 年洪灾洗礼的中国，这显然是不应该的。

2007 年的中国，很多地方一直到 8 月份仍然是大雨、暴雨连接不断，不少地处江河中下游的省份也和 1998 年一样"泡在水里"并导致严重后果。

然而，进入 2007 年的枯水期，长江中游水位又比多年同期平均水位低了近 1.5m，一些浅险水道相继发生船舶搁浅阻航事件。长江海事部门启动了二级橙色预警机制，禁止吃水超过 2.4m 的船舶通过长江中游水道。长江水位的如此反复又在预示着什么?!

2013 年，全国暴雨、台风和高温热浪等气象灾害比较突出，局部地区灾情重。2013 年，全国汛期区域性暴雨过程集中，东北、西北及四川盆地出现严重暴雨洪涝灾害。汛期（5～9月）共出现 27 次暴雨，暴雨洪涝灾害比 1991～2010 年平均情况偏重，引发中小河流洪水和山洪、滑坡、泥石流等灾害，共造成 560 人死亡。台风生成和登陆数均偏多，登陆强度强，灾情重。共有 31 个热带气旋生成，比常年偏多 3.6 个，其中有 9 个登陆中国，比常年偏多2.2 个。台风共造成 179 人死亡，63 人失踪，直接经济损失达 1260.3 亿元。

2017 年汛期，全国共出现 36 次暴雨，暴雨落区重叠度高、极端性强。年内暴雨洪涝和地质灾害直接经济损失偏重。其中，6 月 22 日至 7 月 2 日，南方大部连续遭受 2次大范围强降水过程，导致长江中下游发生区域性大洪水，西南、江南及华南多条河流发生超历史洪水，造成湖南、江西、广西、四川等省（自治区）发生严重洪涝及地质灾害。7 月中下旬至 8 月上旬，东北、西北等地接连出现强降水过程，陕西北部暴雨过程累计雨量大、极端性强、范围广。榆林连续出现 2 次大暴雨过程，最大累计降水量超过 250mm，黄河支流无定河发生超历史洪水，榆林境内一水库发生溃坝。全年有471 条河流发生超过警戒水位洪水，其中 96 条发生超保证水位洪水，20 条发生超历史最高水位洪水。全国洪涝灾害受灾人口达 5515 万人，因灾死亡 316 人、失踪 39 人，倒塌房屋 14 万间，农作物受灾面积 8122 万亩、成灾面积 4533 万亩，洪涝灾害直接经济损失达 2143 亿元。

2. 洪涝灾害的根源

长江是世界第三大河流，中国第一大河，流域面积达国土面积的 1/5。由于长期过度开发，半个多世纪以来，长江上游森林覆盖率从大约 40% 一直下降到 10%（黄河源头约 3%，全国为 9.5% 左右）❶，"两岸猿声啼不住，轻舟已过万重山"已成为年代久远的历史，流域原始植被丧失 85%，水土流失面积达 60% 以上，河床淤塞、湖泊干涸，部分河床已高于地面，而且还有加剧之势，雨水滞留能力和蓄洪能力显著下降，一旦上游发生暴雨，随时可能发生洪涝灾害。"环境破坏是造成中国水灾的主要原因"。可是，当时这个警告却不为人们所重视。然而现实却是残酷的，长江在近几十年来多次发生大大小小的水灾，1998 年的特大洪灾，就是在 1996 年 7 月的大洪水❷之后，人们还沉浸在重建家园的喜悦之中发生的。

可是又有多少人知道，引致如此严重的洪灾的重要原因——森林植被的严重破坏，导致严重水土流失的背后的隐情呢？据统计，森林面积下降最快的四川，从事伐木的"森工"不过就是十万之"众"，在大洪灾前的近 50 年里，累计上缴税利 20 多亿元［平均 400 元/（人·年），属低利润产业］，但他们仅在前十年就把四川覆盖率约 40% 的天然林砍伐过半，以后虽然有砍有栽，森林覆盖率却一直徘徊在 9% 以下。如果把这些"森工"们转变为"植树人"，包括离退、安置和相关福利等费用，一年还不到 9 亿（1998 年价值计算。推算 50 年累计价值大概是 250 亿元）。这个数字仅仅是 1998 年长江洪水直接经济损失的"零头"，如果与 20 世纪末 10 年的长江水灾损失（累计约 0.8 万亿元）比较，更是微不足道。不要说全国，就单是四川"蜀地"，也算不了什么大事，［按四川省和重庆市过亿人口分摊平均仅 5 元/（人·年）］，可就是这"不起眼的事"误了大事。

1998 年大洪灾后，"三江源"地区加强了退耕还草、退耕还林等生态修复工程，但是由于种种原因，实际效果并不尽如人意——一方面是植树造林面积的数字本身存在大量"水分"（谎报、多报或者重报），另一方面则是滥伐、偷伐现象依然不断，而且这些人工林没有足够的蓄留雨水和控制水土流失能力。

小资料 1-1

加拿大：暴风雪和极寒天气侵袭大多伦多地区

当地时间 28 号下午开始，暴风雪和极寒天气侵袭加拿大安大略省东南部的大多伦多地区，导致当地交通和民众生活受到影响。

从当地时间 28 号下午开始，一场暴风雪席卷了包括多伦多在内的大多伦多地区，大雪伴随着狂风，当地的能见度只有大约 50m。这是大多伦多地区今年入冬以来，最为猛烈的降雪过程。暴风雪为当地交通带来了巨大的麻烦。由于路面打滑，许多道路陷入瘫痪状态，部分公交车停运，许多私家车司机不得不把车停在路边，改用其他方式回家。暴风雪还导致当地部分学校停课，大量航班被迫取消。

据当地媒体报道，暴风雪在 29 号凌晨时分停止，多伦多街道上的积雪已经深至膝盖。根据加拿大环境部的数据，多伦多市中心的积雪深度约为 21cm。据当地媒体报道，上一次多伦多出现如此大的降雪还是在 51 年前。

---

❶ 有资料称由于 20 世纪六七十年代的影响，80 年代全国森林覆盖率实际上低于 5%，而且很多是幼小的杂树林。所谓的"原始森林"只存在于渺无人迹的崇山峻岭中。

❷ 1996 年夏天，中国的中部、南部和西部接连发生大暴雨，暴发山洪，暴雨和泥石流摧毁了 110 万间房屋，200 多万人无家可归，死亡 2700 人，直接经济损失达 2120 亿元。

加拿大环境部门警告说，暴风雪结束之后，接踵而至的就是极寒天气。当地环境部门表示，从当地时间1月29号晚上开始，直到2月1号上午，包括大多伦多地区在内的安大略省东南部地区将经历持续4天的极寒天气，气温将骤降到－20℃以下，加上时速70千米的大风，体感温度会降到－35℃左右。这样的寒冷意味着，只要皮肤暴露在外面几分钟，就会发生冻伤。当地环境部门提醒民众注意防寒保暖。

——央视网2019年1月31日

小资料 1-2

1959年庐山会议以前，彭德怀元帅到湖南去调查民情……正碰上几个农民在砍村中唯一的一棵大树，彭德怀见了十分气愤，大声吼道："我是彭德怀，令你们立即停止砍伐！"

……树是乡领导要他们砍的；……他们找来乡长，乡长是个聪明人，看到彭德怀发怒了，吓出一身冷汗，立即令其停止。就这样，刀斧手下留情，才保住了这棵千年古树。

人们为了纪念彭德怀，将这棵树命名为"将军树"。

——摘编自《悲壮的森林》

发生在20世纪70年代的河南省大水灾，是另一个典型。强台风给该省南部带来特大暴雨，三四天的降雨量在400mm以上，最高竟达1000mm，为历史罕见。驻马店及周围一些地区的板桥、石漫滩等62座大小水库崩溃，摧毁铁路100余公里，73万公顷农田绝收，400万人流离失所，近10万人死亡，直接经济损失达100亿元。但是同在灾区的薄山、东风两个水库却因为周边森林覆盖率超过90％而安然无恙。这是多么鲜明的对比！

1996年8月，受8号台风影响，太行山地区普降暴雨，河北省一个森林覆盖率不到10％的治家沟村，因此引发泥石流，500m长的沟道被切下近3m，损失惨重。而同县的另一个山村，由于森林覆盖率达到60％，则仅发生少量滑坡，损失轻微。同年9月，15号台风登陆广东电白，在有防护林带保护的沙尾管区，仅有不到10％的民房受损，而没有防护林的鸡打管区，有60％的房屋被破坏。

1996年9月15日，敦煌发生强沙尘暴，该市没有防护林的巴次村，受灾面积达81.6％，重灾绝收面积达36.5％。而相邻的代家冬村，由于得到防护林的保护，受灾面积仅22％，重灾不到1％。

有关研究表明，森林的木材价值仅相当于其自身生态价值的1/7❶不到。而连带其他受影响的环境价值计算，则更是微乎其微。

由于植被丧失导致"水土流失"，"水土流失"又反过来加促了"洪涝"，而"洪涝"的暴发又进一步加剧"水土流失"，土地在大雨（暴雨）中崩溃、倾泻，不远千里、万里地"奔向大海"，"水土流失"也给海洋生态带来灾难：冲进大海的泥沙往往会沉积在沿海的珊瑚上，使珊瑚窒息死亡，倚仗珊瑚庇佑的水生生物失去生存环境，海岸因失去珊瑚屏障而崩塌……

由于"厄尔尼诺"和"拉尼娜"现象的交替影响，孟加拉国也在1998年发生了百年不

---

❶　国际上通常认为是1/14或更小。

遇的大水灾；6月份的热带飓风使印度丧生1万多人；10月份"米奇"飓风在洪都拉斯来回拉锯，7000人丧生，12000人失踪……

2011年4～5月间，本应该紧张防汛的季节，长江中下游地区却遭遇了近60年罕见的大旱，河溪断流、湖泊变身大草原、水库低于死水位、养殖户绝收、民众饮水困难……"十年九涝"的长江中下游六省一市遭遇了历史罕见的大旱。无独有偶，同期，法国、德国等欧洲国家和美国中部一些地区也出现了严重的气象干旱，大西洋两岸小麦生产面临无可挽回的损失。中国气象局专家指出，这是2010年7月形成的"拉尼娜"事件一直持续到2011年4月，才迅速衰减并结束，衰减对热带与副热带地区天气气候产生强烈影响的结果。

由于"厄尔尼诺"和"拉尼娜"现象的恶性作用，加上地方部门利益的驱使，以及其他环境因素的共同作用，长江中下游地区进入21世纪以来，连年发生的局部旱涝似乎已经"常态化"。

小资料 1-3

在我国热带地区，天然林的分布面积已经不多了，可以说每一片现存的热带天然林都相当珍贵。云南省普洱市毗邻西双版纳热带雨林的保护区，是我国为数不多的生物多样性最丰富的地区之一。然而，最近一段时间，原来茂密的天然林却变了样子。

……

据了解，六顺乡用天然林改造的理由，砍光了数万亩（15亩＝1公顷）的原始森林。且不说这遍布林区的思茅松是否属于低产林需要改造，即使是真的需要改造，采用皆伐的方法，有关的森林法规也有明确的规定：每次皆伐的面积不得超过五公顷……一年的指标最多的才3000m³，去年才2200m³，前年是1800m³……但记者看到仅是向一家"木材公司"出售山林的其中的两份合同，总面积达到8000多亩（15亩＝1公顷），标明的木材蓄积量就达到了13000多立方米……而每亩只卖了几十块钱，不及一棵树的价格。

……

村民说：全部是天然林，全部是天然林采下来的。好的已经被他们拉走了，这个是弯的，弯的、扭的用来搞胶合板。

当地有几十个胶合板厂，最小的一个厂年产量也有一百多万立方米。

——根据央视2006年6月27日《焦点访谈》整理

原始森林在哭泣，不！不仅仅是哭泣，而是在滴血。华夏大地本来就缺少森林，中国人民时刻都在植树造林，可是种树哪有砍树快（还有存活率和成长的问题）?！

第二节　断水的河流和沙化的土地

在另外一些地方，"上天"虽然没有像"厄尔尼诺"和"拉尼娜"那样向人类发出警告，但是情况也不容乐观。

一、江河的断流和湖泊沼泽化

由于人类对大自然的掠夺性的"改造"和"利用",很多地方原来青绿苍翠的大地,小溪潺潺流水,"两个黄鹂鸣翠柳,一行白鹭上青天"的诗情画意,大概只能到梦中去寻找了。

1. 不断萎缩的绿洲

中国最长的内陆河——塔里木河,当年还可以流到台特玛湖。然而,半个多世纪以来,塔里木河的干流就整整缩短了 320km,而原来面积达 100 多平方千米的台特玛湖,如今则全无踪影。由于缺水,塔里木河下游的尉犁、若羌两个县的 75 万公顷平原草场严重沙化、退化,载畜率由 60 万头下降到 3 万头,布满库若绿色走廊的 5.4 万公顷原始胡杨林,锐减到 0.7 万公顷。8 级以上的大风从 30 年前的年均 6 次增加到现在的 13 次,恐怖的黑沙暴多达 20 余天。走廊两边的克拉玛干沙漠和库鲁克沙漠,各以年均 3m 的速度向林海挤压,长廊最窄处仅剩不足 2km,两大沙漠联手在即。

在克拉玛干沙漠的旁边是著名的"罗布泊",原来是塔里木河的归宿,考古学家称其是楼兰古国兴盛的环境基础,"罗布泊"湖水面积最大的时候有 1.2 万平方千米,以后逐渐干涸。20 世纪初瑞典探险家斯文·赫定先生曾经闯进了那里,还在"泊"上泛舟而行感叹那平静如镜的水面似人间仙境,向人们揭开了东方国度西部世界的神秘面纱,那时候的"罗布泊"还堪称"塞外江南"。可是 20 世纪 60 年代后,那里却彻底变了模样,人们不但再也看不到什么平静如镜的湖水,甚至连天上也没有飞鸟的踪影,阳光下最高气温可以达到 70℃……此时,唯一可以使用的"形容词"只有"死寂"。科学家彭加木 1980 年在那里失踪,1996 年探险家余纯顺也在那里遇难,使这块干旱的土地又蒙上新的迷茫。而这一切都与塔里木河的改变有着微妙的联系。

塔里木河的上游源流河的阿克苏河、叶尔羌河和田河均因上游开荒造田,引水灌溉,导致水量锐减,其中的叶尔羌河已经断流,它们与塔里木河的交汇点早已不见波涛汹涌。

内蒙古阿拉善盟地区由于黑河中上游截流扩灌,使额济纳绿洲来水量锐减,由 20 世纪 50 年代的每年 12 亿～13 亿立方米减少到目前的 1.8 亿～2 亿立方米,如今的额济纳河也变成了干涸的沙沟……

21 世纪初开始,中央政府为挽救这一流域的生态危机已累计投入超过 60 亿元。目前这条中国最大内流河下游生态"脱水"的病情已有了改善。然而,投入如此的巨资,最重要的措施也只是通过输水救急,治标不治本。

有人说,这是沙漠,不足为奇。那么,黄河、长江又如何呢?!

2. 断流的"母亲河"

黄河是中华民族的"母亲河",唐代诗人曾为之感叹,"白日依山尽,黄河入海流","君不见黄河之水天上来,奔流到海不复回"。然而历尽沧桑的黄河,在 20 世纪 90 年代,却年年出现断流,而且持续时间越来越长,1997 年竟达到 226 天,断流超过 700km,给黄河流域的生态环境带来恶劣影响。

同样是黄河,以往有比较准确的水文记录的 150 年间,在 1972 年前,除了 1960 年三门峡蓄水引起断流以外,即使是 1875～1878 年的连年大旱,1922～1932 年间的历时 11 年的枯水期,下游河道也从未发生过"断流"。但是从 1972 年黄河下游首次出现断流起,70 年代平均每年 21 天,80 年代为 36 天,一直到 1999 年的 28 年里,黄河共有 22 年发生断流,几

乎每五年发生四次断流，90年代是年年断流。其中1997年更是连创八个令人悲哀的历史记录。

1998年元旦，《中国绿色时报》头版刊登了一幅发人深省的照片——"黄河的枯容"：凌空飞架的黄河大桥下，竟然是龟裂的河床、摇曳的野草和往来的车辆。这正是1997年大断流的真实写照。

进入21世纪，国家对黄河流域实行了强制性的"统一调水"，黄河不再断流，可是尽管如此，由于流域各地层层"圈水"截流，黄河的河口入海实际水量却大不如前。2007年春，黄河山东滨州黄河大桥下干枯到只剩下几滩水，几乎再现十年前的"一脸枯容"。

另外，黄河的连年断流，又使原本通径不大的河底一再加高，导致黄河于多次在复流后发生洪水。1996年黄河断流136天后，由于华北、华中地区连降暴雨，在8月5日生成花园口一号洪峰，洪水水位达94.73m；13日又生成二号洪峰，并和一号洪峰合并向河口冲去。在"96·8"洪水期间，河南、山东两省共淹没耕地20万公顷、212个乡镇、近1800个自然村、160余万人受灾，直接经济损失近65亿元，超过1949年以来历次洪水造成的损失。如今的黄河已经有"黄河不来水了不得，黄河一来水不得了"之说。

黄河每年流失泥沙近20亿吨，相当于全国每公顷耕地被冲走近400kg，若筑成高宽各1m的长堤，可以绕地球40多圈。

黄河起源于青海玛多县，原先有数千个大小湖泊，但是由于近几十年来的过度农耕、放牧以及砍伐森林所导致的水土流失和荒漠化，现在已经干涸过半。原本上游河水尚清澈的黄河，经过缺乏植被保护的黄土高原和"河套"以后便夹带大量的泥沙，含沙量高达37.7g/L。

由于缺乏水源涵养林，黄河天然径流量已不足500亿立方米。据测算，到2030年，黄河天然径流量还将减少20亿立方米。但是仅中游河段的水库容量就达到510亿立方米，几乎可以把黄河水全部"截留"。而且，黄河流域地表水开发利用率和消耗率已达86%和71%，远超黄河水资源承载能力。可是，面对着连年断流的黄河，沿河大小城市仍然在千方百计地拦截河水。据不完全统计，近些年来已经有16个城市利用拦截的黄河水建设所谓的"水域景观"，其中仅郑州、西安、咸阳三市计划投入的"圈水"资金就达40多亿元。仅洛阳规划的水面面积就达10.6km²，接近两个杭州西湖。山东省滨州市计划引黄河水建设"四环五海""七十二湖"。2004年以来，滨州规划用于南海、西海等"五海"工程建设的资金就有两亿多元，目前已形成环城水系50多千米。即使是在西北蒸发量惊人的贺兰山东麓的宁夏石嘴山市，也在城市边缘人工打造了一个被称为"星海湖"的大湿地，开辟常年性水面20km²，目前每年就"喝"掉近2000万立方米黄河水。

据2005年统计，仅郑州、洛阳、西安、咸阳、宝鸡、石嘴山、太原已形成或计划形成的人工景观水面就达56km²，相当于10个杭州西湖。

21世纪开始，黄河终于不断流了，是由于实行了全流域统一配水的管理。但是，自然因素的影响并不会因为人的努力而改变，黄河来水不会因为全流域统一配水而不再减少。2003年黄河流域出现有实测记录以来最严重的"水荒"，入海口水流虽然没有"断"，可是水量一度只有几立方米。2005年河套灌区又发生严重春旱，黄河下游依然严重缺水。

"统一配水"其实也不是"万全之计"，因为"配水"的结果是进海的"黄河水"必然比自然状态下少，而且水流速度减缓，河水所夹带的泥沙沿途沉积在河床上，后果是"悬河"更"悬"，上游来水大了容易决堤。2003年8月起的秋汛黄河中下游干流及主要支流渭河、洛河、伊河、沁河、大汶河相继发生17次洪水，超过100亿立方米的滚滚洪流通过下游花园口水文站。"配水"的另一个结果是"输沙量"减少，河口及周边的海岸很容易发生"海蚀"、海水入侵等环境破坏问题。2014 年中国砂质和粉砂淤泥质海岸侵蚀依然严重，局部岸段侵蚀程度加大。

与 2013 年相比，辽宁绥中岸段侵蚀速度增加。而且黄河流域的经济发展必定要增加用水量，这一增一减之间如何取得"平衡"，唯一的出路只有实行"节水经济"，否则黄河断流仍然有可能成为事实。

黄河是世界古文明的发源地，可是在最近的几十年中却在加速衰退，而更重要的是这种"衰退"中，人为的成分占了绝对上峰。作为炎黄子孙，又怎能不为之震撼，为之忧虑呢?!

小资料 1-4

"公元 1997 年，黄河断流共计 226 天。" ——《黄河志》

1997 年，黄河流域降水量稀少，旱情极为严重。全年黄河下游利津站断流 226 天……

……由于缺水，河南濮阳市中原化肥厂一度停产，胜利油田 200 口油井被迫关闭；沿黄两岸引黄灌区无法灌溉，作物受旱面积长期维持在 133.3 万公顷左右，山东省 13.3 万公顷农田作物绝产，减产粮食 27.5 亿千克，棉花 5000 万千克。

据不完全统计，今年仅山东省直接经济损失就达 135 亿元。

——水利部黄河水利委员会报告

小资料 1-5

大旱启示：不要让"水利"变成"水害"（节录）

许多水电工程特别是大型骨干工程，都被赋予了发电、供水等诸多功能，但"鱼与熊掌不可兼得"，许多功能本身就互相矛盾，所以实际上功能常常被单一化，使水资源的供求矛盾加剧。

把干旱全部归咎于天灾，是最省事最不负责任的做法。我们面临的不仅仅是眼下抗旱的问题，更重要的也许是对水资源战略和水利模式的反思与改进。

中国南方总体上属于亚热带季风型湿润气候区，与年均降水量 300mm、近半地区在 150mm 以下却是世界上农业最发达的以色列相比，我们的水资源条件和农业生产条件要好很多。

长江上游来水减少，也和上游主要支流乌江、嘉陵江、岷江、雅砻江已建成的梯级电站群蓄水有关。而目前在乌江、大渡河、雅砻江、金沙江干流上，还有数量更多、库容更大的电站集群正在建设，一旦建成，长江流域冬春季的水荒将更为严重。黄河已有前车之鉴，当黄河干流上的水库库容远远超过黄河的年均径流量时，黄河断流就难以避免了。

——摘自《新京报》2010 年 3 月 28 日

3. 长江的隐忧

1954 年以来，长江中下游的天然水面减少了约 1.3 万平方千米，仅江汉平原，20 世纪 80 年代的湖泊总水面积就比 50 年代减少了 33.6%。

江河上游的水土流失，大量泥沙随着滔滔江水冲向下游，并在河流、湖泊、水库中沉降，使水面积和水库蓄水容量大大减小。在四川省，泥沙淤积使 400 余座水库报废，大渡河龚嘴水电站累计淤积泥沙 2.32 亿立方米，占库容的 2/3，乌江渡水库淤积已占库容的 1/2 以上。又据调查，

长江干流河床每 10 年就要抬高 1m，一遇汛期便成"悬河"；中国最大湖泊之一的洞庭湖，由于泥沙淤积，湖底年均提高 1m，西洞庭湖局部淤高为陆地。江西的赣江、信江、饶河每年都带入大量泥沙，使下游赣江主要支流河床每年升高 8cm。长江每年流失土壤 24 亿吨，冲入大海的泥沙已超过 17 亿吨，相当于尼罗河、亚马孙河和密西西比河的总和。这些泥沙筑成一米见方的土堤，可以绕地球 34 圈还多。

除了自然因素外，人为的围垦也是造成水面积减少的重要原因。洞庭湖就是典型例子，围垦洞庭湖始于明代，到清代和"民国"曾受到限制。但近 70 年来，在"向江河要土地"的错误口号下，围垦的规模和速度又显著增大和加快，仅 1949～1954 年间洞庭湖湖面就减少了 894.17km²，至 1958 年又减少了 615.65km²，一直到 1980 年长江防洪座谈会后才受到遏制，此前，湖面又损失了 400km²，昔日的"八百里洞庭"的水面便因此缩小四成。全流域蓄洪能力普降近半，长江正在被人们"改造"成第二条黄河。

这种盲目的破坏大自然的围垦，甚至连偏远的云南的人间天堂——滇池也不能幸免。

盲目地"围湖造地"和生态破坏还给环境埋下了意想不到的隐患。2007 年夏天长江流域的大暴雨，以及上游水库的"泄洪"，淹没了"清退围垦"中遗留的部分"湖洲"，20 亿只东方田鼠"洗脚"上岸，它们突破人工防线，大肆啃食庄稼，打洞造窝，逢物尽食，遇物狂噬，严重威胁 800 万亩洞庭湖稻田和防洪大堤的安全。

由于种种原因，人们在"清退围垦"的"工程"中实际上并不可能真正恢复被围垦湖泊的原貌，其中最典型的就是填湖的泥土大部分都仍然残留在湖里，所以即使是"恢复了水面积"，但湖泊的实际容量仍然大打折扣。七大水系都有不同程度的淤积。

南方降雨颇丰的广西桂林，枯水季节也出现过过半河流断流现象。

一份研究报告显示："……近几十年来，我国由于围垦而减少天然湖泊近 1000 个，围垦湖泊面积相当于五大淡水湖面积之总和。湖北省在 20 世纪 50 年代共有湖泊 1052 个，有'千湖之省'的美誉，而目前只剩下 83 个。"另外，为了保护这些"围垦区"，需要大量的人力物力，如洞庭湖，就达到湖区生产投入的 20%～30%，可谓"得失相当"。如果考虑到由于围垦导致水患连年，以及由此造成的经济损失，那就"得不偿失"了。

人们不顾后果地扩大土地开发，像黄土高坡以及生态环境极度脆弱的草原，被反复"开垦"后由于失去植被的保护和极端干旱的气候环境，而发展成为"沙尘暴"的"尘源"，20 世纪以来，中国沙尘暴的频率和强度愈演愈烈，与之不无关系。

还有掠夺式的"开发"，名曰"开发"其实是掠夺，把有用的东西弄走，然后人跑了，留下"一锅'粥'"，还要地方帮"擦屁股"。

小资料
1-6

"鱼米之乡"出现大旱的反思

来自湖北防汛抗旱指挥部办公室的报告称，截至 16 日，全省大部分地区降水量比常年同期偏少 50%，除神农架林区外，全省 83 个县市区均有旱情，受旱农田面积 1664 万亩（15 亩＝1 公顷），有 50.2 万人、15.8 万头大牲畜饮水困难。

在干旱面前，曾经的"鱼米之乡"变成了一片焦渴的土地，除了感叹愈来愈跟人类过不去的极端气候变化之外，有太多需要反思的地方：

其一，"重排轻储"的治水思路必须要改。

其二，年久失修的农田水利设施已难以为继。

其三，"大坝综合征"与水权分配问题必须要解决。

针对上述问题，有几条建议：

其一，治水思路应该从过去的"重排轻储"过渡到"排储结合"。

其二，要加快"以工代赈"，解决目前农村小农水建设困境。

其三，出台相关法规，解决好水坝上下游的水资源利用问题。国家应该有一套相关的法律法规来解决目前大坝上下游水资源分配问题。

——中国新闻网 2011 年 5 月 26 日

4. 逐渐干涸的湖泊、水库

由于河流的流量不断减少，近年来，中国许多湖泊水位持续下降，水面不断缩小甚至干涸。如新疆在 20 世纪 50 年代湖泊总面积为 9700km²，现已缩小了 4952km²；蒙新湖区的最大湖泊罗布泊，历史上面积曾达 1.2 万平方千米，50 年前为 2000km²，但在 1972 年已完全干涸。北疆有准噶尔盆地明珠之称的水面积达 550km² 的玛纳斯湖，在 20 世纪 60 年代后由于供水河流上游的分流而完全消失。历史上曾经有数千平方千米水域、湖泊的多湖地貌的古居延（海）地区和三大沙漠，也是由于人口增长、气候干旱等因素而导致河水断流，最终变为荒漠。

江河、湖泊、水库的容量和河流通径的减少，逼迫人们不断加高堤坝，造成河床和河流水位不断提高，甚至形成"悬河""悬湖"。1998 年的洪水中通过宜昌的最大洪峰，流量最多只能排历史记载的洪峰的第 24 位，而该洪峰的实际水位却名列前茅；长江中下游全线超出历史最高水位，受灾面积最大，究其原因也在于此。

曾经由于土地肥沃、资源丰富而被开发为"人间天堂"，并被誉为"江南明珠"的地处江浙交界处的太湖，以银鱼、白虾、梅鲚为"太湖三宝"著称，素有"留鸭禽，润茶桑，藏白虾银鱼，日出斗金米粮仓"的美誉；由于优美的环境条件，太湖流域曾经养育出不少名扬中外的文人墨客和著名科学家、学者，而有"人文之渊薮"美名盛传。然而，由于种种原因，太湖一度只剩下不足 2m 的深度，湖水浑绿，一阵大风就可以把沉积的湖底泥给翻搅起来，变成一湖"泥汤"，以致发生"守着太湖无水喝"的怪现象，湖面上不时飘来一阵腥臭。1994 年 7 月初，西南风搅翻了太湖水，腐烂的底泥竟然进入无锡市民的自来水管里面，无锡人不得已，只好到街上去抢购包装水。当年那首令人陶醉的"美不美，太湖水"的曲子——《太湖美》再也唱不上口。令人欣慰的是，经过多年整治，太湖生态已经恢复。

水体污染与工业污染不无关联，其中的氮、磷严重超标，与长年的农业污染以及累积具有必然联系，其实世界银行早就警告过：中国的农业用水严重浪费（远超过 50%，如果与以色列比较则超过 80% 或更多）。我国农村普遍采用的"漫灌"所导致的排水也同时携带了同样比例的化肥进入环境并污染环境，此举真可谓"一举三失"。反过来说，如果采取先进的灌溉方式：一是可以大量节约用水，解决中国严重缺水的难题❶；二是可以

---

❶　如果中国农业灌溉用水节约 40%，每年最少能够节约 2000 亿立方米以上，就可以解决中国除了边远地区以外的所有城乡生活用水和工业用水需要，"南水北调"工程也不需要了。例如，新疆推广喷灌、滴灌等田间高效节水灌溉面积 700 万亩，每年就节约出 33 个天池的水量。

节省大量肥料和农药（同时节约大量的生产原料和能源）❶，有效地降低农业生产成本，增加农民收入；三是可以减少水体污染物，避免水污染对环境的影响；四是可以减少由于水污染给工农业生产和人民生活造成的不良影响，减少经济损失。从"一举三失"到"一举多得"是一种飞跃，但关键是需要有思想的飞跃。

二、 荒芜的大地

由于人类的过度放牧、采伐等，作为地球生物载体的土地，也受到不同程度的破坏。

1. 到处游荡的"牧童"和"牛仔"

人们为了种植粮食以养活自己，烧山、砍伐森林、挖地、播种，种下粮食和其他农作物，经过一些时间的悉心照管，得到收成。当一个地方的收成开始下降的时候，种地的人就"挪挪窝"，又跑到另一个地方，重新如法炮制。这就是人们常说的"刀耕火种"，是最原始的垦荒方式。这种"挪窝"式的农业，非常浪费资源，随着人类社会的发展，逐渐地被后来的各个发展时期的"现代农业"所代替。然而，由于人类的不断发展，为了解决"肚子"问题，垦荒的面积越来越大，人们向土地的索取越来越多，长年耕种，长年无休止地利用土地，土地贫瘠了，失去了耕作的意义，人类又转向另一些新的目标——新的"挪窝"，而且越挪越大。

土地如此，森林如此，草原如此，其他资源也如此。

农业如此，畜牧业如此，渔业如此，采矿业也如此……

这就是所谓的"牧童经济"（或"牛仔经济观"）。

2. 土地荒漠化

由于人类的过度索取，森林在大片大片地减少，草地在大片大片地枯萎，土地因为贫瘠而大片大片地被遗弃，矿山一个又一个地留下坑坑洼洼……

结果，当年郁郁葱葱的山峦，如今疮痍满目；当年"天似穹庐，笼罩四野，天苍苍，野茫茫，风吹草低见牛羊"的充满生机的青翠的草原，如今风沙四起，一片凄凉。同样，当年"人寿年丰"的肥沃的农田，由于过度耕作而使土壤结构受到严重破坏，如今野草凋零，无人问津……一句话："土地荒漠化。"

（1）"荒漠化"的概念　联合国环境与发展大会提出的定义是："荒漠化是由于气候变化和人类不合理的经济活动等因素使干旱、半干旱和具有干旱灾害的半湿润地区的土地发生了退化。"❷ 如过度耕种或者过度放牧造成土地、草场退化，滥伐森林造成水土流失，缺乏完善的排灌系统导致土地盐碱化等土地功能退化现象。

"荒漠化"使土地的生物和经济生产潜力减小，甚至基本丧失。荒漠化已经成为全球性重大环境问题之一，其危害程度严重，使人们称之为"地球的癌症"。

荒漠化通常有四种情况：一是风蚀地、粗化地表和流动沙丘等标志形态；二是流水侵蚀，出现劣质地和石质坡地等标志形态；三是土壤板结、结构破坏、有机质损失或盐渍化；四是工矿开发造成的土地损毁和严重污染。任何形式的荒漠化，土地的生产力均丧失或几近丧失。因而，土地荒漠化是当今世界上最严重的环境与社会经济问题。图 1-1 为荒漠化成因分析图。

---

❶ 统计数字显示中国农业生产的肥料消耗超过 250kg/hm²，为世界最高值，是世界平均水平的 3 倍。

❷ 该定义已经列入《21 世纪议程》的第 12 章中。

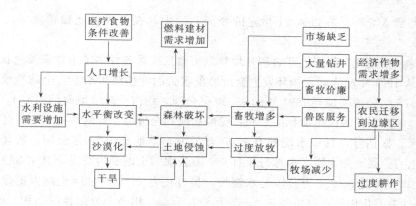

图 1-1　荒漠化成因分析图

1934 年 5 月 11 日发生在美国东部的"沙尘暴",遮天蔽日、铺天盖地,乌黑的灰尘从天而降,仿佛是世界末日降临。风暴从 5 月 9 日开始,前后持续三天三夜,横扫美国 2/3 的土地最后形成东西长 2400km、宽 1440km、高 3400m 的巨大黑色风暴带,以 96～160km/h 的速度向东推进。漫天沙土尘使阳光明媚的纽约被遮天蔽日达 5h。为了避免黑风暴的影响,飞机驾驶高度被迫提升到 4500m。风暴过后,到处是厚厚的尘埃,仅芝加哥城堆积的尘土就达 1200 万吨。那么这些尘土来自何处呢?沙尘暴过后,在美国中部,包括从蒙大拿州、北达科他州、南达科他州到得克萨斯州境内的一片一望无际的大平原上耕作的农民,发现他们辛辛苦苦开垦的土地,表层肥沃的土壤已经荡然无存,大片土地荒芜,颗粒无收。甚至原先潺潺流水的小溪也消失了,水井也干涸了,几万农民不得不忍痛离开他们经营了近百年的土地和家园,远走他乡另寻生路。

研究结果表明,"沙尘暴"的形成是由于大平原的过度开发导致植被破坏,加上天气干旱,结果被狂风刮起 3.5 亿吨肥沃的泥土,形成了伸手不见五指的"黑"风暴,自西向东席卷了大半个美国,最后飘落在大西洋中……2000 多万公顷土地的"大平原"中,670 万公顷良田被毁。

在 1963 年,苏联北高加索的"青年垦荒地"也有 2000 万公顷耕地被"黑风暴"所毁。

20 世纪 90 年代,中国甘肃、青海的春旱天气,也发生过多次的"沙尘暴",造成大片土地沙化……其中最严重的一次发生在 1993 年 5 月,西北地区 110 万公顷的大地风暴骤起,刮起高数百米、厚几十千米的土黄色尘墙,发出沉闷的轰鸣声,像咆哮的洪水自西向东滚动,所到之处尘土呛人,漆黑一片。2.5h 后,在高空气流的作用下,尘土又被卷上高空并形成黄沙云,在高空横穿中国大陆,行程 9600km,散落太平洋。受这场黑风暴影响,兰新铁路有 7 处被沙土掩埋,上万名旅客被困两天,通信线路和 7 台机车遭到损坏。据不完全统计,该风暴袭击了西北和华北地区 90 个地、市、县,近 200 人死亡,数百人受伤,损失牲畜 13 万只,倒塌房屋 4000 多间,受灾耕地 37 万公顷,11 万公顷农作物绝收,直接经济损失达 10 亿元。

1998 年 4 月另一场强大的沙尘暴起自新疆,自西向东波及北京、济南、南京、杭州,3万公顷耕地受破坏,156 万人受灾,11 万牲畜死亡,直接经济损失达 8 亿元。

1990 年 2～3 月间,横扫欧洲的一场黑风暴时速达 230km,在行进中不但所向披靡,而且把一座临时堤坝摧毁,导致洪水泛滥。风暴波及法国、英国、德国、瑞士、西班牙等十几个国家,导致数百人死亡,直接经济损失达几百亿美元。自古以来,沙尘暴一直是威胁着人

类生存的自然敌人之一。在进入 21 世纪的今天，沙尘暴在世界各地频频发生，其肆虐的势头有增无减。

（2）全球"荒漠化"概况　联合国环境规划署曾三次系统评估了全球荒漠化状况，见表 1-3 和表 1-4。从 1991 年底为联合国环发大会所准备报告的评估结果来看，全球荒漠化面积已从 1984 年的 34.75 亿公顷增加到 1991 年的 35.92 亿公顷，约占全球陆地面积的 1/4，相当于俄罗斯、加拿大、中国和美国国土面积的总和，已经影响到全世界 1/6 的人口（约 9 亿人），100 多个国家和地区。据估计，其中水浇地有 2700 万公顷，旱地有 1.73 亿公顷，牧场 30.71 亿公顷。从荒漠化的扩展速度来看，全球每年有 600 万公顷的土地变为荒漠，其中 320 万公顷是牧场，250 万公顷是旱地，12.5 万公顷是水浇地。另外还有 2100 万公顷土地因退化而不能生长谷物。目前全球荒漠化仍然在以每年 5 万～7 万平方千米（相当于爱尔兰的面积）的速度扩大。现在距离 1991 年还不到 30 年，全球荒漠化面积已经超过 37 亿公顷，地球村民面对更加严峻的局面。

（3）土地荒漠化的影响　土地荒漠化带来的主要影响是土地生产力的下降和随之而来的农牧业减产，相应带来巨大的经济损失和一系列社会恶果，在极为严重的情况下，甚至会造成大量生态难民。在极干旱的地区，土地荒漠化将形成沙漠。据联合国环境规划署的调查，在撒哈拉南侧每年有 150 万公顷的土地变成荒漠，在 1958～1975 年间，仅苏丹撒哈拉沙漠就向南蔓延了 90～100km。亚太地区的荒漠化也是比较突出的，有 8000 万公顷的干旱地、半干旱地和半湿润地，7000 万公顷雨灌作物地和 1600 万公顷灌溉作物地受到荒漠化影响，占亚太地区生产用地的 35%。遭受荒漠化影响最严重的国家依次为中国、阿富汗、蒙古、巴基斯坦和印度。亚洲也是受荒漠化影响人口分布最集中的地区。

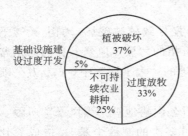

图 1-2　土地荒漠化的原因

由于流水侵蚀造成的土地荒漠化，往往伴随着水土流失，除去残留沙砾形成沙滩（粗沙并夹有卵石）以外，在极端的情况下，可能形成石漠，以致完全丧失生产力。造成土地荒漠化的原因主要是大量砍伐森林、过度放牧、过度耕作，人们为了在已退化的土地上获取更大收成而大量使用化学肥料，又从另一个方向加速了土地的荒漠化，形成恶性循环。从亚太地区人类活动对土地退化的影响构成来看，植被破坏占 37%，过度放牧占 33%，不可持续农业耕种占 25%，基础设施建设过度开发占 5%。参见图 1-2。

表 1-3　世界荒漠化状况

项　目	面积/10⁴km²	占干地的比例①/%
1. 退化的灌溉农田	43	0.8
2. 荒废的依赖降雨灌溉农地	216	4.1
3. 荒废的放牧地（土地和植被退化）	757	14.6
4. 退化的放牧地（植被退化地）	2576	50.0
5. 退化的干地（1＋2＋3＋4）	3592	69.5
6. 尚未退化的干地	1580	30.5
7. 除去极干旱沙漠的干地总面积	5172	100

① 干地指极干旱、干旱、半干旱、干性半湿润（dry and humid）土地的总和。

注：引自《地球环境手册》，中国环境科学出版社，1995 年出版。

表1-4 各大洲荒漠化状况

地　区	干地总面积/$10^4 km^2$	退化面积和比例	
		/$10^4 km^2$	/%
非洲	1432.59	1045.84	73.0
亚洲	1881.43	1341.70	71.3
澳洲	701.21	375.92	53.6
欧洲	145.58	94.28	64.8
北美洲	578.18	428.62	74.1
南美洲	420.67	305.81	72.7

注：引自《地球环境手册》，中国环境科学出版社，1995年出版。

由于早年对土地荒漠化认识上的不足以及遏制方法上的偏差，新中国成立半个多世纪以来，中国沙漠化面积从66.66万平方千米曾一度扩张到267.4万平方千米（约占国土面积的27.9%，1999年），还有近800万公顷的耕地和1/3以上的草场不同程度地受到沙漠化的威胁，沙漠化速度居世界前列。近十几年来在全国人民的共同努力下沙漠化已经有所遏制❶。

> **小资料 1-7**
>
> 全球沙漠面积约有3370万平方公里，占地球陆地面积的近1/4，约有5亿人生活在沙漠地区。
>
> 由人为排放导致的气候变化已经并正在影响着沙漠。
>
> 人类能够而且也应该下决心与沙漠共存，并为未来保护沙漠。
>
> 各国政府和民间团体，尊重沙漠和当地居民，用长远的眼光制定长期的规划指导沙漠发展，实现环境保护与经济发展的双赢。
>
> ——摘自联合国环境规划署《全球沙漠展望》2006年6月5日

《联合国防治沙漠化公约》第七次缔约方大会发布的一份材料显示，非洲是荒漠化的最大受害者。

据统计，非洲大约有2/3被沙漠和干旱土地所覆盖，世界上已经荒漠化的土地有一半在非洲。在过去三四十年中，非洲森林面积约减少50%，损失草地7亿多公顷，人均可耕地减少了一半以上，对非洲的粮食安全构成了严重威胁。

> **小资料 1-8**
>
> ### 沙尘暴席卷半个中国　沙尘源呈扩展态势
>
> 据新华社银川5月17日电
>
> 气候干旱，降雨量减少，草原植被退化，进而引发土地大面积沙化，沙尘源进一步扩展。内蒙古自治区阿拉善盟近年来大风干旱灾害加剧，加之粗放式地发展畜牧业，阿拉善盟的沙化土地正以每年1000平方公里的面积扩展。
>
> 地下水位下降，地表植被枯萎是沙尘源呈现扩展态势的另一个特点。在我国沙尘暴发源地之一的甘肃省民勤县，由于严重缺水、地下水位连年下降，民勤县有13万亩人工沙枣林枯梢衰败，35万亩白茨、红柳等天然沙生植物呈死亡或半死亡状态。
>
> ——《人民日报》海外版2006年5月18日第02版

❶ 第五次全国荒漠化和沙化监测结果为261.16万平方千米（2014年）。

小资料
1-9

青海每年沙化面积近十万公顷 年损失达 12 亿元

青海省的荒漠化、沙漠化问题日益显现，目前全省荒漠化土地总面积达到 1916.6 万公顷，其中沙漠化土地面积占 1225.8 万公顷。全省沙化土地以每年 9.7 万公顷的速度扩展，其面积比东部的平安县总面积还要大 2 万公顷。土地沙化每年给青海省造成的直接经济损失达 12 亿元。

——《人民日报》2006 年 9 月 12 日

《人民日报》在 2007 年 11 月底的一则报道中揭示：20 世纪 50 年代湖面面积 1200km² 的新疆第一大盐水湖——艾比湖，如今湖面已经萎缩至 500km² 左右，湖滨地区荒漠化程度加剧，成为我国沙尘暴主要策源地之一。由于盐尘颗粒细小，起尘量在同等风速下是沙尘的 16.7 倍，每年在艾比湖流域刮起的含盐粉尘多达 480 万吨以上，不但直接威胁到天山北坡经济带的可持续发展和新亚欧大陆桥的安全运行，而且对整个西北地区的植被、农作物和人民生活构成威胁。盐尘已经极大地加速了博州周边三处冰川的消融，博州的风沙天气也由 50 年前每年 13 天，增加到现在的 110 天。一次大风天气中死伤的禽鸟就有上万只。生态环境极其恶劣，亟待拯救。

第三节 物种在悄悄地消亡

一、并非自然淘汰

生物是地球这颗蔚蓝色星球之所以"迷人"的精髓，而生物之所以能够进化、发展，离不开在不同自然环境条件下生物对环境的"适应"能力和在这种"适应"中形成的"优胜劣汰"规律。

由于自然环境条件的"多样性"，在自然环境中产生、发展和进化的生物，当仁不让地具有"多样性"的特点。这些各种各样的不同层次的微生物、植物和动物，分布在地球的各个不同地方，各得其所，分享着大气圈、水圈、岩石圈的各种天然资源，形成瑰丽多彩的生物圈（表 1-5，表 1-6），并且继续以其特有的规律性从简单到复杂、从低等到高等地逐渐向前进化，一直发展到产生了人类——当今最高等的智慧生物。

表 1-5 世界已描述及有待发现的物种数　　　　　　单位：万种

类　别	世界已描述	中国已描述	中国占比例/%	待发现物种预测
病毒	0.5	0.04	8.0	约 50
细菌	0.3	0.05	16.7	40～300
真菌	7.0	0.80	11.4	100～150
原生动物	4.0	—	—	10～20
藻类	4.0	0.5	12.5	20～1000
地衣	2.0	0.20	10.0	
苔藓植物	2.3	0.22	9.1	2.5
蕨类植物	1.0～1.2	0.22～0.26	21.7～22.0	—

续表

类　别	世界已描述	中国已描述	中国占比例/%	待发现物种预测
裸子植物	0.085～0.094	0.024	5.5	—
被子植物	26.0	3.00	11.5	30～50
鱼类	2.14	0.28	13.1	—
两栖类	0.40	0.028	7.4	—
爬行类	0.63	0.038	5.9	—
鸟类	0.90	0.124	13.8	0.92
线虫	1.5	0.065	4.3	50～100
软体动物	7.0	0.35	5.0	20
甲壳动物	4.0	0.38	9.5	15
螨、蜘蛛	7.5	0.70	9.3	75～100
昆虫	92.0	5.10	5.5	800～10000

表 1-6　中国主要生物类群物种数目及其与世界物种数目的比较

分类群	中国物种数（SC）	全世界物种数（SW）	(SC/SW)/%
哺乳类	499	4000	12.5
鸟类	1186	9040	13.1
爬行类	376	6300	6.0
两栖类	279	4184	7.0
鱼类	2804	19056	12.1
昆虫	40000	751000	5.3
苔藓	2200	16600	13.3
蕨类	2600	10000	26.0
裸子植物	200	750	37.8
被子植物	25000	220000	11.4
真菌	8000	46983	17.0
藻类	500	3060	16.3
细菌	5000	26900	18.6

在自然进化的优胜劣汰过程中，曾经有多少生物被自然所淘汰，又有多少新的生物在进化中产生，谁也不知道。但是，根据从广泛的地质勘探和考古活动中所获得的信息，可以肯定地说，物种必然是从少到多地、逐渐地，并以某个相对稳定的速率发展起来的。

现在，世界物种大约在 500 万～1000 万种（有专家认为可达 10000 万种）之间，其中150 万种是有科学记载的（表 1-5）。

然而，自从人类来到这个世界并逐渐发展以后，尤其是当人类进入现代文明时代以来，情况就发生了变化，并且变化越来越大。

1600 年以来，有记录的已灭绝的脊椎动物、无脊椎动物、维管植物有 1090 多种。其中哺乳动物，17 世纪灭绝 20 种，20 世纪 50 种（有近 40 种兽类灭绝）。据不完全统计，1600～1900 年间，平均每 10 年有一个物种灭绝；21 世纪以来，平均每天有一个物种灭绝，物种灭绝速度是正常灭绝速度的1000～10000 倍。已经灭绝的物种中，有 1/3 稍多是近 60 年内灭绝的，有 1/3 是 19 世纪灭绝的，而另外的 1/3 不到则是在 19 世纪前的有历史记载的时期内灭绝的。有专家估计，今后 20～30 年内，现有物种总量的 1/4 将濒临灭绝。

联合国环境规划署《全球环境展望 5 亚太地区摘要》称："濒危动植物的数量在五年的时间里翻了一番。鸟类种类从 2000 年的 187 种增加到了 2006 年的 283 种。""东南亚是陆地和海洋生物多样性显著的地区，该地区三分之二的国家中的濒危物种的数量在 2008 到 2010年出现了增长。（《东盟生物多样性展望》）""在亚太地区由过度开发对有脊椎动物的威胁尤其严重，这主要来自东亚地区对野生动物和野生动物产品的需求。"

"GEO-5❶中的亚太生物多样性目标强调了生物多样性的保护、可持续利用以及公平分享遗传资源的益处。"

1. 生物多样性

从对生物的发生和进化的过程的分析，不难看出，生物之所以能够生存和发展，完全是由于生物自身对自然环境的适应能力和应变能力，在地球环境的形成和转化过程中，生物体自身逐步完善或者被淘汰。这当中，既有自然气候环境的变化的影响和作用，也有不同生物之间的互相依存和互相制约的作用，用中国古代的说法是"相克相生"，并达至某种"平衡"的结果。

事实上，动物生存必须吸入氧气，呼出二氧化碳，在这里二氧化碳是废气，而植物的光合作用需要吸收二氧化碳，所排放的"废气"却是动物生存不可缺少的氧气。另外，通常动物不能直接利用无机物质——地壳中的矿物、空气和水维持生命，而植物和微生物则有这种功能，还可以生产出动物所需要的食物，成为自然界里的第一生产者，动物必须依赖于植物才能生存。从地球生物的发生和发展的进化过程来看，在原始生物之后，植物先于动物出现，就是源于这些原因，因此也可以说绿色植物是人类的"衣食父母"。还有，很多生物必须与某些生物共存才能生存和繁衍，如很多动物以植物果实为食，而果实中的种子经过动物的"消化"被"激发"而提高了发芽率；不少昆虫以吸取鲜花蜜汁维生，却又无意之中替植物传播了花粉，促进了植物的繁衍……据统计，人类培植的作物中，有90%是靠蜜蜂等昆虫、鸟类及小哺乳动物传粉来完成生命周期的。各种动、植物在其生命周期中产生的残余物、排泄物以及各种生物的残骸，则依靠微生物分解为无机物或低分子有机物，回归大自然重新进行生物循环。

就生物多样性的自然属性而言，地球上所有生物之间都有一定的生态功能的联系——即"生物链"。研究发现，在正常运作的"生物链"中的任何一个环节发生了问题，都可能给与这个环节有关的生物带来影响，甚至发生"多米诺骨牌"效应（一个物种的消失，常常导致另外20～30种生物的生存危机），严重破坏生态平衡。所以，生物物种的超乎寻常的加速灭绝，不单是某些物种的消失，还可能发生由于连锁反应带来的"生态灾难"（图1-3）。

图1-3 被锁在海底的铁笼子里的"美人鱼"（儒艮）

即使是当今地球上最高等的智慧生物——人类，也不能离开其他生物而生存。生物学家告诉我们：人类是地球的产物……没有人类，地球照样转；"绿色植物、各种昆虫、节肢动物……如果它们灭绝了的话，人类就只能存活几个月"。

生物的多样性首先是物种的多样性。物种多样性的意义在于，物种是生物进化链条上的基本环节，是生物进化的单元，是人类生存的物质基础，也是生物多样性的核心。

生物多样性的基本构成还包括遗传多样性和生态系统多样性两个基本层次，但它们没有

---

❶ "GEO-5"《全球环境展望5》的英文缩写。

物种多样性那么直观和易于度量。

2. 物种灭绝与自然淘汰

生物的"进化"，本质是生物对地球自然环境的变迁的"适应"过程。绝大部分的物种都能通过自身的某些部分或功能的改变，适应"环境条件的变化"而继续生存，这种生物就"进化"了；极少数的物种则由于其适应能力不足，无法在"新环境"中生存而被淘汰。事实上，一般情况下自然环境的变化是非常缓慢的，因而由于"自然淘汰"引起的物种灭绝也是相当缓慢的。同时，除了由于地球气候或环境的突变引发"生物大灭绝"以外，一般地说，在生物的"优胜劣汰"过程中，在某些物种灭绝的时候，往往伴随着另一些物种的产生，而且，通常被淘汰的比较少，而进化的较多，加上进化过程中发生的生物分化等因素，所以物种的多样性呈上升趋势（图1-4）。

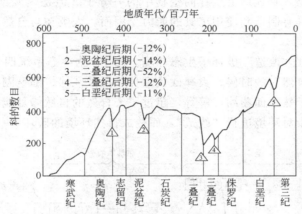

图 1-4　不同地质历史时期物种大灭绝情况
（转引自《我们的地球》）

然而，就近代而言，地球并没有发生任何足以使生物大灭绝的自然变异，可是却发生了物种灭绝的加速，而且这种"加速"与人口的增长紧密对应。可以肯定，近代生物物种灭绝的加速，显然与人类的活动有密切联系。

表1-7为世界受到威胁的物种的状况（1989年）。

表 1-7　世界受到威胁的物种的状况（1989 年）

物　种	已灭绝	濒危	渐危	稀有	未确定	合计
植物	384	3325	3022	6749	5598	19078
两栖动物	2	9	9	20	10	50
鸟类	113	111	67	122	624	1037
鱼类	23	81	135	83	21	343
无脊椎动物	98	221	234	188	614	1355
哺乳类动物	83	172	141	37	64	497
爬行类动物	21	37	39	41	32	170
合　计	724	3955	3647	7240	6963	22530

注：已灭绝：野外 50 年以上未被发现的物种；

濒危：在野外 50 年内未被发现，面临灭绝的物种；

渐危：致危因素仍存在，种群数量急剧下降，很快沦为濒危的物种；

稀有：总数较少，但有补救措施，使种群开始恢复；

未确定：资料不充分，无法确定属于上述类型的哪一类。

2017 年环境公报指出，我国 34450 种高等植物的评估结果显示，受威胁的高等植物有

3767种，约占评估物种总数的10.9%；属于近危等级（NT）的有2723种；属于数据缺乏等级（DD）的有3612种。需要重点关注和保护的高等植物达10102种，占评估物种总数的29.3%。对我国4357种已知脊椎动物（除海洋鱼类）受威胁状况的评估结果显示，受威胁的脊椎动物有932种，约占评估物种总数的21.4%；属于近危等级（NT）的有598种；属于数据缺乏等级（DD）的有941种。需要重点关注和保护的脊椎动物达2471种，占评估物种总数的56.7%。

二、 生态环境恶化加剧

人类是地球的产物，是地球上生存的生物中的一分子。但是，人类又不同于一般生物，他们有高度的智慧，具有制造和使用工具的能力。因而，人类在与自然界的斗争中处于显著的优越地位。

人类对自然的过度"改造"破坏了生态环境。图1-5为生态系统四个基本组分及其相互关系。人类在"改造自然"的时候，大肆砍伐森林、拦截江河、围垦湖海，导致自然植被大量丧失、水土流失、天然水面萎缩，等等，超过了大自然的自然修复能力，造成自然灾害的增加，逼迫人类进一步对环境进行"改造"，而造成自然环境的破坏。

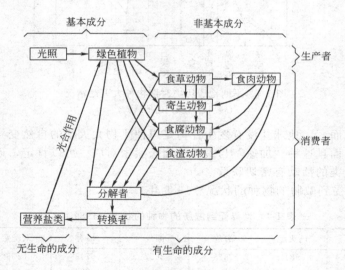

图1-5 生态系统四个基本组分及其相互关系

然而，自然界里绝大多数的物种是倚仗于热带雨林和其他森林而生存和繁衍的，如南美洲的世界第一大河亚马孙河流域的大森林区，仅是叫不上名字的植物就有2万多种，有最高达142m、胸径12m的有名的"世界爷"巨杉，有各种可用于化工、医药和建筑的奇花异木无数，林区是15000多种（其中有8000多种是特有的）野生动物的天下；欧洲上万平方公里的多瑙河三角洲的天然林，栖息有300多种鸟类、上百种品质优良的鱼类和各种珍禽异兽，是欧洲的野生动物庇护地；又如非洲的肯尼亚，数千平方公里的野生动物保护区和自然保护区中栖息着100多万头非洲鬃狮、大象、豹、犀牛、野牛和无数的斑马、长颈鹿、羚羊、狒狒、非洲狐狼等，还有大批的红鹤、丹顶鹤、鹈鹕、鹭鸶等400余种大小鸟类，美不胜收。热带、亚热带森林中还有树龄达4000年以上的古木。

植物、哺乳类、鸟类品种最多的国家见表 1-8，爬行类、两栖类和鱼类最多的国家见表 1-9。

表 1-8 植物、哺乳类、鸟类品种最多的国家
(《世界的资源与环境》)

植 物	哺 乳 类	鸟 类
1. 巴西 56215	1. 印度尼西亚 515	1. 哥伦比亚 1695
2. 哥伦比亚 51220	2. 墨西哥 491	2. 秘鲁 1538
3. 中国 32200	3. 秘鲁 460	3. 印度尼西亚 1519
4. 印度尼西亚 29375	4. 刚果(金)450	4. 巴西 1492
5. 墨西哥 26071	5. 美国 428	5. 厄瓜多尔 1388
6. 南非 23420	6. 喀麦隆 409	6. 委内瑞拉 1340
7. 委内瑞拉 21073	7. 巴西 394	7. 中国 1100
8. 美国 19473	8. 中国 394	8. 刚果(金)929
9. 厄瓜多尔 19362	9. 印度 390	9. 印度 923
10. 印度 18664	10. 肯尼亚 359	10. 阿根廷 897
	11. 哥伦比亚 359	
地域特有植物	地域特有哺乳类	地域特有鸟类
1. 中国 18000	1. 印度尼西亚 222	1. 印度尼西亚 408
2. 印度尼西亚 17500	2. 澳大利亚 206	2. 澳大利亚 350
3. 哥伦比亚 15000	3. 墨西哥 140	3. 菲律宾 186
4. 澳大利亚 14074	4. 巴西 119	4. 巴西 185
5. 墨西哥 12500	5. 美国 105	5. 秘鲁 112
6. 委内瑞拉 8000	6. 菲律宾 102	6. 马达加斯加 105
7. 马达加斯加 6500		
8. 秘鲁 5356		
9. 美国 4036		
10. 玻利维亚 4000		
11. 厄瓜多尔 4000		

表 1-9 爬行类、两栖类和鱼类最多的国家
(《世界的资源与环境》)

爬 行 类	两 栖 类	鱼 类
1. 墨西哥 717	1. 巴西 502	1. 巴西 3000
2. 澳大利亚 686	2. 哥伦比亚 407	2. 印度尼西亚 1300
3. 印度尼西亚 600	3. 厄瓜多尔 343	3. 中国 1010
4. 印度 383	4. 墨西哥 284	4. 刚果(金)962
5. 哥伦比亚 383	5. 印度尼西亚 270	5. 秘鲁 855
6. 厄瓜多尔 345	6. 秘鲁 241	6. 美国 779
7. 秘鲁 297	7. 印度 206	7. 印度 748
8. 马来西亚 294	8. 中国 190	8. 泰国 690
9. 泰国 282	9. 巴布亚新几内亚 183	9. 坦桑尼亚 682
10. 巴布亚新几内亚 282	10. 澳大利亚 180	10. 马来西亚 600

图 1-6 所示为 2000 年世界哺乳类受威胁最多的国家及数目（《世界的资源与环境》）。

图 1-7 所示为 2000 年世界鸟类受威胁最多的国家及数目（《世界的资源与环境》）。图 1-8 所示为 2000 年世界植物受威胁最多的国家及数目（《世界的资源与环境》）。

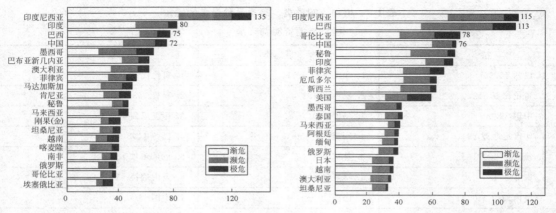

图 1-6　2000 年世界哺乳类受威胁最多的国家及数目　　图 1-7　2000 年世界鸟类受威胁最多的国家及数目

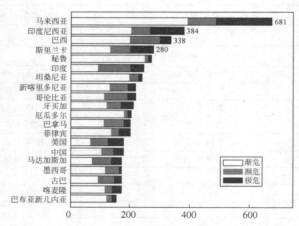

图 1-8　2000 年世界植物受威胁最多的国家及数目

　　83％的哺乳类、89％的鸟类和 91％的植物受威胁的原因为栖息地的毁损。1960 年以来，厄瓜多尔西部森林改为香蕉农场及聚落后，5 万余种生物随之消失；湿地面积减少，许多两栖动物难以生存；水坝及灌溉工程影响鱼类洄游和产卵；等等。

　　中国人口众多，森林覆盖率较低，但就现存的天然森林而言，仍有高等植物 3 万多种，名列世界第三。其中有被称为"活化石"的银杏、银杉、连香、珙桐、鹅掌楸等，有种子含可食用油过半的树龄近三百年的红松，四五百年的巴山冷杉、铁坚杉、黑黄檀等名木古树，有能生产可食用油的且产油量比大豆高 9 倍的油棕树，有可以提取工业用油的"风吹兰"……还有可提取抗癌药"秋水仙碱"的嘉兰、可以治疗白血病的"黄木"等各种名贵的食用、药用植物数千种。世界上已经确认的木本属被子植物有 95％见于中国。在这些茂密的森林里还栖息着许多珍贵稀有的动物，如金丝猴、毛冠鹿、麝獐、苏门羚、水猴、大鲵、亚洲象、印度野牛、犀鸟、孔雀、孟加拉虎、蹊鹿、扬子鳄……

　　由于人类对天然森林的狂砍滥伐，随着这些天然屏障的破坏，很多生物因失去生存条件而被迫迁徙，或者在不断萎缩的"领地"里苟延残喘……

1996 年世界自然基金会"护林运动"负责人沙利文说："我们的未来已处于危险之中，必须采取保护森林地区生物物种的紧急行动，我们不能对世界一半的动物物种濒临灭绝的现象熟视无睹，治疗人类健康的大敌——癌症、艾滋病等顽疾，寄希望于森林和海洋。"

　　某些珍稀物种，却因人类的过度"保护"而"养尊处优"，脱离自然环境而引起物种退化，如失去觅食能力、体弱多病，甚至不能繁衍后代等。另外，一些人工繁衍的珍稀物种，由于近亲繁殖，其后代的生命力也明显劣于自然种群；自然界中残存的小数目动物种群也有类似问题。人类在改造自然的过程中，还在某些特定的环境中"引进"外来物种，以满足其主观愿望，导致生态"侵略"和毁灭性的生态灾难。10% 的哺乳类、30% 的鸟类和 15% 的植物受外来生物物种侵害的威胁。比较典型的，如公元 400 年，玻利尼西亚人把鼠、犬、猪带到夏威夷，使该地半数鸟类（44 种）灭绝了；15 世纪欧洲人进入毛里求斯，引入了猴和猪，使 8 种爬行动物和包括"渡渡鸟"❶ 在内的 19 种本地鸟类先后灭绝；一个灯塔看守带了一只猫，使新西兰斯蒂芬岛上的异鹩鸟灭绝（这就是闻名的"一只猫灭绝了一种物种"的"故事"）；20 世纪 50 年代非洲维多利亚湖引入尼罗尖吻鲈，200 种土产鱼被掠食绝迹；美国建造圣劳伦斯海道时无意引进了七鳃鳗和斑马贻贝等生物，使"五大湖"的许多鱼类灭绝；美国的"凤眼蓝（即水浮莲）"，在世界很多地方却成了"水霸"；太湖的名鱼"银鱼"到了云南的滇池，却成了当地原产名贵的"金枪鱼""弓鱼""大头鱼"等鱼种的克星；迁入澳大利亚的仙人掌、兔子、猴子等都曾经成为当地的环境难题。全球海洋船舶的压舱水，可以使过万种生物在世界各地传播。

　　又如中国的"葛藤"在日本列岛是"保护水土的先锋"，可是到了美国却成了"植物杀手"；原产欧洲、亚洲的"克拉马思草"到了美洲、澳洲，也成了"地霸"；灭鼠的猫有时也会与老鼠"共同进退"；离开了南美的巨蜂变成了"杀人蜂"；"巴西龟"由于"美丽的外形"被人们作为"宠物"扩散到世界各地，但是由于它们在美洲以外地区没有"天敌"，巴西龟以其凶残的攻击性大量掠夺同类生存资源，肆意扩张、侵占"别人"的生存空间，形成典型的"生态侵略"，已经被"世界自然保护联盟（IUCN）"列为世界最危险的 100 个入侵物种之一。至于在人类活动中，无意之中造成的物种传播，更不在话下，如大量的致病生物的扩散引起全球病害蔓延，又如"植物杀手"薇甘菊的扩散等。甚至现代科学技术开发的某些生物技术，也存在威胁生态系统的危险❷❸。

　　桉树、松树、金合欢树等树种在它们的故乡以外的地方，也像"外来动物"一样具有侵略性，由于"新故乡"没有"适当的昆虫"来"约束"它们，这些外来树种往往可以迅速繁殖，占山霸道，长满漫山遍野。又由于它们自身的"速生"本性，大量地消耗土壤甚至河道中的水分，导致本来潮湿的土地变成旱地，原先已经干旱的则变得更加干旱。据测算，一棵澳大利亚桉树每天吸收水分多达 120L，是其他树种的两倍以上。由于大量抽取水分，甚至

---

❶　一种有 2000 万年历史的鸟类，现在全球仅存于非洲毛里求斯的 13 棵濒危的名贵树种"大颅榄树"就是靠它们传种的。

❷　如基因改造技术，由于缺乏足够的时间考验，目前尚无法验证该技术的安全性，而且实验发现与"带抗除草剂基因"作物同时生长的杂草竟然具有抵抗除草剂的功能，还有发现实验动物食用了基因改造作物导致免疫损失等。人们普遍认为"基因技术"很可能是一把"双刃剑"。联合国也由于"以非自然发生的方式改变基因物质的微生物和组织，可通过非正常天然繁殖结果的方式使动物、植物或微生物发生改变"而将其列入"危险货物"加以严格管理（见联合国《关于危险货物运输的建议书　规章范本》第 13 次修订版第 2 部分：分类，或 GB 6944—2005《危险货物分类和品名编号》）。另外，人们向往的"纳米"技术，也潜藏隐患——纳米粒子可以直接进入人体组织，有诱发癌症危险。

❸　有人认为"疯牛症"可能与"基因变异"有关（见自然之友书系《20 世纪环境警示录》）。

连在河边生长的本地树种也在它们的肆虐下逐渐枯萎。在这些"速生"林茂密的树冠的荫蔽下，其他树种甚至野草都逐渐消失，失去植被庇护的土地开始流失了。

流感、"非典型肺炎（SARS）"、艾滋病、禽流感等"动物源"人类疾病的发生和发展，在某种意义上也与"人类"和"动物"之间的相互"入侵"相关联。

人类还在驯化野生动植物和"培育"良种的过程中，不自觉地使物种单一化，或以杀灭天敌的方法"保护"某些珍贵物种的做法，不但降低了它们对环境变迁和病虫害的抗御能力，也可能导致这些物种的加速灭绝。

某些人工繁殖的野生动物，由于从小就在人工环境中生存，变得胆怯、懦弱，甚至无法"野化"，即使"放野"，也缺乏独立生存能力。这种情况也表现于"猛兽"身上，曾有人往饲养小老虎、小狮子的笼子里放进小羊、小牛，力图激发小猛兽的"兽性"进行攻击，结果被吓坏的竟然是小老虎和小狮子。

"少树种"或"单一树种"造林，由于缺乏天然林区的物种多样性，对避免物种灭绝的作用仍是很有限的。而且很多"人工林"都是分散种植的，无法像"延绵千里"的天然林那样成为野生动物的藏身之地，更无法成为野生动物繁衍生息的"伊甸园"。

小资料 1-10

科学家：人类正经历第六次生物大灭绝

最近一些说法认为，地球物种正在历经史上第六次大灭绝，而这正是人类的某些行为所致。有些人对此嗤之以鼻，认为不过是危言耸听。真相究竟如何？

一项新研究发现地球正在历经史上第六次大灭绝，41％的两栖动物已惨遭浩劫。另外，调查发现超过1/4的哺乳动物和13％的鸟类遭遇了同渡渡鸟一样的厄运，这正是人类活动造下的孽。

调查人员宣称如果物种以现在这个速率消失，那么到2200年真的会出现大灭绝。大量的生物正处于濒临灭绝的境地，包括麦哲伦企鹅、苏门答腊象以及远东豹，也许不久之后大家熟知的动物也会出现在珍稀动物列表中。科学期刊《自然》将栖息地的流失归因于人类活动，这也是造成环境变化的主要原因。

联合国环境规划署世界保护监测中心的海洋生态学家Derek Tittensor说："从很多方面来看，生物多样性正在不断削弱。"

栖息地破坏、污染以及过度捕捞要不就是让众多野生动植物难逃一劫，要不就是让它们元气大伤。另外气候的日益恶化带来的威胁日益增多，也可能让幸存下来的生物灭绝。

科学家们对地球生物多样性理解出现的差异也使这个问题愈演愈烈。举例说，研究发现至少有993种昆虫正濒临灭绝，但是将近100万已知的昆虫中只有0.5％是被正式研究过的。这意味着大部分未知的濒危物种种群栖息在地球一隅，而这些栖息地的破坏速度超乎想象。保护政策能够减缓物种消失的速度，但是照现在的趋势看来，现存生物每年的灭绝率始终维持在0.01％～0.7％之间。

气候变化带来的影响让事情变得更糟，它正以未知的方式加快生物灭绝。《科学》杂志上曾刊发独立评论警示第六次大灭绝正在加快它的脚步。先前的五次大灭绝都是由于地球自然环境的突然转变或行星撞击地球，而现在的第六次大灭绝恰恰是人类活动的杰作。美国布朗大学的一项研究发现，人类的活动使得现在物种灭亡的速度是6000万年前的1000倍。

自 1500 年以来，320 多种陆栖脊椎动物已经从地球上消失。现存的物种数量已经减少了 25％，而对于无脊椎动物来说，它们的处境更为艰难。人口数量在过去 35 年翻了一番，而在同一时间段内，无脊椎动物如甲壳虫、蝴蝶、蜘蛛和蠕虫的数量减少了 45％。

　　大型动物的消失主要是由栖息地减少以及全球气候变化引起的，这对人们的日常生活也会造成"垂滴效应"。举例来说，世界上将近 75％ 的粮食作物由昆虫授粉，约占世界粮食供给经济效益的 10％。

——天天搜索网 2016 年 9 月 28 日

小资料
1-11

第三次大湄公河次区域环境部长会议举行　强调生物多样性的利用和管理

　　2011 年 8 月，第三次大湄公河次区域环境部长会议在柬埔寨金边举行。

　　我国环境保护部部长特别代表率由环境保护部、对外合作中心、东盟中心以及云南、广西环保部门代表组成的中国代表团出席了会议。来自柬埔寨、老挝、缅甸、泰国和越南的环境部长或其代表，以及亚洲开发银行副行长洛哈尼出席了会议。

　　柬埔寨首相洪森出席会议开幕式并致辞。洪森对大湄公河次区域环境合作，特别是核心环境项目取得的进展表示肯定，并希望各国进一步加强合作，为促进次区域可持续发展做出贡献。

　　环境保护部代表在发言中简要介绍了我国"十一五"期间所取得的重大环保成就和"十二五"时期的主要目标任务。他表示，大湄公河次区域核心环境项目一期，特别是在生物多样性保护走廊建设方面取得了重要成果。在项目二期中，应继续强调生物多样性保护合作的示范作用，加强生物多样性资源的可持续利用和管理，为保护次区域丰富的生态资源共同努力。

　　会间，各国就《大湄公河次区域核心环境项目生物多样性保护走廊计划二期框架文件（2012～2016）》达成原则一致，并通过了《第三次大湄公河次区域环境部长会议联合声明》。

　　大湄公河次区域环境部长会议是这个区域环境合作的最高决策机制，每 3 年举办一次。我国曾于 2005 年在上海市举办第一次大湄公河次区域环境部长会议。

——《中国环境报》2011 年 8 月 1 日

小资料
1-12

餐桌上的争议美食

日益激烈的"鱼翅战争"

　　鱼翅，由鲨鱼鳍去除皮肉而制成，是中国传统奢侈食品之一。北京一家高档饭店的工作人员告诉《中国经济周刊》，该饭店的鱼翅汤一碗价格在 299 元到 350 元之间，每碗鱼翅汤中大约有鱼翅 5 钱（25 克）到 8 钱（40 克）。

　　据不完全统计，北京每天消费 1.5 万斤鱼翅，按每碗鱼翅汤中的鱼翅含量为 30 克、每碗售价为 400 元粗略计算，北京地区每天的鱼翅销售额为 1 亿元，年销售额 365 亿元。

　　全球性的环保志愿者组建的非营利组织"世界野生救援组织"中国办公室首席代表子雯告诉《中国经济周刊》，为了提高公众的动物保护意识，于 2006 年邀请姚明拍了公益广告，并担任护鲨大使。此外还邀请了李宁、郭晶晶等体育明星做了保护动物的公益广告。

2009年4月，由中国企业家俱乐部、世界野生救援组织中国办公室等联合发起的公益倡议行动中，柳传志、王石、马云等数百名企业家呼吁，从自身做起，"保护鲨鱼，拒吃鱼翅"，用行动影响鱼翅的主力消费群体，并签署了"我不吃鱼翅；我不以鱼翅为礼品送人；积极以自己的行动影响身边的亲人和朋友"的承诺。

鹅肝

鹅肝是法国大餐中的传统美食，欧洲人将其与鱼子酱、松露并列为"世界三大珍馐"。但鹅肝的生产方式很不人道：饲养者会把一根二三十厘米长的管子插到鹅的食道里，拿漏斗往里灌食。在"长肝"后，鹅每天会被灌进两三公斤的食物，使得肝脏变为正常大小的几倍甚至十多倍，内含丰富脂肪。近年来，鹅肝酱残忍的生产过程引起了法国国内动物保护组织的强烈反对。目前，在欧洲的一些国家和美国的某些州或者城市，已经正式禁止了鹅肝的生产；在美国加利福尼亚等州也明令禁售鹅肝。

鲸肉

日本人一向因捕鲸和吃鲸鱼肉而引起世界争议。人类的过度捕杀使得鲸类面临种群灭绝的危险。国际捕鲸委员会于1986年通过《全球禁止捕鲸公约》。但在商业捕鲸被冻结之后，日本又以"科研"名义继续捕杀鲸鱼。对于外界的指责，日本国内捕鲸行业坚称吃鲸肉是日本饮食文化的一部分。

——《中国经济周刊》

一些科研人员"以偏概全"地推广某些"优势品种"也在客观上抑制了物种多样性。

统计数字表明，人类对大自然的过度开发利用是导致物种灭绝加速的重要因素（参见表1-10）。

表1-10　物种灭绝的原因

类　群	每一种原因所占的比重/%				
	生境消失及过度开发	物种引进	捕食控制	其他	还不清楚
哺乳类	41	20	1	1	36
鸟类	31	22	0	2	45
爬虫类	37	42	0	0	21
鱼类	39	30	0	4	27

（1）大面积森林受到采伐、火烧和农垦，草地遭受过度放牧和垦殖，导致生存环境的大量丧失，保留下来的生存环境也支离破碎，对野生物种造成了毁灭性影响。

（2）对野生物种的强度捕猎和采集等过度利用活动，使野生物种难以正常繁衍。

（3）工业化和城市化的发展，占用了大面积土地，破坏了大量天然植被，并造成大面积污染（见图1-9）。

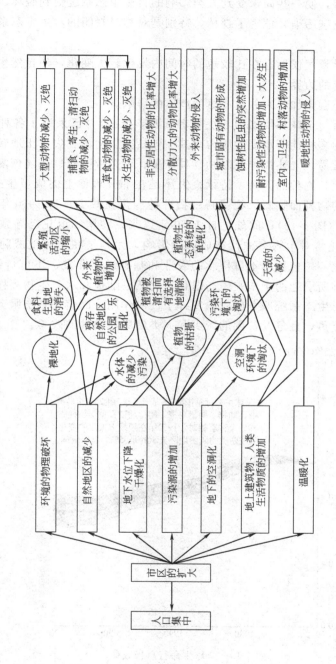

图 1-9 城市化引起环境变化对动植物的影响

（4）外来物种的大量引入或侵入，大大改变了原有的生态系统，使原生的物种受到严重威胁。

（5）无控制的旅游，使一些尚未受到人类影响的自然生态系统受到破坏。

（6）土壤、水和空气污染，危害了森林，特别是对相对封闭的水生生态系统带来毁灭性影响。

（7）全球变暖，导致气候形态在比较短的时间内发生较大变化，使自然生态系统无法适应，可能改变生物群落的边界。

各种破坏和干扰还会累加起来并造成更为严重的影响。

联合国环境规划署《全球环境展望5决策者摘要》指出："已采取了各种政策、规章和行动，以尽量减轻生物多样性所承受的压力，其中包括减少生境丧失、土地转用、污染负荷以及濒危物种的非法贸易。上述措施还鼓励物种恢复、可持续采收、生境恢复以及外来入侵物种管理。""尽管如此，物种的大量、持续丧失还是在部分程度上促成了生态系统的恶化。某些类别中高达2/3的物种面临着灭绝威胁；物种种群正在减少，自1970年以来，脊椎动物种群已减少了30％（图1-10）；此外，自1970年以来，转用和退化已导致某些自然生境减少了20％。气候变化将对生物多样性造成深远影响，尤其是在与其他威胁相结合的情况下。""生境丧失与退化——包括由不可持续的农业和基础设施开发、不可持续的开采利用、污染以及外来入侵物种所引起的生境丧失与退化，仍然是陆地和水生生物多样性所面临的主要威胁。上述种种均对生态系统服务的减少发挥了促成作用，而生态系统服务的减少可能导致粮食安全问题日益严重，且危及贫困的减少和人类健康与福祉的改善。"

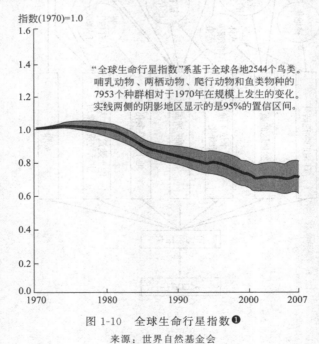

指数(1970)=1.0

"全球生命行星指数"系基于全球各地2544个鸟类。哺乳动物、两栖动物、爬行动物和鱼类物种的7953个种群相对于1970年在规模上发生的变化。实线两侧的阴影地区显示的是95%的置信区间。

图1-10 全球生命行星指数❶

来源：世界自然基金会

一个关键物种的灭绝可能破坏当地的食物链，造成生态系统的不稳定，并可能最终导致整个生态系统的崩解。因此，对于由于滥捕、盗猎、环境破坏、数量稀少、栖地狭窄等种种

---

❶ 摘自联合国环境规划署《全球环境展望5决策者摘要》。

原因导致有灭绝危机的物种的保护，便成为人类"保护自己种群"的重要手段，也是人类保护地球无可推卸的责任。

第四节 蔚蓝色星球的隐忧

一、耐人寻味的"恐龙灭绝之谜"

1. 神秘的"恐龙大灭绝"

"恐龙"，对于现代人，只能是古老的传说。尽管考古学家们从"中生代"末期的"白垩纪"地层中大量发掘，寻找到不少恐龙的化石，并根据发现恐龙化石出土地层的其他化石、地质结构，进行大量的科学考察和研究，推断这种曾经在地球上处于统治地位的生物的生活习性、发展过程以及灭绝原因。然而，这种地球上最庞大的生物的灭绝仍然是个尚未揭开的谜。

恐龙的灭绝并不是在它的衰亡时期，而是恐龙在地球上的生物圈中占有统治地位达1亿年的全盛时期中，因而带有很强烈的神秘性。恐龙灭绝的神秘性的另一方面，表现在恐龙的灭绝"很彻底"：生物学家和考古学家们发现，通常生物的灭绝或多或少地总会有一些"遗老遗少"，也就是说，多多少少会遗留一些它们的"子孙后代"，而我们至今仍未发现恐龙的后代（所谓的"尼斯湖怪兽"至今仍然未能证实就是"恐龙"的遗种），或者是恐龙的变种。

2. 恐龙灭绝的启示

考古学家和生物学家们一致认为，物种的自然灭绝总有一定的原因，如驼鹿的角的过度进化，太大的角不但不能作为"武器"，反而成为行动的累赘。猛犸象也是因为过长的象牙使其自身灭绝的。但是，造成恐龙灭绝的最重要的原因是环境突然发生改变，以及因此而导致的恐龙的食物严重缺乏。

据考古学家发掘，在6500万年前的白垩纪最后年代里，地球受到一颗小行星的撞击，漫天尘埃使地球出现了"核冬天"景象，极其寒冷的气候导致包括恐龙在内的灾难性生物大灭绝。

科学家们的推测可以从公元6世纪地球上发生的一次全球性大灾难得到验证。公元535～536年间，地处太平洋的喀拉喀托火山发生了大爆发，其后火山毒气、灰尘弥漫全球，遮天蔽日，日照骤减，气温突降，全球气候极度反常，延续影响超过10年，南美洲因而发生了连续30年的3000年来历时最长的大旱灾，灾难导致几乎全球性植物停止生长、枯萎甚至死亡，无数动物因饥饿而死，人类也因瘟疫大流行和粮食问题（淋巴鼠疫、其他疾病和极度营养不良）病死、饿死无数。强盛800年的罗马帝国也因此衰亡，人类社会从此大转折。

太平洋复活节岛的衰亡也是一个惨痛的教训：据考古研究发现，复活节岛也曾昌盛繁荣，人口众多。但由于岛上居民砍光了树木，耗尽了自然资源，到后来连造船的木料也没有了。由于丧失了对外联络和出海捕鱼的工具，16世纪以后，岛上的食物逐渐减少甚至枯竭，再加上大片土地沉入海底，复活节岛人没有出路了，为了生存，不惜互相杀戮，无休止的战争带来无穷的灾难，人们失去理智，忘记了文明，倒退回原始社会。

二、 地球家园环境恶化

1.“地球家园”怎样了

人类之所以改造大自然，为的是建设美好舒适的家园。然而，由于人们无限制地开发和利用大自然，把原本山清水秀、风景宜人、风和日丽的地球家园弄得坑坑洼洼、支离破碎、百孔千疮，而且还到处丢弃各种废物，排放废水、废气，使迷人的地球变得烟气弥漫、灰尘扑面、污水横流。全球环境问题参见图1-11。

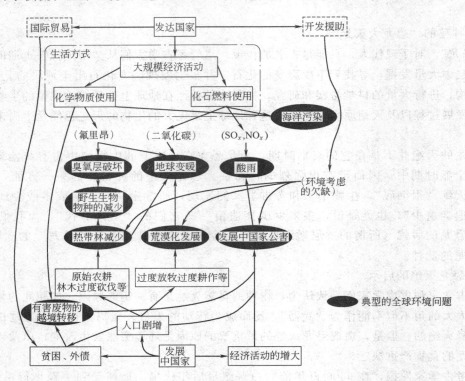

图1-11　全球环境问题（引自《地球环境手册》）

“环境问题”曾经被专指工业污染物的排放，以及工业污染物对环境的影响。这当然没有错。可是，如果地球植被不是受到如此严重的破坏的话，工业污染物当真有那么大的威力吗？很可惜，回答是否定的！半个世纪以前，已经觉醒的工业发达国家和地区，人们陆续展开对污染物排放的控制，对被污染的环境进行整治，以及开发无污染生产技术、无污染能源等，而且在很多方面都取得较好的成效，出现了不少“零排放”生产企业和部门，为世界经济可持续发展做出了榜样，不少的发展中国家也跟随行动并取得实效。同时，全球的环境污染物的排放总量的增长速度也已经显著放缓。然而，几十年过去了，地球环境并没有显著的改善，全球性的灾难性气候仍然继续袭击着人类，而且越来越强烈，频率还越来越高。

再回头看看，公元6世纪的延续影响超过10年的太平洋喀拉喀托火山大爆发，其火山毒气、灰尘弥漫的景象，就像科学家们所描述的“核冬天”一样恐怖，灾难的影响可谓深远。考古学家们还在格陵兰和南极的相对应年代的冰层里都发现了硫酸的残留——火山爆发释放的污染物在两极形成沉积层，足见火山喷发所产生的污染物数量之巨大，绝非现代地球上的污染物所能比拟❶。然而，由于当时地球上有足够的森林植被，而且地球人口不过 2 亿，人类活动的影响微乎其微，灾难很便被大自然消化了❷，大灾难后的数十年，地球就逐渐走出困境并恢复了生机。

这样的对比不能说明问题吗？

且看，20 世纪的最后年代里，地球环境在每一年里都发生了什么样的变化。

地球上每年单是热带雨林面积就减少 1800 万公顷，约占总面积的 0.9％；全球每秒钟就有近 $1hm^2$ 的森林消失；在最近 10 年中消失的树木种类比过去 1000 年消失的还要多。

地球上每年约有 2100 万公顷耕地由于荒漠化而减产或弃耕，有 700 万公顷的土地变为沙漠。到 20 世纪末，全球已损失 1/3 可耕地。

地球上每年流失表土 750 亿吨；有 200 多亿平方千米地面的泥沙被河流冲进大海。

人类每年移动的土方量约 200 亿吨，使地壳的稳定性受到威胁，并成为许多地质灾害的诱因。

地球上每年释放二氧化碳达 220 亿吨。

地球上每年由于温室效应引起温度和雨量变化，干旱和洪水频频发生，使世界产生 1000 万难民。

地球上每年产生 100 多亿吨垃圾和各种废弃物，绝大多数没有经过有效的处理。

地球上每年有 3 亿吨二氧化硫、23 亿吨悬浮颗粒物排放到大气层。

地球上每年单是汽车排放的一氧化碳就达 2 亿吨，氮氧化物超过 1.5 亿吨，铅超过 40 万吨。

地球上每年由于泄漏等各种因素而流入大海的石油达 1000 多万吨，汞 5000 多吨，多氯联苯 2.5 万吨，铅 30 多万吨。

地球上每年生产含氯氟烃（破坏臭氧层的主要因素之一）超过 100 万吨，其中 2/3 以上由于各种原因被排放到空气中。

地球上每年用于农业生产的化肥达 4 亿多吨，其中超过半数属于滥用。由于农业生产大量使用化学肥料，地下水体中的硝酸盐含量普遍上升。中国用世界 7％的耕地，养活了世界上 22％的人口，却使用了世界上 30％的化肥。但是实际发挥作用的化肥却很有限，多数随着灌溉水流失在环境中，成为严重的环境污染源。

地球上每天往江、河、湖、海里倾倒的各种垃圾和其他污染物多达数万吨。每年向海洋倾倒的垃圾约 200 亿吨。每年有 4000 多亿吨的各种污水排入自然环境，使超过 14％的江、河、湖泊水体受到污染。

地球上每天有 100 多种生物灭绝。但每年新增人口 9000 万，每天净增 25 万人。

20 世纪 80 年代以来，地球生物的保护伞——臭氧层发生了明显的破坏，在两极上空损失最为明显，比 20 世纪 60～70 年代减少了 65％，已形成了臭氧层空洞。

频繁的局部战争也在不断造成环境污染和破坏。伊拉克人在退出被侵占的科威特时，把 600 多万桶原油喷流到科威特土地上，并点燃了所有油井，烧毁过亿吨的原油，释放了上亿吨的烟雾尘埃和上千万吨二氧化硫，久久地弥漫空中，还有其他毒害物质和巨大的热量；泄入海洋 100 多万吨原油，使得约 $1500km^2$ 的海面被油污染，造成了地球上最大的人为的世

---

❶　"第一次"海湾战争中，焚烧了超过 100000 万桶石油，也仅造成了几个月的局部地区性 "核冬天"。

❷　大自然的这种消化污染物质的能力，又称为 "环境自净能力"。

界性污染事件，并产生了长期和深远的影响。

1986 年 4 月乌克兰切尔诺贝利核电站事故，相当于 500 颗广岛原子弹，导致 16.7 万人死亡，320 万人受到辐射伤害，距离事故中心 80km 外的农庄，仍有 20% 的小猪患有"放射综合征"。超过 6% 的放射性物质泄漏进大海。

2011 年 3 月 11 日当地时间 14：46（北京时间 13：46），日本东北部太平洋海域发生 9.0 级的强烈地震。地震导致福岛县两座核电站反应堆发生故障，其中第一核电站中一座反应堆震后发生异常导致核蒸气泄漏，于 3 月 12 日发生小规模爆炸并导致火灾的发生。爆炸和火灾引起核电站的进一步破坏，大量的放射性物质泄漏到空中和大海，造成重大环境破坏，给周边人群的生存安全带来极大威胁，已经泄漏到环境中的放射性物质则继续向全球扩散，威胁全人类健康。截至 3 月 28 日，根据已检测到的数据显示，此次日本核泄漏已经达到切尔诺贝利核电站的污染水平，从而使"福岛核事故"上升到和"切尔诺贝利核电站事故"为同一等级——最高等级。

核辐射使受到影响的生物发生基因变异，产生了大量的畸形物种和"新物种"，对地球的生物界将产生深远影响。

"切尔诺贝利核电站事故"和"福岛核事故"告诉人类，"核能"仍然存在安全性和环境隐患。

……

然而，即使是把一切都归咎于工业，工业污染所占的份额也是有限的。当然，这"有限的"份额不容忽视，因为它与人们的生活密切相关。

根据这些不完全的统计数据，可以想象到"地球家园"怎么样了，照此发展下去，人类还能有多大的生存和发展空间呢？

2. "地球家园"毁了，无家的人类何以为生

一个人的"家"毁了，可以重新建立。然而，70 多亿人口的家——地球如果毁了，却不可能建立另一个新"家"。要知道，到目前为止，人类仍然没有在已知的宇宙空间中找到与地球相似的星球，更不要讨论如何开发与建设适合人类生活的新家园以及怎样"搬家"的问题了。

不容置疑，"地球是人类唯一的家园"，至少在可预见的时间区段内如此。

实际上，地球环境的恶化比前面所述还要复杂，因为还有很多数量较少的污染物、废弃物没有列入统计，还有不少未知因素和潜在的危害，尚未被人们察觉。

还有，自然界本身也在不断地排放着各种各样的"污染物"，也给地球环境造成不良影响。

地球上每年接收到宇宙间落下的 2600～7200 块陨石，宇宙灰尘大约 4 万吨。

地球上每年由火山爆发喷出的火山灰多达 6.6 亿立方米，毒气弥漫。

地球上每年发生地震 350 万次，其中比较容易测量到的地震有 10 万多次，能被人感觉到震动的仅为 3000～4000 次，震级在里氏 5 级以上的有近 1000 次。

地球上每年发生 31.5 万次闪电，产生的氮氧化物超过 4 亿吨。

还有，地壳中某些矿藏中的有害物质的自然释放、泄漏等。

……

据不完全统计，由于城市和工业区的污染，全世界 12.5 亿城市人口生活在"不能接受"的环境条件中。

空气和水是生物生存的必需条件。如今，它们都产生了问题，迷人的蔚蓝色的星球真是隐忧重重。由于地面水的污染和过度使用加剧了本来就存在的缺水状态，于是人们又大量地开采地下水资源，进一步引起地下水的枯竭，甚至造成地面下沉。

20 世纪 80 年代初至 90 年代末，全国以城市和农村井灌区为中心形成的地下水超采区数量已从 56 个发展到 164 个；超采区面积从 8.7 万平方千米扩展到 18 万平方千米，超采量逐年增加，2000 年的超采量已近百亿立方米，累计超采量逾 1000 亿立方米。

长江三角洲、华北平原和汾渭盆地，地面累计沉降量大于 200mm 的分别为接近 1 万平方千米、6.2 万平方千米以及 7000 平方千米，并且还在继续扩大。华北等半干旱地区和干旱地区出现了大面积"地下漏斗"和局部地陷，一些建筑破坏或发生倾斜，成为中国的"比萨斜塔"，北京周围已形成了 1000 平方千米的漏斗区，沧州则达到 5 万平方千米。漏斗会导致地面下沉。60 年以来，天津市区地面已下沉了 3m；上海、太原、大连、青岛、秦皇岛等地也发生不同程度的下沉，部分地面已低于海平面。上海地面沉降的报道最早见于 1921 年，到 1965 年在市区已形成了一个碟形洼地，其中心处的最大沉降量达 2.63 米，苏州河的桥梁已"船舶不通"，一些楼房的底层已沉于地下。由于过度抽取地下水，山东半岛在 20 世纪80 年代有数百平方公里土地受到海水侵蚀。由于过度抽取地下水，美丽的滨海城市大连已经有 1/5 的地层被海水侵入。

漏斗，还会造成海水倒灌，诱发地震……

也是由于抽取地下水，威尼斯在过去 100 年内平均下沉了 1m；泰国的曼谷以每年 14cm 的速度下沉；墨西哥城在过去的 70 年里陷落了近 11m，1742 年建造的卡布其纳斯教堂已倾斜了 3.4m，令人大为震惊。

大量抽取地下水，又导致湿地变干，干地更干旱，不利于降水的形成，进而使土地走向荒漠化。此外，地下水位的下降，也加速了地面污染水的渗透，扩大了土地污染和地下水污染，从而引发了水资源进一步枯竭的恶性循环。

为了遏止地面沉降，一些"技术先进"或者"经济发达"地区实行"再生水"回灌，但是由于各地对"再生水"的掌控程度的差异，还有人浑水摸鱼乘机偷排污染物，很多地方回灌的结果又导致新的地下水污染。由于地下水循环是极端困难的，而且需要六百多年时间才能完成一次循环，后果非常严重。

"楼升地降"是上海地面下沉的另一个人为原因。有数据显示，自 1993 年以来，上海高楼平均每天起一座，目前已有七八千座高层建筑。上海地质学会研究发现，高层建筑对地质环境的影响非常明显。

某些大型工程，如采矿、地下铁路、大型桥梁、隧道等需要深挖地下施工，由于掏空了地层或者地下水流失，导致地面下沉，甚至"塌方"。

城区的路面都硬化了，降水无法渗入"自然补充"，也是地下水位下降的重要原因。而且中国的道路"'路面硬化'工程"范围还在不断地扩大，从超大城市到大城市，到中小城市，甚至到农村。

由于人类过度开发利用而被大大削弱的自然环境，对于人们在生产和生活中排放的污染物，不但失去了净化能力，还要受到污染物的侵害。森林、草地、江河湖海在污染物的作用下，进一步萎缩。森林，尤其是热带雨林的消失，不仅直接威胁地球上 90% 的野生物种，而且生活在森林地区的 2 亿多人口大部分将背井离乡，流离失所。然而，目前世界上 20 亿直接依靠开发森林为生的人们，仍然在大肆砍伐越来越小的林地。

由于有"生命保护伞"之称的臭氧层受到破坏，栖息在高纬度地区的某些小动物，已经出现视觉系统受损害的现象，甚至失明；有一些昆虫、微生物被紫外线杀伤、杀灭；农作物、牧草乃至幼树，也可能被强烈的紫外线所伤害，农、林、牧、渔业生产都将会因此受到严重影响；人类的"白内障"和皮肤癌的患者也有增加趋势。

臭氧层的破坏，削弱了大气对太阳和宇宙射线的阻挡作用，还可能造成气温升高，扰乱地球生态环境，引起生态灾难。已经受到严重破坏的地球的生态系统，随着环境污染的增加而每况愈下。

三、 环境与人——现在和未来的永恒话题

1. "人"是生物中的一员

人类是当今地球环境中高度进化的智慧生物，也是"生物"中的一员，在地球生态环境的破坏过程中也和其他生物一样身受其害。统计表明，尽管人类社会在不断向前发展，生活环境越来越舒适，饮食精益求精，医疗保健越来越完善，寿命也越来越长，然而，由于环境的破坏和污染，人类养尊处优的生活方式，人类的身体功能、抗病能力、应变能力甚至生殖能力都有所下降，很多过去的"老年病"发病显著低龄化，总体状况与其他生物比较并无显著差异。

人类是生态系统中的一员，是不以人们的意志所转移的事实。

> **小资料 1-13**
>
> 19世纪60年代，美国总统富兰克林向印第安首长西雅图买地，西雅图回信说："大地是我们的母亲，动物是我们的兄弟姐妹，我们怎能卖掉它们呢？土地赐予我们的一切，也会赐予我们的子孙。"
>
> "人类属于大地，而大地不属于人类，世界上的万物都是互相联系的，就像血液把我们身体的各个部分联结在一起一样，生命之网并非人类所编织，人类不过是这个网络中的一根线、一个结。但人类所做的一切最终会影响到这个网络，影响到人类本身，因为降临大地的一切，终究会降临到大地的儿女的身上。"

2. 保护地球才能保护人类自己

人类一直以环境的主人自居，一次又一次地向地球母亲、向环境索取，并且似乎每一次都"如愿"地获得"成功"，因而自大地认为"人定胜天"。然而现实是残酷的，正如恩格斯在100年前就提出的警告那样："我们不要过分地陶醉于我们对自然界的胜利。对于每一次这样的胜利，自然界都报复了我们。"❶ 前面所列举的事例，仅仅凤毛麟角而已，却已经是很好的证明。

在尼罗河的第一个阿斯旺水坝（低坝）建成以后，下游三角洲的土地变瘦了。但人们却不顾大自然的警告，又修高坝，结果不但土地退化、农业减产，河口渔场消失，尼罗河三角洲和地中海渔业生产受到严重影响，仅埃及沙丁鱼的捕捞量每年就减少18000t，还经常引起局部地震，并且由于河水流动缓慢，钉螺繁殖，导致血吸虫病流行。更严重的是由于尼罗河三角洲"后继无土"，海岸线在海浪冲击下不断向后坍缩，海水侵蚀速度达100～1000m/

---

❶ 摘自《马克思恩格斯全集》第20卷。

a。1965年多哥共和国在沃尔特河上建设了一个水库，也导致几内亚湾的多哥、加纳、贝宁、尼日利亚等国家的海岸崩塌，仅15年，大海就推进了135m。花费了大量的人力、物力和财力，结果却失大于得。还有，不少大型水库在蓄水以后，常引发地陷或地震灾害。1963年10月9日，意大利山区的巴瑶恩水库就发生山体被水"泡"松了而引起伦葛镇整体滑坡，造成全镇2600人丧生的惨剧。1975年8月4日"7503号"台风登陆后引起河南省伏牛山脉与桐柏山脉之间的大弧形地带特大暴雨，几天时间过百亿立方米的雨水狂泻而下并汇成洪流，沿途的大小水库不堪冲击纷纷垮塌，灾民死伤无数。我国的某些大型水库在蓄水后也由于库区山泥倾泻，导致库容锐减，同时山泥中的肥料成分溶解也使库区水体富营养化，污染流域水源。

全世界所有水库的蓄水量已经达到世界河流水量的3.5倍，而且还有增加的趋势。这些水库大量积蓄河水不但影响了江河水体的自然循环，还由于影响了水流速度，导致水体污染加剧，威胁人类和其他生物的用水安全。

中国拥有水库大坝9.8万余座，是世界上拥有水库大坝最多的国家，也是世界上拥有200米级以上高坝最多的国家。目前全世界已经建成的200米级以上高坝77座，我国就有20座。

近几十年来困惑英国和欧洲的"疯牛症"，也和人们违反自然规律，给纯素食的牛喂食"牛内脏制的蛋白粉"、肉骨粉或其他动物性饲料[1]，以促使其加速成长，结果却引起机体蛋白质变异有关。

人类对环境的欠账太多了，这些欠账都是在"环境是为人类服务的"思想指导下形成的，但事实告诉我们，地球的环境容量是有限的，地球的资源不是取之不尽的。

即使是"可再生资源"，无序地开发也可能枯竭。要保护人类，首先必须保护环境、保护地球。也就是说只有保护好地球，人类才能得到保护和发展。

1992年巴西联合国环境与发展大会上，一个12岁的加拿大小姑娘说："……我们是你们的孩子。你们将决定我们生活在一个什么样的世界里。"这话不是很值得我们深省吗？

谁也没有权利把孩子们推向绝境，但是，如果不保护环境的话，那又将如何呢？！

2007年世界环境日主题"冰川消融，后果堪忧"，对近几十年来地球气候暖化的不断加速对环境恶化的加剧提出又一个警告——冰川消融对人类是一种严重的灾难。无独有偶，2007年诺贝尔和平奖获得者阿尔·戈尔（Al Gore）[2]参与制作的环保纪录片"难以忽视的真相"用了大量的真实镜头，以无可辩驳的事实向人们展示"气候变暖"和"温室效应"对生态环境和人类未来的威胁和严重后果，呼吁全球人民共同行动。

另外，诺贝尔委员会近几年对多位环保和关注平民的杰出人物颁发奖项，本身就是对世界环保、和平与发展发出的一个卓有远见的信号。

3. 环境与人——永恒的话题

环境对于人类是如此重要，"环境与人"是现在，也是未来的永恒话题。如何处理开发建设与环境的矛盾，如何在现代化建设中保护好环境，是我们这一代人的重任。

（1）认识地球和环境对于所有的生物都有同样重要的意义。

---

[1]　新华社北京4月3日电《疯牛症的起源与传播》，《广州日报》2001年4月4日。

[2]　美国前副总统，该片获第79届奥斯卡金像奖最佳纪录片奖。由戈尔执笔的同名书《难以忽视的真相》（纪录片蓝本）获《纽约时报》、亚马逊图书排行榜畅销书/2006年美国"羽笔奖"图书大奖。

（2）认识人类是地球的产物，人类离不开地球。

（3）要保护人类，首先必须保护环境，保护地球。

（4）认识环境破坏和污染的形成过程，学习环境综合整治知识。

（5）提高环境保护意识，与破坏和污染环境的违法行为作斗争。

小资料 1-14

联合国报告：亚太地区环境面临巨大挑战

第二届联合国环境大会召开前夕，联合国环境规划署在肯尼亚首都内罗毕发布报告说，亚太地区的环境正面临巨大挑战。

这份题为《全球环境展望：地区评估》的报告称，经济繁荣、消费增长促进了亚太地区发展，也使高污染、高碳的生活方式成为主流，可持续消费方式尚未建立，严重威胁着环境健康。在东南亚，城市化进程和农业发展对自然资源的侵蚀使得荒漠化速度令人担忧，平均每年荒漠化土地面积超过 100 万公顷。

全球环境战略研究所高级政策顾问彼得·金在这份报告的发布会上说，东南亚国家必须加快步伐改变当前的荒漠化状况。

他同时表示，中国在去荒漠化和植树造林方面的努力是一个良好的案例，使其成为目前世界上少数几个森林覆盖率上升的国家，"大量森林采伐曾经让中国的山顶变得光秃，但政府及时管控，采取有力措施，如今这些山顶又变得郁郁葱葱"。

涉及水资源污染，报告指出，生活和工业排污是亚太地区主要的水污染源，这一地区有 30％人口的饮用水源被人类粪便污染，水生疾病每年造成 180 万人死亡。

在垃圾废物管理方面，报告强调不受控制的倾倒仍是亚太地区垃圾处理的主要方式，造成严重的疾病隐患。以印度城市孟买为例，12％的城市固体垃圾在街道或垃圾填埋场露天燃烧，排放出大量黑炭、二噁英以及致癌物呋喃等。

此外，亚太地区自然灾害频发也不容忽视。报告称，亚太地区是 2015 年世界上受自然灾害影响最严重的地区，预计到 2070 年，曼谷、达卡、广州、加尔各答、孟买、上海等人口密集的亚洲沿海城市将面临严峻的沿海洪涝威胁。

——新华社 2016 年 5 月 21 日

思 考 题

1. 为什么说"极端恶劣气候"也是环境问题？

2. 长江大洪灾对于中国有什么启示？

3. 江河断流是什么原因造成的？对环境有什么影响？

4. 为什么说"牧童式"的经济模式是造成荒漠化的首要原因？

5. "荒漠化"的含义是什么？对地球环境和人类有什么危害？

6. "人类踏着大地前进，在走过的地方留下一片荒野。"对我们有什么启发？

7. 何谓"物种多样性"？"物种多样性"对于人类有什么意义？

8. 何谓"自然淘汰"？为什么说现代社会时期的物种消亡不是"自然淘汰"？

9. 为什么说"恐龙灭绝"不是谜？"恐龙灭绝"对人类有什么启示？

10. 如何认识"环境与人"是永恒的话题？

中篇

给生病的地球诊脉

第二章
还我蓝天白云

第一节　烟雾弥漫的天空

一、不清净的天空

浩瀚无际的天空美丽、深邃，曾给地球上的人们带来无限的遐想！白天，艳阳高照，一朵朵洁白如絮的云朵在空中缓缓飘过，显得气清天蓝；夜晚，一颗颗星星在空中眨着眼睛，金光闪烁。有时，一轮明月垂挂夜空，皎洁的月光似银、似水，更增添了天空的深沉和神秘。

千百万年来，天空从来是这样安谧和清净，大自然以清风作扫帚，以风雪作刷子，不断把泛入空中的尘埃轻轻打扫冲刷干净，保持天空的清洁、美丽。

然而，天空的胸怀即使再宽广也是有限度的，它不可能接纳人间的超量污浊。随着近代工业的出现，大小工厂在世界各地纷纷建立，一根根高大的烟囱树立起来，一台台机器装备起来，形成一幅工业社会兴旺发达的壮丽景象。在这美妙景象的背后，人类排放到空中的废物越来越多，把天空变成了人类的空中垃圾场，人们不停地把各种有毒的烟雾向空中释放，它们四处飘荡，毒化着空气，侵蚀着大地、生物和人类自己。

延安延河水是那样清澈，宝塔山是那样雄伟，湛蓝的天空是那样迷人。可 20 世纪 90 年代，随着工业发展和人口的增长，延安的天空也不再蔚蓝。全市每年排废气量 30 亿立方米，二氧化硫 3017t，烟尘近万吨。每年超过 250 天上午 10 点以前能见度不到 100m，冬春季节早七八点钟、晚五六点钟 30m 以外辨不清人影。市中心癌症死亡率 10 年内比枣园对照点高 5 倍，冬季在医院就诊的患者中，50％以上是呼吸道疾病。

以八百里浩浩秦川而"物华天宝"的西安，是我国古代历史上的一方圣土。秦岭巍峨，北山逶迤，景色秀丽，有着悠久的历史和灿烂的文化。然而，1995 年，西安城空气中总悬浮颗粒物的年日均值为 $370\mu g/m^3$，超出国家二级标准几乎一倍。在西安，即使在气温零上十几摄氏度的天气里，街上也有许多人戴着大口罩，为的是要抵挡漫天飞舞的尘土。西安人自己说："如果不戴口罩，嘴里就好像含着土一样。"

20 世纪 90 年代的煤都大同，就像一座黑乎乎的城市，二氧化硫浓度和降尘量的年日均值远远地超过了国家规定的三级标准，是中国城市污染重灾区之一。公路两边到处可见像小山一样的煤堆，飞扬的煤尘使日月暗淡无光。据测定，大同市空气中的强致癌物质"苯并[a]芘❶"含量比标准高出整整 20 倍。

---

❶　旧称"3,4-苯并芘"，是一类由结构较复杂的有机物不完全燃烧的产物，常见于汽车排气、煤烟、沥青烟、烹饪油烟、烧煳的肉类等，具有强致癌性。

大同云冈石窟是中国著名的三大石窟之一，也是中华民族的优秀文化遗产，它曾经安然地走过了几千年的历史风雨，但当年数不清的小煤矿在云冈石窟周围的地底下掘进，浩浩荡荡的煤尘和有害气体不停地向石窟扑来。石窟周围还有 7 家焦炭厂和几十家乡镇企业，每年要烧掉 1.5 万吨煤。石窟终日处在烟笼雾绕之中。据检测：云冈石窟总悬浮颗粒物日均值全部超过大气二级标准。当时，石窟所有雕刻作品都不同程度地受到污染和侵蚀，个别洞窟外壁雕像几乎全部消失。

如今，经过大力整治，延安、西安、大同已恢复了蓝天白云的景象。

1979 年，联合国环境规划署的官员通过卫星了解世界上各主要工业城市的环境情况，然而，在收集到的卫星遥测照片中，原来应该是本溪市的地方，只见灰蒙蒙的一片——城市"失踪"了。原来方圆 40 多公里的本溪市被灰黑色大雾笼罩着。从此，"卫星上看不见的城市"成了本溪的外号。据统计：本溪市每平方千米地面在一个月内落下的尘土就有 125t。如果把本溪上空的烟尘和飞灰制成标准砖，可以排成 1 万千米。几十年的时间里，本溪死于肺癌的人翻了两番，呼吸道疾病也远高于全国平均水平。

据国际卫生组织 1998 年公布的一项报告称：全球 54 个国家 272 个城市大气污染评价结果表明，全球空气污染严重的前十个城市是太原、米兰、北京、乌鲁木齐、墨西哥城、兰州、重庆、济南、石家庄、德黑兰，中国占了 7 个。

据统计，1998 年中国排放二氧化硫 2100 万吨、烟尘 1400 万吨、工业粉尘 1300 万吨，是世界上大气污染物排放量最大的国家之一。

在祖国的大江南北、城市乡村，清洁的天空还有多少？

据统计，世界上有 70% 的城市居民呼吸着污浊的空气，每天至少有 800 人因空气污染而过早死亡。

小资料 2-1

中国空气质量

昨天，有一个排名格外引人关注：中国空气质量在 133 个国家中，排名全球倒数。数据来自中国社科院 9 日发布的首部《全球环境竞争力报告（2013）》。在总的环境竞争力排名中，中国名列第 87 位，单从生态环境竞争力来看，中国排名倒数第九，为第 124 位。

如果只是这两个排名，网友也许不会太关心，但有媒体注意到了报告中对空气质量的排名。从反映空气污染程度的三项关键指标来看，细颗粒物（PM2.5）、氮氧化物和二氧化硫排放量，中国分别为全球倒数。

空气污染带来严重的健康问题。根据一份名为《2010 年全球疾病负担评估》的权威报告，2010 年中国约有 120 万人因室外空气污染过早死亡，"环境颗粒污染"是中国第四大致命因素，前三名分别为饮食风险、高血压与吸烟。与中国情况类似的是印度，2010 年约有 62 万印度人因室外空气污染过早死亡。即使按照中国科学院院士陈竺等专家估算的数字，中国每年因室外空气污染导致的早死人数也在 35 万～50 万人之间。

——摘自杭州日报网 2014 年 1 月 11 日

二、 有毒的烟雾

　　空气是人类生存的最基本的条件，5min 不呼吸空气就会死亡。同时，空气中一旦混入有毒物质，受到污染，人的身体健康就会受到影响，甚至死亡。令世人震惊的"八大公害"事件中，就有 5 件是大气污染造成的，见表 2-1。

　　1. 伦敦烟雾事件

　　英国伦敦是一座具有 2000 多年历史，拥有人口 100 多万的大城市，它处在泰晤士河下游的伦敦盆地中，天气多阴多雾，素有"雾都"之称。1952 年 12 月 5 日，伦敦地面无风，气温下降，形成逆温层，相对湿度达 82%，潮湿而沉重的空气压在伦敦上空，使伦敦沉浸在浓雾之中。而无数个工厂的烟囱照样向空中喷云吐雾，由于天气寒冷，许多居民的壁炉也烧起了腾腾火苗，燃煤而产生的大量的烟尘和二氧化碳、二氧化硫被排放到空中。在这种无风、逆温和浓雾的气候条件下，污染物蓄积在伦敦上空，经久不散，使空气里充满了难闻的煤烟味。煤烟从空中纷纷飘落，落在街道上、行人的衣帽上，夹带着烟尘的雾气，化作一阵阵黑色的毛毛细雨，随着人流四处飘散。人们接触到烟雾，泪如泉涌，喉咙里热燥难忍。次日，情况进一步恶化，气温降至 −2.2℃，而相对湿度上升为 100%，空气中的烟尘因无法飘散，浓度越来越大，能见度很低，仅为数米。飞机航班被迫取消，连汽车也不得不停止行驶。直到 12 月 9 日，海风不断从南方轻轻吹来，带来了洁净的空气，冲淡了原来的烟雾，才得到缓和。

表 2-1 "八大公害"事件

事件名称	国别	时间	主要污染物	后果
马斯河谷事件	比利时	1930 年 12 月	SO_2、烟尘、氟化物	几千人发病,60 多人死亡,比平常增加 9 倍
多诺拉烟雾事件	美国	1948 年 10 月	SO_2、烟尘	发病者 5000 人,死亡 17 人
洛杉矶光化学烟雾事件	美国	20 世纪 40～50 年代	NO_x、烃类及其氧化物	刺激眼睛、喉痛、呼吸困难、头痛等,65 岁以上老人死亡 400 人
伦敦烟雾事件	英国	1952 年 12 月	SO_2、烟尘	5 天死亡 4000 多人,两个月内又陆续死亡 8000 多人
四日市哮喘事件	日本	1961～1972 年	SO_2、烟尘、重金属	哮喘,10 多人死亡,到 1972 年患者达 6300 人
水俣病事件	日本	1953～1956 年	甲基汞	患病 283 人,死亡 60 人[①]
痛痛病事件	日本	1955～1972 年	镉	患病 258 人,其中 128 人死亡
米糠油事件	日本	1968 年 3 月	多氯联苯	患病 1 万余人,死亡 30 人

　　① 据报道,水俣病患者累计死亡人数已远超出 1000 人。

　　据测定，当时接近地面的空气中，烟尘浓度最高达 4.46mg/m³，为平时的 10 倍之多，二氧化硫最高浓度达 5.4%，为平时的 6 倍以上。

　　事后，经有关部门统计，伦敦地区在烟雾期间共有 4703 人死亡。在后来的两个月中还有 8000 多人相继病死。经解剖分析，死因大都与此次烟雾有关。事件后，有成千上万人患

上支气管炎、冠心病、肺结核、心脏病、肺炎、肺癌、流感等各种疾病。

另外，1930年12月发生的比利时马斯河谷烟雾事件和1948年10月发生的美国多诺拉烟雾事件都与伦敦烟雾事件情况相类似。在马斯河谷烟雾事件中有几千人患呼吸道疾病，一星期内有60多人死亡。在多诺拉烟雾事件中，有43%的居民感到眼、鼻、喉受到刺激，并伴有胸痛、咳嗽、呼吸困难、剧烈头痛和恶心、呕吐等症状，短期死亡17人。

2. 洛杉矶烟雾

1984年第23届奥运会上，有一只被选作奥运会吉祥物的名叫"轰炸机"的秃鹰突然死掉，当时它正准备参加开幕式表演。为什么呢？经过兽医对尸体解剖检验，结果发现："轰炸机"患了肺尘病，因血液中毒引起血管破裂而死亡，而杀害它的，就是洛杉矶的"光化学烟雾"。

光化学烟雾是一种淡蓝色的烟雾，它是由大气中的氮氧化物和烃类在强烈的阳光照射下，发生一系列复杂的光化学反应，生成臭氧、醛类、过氧乙酰硝酸酯、二氧化氮等多种化合物，这些化合物再同水蒸气结合在一起而形成。它最早在洛杉矶被发现，对人的眼、喉、鼻等部位产生强烈刺激，产生红肿症状，使人流泪、胸痛、喉痛，并造成呼吸衰竭，严重时使人丧命。在1952年洛杉矶的一次烟雾事件中，当地65岁以上的老人就有近400人死亡，数千人不同程度地得了红眼病、喉头炎和胸痛。

造成这种淡蓝色的害人烟雾的罪魁祸首就是汽车排放的含氮氧化物和烃类等的废气。洛杉矶每年的5～10月份光照十分强烈，是形成光化学烟雾的重要条件，所以光化学烟雾的危害首先在洛杉矶发生，并因此称为"洛杉矶烟雾"。

专家们研究表明，以燃油作为主要能源的机动车在人口高度集中的城市数量剧增，再加上一定的地理因素和气象条件均有形成光化学烟雾的潜在危险。继美国之后日本、苏联和一些欧洲国家都相继发生过严重的光化学烟雾事件。中国的上海、成都、兰州、重庆等城市也曾发生过光化学烟雾。纵观世界，烟雾正像一个现代化瘟疫在许多城市中泛滥。据报道，雅典每天死亡的人中有8个是受烟雾毒害所致。

这些烟雾事件的发生，给全世界敲响了警钟。目前，世界各国都在采取措施，治理大气污染。人们都渴望着能生活在干净清洁的大气中。

3. 雾霾

随着对有毒害的烟雾的认识的深入研究，人们发现有毒气体和微粒子的共同作用比各自的作用后果更加严重，我国政府从2004年开始关注"含有微粒子的有害气体（和雾）"对环境的影响，并开始使用"雾霾"这个专用名词，还在2012年2月29日新修订的《环境空气质量标准》中，增加了细颗粒物（PM2.5）监测指标。

在"伦敦烟雾事件"中作祟的主要是"含硫酸烟雾"，在"洛杉矶烟雾"中作祟的主要是"含醛烟雾"，而"雾霾"则是它们的其中之一或者是它们的混合体，再加上以PM2.5（粒径小于2.5μm的微粒子）为主的微细悬浮粒子的复合体。"PM2.5"当中的一些纳米级的超微粒子还具有可以穿透人体"黏膜组织的细胞膜"的特殊性能，甚至可以通过皮肤直接进入组织。而且"雾霾"中的PM2.5微细悬浮粒子组成很复杂，通常都含有有毒的重金属成分，进入人体后果会很严重（图2-1）。

所以"雾霾"污染的影响比"伦敦烟雾事件"和"洛杉矶烟雾"的影响更加深重。

2013年1月28日，PM2.5首次成为中国气象部门的"霾预警指标"。将霾预警分为黄色、橙色、红色三级，分别对应中度霾、重度霾和极重霾。2014年1月4日，我国正式将

"雾霾"定为气象灾害的一种❶。

图 2-1　雾霾

三、大气污染物随风飘流，危害全球

1991 年，中国著名登山运动员茨仁罗布和登山队队友们一起踏上了征服世界屋脊的路途。当他们向珠穆朗玛峰攀登的时候，茨仁感到眼睛发酸，就摘下护目镜，想揉揉眼睛。然而，就在那一瞬间，一个意外的发现令他惊叫起来："看，黑雪！"队员们纷纷摘下护目镜，惊讶地看到片片黑色雪花从空中飘落下来。落在他们衣服上的黑雪融化后黏糊糊的，像沥青一样发出刺鼻的臭味。

珠穆朗玛峰的黑雪惊动了全世界。据科学家对雪样分析，黑雪中含有大量的微细炭颗粒和沥青颗粒，同时还有二氧化硫和三氧化硫的溶解物。结合气象资料分析，很显然，黑雪与当年的海湾战争有关。战争期间，入侵者在败退过程中点燃了 610 口油井，每天大约有 460 万桶石油被焚烧。这场大火足足烧了 8 个月才被扑灭。大火不仅使科威特的环境遭到灾难性的污染，在海湾地区形成了好几个月的"核冬天"，也使邻国乃至全世界环境遭殃，有环境专家估计，恢复当地的环境可能需要 100 年❷。这一环境污染造成的危害比战争还严重，是对全球人类的犯罪。

在北极附近的格陵兰岛是一个千里冰封、万里雪飘的寒冷之地，几十万年的降雪，在岛上堆积成厚数百米的冰层。科学家们在格陵兰岛的冰层上打孔，取出冰芯逐层进行化验，结果发现，冰层中的铅含量分布竟然与历史上有记载的大气中铅含量的变化趋势几乎完全一致。

南极洲是地球上最寒冷的大陆，那里终年寒风凛冽、冰川覆盖，是人类活动的"禁区"，一直是人们认为地球上最清洁的地方。然而，科学家也从南极考察队带回的企鹅的肝脏和脂肪里发现了 DDT❸ 及其代谢产物。

在一些工业发达国家，某些工厂主迫于群众的抗议，为了减轻当地的污染，往往把烟囱

---

❶ 有资料称"雾霾"为"自然灾害"，这是不准确的，因为"雾霾"不是"自然物"。

❷ 见自然之友书系《20 世纪环境警示录》。

❸ 已禁用很多年，20 世纪 40～50 年代被广泛应用在农业上的一种有机氯杀虫剂，其自然衰变速度很缓慢。由于中国对其认识滞后，目前国人体内"DDT"积蓄量为发达国家的 2～4 倍，含另一种有机氯农药"666"则为全球之冠。

加高，以便将污染物送到高空，使之随风飘散，传送得更远，将污染转嫁给其他国家。

但是，环绕地球的大气环流是个多事的免费运输者，每年把数亿吨烟尘、毒气、酸雾和其他"大气垃圾"在世界各地搬来搬去，在这些环流的作用下，任何地方的大气污染物都会被迅速带到全世界。观测资料证实，在大气中进行核试验产生的尘埃，几天内，最多几周内就可以在全世界检出，即使南北两极也无法幸免。

由于大气环流的关系，大气污染实际上是没有区域界限的。人类只有一个地球，也只有一个大气圈。人们向空中排放的污染物无论送得多高，散得多远，最后都要全人类共同"分享"，当然也包括排放污染物者自身。因此要避免污染物的危害，唯一的出路就是整治，尤其是要做好"源头整治"。

四、 大气污染与大气污染的危害

1. 大气污染

人离不开空气，成年人平均每天约需 1kg 粮食和 2kg 水，但对空气的需求就大得多，每天约 13.6kg（合约 $10m^3$）。不仅如此，如果三者都断绝供应，则引起死亡的首要原因是空气的断绝。洁净的空气比任何东西都可贵。

洁净空气的主要成分是氮、氧和氩，分别占空气总体积的 78.09%、20.95% 和 0.93%，并含有一定量的水蒸气，以及少量的其他成分如二氧化碳、氖、氦、氙、氢、臭氧等。

自然界中局部的物质能量转换和人类的生产、生活活动，改变了大气中某些成分，并向大气中排放有毒物质，以致使大气质量恶化，影响原有有利的生态平衡体系，严重威胁着人体健康和正常工农业生产，以及对建筑物和设备财产等构成损害，即为大气污染。

2. 大气污染的来源

（1）自然活动　自然界的火山爆发、森林火灾、海啸等产生的尘埃和废气，可造成局部和暂时性的污染。

（2）人类活动　人类活动包括生活与生产过程中向大气层排放的烟尘、硫氧化物、氮氧化物、烃类等污染物，造成了区域性和长期性的大气污染。尤其是生产活动排放的污染物是大气污染的主要原因。

人为的大气污染主要来源于三个方面：一是生活污染源；二是工业污染源；三是交通污染源。

3. 大气污染物

大气中的污染物种类很多，其中主要的有烃类（HC）、一氧化碳（CO）、氮氧化物（NO_x）、硫氧化物（SO_x）、苯并 [a] 芘和颗粒物质等。这些一次污染物有的在大气中经各种化学反应后会生成一系列二次污染物，见表 2-2 和表 2-3。

表 2-2　主要的一次污染物和二次污染物

污染物	一次污染物	二次污染物
含硫化合物	SO_2、SO_3、H_2S、H_2SO_4	硫酸盐，硫酸烟雾
碳的氧化物	CO、CO_2	
含氮化合物	NO、NO_2、NH_3、HNO_3	硝酸盐、光化学烟雾
烃类	C_1、C_5 化合物	醛、酮、光化学烟雾
卤素化合物	HF、HCl	

表 2-3　大气主要污染物来源及危害

污染物	人为污染源	自然污染源	危　害
一氧化碳	燃料燃烧	森林大火、生物过程	降低人体血液中氧量,头痛、眩晕,甚至危及生命
二氧化碳	煤、石油和天然气	火山爆发	引起温室效应等
烃类	燃料不完全燃烧,有机化合物蒸发	生物过程	经化学反应形成光化学烟雾,刺激人体眼睛,引起喉痛等
氮氧化物	煤和油燃烧等	土壤细菌作用、闪电	引起呼吸道疾病,损害植物等
硫氧化物	煤和油燃烧等	火山爆发	损害植物,损害人的肺部和心脏等
微粒物质	煤燃烧等	土尘	影响气候,降低能见度,危害人体肺部等

注:摘自《我们的地球》。

4. 大气污染的危害

地球正被大量有害气体包围着,在大气治理落后的地区,大气污染更加严重。悬浮于大气中的污染物,会造成局部地区或全球性的气候和气象变化,能直接对动植物的生长和生存造成危害,尤以对人体的健康危害最为引人注目。

人群长期受低浓度污染物的侵袭,体质会下降或导致某些慢性疾病。一般情况下直接刺激呼吸道的有害化学物质如二氧化硫、硫酸雾、氯气、臭氧和烟尘等被人体吸收后,首先引起支气管反射性收缩和痉挛、咳嗽、打喷嚏和气道阻力增加。久而久之呼吸道的抵抗力会逐渐减弱,诱发慢性呼吸道疾病如鼻炎、支气管炎、支气管哮喘等,严重的还可引起肺水肿。空气污染已成为诱发肺心病、冠心病、动脉硬化、高血压等心血管疾病的重要因素。

被称为"文明病"的癌症,尤其是肺癌的多发情况,更与空气污染有密切关系。此外,如果局部环境中某些污染物浓度过高,甚至还可引起急性中毒与死亡。

统计资料表明,世界上有 1/5 的人口居住在空气烟尘超标地区,由过量的城市烟尘造成的呼吸道疾病和癌症,每年都使几十万人过早地离开了人世。目前,全世界有 1.5 亿气喘病患者,而且正以每 10 年 20%～25% 的速度递增。

目前,呼吸系统疾病是中国居民的第一死因。仅恶性肿瘤来说,近二三十年来,中国死亡率增幅最大的是肺癌,城市中每 10 万人就有 35.59 人死于这种可怕的疾病。山西省肿瘤研究所的专家用 5 年时间进行调查研究,发现环境污染程度与恶性肿瘤发病率呈明显正相关性关系。20 世纪 90 年代,山西省大部分城市环境质量超过国家标准,大气污染严重,这使得山西省肺癌发病率明显高于其他省市。过去的十几年中,山西省城乡肺癌发病率和死亡率较 70 年代上升 30%～50%,恶性肿瘤死亡数占厂矿职工死亡总数的 30% 以上,各种癌症之中,肺癌是第一死因。

大气污染对农业生态的危害也十分严重。尤其在工厂周围最为明显。工厂排放的污染物如二氧化硫、氟化物、氯、臭氧等有害气体,轻则抑制植物的生长发育,降低产量,重则引起植株死亡。

某市有一座硫酸厂每天排放 6t 多的二氧化硫,致使周围地区的农作物和蔬菜年年减产,受害农田近 300hm²。在南方的一个冶炼厂,因排放大量的二氧化硫,周围 500km² 的地区遭污染,600 多公顷农田受害,部分农田颗粒无收,附近的果树也大量死亡。

在浙江传统蚕区,近年来由于砖瓦窑炉排到大气中的含氟气体增加。桑叶吸收了空气中的氟,导致以桑叶为食的蚕中毒,使蚕桑产业遭到很大损失。据估计,全国仅磷肥行业排放的含氟气体,每年就减产 35 万吨粮食。

工厂排入大气中的另一类污染物——颗粒物，对农作物同样有重大的影响。某省一家水泥厂排放的水泥粉尘，使附近 2000hm² 果园、蔬菜和作物受害，损失严重。

第二节 酸雨

闻名世界并代表着我国古建筑精华的北京汉白玉石雕，近年来遭到了意想不到的损害。故宫太和殿台阶的栏杆上雕刻着的各式精美浮雕花纹，60 多年前图案还清晰可辨，现在却大多已模糊不清，有的已变成光板。有关研究证明，破坏这些建筑的正是酸雨。通常将 pH 值小于 5.6 的雨、雪或其他方式形成的大气降水（如雾、露、霜等），统称为酸雨。

一、酸雨的形成

雨露滋润禾苗壮。上苍降下雨水，本是为了滋润万物，向上天祈雨是人类史上一项神圣的宗教仪式。然而，有一天，人们惊恐地发现，这从天而降的雨不再是甘露，而是一种可怕的液体，所到之处，树叶飘落，禾苗腐烂，森林枯萎，鱼虾丧生，建筑物剥蚀斑斑。这就是一般人所说的酸雨。

酸雨的正式称呼是酸沉降（或酸性降水），是指酸性强于正常雨水的雨、雪、霜、雾、雹等大气降水。在化学中溶液的酸碱性通常用 pH 值来表示。pH 值等于 7 表示溶液呈中性，pH 值小于 7 表示溶液呈酸性，pH 值越小酸性越强。

雨中带酸原本是很自然的事，因为大气中本来就含有一定数量的二氧化碳，二氧化碳溶解在洁净的雨水中可形成碳酸，所以正常情况下，大自然的雨水偏酸性（pH 值小于 5.6）。

但是，自从人类大量使用化石燃料（煤和石油）作为主要能源以来，每年将数亿吨的二氧化硫、氮氧化物排放到大气中，严重地污染了空气。这些污染物经过复杂的化学反应被氧化成硫酸、硝酸，并以酸雾的形式飘荡在大气中，或依附于微粒尘埃上，在一定的气候条件下，就变成酸性的雨、雪、霜、雾、露等，它们的 pH 值都显著地小于 5.6。显然，酸雨是大气污染的结果（图 2-2）。据测定，酸雨中含有多种无机酸（如硫酸、硝酸、盐酸、碳酸）和有机酸，但主要的还是硫酸和硝酸，它们占雨水中总含酸量的 90% 以上。据报道，国外酸雨中硫酸与硝酸之比约为 2:1，而中国降水化学分析表明，硝酸含量不及硫酸含量的 1/10,主要是大气中二氧化硫造成的，这与中国以煤作为主要能源而国外以石油作为主要能源有关。

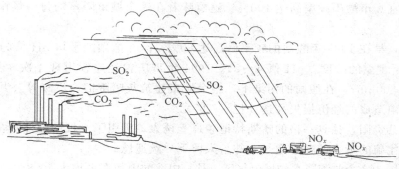

图 2-2　酸雨的形成

二、　四处游荡的"腐蚀剂"

酸雨最初于 1872 年被英国化学家 R. A. 史密斯发现。但由于当时工业污染程度小，史密斯的重要发现并未引起人们的重视。直到 20 世纪 50 年代后，由于工业的发展使酸雨频繁出现，危害性也日益明显，酸雨问题才引起人们的关注。尤其是 20 世纪 80 年代后，大气中的酸性污染物的触角几乎伸到了地球的每个角落，酸雨危害也因此几乎遍及全世界。

美国是酸雨危害最严重的地区之一。洛杉矶的酸雨曾经达到了食醋的酸度。蒙大拿的积雪 pH 值更有 2.6 的纪录，差不多和柠檬水的酸度相当。世界"酸雨之最"的纪录由弗吉尼亚州西部惠林地区的一次暴雨所创造，pH 值竟达到 1.5 左右。近二三十年来，美国有 15 个州，酸雨 pH 值在 4.8 以下。

在加拿大 pH 值在 3 左右的酸雨也已司空见惯，受害面积达 120 万～150 万平方千米，4000 多个湖泊变成死湖。著称于世的加拿大森林也在一片片地枯败死亡。

在欧洲各国，酸雨也非常严重。近二三十年来的监测结果表明，欧洲雨水酸度每年增加 10%。斯堪的纳维亚半岛南部、瑞典、丹麦、波兰、德国、捷克斯洛伐克等国酸雨的 pH 值均在 4.0～4.5 之间。

日本于 20 世纪 70 年代经常有酸雨对人体危害的报道，主要表现为雨水对眼睛的刺激，尤其是 1974 年 7 月 3 日以北关东地区为中心的 3 万余人受到了伤害。80 年代以后，日本在全国范围的酸雨调查结果表明，100 个调查地点的降水平均 pH 值为 4.54，pH 值超过 5.5 以上的地区不超过 5%，这说明日本每个地区的降水都呈现酸性。

20 世纪 70 年代以来，中国也陆续出现了酸雨现象，形成一片片辽阔的酸雨区。以广东、广西、四川盆地和贵州为核心的中国西南、华南酸雨区，与欧洲、北美并列为世界三大酸雨区，还有以长沙、南昌为中心的华中酸雨区，以厦门、上海为中心的华东沿海酸雨区，以青岛为中心的北方酸雨区。目前，年均降雨的 pH 值低于 5.6 的地区占全国面积的 40% 左右，长江流域更有"十雨九酸"的纪录，中国每年因酸雨造成的直接经济损失达 200 亿元左右。

广东省经济快速增长，电力和建材行业迅速发展，全省工业废气和粉尘的排放量也随之迅速递增。据统计，1997 年全省降水平均 pH 值为 4.80，酸雨频率为 51%。其中佛山、清远、广州、中山四市的酸雨频率超过 70%，有 17 个市皆被划为国家酸雨控制区，控制区面积达 12.8 万平方千米，占全省面积的 71.6%，是全国酸雨控制区面积最大的省份之一。

四川省的宜宾市酸雨频率高达 100％，这意味着在这个城市降落的每一场雨都是可怕的酸雨。

山城重庆，早在 1993 年酸雨的频率已高达 80％，全年酸雨的平均 pH 值为 4.38，最低值为 2.8，大于食醋的酸度（pH 值 4～5）。1994 年重庆曾经连续出现 4 次"黑雨"现象，降雨面积约达 800km²，在酸雨的污染下，整个城市建筑灰暗脏旧，汽车等公共设施锈迹斑斑，每年因酸雨造成的经济损失高达 5 亿～6 亿元。

贵州省省会贵阳，独具一格的喀斯特地貌风光诱人，吸引了大批的中外游客，但是满天弥漫的含二氧化硫的呛人的酸性空气，却给人留下一丝遗憾。

2017 年全国 463 个监测降水的城市（区、县）中，酸雨频率平均为 10.8％，比 2016 年下降 1.9 个百分点。出现酸雨的城市比例为 36.1％，比 2016 年下降 2.7 个百分点；酸雨频率在 25％以上、50％以上、75％以上的城市比例分别为 16.8％、8.0％、2.8％，比 2016 年分别下降 3.5 个、2.1 个和 1.0 个百分点。全国降水年均 pH 值范围为 4.42（重庆大足区）～8.18（内蒙古巴彦淖尔市）。

2017 年酸雨区面积约 62 万平方千米，占国土面积的 6.4％，比 2016 年下降 0.8 个百分点。其中，较重酸雨区面积占国土面积的比例为 0.9％。酸雨污染主要分布在长江以南-云贵高原以东地区，主要包括浙江、上海的大部分地区，江西中北部、福建中北部、湖南中东部、广东中部、重庆南部、江苏南部、安徽南部的少部分地区。

中国是以煤为主要能源的国家，燃煤排放的二氧化硫的量和浓度都较高。据统计，2017 年中国煤炭消耗 27 亿吨，二氧化硫排放量超过 3500 万吨（不含乡镇企业），远超过欧洲和美洲，居世界首位。酸雨类型总体仍为硫酸型。

酸雨同其他大气污染物一样，是可跨越国境的污染。

三、酸雨的危害

酸雨的危害极大，其主要表现在以下几个方面。

1. 对水生生态系统的影响

酸雨可使河流、湖泊酸化，使生活在其中的植物、动物、藻类、微生物的种类和数量发生变化。耐酸的藻类、真菌增多，而有根植物、细菌和无脊椎动物减少，有机物的分解率降低，水质变坏。研究表明，当湖水或河水的 pH 值降到 5 以下时，鱼类的繁殖和发育受到严重影响，变酸的河水还可使水体底泥中的重金属成分溶解出来，进入水中并毒害鱼类。所以，酸化的湖泊、河流中鱼类减少，严重的甚至变成了"死湖"。

2. 对陆地生态系统的影响

酸雨能抑制土壤中有机物的分解和氮的固定，淋洗与土壤粒子结合的钙、镁、钾等元素，使土壤贫瘠化。酸雨还会伤害植物的芽和叶，从而影响农作物的生长。在中国酸雨比较严重的柳州地区就出现了"下雨天浇菜"的怪事，下完雨后农民们赶紧用洁净的水把菜再浇一遍，不然，菜就会黄叶、烂根或死苗。

酸雨同样会破坏森林，使森林生长缓慢，甚至大面积枯萎、死亡。有调查表明，在美国东部、加拿大南部，酸雨是造成森林破坏的主要原因。在欧洲 1.1 亿公顷的森林中，有 5000 万公顷受酸雨危害而变得脆弱和枯萎。在德国，全国森林面积的一半以上，即 400 万公顷树木都受到伤害；德国人引以为豪的黑森林，也有 75％的面积受到某种形式的损害，整个没有树冠或没有树叶，只留下枯枝的树木比比皆是。横贯德国东部、捷克、斯洛伐克的厄尔士山脉，20世纪70年代还保留有包括美丽的枞树的原始森林，人称"东欧的阿尔卑斯"，可如今，叶损枝折、树皮剥落，裸露着白色树干的森林延续几十千米，景象十分悲惨。在中国，素有"天然植物园"之称的四川峨眉山，冷杉林由于酸雨而大片衰亡，金顶一带冷杉林死亡率达87.5%。

3. 对各种材料的影响

酸雨的腐蚀力很强，加速了许多用于建筑结构、桥梁、工业装备、供水管网、通信电缆的材料的腐蚀。酸雨可把各种材料腐蚀得千疮百孔、污迹斑斑。中国的嘉陵江大桥因受酸雨腐蚀每半年就要除锈一次。波兰南部的火车铁轨遭酸雨腐蚀，致使火车在这些路段必须减速行驶。美国著名的"自由女神"像也曾因酸雨影响，表面变得疏松，为此，纽约州政府对这尊象征美国精神的雕像进行了修复，美国每年花在修理受损古迹方面的费用超过了50亿美元。重庆市江边的元代石刻佛像，曾经完整无损地保存了多少个世纪，如今却因为酸雨而变为"回归自然"的石头。世界上最大的佛像——乐山大佛，由于酸雨的侵蚀，已"重病"缠身，大佛已损坏严重、面目全非。在地中海沿岸的历史名城雅典，保存着许多古希腊时代遗留下来的雕像，近20多年来已被慢慢腐蚀。英国伦敦英王查理一世的塑像和德国慕尼黑的古画廊、科隆大教堂，也都已受到严重的损坏，失去了往日的风采。

4. 对人体健康的影响

酸雨会刺激人的眼睛，使眼睛红肿发炎。含酸的空气会刺激人的皮肤，并会引起哮喘等呼吸道疾病。酸雨还会造成地表水和地下水体的酸化，使土壤中的金属离子溶解，从而使水中的铝和重金属含量增高，饮用这类水或食用酸性河水中的鱼，都会对人体的健康有所伤害。很多国家的地下水中的铝、铜、锌、镉的浓度，因酸雨的作用而超过正常值的10～100倍。

四、酸雨的防治

酸雨形成的主要原因是人类的活动，特别是交通、火力发电和金属冶炼厂等工矿企业，以及居民取暖的炉灶。因此酸雨首先出现在工业发达、人口稠密的地区，如欧洲，酸雨几乎覆盖了整个洲。北美洲的酸雨问题也很严重。中国的酸雨污染也在随着工业的发展、汽车的增加而日趋严重。

因此，首先要减少二氧化硫和氮氧化物的排放量。主要措施如下。

1. 大力开发新能源，杜绝酸性污染

大量开发和利用无污染（或少污染）的新能源，如太阳能、水能、地热能、风能、潮汐能、核能等，这些能源不但可以避免酸性污染物的排放，还可以减少二氧化碳的释放，降低温室效应对环境的不良影响。

2. 堵截"污染源"，避免大气酸化

（1）使用低硫的燃料 化石燃料中硫含量较高，增加脱硫装置，或用煤气、天然气代替燃煤，都可减少二氧化硫的排放。

（2）烟道气脱硫脱氮 火力发电厂及其他燃烧装置上安装烟气净化装置，以脱除烟气中的硫和氮的氧化物。

（3）控制汽车尾气排放 汽车尾气中所含氮氧化物是城市大气污染的主要来源，采取改

进发动机、安装汽车尾气净化器等措施可以有效控制汽车尾气中污染物排放量。

为了更好地防范酸雨的危害，1979年，欧洲及北美洲35个国家签订了《长程越界空气污染公约》。在欧洲，有31个国家的96个地点共同建成了酸雨监测网。加拿大则加入了美国的国家酸沉降评价计划。亚洲国家间的酸雨防治合作也很多。1992年联合国环境规划署委托世界气象组织收集了世界范围内的有关酸雨的数据。这些行动都充分表明酸雨危害已引起全球范围的重视。

联合国的有关资料说明，近十几年来，酸雨地区的一些古迹特别是石刻、石雕或铜塑像的损坏程度超过以往百年以上，甚至千年以上。

但愿有一天酸雨问题能够根绝，那时蓝天会更蓝，白云会更白，让天空也不再"悲伤"，不再流下辛酸的"眼泪"。

第三节　被撕裂的臭氧层

一、臭氧层——生命的保护伞

"万物生长靠太阳"，的确，太阳对于人类，对于一切有生命的东西，都是至关重要的。阳光可以说是生命的源泉。

然而，太阳的紫外线辐射可以使生物受到灾难性的伤害，甚至死亡。

原来，太阳辐射的紫外线依其波长分为UV-A、UV-B和UV-C三种。其中UV-C和UV-B由于波长较短而具有穿透生物组织的能力，可以对人和生物产生严重危害。

那么，对人类有危害的UV-C和UV-B是被谁阻挡了呢？那就是大气中的臭氧层！

臭氧于19世纪40年代被科学家们发现，由3个氧原子组成，分子式为O_3，在常温下是一种淡蓝色气体，当浓度较大时，具有特殊臭味而被命名为"臭氧"。

臭氧在大气中的含量很少，它们分布在由地面直到60km高的大气层中。其中90%分布在对流层中，在20～25km高处浓度达到最大值，形成了臭氧层。近地面的臭氧含量极少。

高浓度的臭氧对包括人类在内的生物也是有害的，但在对流层中的臭氧却是地球生物的"保护伞"。如果把这里的臭氧统统集中起来移放到地面上，大约只有3mm厚。但就是这一层薄如面纱的气体，阻挡了宇宙射线和大部分有害的短波紫外线，保护地球上的人类和生物免受伤害。

但是，地球的这把"保护伞"，如今却遭到严重破坏，变得稀薄，并形成了"空洞"。

20世纪70年代初，科学家发现地球上的紫外线有所增加；70年代末，科学家又发现南极上空春季臭氧明显减少；进入80年代臭氧减少更为明显。1984年英国科学家首次公布了南极上空平均臭氧含量减少50%左右以及在南极形成一个巨大的臭氧空洞的事实。1985年，美国"雨云-7"号气象卫星测到了这个"洞"的面积与美国领土相当，深度相当于珠穆朗玛峰的高度，经多年观测发现每年9～11月份，也就是南极的春天，臭氧空洞逐渐出现，然后又逐渐恢复。但近几年，南极臭氧洞出现的时间延长了，且面积也在扩大。如1990年的臭氧洞便一直持续到12月，而1998年9月19日和20日，南极臭氧空洞面积更达到了2724万平方千米，相当于南极大陆的两倍。1987年开始，北极上空也发现臭氧在减少并形成空洞。臭氧空洞的本质是臭氧大面积地减少和变薄，只是由于氧元素的自身性质❶致使在极地上空首先穿孔，所以紫外线穿透现象不仅在两极出现，在某些中高纬度地区上空也有发生。1991～1992年冬天，德国上空的臭氧减少了10％，比利时减少了18％，中国某些地区上空臭氧减少了18％。美国航天局的一项研究报告指出：10年来，北半球上空的臭氧浓度平均减少了4％～8％；冬季到春季，加拿大、欧洲部分地区臭氧减少了40％。

臭氧层减少了，"保护伞"穿洞了！

二、　揭开"保护伞"　穿洞之谜

臭氧伞为什么会穿洞、遭到破坏？影响是多因素的，如森林大火、极地低温、太阳黑子活动、地磁场等。但多数科学家认为，罪魁祸首首推人造化学物质中的含氯氟烃。

含氯氟烃是"氟利昂"中的一大类，它和人们的生活关系很密切，如冰箱、空调机中的制冷剂，发型胶（摩丝），空气清新剂，喷雾杀虫剂中的喷射剂，生产泡沫塑料时使用的发泡剂，电子线路清洗剂等都含有含氯氟利昂。它的化学性质稳定，无毒，不燃烧。

然而，含氯氟烃类物质在地面环境中是非常稳定的化合物，但在进入高空后，强烈的紫外线辐射能使它的一部分发生分解，释放出氯原子，氯原子遇到臭氧便夺取其中的一个氧原子，使它变成普通的氧气，从而丧失吸收紫外线的能力。与氧结合的氯又在强烈的紫外线的作用下分解为氯原子重新进入与臭氧的反应循环中，而自身并未受到损伤。所以，只要有臭氧存在，氯的这种破坏作用就不会停止，一直到它飞逸离开臭氧层为止。因此，一个含氯氟烃分子可破坏上万个臭氧分子。可以想象它的破坏能力多么大！

含溴氟烃（"哈龙"）、甲基溴及其他含氯、含溴的烃类等物质对臭氧层也有破坏作用，某些物质的破坏力甚至比含氯氟烃还强。

氮氧化物也能与臭氧发生反应，使臭氧分解。如太空计划中的火箭发射、超音速飞机在高空飞行的过程中，均可排放出大量的氮氧化物，或者直接激发臭氧分解；农业生产中滥用无机化学氮肥、各种燃料的燃烧都可产生氮氧化物；火箭燃料泄漏也可导致臭氧分解。它们对臭氧层的破坏作用也不容忽视。

食盐在地面是很稳定的物质，但是有研究发现冬天用来给道路"化冰雪"所撒的食盐竟然也参加到"破坏臭氧层"的行列中去。原来，食盐溶解在雪水中，干固以后随微细的尘土飞上高空，也能够被高空强烈的紫外线分解出游离的氯。

三、"保护伞"　穿洞的危害

由于臭氧具有吸收有害紫外线的功能，它的减少就意味着地面紫外线的增多，预示着全球人类和动植物将面临新的灾难，人类的健康将受到巨大的威胁。过多的紫外线使呼吸道疾病和白内障患者增加，还会损害人类的免疫系统，皮肤癌发病率也大大增加。研究表明，臭氧每减少1％，到达地球表面的紫外线辐射就会增加2％，全世界皮肤癌的发病率可能上升25％，每年就会增加皮肤癌患者30万人；臭氧每减少1％，白内障的发病率将上升7％，每年将会增加170万白内障患者。

---

❶　氧具微弱的磁性能，其分布可能受磁力线影响。

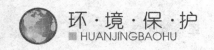

1991 年底，由于南极臭氧空洞的扩大，智利最南部的城市出现了小学生皮肤过敏及不寻常的阳光灼烧现象，同时出现了许多绵羊和兔子失明的现象。

1992 年 3 月 30 日德新社曾做过一则报道，说南极臭氧层的破坏已对附近澳大利亚人产生了严重的影响。在这个只有 1700 万人的国家里，危险的紫外线穿过稀薄的臭氧层，每年已造成 14 万人患皮肤癌，是世界上皮肤癌患者人数最多的国家。

紫外线辐射的增强还会严重地危害植物。英国科学家认为，过量的紫外线照射可阻止植物茎叶的生长，使农作物受害减产，影响粮食生产和食品供应。另外，紫外线可以穿透 10m 深的水层，杀死水中的某些浮游生物，而浮游生物正是水生生物链最底层，底层的破坏危及上层生物的生存，因而降低了水体的生产力，使渔业减产。

臭氧层的破坏，也增加了宇宙射线的辐射，也给人类和生物生存造成威胁，同时还提高了地球气温。

四、"修补" 臭氧空洞

说到"'修补'臭氧空洞"，以现在人类所掌握的技术，实际上是不可能的，我们可以做的只能是减少能够破坏臭氧层的物质的释放，然后等待臭氧层自己慢慢地恢复。1976 年以来，美国、加拿大及北欧诸国都呼吁各国停止使用氟利昂，并削减氟利昂用作喷雾剂的数量。1985 年，20 多个国家在维也纳签署了《保护臭氧层维也纳公约》。1987 年，在加拿大的蒙特利尔由联合国环境规划署召开了保护臭氧层的国际大会，签署了《关于消耗臭氧层物质的蒙特利尔议定书》（以下简称《议定书》）。《议定书》规定自 1989 年开始逐步冻结、减少含氯氟利昂等危害臭氧层的物质的生产及使用。以后的几次缔约国会议，进一步规定了工业国家必须在 2000 年前禁止生产和使用危害臭氧层的物质，发展中国家可以把限制日期推迟到 2010 年。现在各工业国都在积极研制对臭氧无害的"新型'氟利昂'"等的替代物产品。中国也签署了《蒙特利尔议定书》，承担《议定书》中规定的义务，积极研究新制冷技术，不再使用氯氟烃。

其实，除了按照《关于消耗臭氧层物质的蒙特利尔议定书》规定，不再生产"氯氟烃"以外，凡是和"破坏臭氧层"有关联的其他产品和行为，也都应该加以限制甚至禁止。

尽管如此，臭氧层的破坏还不能在短期内消失。大气层中目前已经积累了数以百万、千万千克的氯氟烃，除了已经逃逸出地球引力以外的，残留的氯氟烃在今后很长的时间内仍然可能继续破坏臭氧层。因此，人类还要做好紫外线的防护工作。

第四节　盖上被子的地球——温室效应

好莱坞科幻片《未来水世界》展现给观众这样一个场面："未来的某一天，由于接连好几个世纪的全球气温的不断上升，南极和北极的冰雪都融化了。水位不断地升高，原先的大陆和岛屿相继被汪洋大海所吞没。陆地上的生物几乎完全消失了。新出现的一种半人半鱼的统治生物在马里纳的领导下，与海盗斯摩克斯正在为泥土、淡水展开疯狂而惨烈的争斗……"这部影片揭示的是全球气候变暖所造成的严重后果。片中出现的未来场面未必真有科学依据，但影片所提出的全球气候变暖趋势，却值得人们深思。

1989 年 6 月 5 日 "世界环境日" 主题是 "警惕，全球变暖"。1991 年 "世界环境日" 的主题是 "气候变化——需要全球合作"。气候的变化确实已经成为限制人类生存和发展的重要因素，成为全球所关注的话题。

一、　奇特的气体 "被子"

在北方寒冷的冬季里，人们仍可以吃到新鲜的蔬菜，靠的是农民们的 "温室" 或塑料大棚。

为什么温室中的温度比外面高出很多呢？原来可见光携带热量可以穿过玻璃或塑料薄膜，将其带进温室。而温室内的物体又会产生长波辐射，把热量散发出去，但是玻璃和塑料薄膜却可以吸收长波辐射，把热量留在温室内，使温室内温度上升。

在自然环境中，二氧化碳等气体就有上述玻璃或塑料的作用，它不吸收来自太阳的短波辐射（如可见光、紫外光），而让这些辐射到达地面，使地面升温。同时，吸热后的地面向外散热的长波辐射却能被这些气体大部分吸收，只让小部分热辐射散失到宇宙空间去，从而维持了地球表面的气温。这种作用，就如同温室一样，因此被称为 "温室效应"。产生温室效应的气体又称温室气体。

大气的温室效应是自然存在的，正是大气中的二氧化碳和水蒸气等温室气体对能量的捕获，才使地球保持 15℃ 的平均温度，从而给生物在地球上生存和发展提供了温度条件，为地球带来勃勃生机。除了二氧化碳外，甲烷、臭氧、一氧化二氮❶等气体也是 "温室气体"。这些气体包裹在地球表面周围，像给地球盖了一层 "被子"，使地球的气温保持在一定的温度范围内。

动植物的废弃物的 "厌氧" 发酵，会产生大量的甲烷。而甲烷的温室效应要比二氧化碳大 25 倍以上，必须给予足够重视。

人类对化石燃料的使用、工业的发展等等，使大气层中的二氧化碳浓度显著提高，同时还增加了人造的含氯氟烃等新的温室气体，破坏了这种自然温室效应形成的热平衡，从而引起了地球的变暖，即人为的温室效应。

图 2-3 中显示中国的二氧化碳排放总量处于世界第二，提示中国控制二氧化碳对世界气候的影响举足轻重。

二、　闷热的地球

世界上的大多数人恐怕都不会忘记 1988 年那个难熬的夏季。热浪从地球的各个角落袭来，欧洲、非洲、北美洲、南美洲、中亚……整个地球就像处在一个大蒸笼里，闷热难耐。人们惊呼：地球发烧了。

的确，地球在 "发烧"。科学工作者们已经找到不少有力的证据，证明近几十年以来，全球的气温正在逐渐升高。专家对自 1860 年世界各地的大气温度记录进行分析后指出：自19 世纪 60 年代起，到 1998 年为止，全球气温已经上升了 0.5～0.7℃。据联合国环境规划署及世界气象组织的研究表明，21 世纪地球表面温度大约以每 10 年升高 0.3℃ 的速度上升。

---

❶　一氧化二氮除了由自然界闪电产生以外，主要来源于汽车和农业生产施用的无机氮肥。

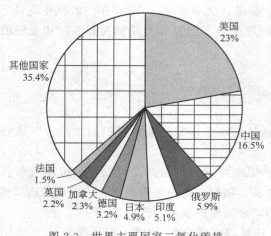

图2-3　世界主要国家二氧化碳排
放量占世界总排放量的份额
数据来源：UNDP 2006年人类发展报告

预计到2100年将使地球平均气温升高3℃，大大超过以往10000年的速度。全球增温速率有越来越大的趋势。

在众多能引起全球性气候变暖的温室气体中，起重要作用的是二氧化碳。大气中的二氧化碳浓度在工业革命前维持在百万分之280左右，到1958年，二氧化碳浓度增至百万分之315，1988年为百万分之350，20世纪末增至百万分之375。专家们预测，以目前排放二氧化碳的速度，再过100年大气的二氧化碳浓度还可能翻一番。实验表明，二氧化碳浓度若增加一倍，地球的气温将增加2～4℃。

二氧化碳剧增的原因主要是两个方面。一是随着工业化的发展和人口剧增，人类消耗的矿物燃料迅速增加，燃烧产生的二氧化碳释放进入大气层，使大气中二氧化碳浓度增加。二是森林的大片砍伐和烧毁。大片森林的毁坏，一方面使森林吸收的二氧化碳大量减少，另一方面烧毁森林时又释放大量的二氧化碳，使大气中二氧化碳含量逐年增多。目前，矿物能源消耗占全部能源消耗的90%，而热带森林则正以每年平均900万～2450万公顷的速度从地球上消失。1995年全球二氧化碳的排放量已达220亿吨（图2-4）。

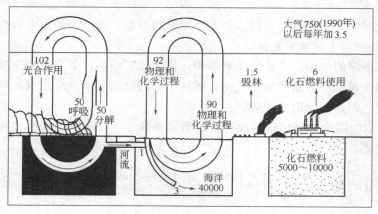

图2-4　地球上碳库和碳库之间的二氧化碳交换（单位：Gt）
（引自《全球变暖》）

除了二氧化碳以外，产生温室效应的能力是二氧化碳的20～60倍的甲烷、氯氟烃等，也是不容忽视的温室气体。大气中甲烷的浓度也在逐年增加，受人类活动影响，大气中的甲烷浓度已由150年前大约是千万分之七八，发展到现在接近百万分之二。

总之，温室气体浓度在迅速增加，全球气候也逐渐变暖。科学家认为，温室气体的增加是近百年来全球变暖的主要原因之一。

由于海洋对气温有调节作用，可延缓气温的升高，到2030年二氧化碳浓度加倍时，全球气温上升也可能只有理论计算值的一半，但总的趋向却是明确的。

三、"温暖" 并非好事

全球变暖对人类生活将产生严重影响。

1. 引起气候带的移动

气候带的移动包括温度带的移动和降水带的移动。全球变暖会引起温度带的北移。中国冬季1月0℃等温线的"副热带北界"，将从目前约处于秦岭、淮河一带，推移到黄河以北，冬季徐州、郑州一带气温将与现在的杭州、武汉相似。

随着温度带的移动，全球雨量分布也会发生变化。一般来说，低纬度地区和高纬度地区雨量将增加，而中纬度地区夏季雨量将会减少。对于大多数干旱、半干旱地区，雨量的增多可以获得更多的水资源无疑对人类是有益的。但是，对于低纬度热带多雨地区，则面临着洪涝威胁。由于发展中国家比发达国家更多地依赖农业、森林和其他自然资源，因此对气候变异的承受能力较弱。许多发展中国家的人民本已处于生存的边缘，灾害将会更加加深他们的困境。气候带的移动还会引起生态系统的改变，如森林会减少，沙漠会扩大。

联合国教科文组织于1992年的报告指出："如果听任全球气候大大变暖的情况出现，那么，由于干旱的加剧，单是温室效应就会导致目前热带雨林永远消失，使这一地区变成沙漠。"

2. 海水变暖

全球气温上升也会使海水温度升高，由于海流升温而酝酿的"厄尔尼诺"现象的发生频率也随之增加，易形成飓风和其他风暴灾害。恶劣的气候可能增多，将破坏城市，夺去许多人的生命，造成巨大的经济损失。美国世界观察研究所在1996年的一项报告中指出，亚洲地区近年频频出现恶劣气候，与全球变暖有联系。过去的5年中，该地区共发生16起洪灾和台风灾害，直接经济损失达100亿美元。

3. 传染病的流行直接影响人类健康

近几年全球范围的传染病流行是地球变暖的又一影响。印度、孟加拉国的霍乱，南美的肝炎和消化道传染病，全球性的疟疾流行等都与地球气温升高有关。许多细菌、霉菌、病毒和蚊虫等，因为人类为其提供了"良好"的环境而生长迅速，存活时间长，繁殖力加强，并扩大了生存的范围。以前许多在热带潮湿气候下发生的疾病，如疟疾、霍乱、登革热会在亚洲部分地区蔓延。例如，1995年菲律宾发生红潮，登革热、疟疾、霍乱流行而造成40人死亡，越南有39人患登革热，泰国也有31人因登革热而丧生。

近几十年发生的"禽流感"、2002～2003年的"非典型肺炎"，及2014年2月开始暴发于西非，死亡超8000人的埃博拉出血热等疫情的暴发，还有"麻疹"的"复活"等等，都与气候变暖有着千丝万缕的联系。

4. 海平面上升

一方面，海水本身的体积将受热膨胀；另一方面，南极、北极冰盖以及高山冰川将会融化，融化下来的水流向海洋。两个方面加在一起，可使海平面上升。据科学家们估计，到21世纪中叶，地球表面平均气温上升1.5～4.5℃，海平面将上升20～165cm。据统计，近百年来随着全球气候增暖为0.6℃，全球海水平面大约上升了10～15cm。海水的上涨将会带来灾难性的后果：人口稠密的沿海部分城市会被海水吞没，像中国的上海、意大利的威尼斯、泰国的曼谷、美国的纽约等海滨城市以及地势低洼的孟加拉国、荷兰等国将会遭到灭顶

之灾。海平面上升，海岸线便退缩，大片陆地将被淹没，这将使 5000 万以上的人口无家可归，成为"生态难民"。海拔稍高的沿海地区的海滩和海岸也会遭受侵蚀，引起海水倒灌、洪水排泄不畅、土地盐渍化，人们不得不经常耗费巨资修建海岸维护工程和土壤改良等。另外，沿海地区往往都是人口密集、经济繁荣、贸易发达的城市，因而，大片低洼的沿海陆地被淹没，经济上的损失难以想象。

四、 防止全球变暖

　　全球气候变暖已成为人类迫切需要解决的问题之一，1992 年在巴西里约热内卢举行的联合国地球首脑会议达成协议，要求工业化国家努力减少二氧化碳的排放，使之到 2000 年保持在 1990 年的水平上。1997 年在日本又召开了京都会议，初步对二氧化碳的排放达成了协议（《京都议定书》），对工业化国家的温室气体排放量规定了削减指标。控制温室气体排放的基本对策如下。

　　1. 调整能源结构

　　尽量减少矿物燃料的耗用量，提高能源利用率，加速太阳能、风能、潮汐能、瀑布能等自然能源的开发和利用。

　　2. 大力开展植树造林活动

　　绿化环境，提高植被覆盖率，增加植物对二氧化碳的吸收。计算表明，如果每年世界净增林地 5000 万公顷，20 年后新增林地可吸收二氧化碳约 200 亿吨，以此达到阻止二氧化碳增长的目的。

　　3. 控制人口增长

　　提高粮食产量、限制毁坏森林也是防止全球变暖的措施。人口增长过快，使许多发展中国家贫困加剧，缺少足够的粮食，致使毁林从耕严重。

　　4. 加强环境意识教育，促进全球合作

　　通过各种渠道和宣传工具进行环境意识教育，使越来越多的人认识到温室灾害已经开始，气候有可能日益变暖。使人们认识到为当代和后代人保护全球气候，避免或减缓全球变暖是全人类的共同责任。

*第五节　身边的空气污染

一、 室内空气污染与健康

　　美国环保署经过检测，得出一个令人诧异的结论：污染最严重的地方是每天生活的居室。

　　据统计，现代人，尤其是城市居民，大约有 80％的时间是在室内度过的。美国一项调查表明，室内空气中有害物质比室外可高出数十倍，可检出挥发性有机物达数百种。

　　导致居室环境污染的污染源主要有：用于室内装修和家具制作材料中的化工产品，如人造板、合成革、壁纸、涂料、油漆、化纤地毯、胶黏剂等释放的有害化学物质；家用电器及办公设备等释放的电磁污染；人在室内活动形成的污染；厨房在烹调时产生的各种有害物质造成的污染。如果室内使用了空调，门窗密闭，空气不流通，则室内污染会更严重，对人体的危害也会更大。

随着人们生活水平的提高，人们已不再仅仅满足于有住房了，而是希望有舒适、优美、典雅的居住环境。因此，豪华的装修几乎已经成为现代人的时尚。然而，你是否知道，当你精心设计和装修的时候，同时不自觉地将污染也带进了居室。

1. 建筑、装修污染

在建筑材料和装饰材料中有些成分对室内空气质量有很大的影响。例如，某些石材（主要是从深地层开采的石料，如花岗岩、大理石等）、极少数的砖、装饰墙、地砖甚至"卫生洁具"中可能含有氡或其他放射性物质，人体长期接触氡，可引起肺癌。另外，很多有机合成材料如塑料壁纸、化纤地毯、泡沫塑料、胶合板、涂料、胶黏剂等可向室内空气中释放许多挥发性的有毒物质如甲醛、氯乙烯、苯、甲苯、醚类、酯类等。有人已在室内空气中检测出了500多种有毒的化学物质，其中有20多种有致癌或致突变的作用。

这些有毒物质有的使人过敏，有的刺激呼吸道，引起哮喘和其他呼吸道疾病；有的引起人体免疫机能失调，影响神经系统功能，出现头痛、嗜睡、无力、胸闷症状；还有的影响消化系统，出现食欲不振、恶心、呕吐症状，甚至损伤大脑、致癌、致畸，尤其是对儿童健康影响更大。

家庭地毯也会变成藏污纳垢之地。地毯吸附尘埃的能力，比光地板高出100倍。美国西雅图的科技人员分析了40户家庭地毯尘埃，结果表明，尘埃中铅标准远超过一般工地要求的净化标准。地毯除了吸附尘埃以外，还能吸附多种有害气体如甲醛以及病原微生物。此外，室内的地毯、软垫和窗帘还是人类过敏原螨虫喜欢生活的地方，可致人患哮喘等疾病。

有些人崇尚"木家具"认为够"经典""有气派"，殊不知"木头"里面很可能潜藏着强烈的致癌物质，其中除了来源于"人造板"或者"实木"材料中的"甲醛"以外，还有木家具的"外涂装"中的溶剂，如苯、甲苯、汽油等的残留，被结构疏松的木材所吸附，缓慢释放导致长久影响。现实中不少"白血病"患者就是生活于"充斥着'木家具'"的家庭，必须引起足够重视。

刚刚装修好的房间和新家具中有毒物质较多，最好放置一段时间再入住，且要经常打开门窗、通风换气。

2. 人体活动污染

人类的活动对室内空气质量影响也很大。

人类本身也是室内某些污染物的来源。人体的正常生理活动就产生大量的代谢废弃物，主要通过呼出废气，大小便和汗液排出。人呼出的气体成分相当复杂，主要有二氧化碳和氨类，其次还有二甲胺、二乙胺、酚、一氧化碳等。此外，人体如果吸入了某些挥发性有机化合物以及某些无机毒物，也能呼出这些毒气的部分原形态，或其他代谢产物，污染室内空气。呼吸道传染病患者或带菌者通过说话、咳嗽、打喷嚏等活动，能将口腔、咽喉、气管、肺部的病原微生物通过飞沫喷入空气，传播给他人。例如肺炎链球菌、流感病毒和结核杆菌等。此外，将工作服带入家中，可使工作场所的污染物人为地转移到家中。例如铅、铍、苯、石棉等都可以通过这个途径污染居室。

吸烟、喝酒、喷洒香水或"空气清新剂"乃至日常梳妆、洗涤、清洁用品，都可能释放某些对室内空气造成污染的物质。

3. 厨房污染

厨房是居室污染最严重的地方。高温烹饪是中国烹饪的特点。烹调时除燃烧各种燃料时会产生二氧化硫、一氧化碳、氮氧化物、苯并 [a] 芘等有害物质和烟尘外，还会产生大量油烟。油烟内含有 200 余种成分，它们污染空气，刺激人的呼吸道、眼睛和黏膜。实验发现：烹饪油烟具有致突变性和遗传毒性。普遍认为含有较多不饱和脂肪酸的菜油和豆油等的高温氧化和聚合反应产物具有致突变性。流行病学研究提示上海市女性肺癌的高发病率可能与厨房油烟等有关，南京报道油烟是肺鳞癌和肺腺癌的共同危险因素。

4. 花草污染

随着人们生活水平的提高，很多家庭还在居室内养鱼种花，以此增加生活情趣，不过如果不适当的话也会给室内带来污染。比如不及时地处理养鱼池（缸）的水，有可能产生臭气；又比如某些"花草"可能散发有害的气体，甚至有毒物质，有些表面很美的花草还具有剧毒性，不能在室内种养（甚至在室外也要避免），例如松柏类花木、月季、紫荆花、兰花、夜来香、鸢尾、含羞草、郁金香、水仙、玉丁香、五色梅、天竺葵、马蹄莲、百合、文殊兰、凤仙花（指甲花）、桂叶芫花（达芙妮）、红花石蒜（曼珠沙华）、万年青、花叶万年青、杜鹃花、南天竹、紫藤、洋绣球花、飞燕草、黄杜鹃花、相思豆、夹竹桃、一品红、虞美人、曼陀罗花、滴水观音等。

花卉开放的时候，还可能散发花粉，可引起过敏反应。

婴幼儿对花草的反应要比成年人敏感，接触具有刺激性、致过敏性甚至毒性的花草可能引起非常严重的后果，必须引起重视。

二、吸烟的危害

烟草最早产于南美洲，16 世纪前后由菲律宾传入中国，400 多年来，烟草业发展迅速。近 20 年，中国香烟产量持续上升。目前，烟草的产量和销售量均居世界首位。

2012 年 5 月 30 日，中国卫生部首次发布《中国吸烟危害健康报告》，指出中国已经有烟民 3 亿多人，有 7.4 亿不吸烟者遭受"二手烟"危害，每年因吸烟致死超过 100 万人，因"二手烟"致死超过 10 万人。已知吸烟产生的烟雾中有近 2000 种有害物质，如尼古丁、氢氰酸、氨、一氧化碳、二氧化碳、吡啶、砷、镉、铅等，以及 69 种已知的致癌物，像苯并 [a] 芘、联苯胺及煤焦油等。吸烟者在抽烟时通过烟雾还会吸入大量颗粒性物质，它们的直径为 0.1~1.0μm。这种微粒很容易进入并滞留在人体呼吸道的深部。每吸入一口香烟（约 1mL），便可带进 50 亿个颗粒物，而每毫升被污染的空气中，含有的烟尘微粒也接近 10 万个。可见，香烟对人体的毒害很严重。

香烟中危害最大的是尼古丁，它是一种生物碱，人在摄入一定量的尼古丁之后，就会产生"烟瘾"，难以戒掉，提纯的尼古丁为无色油状物质，50mg 即可使一个成年人死亡，因抽烟引起急性中毒而死亡的事件，国内外不乏先例。苏联一位从未吸过烟的青年在吸了一支大雪茄之后死去；英国一位有 20 年吸烟史的壮年男子，一次为熬夜抽了 14 支雪茄和 40 支纸烟，结果在黎明时死去。法国尼察一个俱乐部一次举行抽烟比赛，一位男子以连吸 60 支纸烟而取得优胜，然而他却未来得及登上领奖台，就当场昏迷，几小时后离开了人间。开始吸烟的年龄越小，受害程度越大，对比死亡率也越高。

吸烟可引起许多疾病的发生，如可引起心血管疾病，导致动脉硬化和冠心病。香烟中的一氧化碳进入血液，立刻和血红蛋白结合，降低输氧功能，每天抽一盒烟，相当于失血200mL。吸烟还可引起肺癌，国内外资料表明，吸烟者比不吸烟者肺癌发病率大15～30倍。口腔癌、鼻咽癌、食道癌、喉癌、胃癌、肝癌、胰腺癌、膀胱癌、肾癌、宫颈癌、乳腺癌等发病率都比不吸烟者高几倍。吸烟还能引起其他疾病，如吸烟者的脑卒中、冠心病、慢阻肺、支气管炎、消化道溃疡的发病率也比一般人高2～3倍。吸烟对神经系统有短暂兴奋，然后持久麻痹作用，破坏大脑的兴奋——抑制平衡，造成神经过敏、记忆力衰退、注意力分散、失眠多梦、早衰等。

吸烟还污染环境，迫使周围不吸烟的人被动吸进烟雾（俗称"二手烟"），是危害最广泛、最严重的室内空气污染，是全球重大死亡原因。有研究指出，"二手烟"含有焦油、氨、尼古丁、悬浮微粒、PM2.5、钋-210等超过4000种化学物质及数十种致癌物质，使无辜者受害。吸烟者的妻子和家人的癌症发病率比不吸烟者的高3～4倍。在烟雾环境中长大的孩子易患呼吸道疾病，得肺癌的比例也比无烟环境中长大的孩子高1倍。"二手烟"对孕妇及儿童健康的危害尤为严重……

除了"二手烟"会导致非吸烟人士受到伤害以外，科学研究还发现，即使不和吸烟人士同处于一室，吸烟人士所在的吸烟环境（办公室、住房等），乃至吸烟人士的衣服、使用的物品，甚至吸烟人士的身体，都会残留很多香烟污染物，且在很长的时间里不断向外界释放，形成"三手烟"污染，并引起对他人的健康危害。"三手烟"里有的化合物，比如尼古丁，表面黏附力很强，并会与空气中由于燃烧而产生的亚硝酸发生化学反应，生成有很强致癌性的亚硝胺。"三手烟"的残留可以延长至几个月。

《中国吸烟危害健康报告》（以下简称《报告》）指出："二手烟"暴露没有所谓"安全水平"，即使短时间暴露于二手烟之中也会对人体的健康造成危害。在室内环境中，无论是加装排风扇、空调还是其他装置，都无法避免非吸烟者遭受二手烟危害。唯一能够有效地避免非吸烟者暴露于二手烟的方法，就是在室内环境中完全禁烟。

《报告》认为，不存在无害的烟草制品，只要吸烟即有害健康。有充分证据说明，相比吸普通卷烟，吸"低焦油卷烟"并不会降低吸烟带来的危害。"中草药卷烟"与普通卷烟一样会对健康造成危害。《报告》还指出，吸烟者与不吸烟者相比，平均寿命约减少10年，60岁、50岁、40岁或30岁时戒烟可分别赢得约3年、6年、9年或10年的预期寿命。

青少年正处在生长发育阶段，内脏器官尚未发育完全，神经系统对有害物质比成人敏感，所以吸烟对青少年的危害比成人严重。吸烟青少年患癌症的比例大于成年人，以后还会患冠心病、肺心肿等疾病。青少年吸烟还会损伤大脑，使智力发展受影响。

吸烟对婴幼儿的影响比成人和青少年更加严重，香烟烟雾可造成婴幼儿的大脑及内脏永久性伤害。有研究发现，吸烟妈妈生下的小宝宝，比不吸烟的妈妈生下的小宝宝得先天性心脏病的比例高60％。吸烟妈妈生下的孩子智力迟钝和病态及畸形的也比较多。研究表明，父母在其身边吸烟的婴儿体内尼古丁含量很强，多于不吸烟家庭婴儿近50倍；父母若在室外吸烟，婴儿体内尼古丁含量会比不吸烟家庭婴儿高7倍。生活在"二手烟""三手烟"环境中的婴幼儿的健康状况，也显著差于生活在普通环境中的婴幼儿。

全世界每年有300万人死于与吸烟有关的疾病，每10s就有1人因吸烟死亡。香烟是人类的大敌，环境的大敌。世界卫生组织为了引起世界各国对吸烟问题的重视，将1988年4月7日定为第一个世界无烟日，要求世界各国这一天不售烟、不吸烟、进行戒烟宣传，让人们，尤其是孩子们能呼吸一天不受烟雾污染的空气。目前，许多国家都严禁在公共场所吸

烟，大力开展群众性的戒烟活动。

近年来，有传说说烟草具有"抗癌、防癌"作用，并以此为由宣传"吸烟有利防病"，此说即使是真的，也存在"度"（"有利"和"有害"的剂量）在哪里的问题。如何掌握？毕竟，某些"毒品"原来就是药物，但是被滥用了就危害社会，危害健康。

据中国"吸烟与健康协会"调查，现在中国的"烟民"已经超过 3.5 亿，占世界吸烟者总数的 1/4。

2012 年 5 月 31 日是世界卫生组织发起的第 25 个世界无烟日，主题是"烟草业干扰控烟"（口号是"生命与烟草的对抗"）。该主题旨在呼吁世界各国政府强化"控烟"宣传和"管制"措施，抵制来自烟草业的各种干扰，包括揭发所谓的"吸烟可以防病"等"奇谈怪论"的荒谬性。同时也呼吁广大群众自觉拒绝吸烟，已经吸烟者积极戒烟，促进社会"控烟运动"的持续发展，尽可能压缩"烟民"的规模，维护人民群众的身体健康。

为了自己和他人的健康，请不要吸烟。要知道，没有全民的健康就没有全面的小康。

第六节　大气污染的防治

防止大气污染的根本办法，是使用清洁能源和清洁生产工艺。但在技术和经济条件还不足以根治污染源的时候，从污染源着手，通过运用各种有效措施进行综合防治，大力削减污染物的排放量，来改善大气环境的质量，仍然有其重要意义。

一、控制污染物的排放

（一）改革能源结构

改革能源结构是控制大气污染的一个有效途径，一个城市若将高污染的煤燃料大部分改成低污染的气（或油）燃料后，大气环境质量会显著改善。

1. 发展城市燃气

城市燃气是指符合要求的各种民用可燃气体，是一种较为清洁、使用方便的能源。由于历史原因，煤炭是中国长期的传统能源。因此，发展城市燃气是改革能源结构，减少大气污染物排放的有效途径。据统计，1990 年与 1980 年相比中国城市使用燃气人口增加了 4.1 倍，每年减少原煤使用量 400 万吨左右，减少二氧化硫排放量 7.8 万吨，减少城市垃圾产生量 120 万吨，减少二氧化碳排放量 210 万吨。

2. 采用无污染或少污染能源

开发利用太阳能、地热能、风能、水力能、生物能等无污染能源是解决大气污染问题的根本途径。

核能是比较清洁的能源，在有控制下适当发展核能发电，是发展中的"缓冲地带"。

燃油发动机采用"无污染燃料"或"低污染燃料"，中国政府规定：自 2000 年 7 月 1 日起，全国所有加油站一律停止销售车用含铅汽油，所有汽车一律停止使用车用含铅汽油。

（二）集中供热

发展集中供热系统，取代分散供热的小煤炉、小锅炉是城市在能源结构转变的过渡期中综合防治大气污染的有效途径。集中供热在降低能耗、减少污染物排放的同时，由于锅炉容量大，还有利于采用高效除尘、脱硫处理措施，对废气实施深度净化。

沈阳市建设的热电联产热力网，为 68 个企业事业单位和 35000 户居民供暖，每年仅采暖期即可节约煤 10 万吨，节电 $80 \times 10^4 kW \cdot h$，取代相当于 $2t/h$ 的小锅炉 267 台，节省人力 1670 人，削减烟尘 2000t、二氧化硫 1600t。

（三）燃煤的预处理

原煤经过洗选、筛分、成型及添加脱硫剂等加工处理，可大大降低含硫量，减少二氧化硫的排放。实践表明，民用固硫型煤与燃用原煤相比一氧化碳排放量减少 70%～80%，烟尘排放量减少 90%，二氧化硫排放量减少 40%～50%，同时可节煤 25% 左右。

（四）改革工艺设备，提高能源利用率

通过改革工艺设备、改变燃烧方式等办法，可降低能耗，降低大气污染物的排放量。对于以煤炭为主要能源的中国来说，节能和提高能源利用率，对解决大气污染问题更有特别重要的意义。由于设备陈旧落后，目前中国的能源利用率比较低。如 1990 年全国煤火电平均标准煤耗是 $427g/(kW \cdot h)$，比世界先进水平高出 100g，按年发电 $5000 \times 10^8 kW \cdot h$ 计算，一年多烧 5000 万吨标准煤。又如全国在 2008 年左右有工业锅炉约 40 万台，年耗煤 3 亿多吨，但热效率只有 60% 左右（甚至更低），如果热效率提高 10%～20%，每年就可少耗煤几千万吨。据初步测算，如果将能源的有效利用率提高到工业发达国家目前水平，全国每年可少耗费 1 亿多吨标准煤，仅二氧化硫一项全年就可少排放 500 万吨以上。

二、加强污染源整治

（一）合理工业布局

工业布局与大气污染的形成极为密切。把工厂适当分散布局，在选择厂址时充分考虑地形、气象等条件，则有利于污染物的扩散、稀释，发挥环境的自净作用，可以减少废气的危害。工业合理布局应该做到以下几点。

① 全面规划、合理布局，要贯彻执行大分散、小集中、多搞小城镇的方针，城市市区一般不应再建大型工厂，必须新建的应远离生活区。建设项目必须符合国家产业政策，采用清洁工艺。

② 工业布局要符合生态要求，除了个别的污染物能够被氧化破坏以外，多数污染物仍然存在于环境中，故即使是远离人类聚居地、风景游览区、自然保护区、重要名胜古迹等环境敏感地区的"污染型"工业也必须加强源头治理，消除其影响。

③ 以生态理论为指导，综合考虑经济效益、社会效益和环境效益，研究工业各部门之间、各工厂之间的物质流、能量流的运行规律，合理设计"生产地域综合体"的工业链，达到经济密度大、能耗小、污染物排放程度小，使一个地区（或城市）的工业布局符合生态规律与经济规律。

（二）做好大气环境规划，科学利用大气环境容量❶

在环境区划的基础上，结合城市建设总体规划进行城市大气环境功能分区。根据国家对不同功能区的大气的环境质量标准，确定环境目标，并计算主要污染物的控制排放总量，合

---

❶ 环境容纳污染物的能力，有一定的界限，这个界限称为环境容量。

理分配并落实到污染源。

环境容量也是资源，是有限的，必须合理地利用。

（三）选择有利于污染物扩散的排放方式

广泛采用的方式是用高烟囱和集合烟囱排放，实践证明，污染物落地浓度随烟囱的高度增加而减少。这种方法虽可以降低污染物的落地浓度，减轻当地的地面污染，但却扩大了排烟范围，尤其是在酸雨问题日益严重的今天，在废气排放前仍然必须做好净化，达标后才可以排放。

（四）发展绿色植物，改善大气环境

绿色植物具有美化环境、调节气候、吸附粉尘、吸收大气中的有害气体等功能，可以在大面积的范围内，长时间、连续地净化大气，尤其是在大气中的污染物影响范围广、浓度比较低的情况下，植物净化是行之有效的方法。在城市和工业区，根据当地大气污染物的排放特点，合理选择植物种类、扩大绿化面积是大气污染综合防治具有长效和多功能的保护措施。

1. 对污染气体具有抗性的植物

（1）常见的对大气污染物有抵抗性的植物

① 对二氧化硫有抗性的植物：葡萄、草莓、扁桃、菠萝蜜、人心果、蒲桃、无花果、柑橘、山茶、米兰、菊花、唐菖蒲、海南红豆、芒果、醋栗、女贞、构树、海桐、夹竹桃、麻风树、桂花、蒲葵、棕榈、散尾葵、石栗、银桦、糖槭、樟树、多种榕树、木麻黄、牛乳树、假槟榔、苦楝、大叶黄杨、臭椿、紫藤、桑树、龙柏、柳、柿、石榴、玉米、西红柿、甜菜、马铃薯、黄瓜、芹菜等。

② 对氟化氢具有抗性的植物：苹果树、柑橘树、芒果树、海桐树、麻风树、构树、山茶、女贞、阴香、大叶紫薇、牛乳树、细叶榕、菩提榕、臭椿、国槐、垂柳、泡桐、丁香、木槿、海州常山、连翘、大叶黄杨、大叶榕、小叶榕、木麻黄、樟、朴树、金银花、悬铃木、竹柏、桧柏、油茶、棉花、紫花苜蓿、甘薯、西红柿、美人蕉、向日葵、蓖麻、狐茅、烟草、洋葱、十字花科和菊科植物等。

③ 对氯气具有抗性的植物：松叶牡丹、海南红豆、肉桂、阴香、龙舌兰、厚壳、滇朴、木槿、黄杨、夹竹桃、侧柏、刺槐、金合欢、垂柳、银桦、石栗、构树、山茶、菠萝蜜、人心果、蒲桃、桂花、蒲葵、棕榈、散尾葵、牛乳树、假槟榔、榕树、木麻黄、芒果、海桐、枇杷、悬铃木、臭椿、扁桃、樟树、樟叶槭、香樟、柳、美人蕉、鸡冠花等。

④ 对光化学烟雾污染具有抗性的植物：日本柳杉、黑松、日本扁柏、日本花柏、落叶松、樟树、枰木、青栲、丹桂、甜菜、薄荷、草莓、雪唐菖蒲、辣椒、青紫菀、香丝草、乌蔹莓、红蕨、白薯、含羞草、马鞭草、鳄梨属、牻牛儿苗等。

（2）利用植物净化空气

① 吸收二氧化硫　$1hm^2$ 柑橘树每年能够吸收二氧化硫 $1.4t$ 之多；散沫花和木槿有很强的吸收二氧化硫的能力。

② 吸收氟化氢　对氟化氢具有抗性的植物，对氟化氢都有较多的吸收，树叶吸收氟可达 $0.2\sim2.6g/kg$（干质量计）。

③ 吸收氯气　木麻黄、樟叶槭、大叶女贞、细叶榕、红柳、木槿合欢、橡树、槐树等，树叶吸收氯可达 $12g/kg$（干质量计）。

④ 对光化学烟雾的吸收　黄杉属、花楸属、冬青、美国鹅掌楸、法国梧桐、连翘、洋

槐、橡树等对光化学烟雾产生的臭氧等气体有很强的吸收能力。

2. 对大气污染物敏感的植物

有些植物对于某些大气污染物具有"敏感性"，当遇到一定浓度的大气污染物时，会发生"药害"，被称为"大气污染敏感"植物。人们利用污染敏感植物的这一特点，对大气污染物进行监测，能及时发现微量大气污染物的危害（详见环境监测）。

三、 大气污染的治理方法

根据大气污染物的存在状态，其治理可分为颗粒污染物的治理（除尘方法）和气态污染物的治理。

（一）除尘方法

从废气中将颗粒物分离出来并加以捕集、回收的过程称为除尘，实现这一过程的设备装置称为除尘器。常用的颗粒物治理方法有如下几种。

1. 机械式除尘器除尘

机械式除尘器是利用重力、惯性力、离心力等方法将粉尘从气流中分离出来，达到除尘的目的。机械式除尘器包括重力沉降室、惯性除尘器和旋风除尘器。其中最简单、廉价、易于操作和维修的是沉降室。携带尘粒的气流由管道进入宽大的沉降室时，气流速度降低，较大的颗粒（直径大于 $40\mu m$）因重力而沉降下来。常用的沉降室类型有单层重力沉降室和多层重力沉降室，其基本结构见图 2-5 和图 2-6。

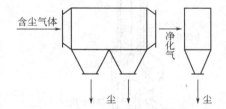

图 2-5 单层重力沉降室

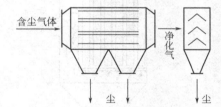

图 2-6 多层重力沉降室

旋风除尘器也被广泛使用，其原理是废气沿切线方向高速进入分离器，做旋转运动产生离心作用，粉尘因具有较高的密度而被"甩"至除尘器的内壁上，沿周边下落，净化的气体则从中心圆管向上部逸出。基本结构见图 2-7。

旋风除尘效率较高，对粒径大于 $5\mu m$ 的颗粒具有较好的去除效率。它适用于对非黏性及非纤维性粉尘的去除，且可用于高温烟气的除尘净化，因此广泛用于锅炉烟气除尘。

2. 湿式除尘器除尘

方法是使废气从装置底部上流，在装置顶部向下喷淋细水流，借以将粉尘淋下，气体从上部排出。其主要优点是：在除尘粒的同时还可去除某些可溶性气态污染物，除尘效率较高，投资比达到同样效率的其他除尘设备低；可以处理高温废气及黏性的尘粒和液滴。但是湿式除尘器用水量大，且可能造成水资源的浪费和二次污染。湿式除尘系统还要注意防止腐蚀性气体的侵蚀。

湿式除尘设备式样很多，常用的有喷雾塔式、填料塔式、文丘里式洗涤器、冲击式除尘器和水膜除尘器等，净化效率颇高。在湿式除尘器后都附有脱水装置，以脱除残余的水滴。图 2-8 所示的是湿式除尘器中结构最简单的一种。

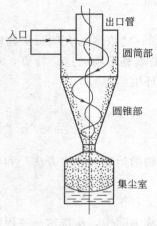

图 2-7　旋风除尘器

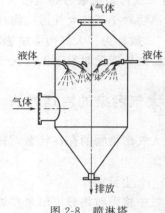

图 2-8　喷淋塔

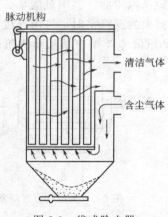

图 2-9　袋式除尘器

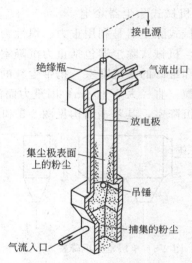

图 2-10　管式电除尘器

3. 过滤式除尘器除尘

过滤式除尘是使含尘气体通过多孔滤料，把气体中的尘粒截留下来，使气体得到净化。该法又分为内部过滤与外部过滤两类。目前广泛应用的袋式除尘器属于外部过滤，当含尘气流穿过其中悬挂的滤袋的袋壁时，尘粒被袋壁截留，在袋的内壁或外壁聚集而被捕集（图2-9）。

袋式除尘器对细粉具有很强的捕集效果，但不适于处理含油、含水及黏结性粉尘，也不适用于高温气体的净化。

4. 电除尘器除尘

电除尘是利用高压电场产生的静电力，作用于固体粒子或液体雾沫使之与气流分离。如图 2-10 所示，积聚的粉尘可用机械振打等方式将其清除。

工业上广泛应用的电除尘器是管式电除尘器和板式电除尘器。前者的集尘极是圆筒状的，后者的集尘极是平板状的。

电除尘器是一种高效除尘器，除尘效率可达 99% 以上，电除尘器阻力小，实际能耗低，可允许的操作温度高，在250～500℃的范围内均可操作。缺点是设备较庞大，且设备投资高，只有在处理净化要求高的废气的时候，才能显示其优势。

治理烟尘的方法和设备很多，各具不同的性能和特点，必须要依据废气排放特点、烟尘的特性、除尘要求和经济成本等加以选择或配合使用。

5. 雾霾炮

"雾霾炮"是一种为了应对"雾霾污染"而开发的装备，作用原理就是利用向污染区喷射水雾，把空气中的雾霾"洗"下来（图2-11）。由于水雾的喷射高度有限，所以效果也有限，但是对于低层空气中的雾霾有一定的消除作用。

"雾霾炮"也可以用于飞尘环境的除尘。

在过度干燥的天气，还可以利用"雾霾炮"给环境调节湿度。

图 2-11 雾霾炮

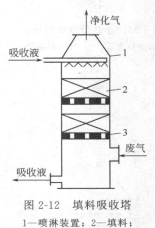

图 2-12 填料吸收塔
1—喷淋装置；2—填料；
3—填料支撑板

（二）气态污染物治理方法

气态污染物种类繁多，特性各异，治理方法也各不相同，主要有以下几种方法。

1. 吸收法

吸收是用适当的液体作为吸收剂，使含有害组分的废气与其接触，使这些有害组分溶于吸收剂中，气体得到净化的过程。吸收法又分为物理吸收与化学吸收：前者是纯物理溶解过程如用水吸收二氧化硫等；而后者在吸收中常伴有明显的化学反应发生，如用碱液吸收二氧化硫、用酸溶液吸收氨等。化学反应的存在增大了吸收的传质系数和吸收推动力，加大了吸收速率。因而在处理以气量大、有害组分浓度低为特点的各种废气时，多采用化学吸收法。目前工业上常用的吸收设备主要有三大类。

（1）表面吸收器 属于这种类型的设备有水平表面吸收器、液膜吸收器以及填料塔等。其中应用最普遍的是填料塔，在这种类型的塔中，废气在沿塔上升的同时，污染物浓度逐渐下降，而塔顶喷淋的总是较为新鲜的吸收液，吸收效果好。典型的填料吸收塔见图2-12。

（2）鼓泡式吸收器 属于这一类型的设备有鼓泡塔和板式吸收塔。应用较多的是鼓泡塔和筛板塔，图2-13和图2-14分别是连续鼓泡吸收塔和筛板吸收塔的示意图。

（3）喷洒式吸收器 比较典型的设备是喷淋吸收塔和文丘里吸收器。喷洒吸收器（图2-15）设备结构简单，造价低廉，气体通过的阻力小，并可吸收含有颗粒物的气体，但其吸收效率较低，应用受到限制。文丘里吸收器（图2-16）结构简单，处理气量大，净化效率

高，但其阻力大，动力消耗大，适于处理含尘气体。

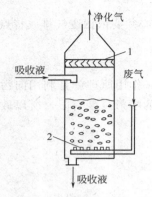

图 2-13　连续鼓泡吸收塔

1—雾沫分离器；2—气体分布管

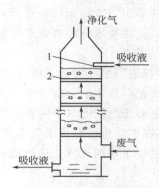

图 2-14　筛板吸收塔

1—进料管；2—筛板

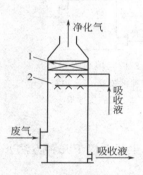

图 2-15　喷洒吸收器

1—除雾器；2—喷淋器

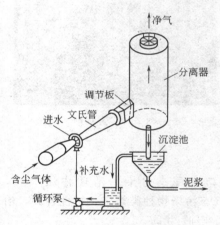

图 2-16　文丘里吸收器

　　吸收法技术上比较成熟，适用性强，各种气态污染物如 SO_2、NO_x、H_2S、HF、HCl 等一般都有可供选择的吸收剂和设备进行处理。该法在气态污染物治理方面得到广泛应用，但吸收液必须进行处理，有回收价值的应进行回收，否则将导致二次污染或资源的浪费。

　　2. 吸附法

　　某些固体由于结构或组成等原因，具有能使某些气体分子附着、浓集并保持在其表面上的特性。如条件发生改变，被吸附的组分可脱离固体回到气相中，吸附剂再生。用吸附法治理气态污染物就是用特定的固体吸附废气中的污染物，而达到分离净化的目的。

　　常用的吸附剂包括骨炭、硅胶、矾土、分子筛、沸石、活性炭、焦炭等，其中应用最广泛的是活性炭。

　　常用的吸附设备是吸附剂固定不动，工业废气流经吸附床而被吸附的固定床吸附器，脱吸附时暂停吸附并进行吸附剂再生。效率较高的有输送床吸附器（图 2-17）、沸腾床吸附器（图 2-18）和旋转式吸附器。

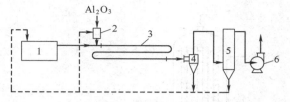

图 2-17 输送床吸附净化流程

1—铝电解槽；2—氧化铝加料器；3—输送床；

4—旋风除尘器；5—袋滤器；6—排风机

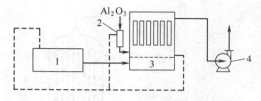

图 2-18 沸腾床吸附净化流程

1—铝电解槽；2—氧化铝加料器；

3—沸腾床；4—旋风除尘器

常用的吸附流程有以下几种形式。

（1）间歇式流程 一般均由单个吸附器组成，只应用于废气间歇排放，且排气量较小、排气浓度较低的情况下。

（2）半连续式流程 此种流程既可用于处理间歇排气也可用于处理连续排气的场合，是应用最普遍的一种吸附流程。流程可由两台（或三台）吸附器并联组成。

在用多台吸附器运行时，通常用一台吸附器进行吸附操作，另外的吸附器则进行再生操作或备用。

（3）连续式流程 应用于连续排出废气的场合，流程一般均由连续操作的流化床吸附器、移动床吸附器等组成。其特点是在吸附操作进行的同时，不断有吸附剂移出床外进行再生，并不断有新鲜的吸附剂或再生后的吸附剂补充到床内。

由于吸附法分离效率高，能回收有效组分，已成为治理气态污染物的重要方法之一。吸附法特别适用于排放标准要求严格或有害物质浓度低，用其他方法达不到净化要求的气体的净化，常作为深度净化手段。高浓度气体的净化不宜单独使用。

3．催化净化法

催化净化法是使待处理气态污染物通过催化剂床层，发生催化反应，使之转化为无害物质或易于去除物质的一种方法。

目前在气态污染物治理中，应用较多的催化反应类型如下。

（1）催化氧化反应 此法是在催化剂的作用下，利用氧化剂（如空气中的氧）将废气中的有害物质氧化为易回收或易去除的物质。如将废气中的二氧化硫催化氧化制成硫酸。

（2）催化还原反应 该法是在催化剂的作用下，利用还原剂将废气中的有害物还原为无害物或易去除物质。如用催化还原法将废气中的 NO_x 还原为 N_2 和水。

（3）催化燃烧反应 催化燃烧实际上是高温催化氧化，即在催化剂的作用下，将废气中的可燃组分或可高温分解组分彻底氧化成为二氧化碳和水，使气体得到净化。

由于每种催化剂都有各自的活性温度范围，因此必须对被处理废气进行预热，达到预定的温度以便进行正常的反应；反应后的高温气体应该进行热量回收；由于很多催化剂对灰尘和有毒物质敏感，故进气要先做预处理。催化反应流程中一般包括预处理、预热、反应、热回收等部分。

在催化净化工程中，最常用的设备为固定床催化反应器，按其结构形式分，基本上有以下三类。

（1）管式反应器 该种反应器有多管式与列管式两种结构形式，如图 2-19 所示。在多管式反应器中，催化剂装填在管内，换热流体在管间流动；列管式的催化剂装在管间，换热

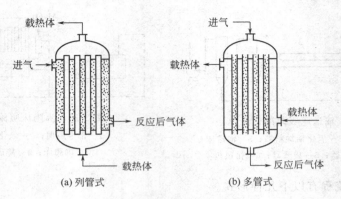

(a) 列管式 (b) 多管式

图 2-19 管式固定床反应器

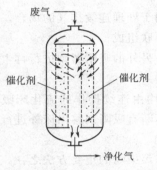

图 2-20 径向固定床反应器

流体则在管内流动。

（2）径向反应器 在径向反应器中，反应气流是沿设备的径向流动，气流流程短，因而阻力降低，动力消耗少，且可采用较细的催化剂颗粒，但它也属于绝热反应器，对热效应大的反应不适用。结构形式如图 2-20 所示。

（3）板式反应器 板式反应器的结构形式如图 2-21 所示。图 2-21（a）为单段式，图 2-21（b）、（c）为多段式。板式反应器属于绝热式反应器，反应床层与外界环境基本上无热量交换。多段式反应器就是在催化剂层之间设置换热装置，以利于反应热的移出。

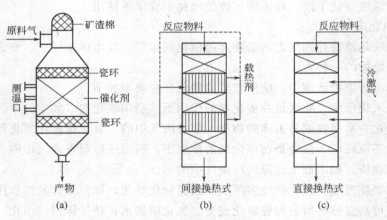

(a) 间接换热式 (b) 直接换热式 (c)

图 2-21 板式催化反应器

催化方法净化效率较高，净化效率受废气中污染物浓度影响较小，是一项重要的大气污染治理技术。例如利用催化法使废气中的烃类转化为二氧化碳和水，有机废气和臭气催化燃烧，以及汽车尾气的催化净化等。该法的缺点是催化剂一般价格较高，需专门制备。

4. 燃烧法

燃烧净化法即是对含有可燃有害组分的混合气体进行氧化燃烧或高温分解，从而使这些有害组分转化为无害物质的方法。例如含烃类废气在燃烧中被氧化成无害的二氧化碳和水。此法主要应用于含烃类、一氧化碳、恶臭、沥青烟、黑烟等有害物质的气体的治理。

5. 冷凝法

冷凝法是利用物质在不同温度下具有不同饱和蒸气压这一性质，采用降低系统温度或提高系统压力，使处于蒸气状态的污染物冷凝并从废气中分离出来的过程。该法特别适用于处理污染物浓度在 0.01% 以上的有机废气。冷凝法在理论上可以达到很高的净化程度，但若要求控制到几个"百万分（10^{-6}）级"则费用可能很高。所以本法常作为吸附、燃烧等净化高浓度废气的前处理，以便减轻这些方法的负荷。氯碱厂及炼金厂中，常用本法使汞蒸气变化成液体而加以回收。此外，高湿度废气也可用本法使水蒸气冷凝下来，大大减少气体量，便于后续操作。

冷凝法所用设备主要分为以下两大类。

（1）表面冷凝器　系使用一间壁将冷却介质与废气隔开，使其不互相接触，通过间壁将废气中的热量移除，使其冷却。

（2）接触冷凝器　将冷却介质（通常采用冷水）与废气直接接触进行换热的设备。冷却介质不仅可以降低废气温度，而且可以溶解有害组分。

6. 生物法

废气的生物法处理是利用微生物的生命活动过程把废气中的气态污染物转化成少害甚至无害的物质。该法的局限性在于不能回收污染物质，而且生物过程的速率一般不如化学和物理过程，只适用于污染物浓度很低的情况。

7. 膜分离法

混合气体在一定的压力梯度作用下，透过特定薄膜时，不同气体具有不同的透过速度，从而使气体混合物中的不同组分达到分离的效果。因此，选择不同结构的膜，就可分离不同的气态污染物，气体分离膜有固体膜和液体膜两种。目前在工业部门应用的主要是固体膜。

膜分离法过程简单、控制方便、操作弹性大、能在常温下工作且能耗低。该法已用于石油化工、合成氨中回收氢、天然气净化、空气中氧的富集以及二氧化碳的去除与回收等。

四、常见气态污染物的治理方法

（一）二氧化硫的治理

在对大气质量造成影响的各种气态污染物中，二氧化硫烟气的数量最大，影响最广。很多国家和地区，往往把二氧化硫作为衡量本国、本地区大气质量状况的主要指标之一。

二氧化硫的主要来源是含硫的燃料，尤其是高硫煤，因此燃煤脱硫可以大大减少大气中的二氧化硫含量，参见表 2-4。

表 2-4　燃煤的主要脱硫技术及效率

处理类型	技术名称	脱硫效率/%
燃烧前	煤炭洗选技术	$40\sim60$
	煤气化技术	85 以上
	水煤气技术	50
燃烧中	型煤加工（固硫）技术	50
	流化床燃烧（粒状固硫剂）技术	70
烟气脱硫	干法脱硫技术	$50\sim70$
	湿法（石灰-石膏）技术	95 以上
	其他	$40\sim70$

二氧化硫废气，有的浓度较高，有的浓度又较低。对浓度高的二氧化硫废气，目前采用

接触氧化法制取硫酸，工艺成熟。对大量的浓度低的二氧化硫废气来说，工业回收不经济，但它对大气质量影响却很大，因此必须给予治理，所谓排烟脱硫，一般是指对这部分废气的治理。

当前应用的烟气脱硫方法，大致可分为两类，即干法脱硫和湿法脱硫。

1. 干法脱硫

使用粉状、粒状吸收剂、吸附剂或催化剂去除废气中的二氧化硫。主要有吸附法和吸收法两种。

（1）吸附法　目前应用最多的吸附剂是活性炭，在工业上已有较成熟的应用并获取相应产品。活性炭在氧气和水蒸气共存的情况下，对 SO_2 具有较高的吸附能力，脱硫效率可达 90％以上，脱硫副产品为稀硫酸。

硅胶、分子筛、离子交换树脂等也对 SO_2 有较强的吸附。

（2）吸收法　是用氧化锰等金属氧化物固体颗粒或将相应金属盐类负载于多孔载体后对二氧化硫进行吸收。常用的金属氧化物有：ZnO、Fe_2O_3、CuO、Co_2O_3 和 Mn_2O_3，以 Mn_2O_3 的吸收效果最好，当温度约为 350℃时吸收速度最快。

干法的最大优点是治理中无废水、废酸排出，减少了二次污染；缺点是脱硫效率较低，设备庞大，操作要求高。

2. 湿法脱硫

采用液体吸收剂如水或碱溶液洗涤含二氧化硫的烟气，通过吸收去除其中的二氧化硫。湿法脱硫主要包括碱吸收法、氨吸收法和石灰吸收法等。

（1）碱吸收法　是用碳酸钠或氢氧化钠作吸收剂，反应后生成亚硫酸钠。

（2）氨吸收法　是用氨水作为吸收剂，反应后生成亚硫酸氢铵，吸收率可达 93％～97％。

亚硫酸氢铵可以加硫酸生成硫酸铵，释放出高浓度的 SO_2，用于生产液体 SO_2 产品；也可以用于亚铵法造纸（图 2-22）。

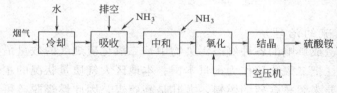

图 2-22　氨吸收法脱硫流程

（3）石灰吸收法　是用石灰浆作吸收剂，直接喷入废气中，与二氧化硫生成亚硫酸钙，再进一步氧化为石膏。

湿法脱硫所用设备较简单，操作容易，脱硫效率较高。由于可获得副产物而加以利用，是世界各国研究得最多的方法。

但湿法脱硫后烟气温度较低对烟囱排烟扩散不利。

（二）氮氧化物废气的净化

氮的氧化物种类很多，有氧化亚氮（N_2O）、一氧化氮（NO）、二氧化氮（NO_2）、三氧化二氮（N_2O_3）、四氧化二氮（N_2O_4）及五氧化二氮（N_2O_5）等，总称为氮氧化物（NO_x），其中主要为 NO 与 NO_2。

脱除废气中的氮氧化物，称为废气脱氮或脱硝，常用的方法见表 2-5。

表 2-5　氮氧化物治理方法

净化方法		要点
催化还原	非选择性催化还原法	用 CH_4、H_2、CO 及其他燃料气作还原剂与 NO_x 进行催化还原反应。废气中的氧参加反应，放热量大
	选择性催化还原法	用 NH_3 作还原剂将 NO_x 催化还原为 N_2。废气中的氧很少与 NH_3 反应，放热量小
液体吸收	水吸收法	用水作吸收剂对 NO_x 进行吸收，吸收效率低，仅可用于气量小、净化要求不高的场合，不能净化以 NO 为主的 NO_x
	稀硝酸吸收法	用稀硝酸作吸收剂对 NO_x 进行物理吸收与化学吸收。可以回收 NO_x，消耗动力较大
	碱性溶液吸收法	用 NaOH、Na_2SO_3、$Ca(OH)_2$、NH_4OH 等碱溶液作吸收剂对 NO_x 进行化学吸收，对于含 NO 较多的 NO_x 废气，净化效率低
	氧化吸收法	对于含 NO 较多的 NO_x 废气，用浓 HNO_3、O_3、NaClO、$KMnO_4$ 等作氧化剂，先将 NO_x 中的 NO 部分氧化成 NO_2，然后再用碱溶液吸收，使净化效率提高
	吸收还原法	将 NO_x 吸收到溶液中，与 $(NH_4)_2SO_3$、$(NH_4)HSO_3$、Na_2SO_3 等还原剂反应，NO_x 被还原为 N_2，其净化效果比碱溶液吸收法好
	配位吸收法	利用配位吸收剂 $FeSO_4$、FeO-EDTA 及 FeO-EDTA-Na_2SO_3 等直接同 NO 反应，NO 生成的配位化合物加热时重新释放出 NO，从而使 NO 能富集回收
吸附法		用丝光沸石分子筛、泥煤、风化煤等吸附废气中的 NO_x，将废气净化

产生氮氧化物的污染源很多，但主要是发动机的尾气，由于污染源相对分散，较为常用的方法是"催化脱氮"，即在发动机的尾气排气管上装填催化剂，并利用尾气余热引发反应，使尾气中的残余烃类与氮氧化物发生反应从而使氮氧化物还原为无害的氮气。

对于硝酸生产中产生的氮氧化物，也可以用氨气作为还原剂，采用催化还原法治理。流程如图 2-23 所示。

*（三）硫化氢的治理

硫化氢主要来源于天然气的净化、石油精炼、炼焦及煤气发生等能源加工过程，其次在硫化染料、人造纤维、二硫化碳等化工工业，以及在医药、农药、造纸、制革等轻工业生产中也有产生。

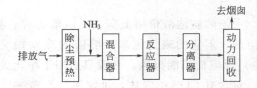

图 2-23　氨选择性催化还原法脱除 NO_x 流程

1. 干法脱硫

干法是利用 H_2S 的还原性和可燃性，用固体氧化剂或吸附剂来脱硫或者直接使之燃烧。常用的方法有改进的克劳斯法、氧化铁法、活性炭吸附法、氧化锌法和卡太苏耳法。此法可回收硫、二氧化硫、硫酸和硫酸盐。

2. 湿法脱硫化氢

湿法脱硫化氢具有占地面积小、设备简单、操作方便、投资少等优点，被广泛应用。湿法脱硫化氢按脱硫剂的不同分为液体吸收法和吸收氧化法两类。

（1）液体吸收法　液体吸收法中有利用碱性溶液的化学吸收法、利用有机溶剂的物理吸收法、以及同时利用物理吸收和化学溶剂的物理-化学吸收法，在碱性溶液的化学吸收法中常用的吸收剂是弱碱性溶液，如氨、乙醇胺等，以及强碱弱酸盐溶液，如碳酸钠、硼酸盐、磷酸盐等。

①弱碱性溶液的化学吸收法　目前工业中广泛采用的是乙醇胺法。利用弱碱性的乙醇

胺类吸收剂，如一乙醇胺（EMA）、二乙醇胺（DEA）等脱除 H_2S 等酸性气体。一乙醇胺的水溶液吸收 H_2S 的化学反应如下：

$$2RONH_2 + H_2S \longrightarrow (RONH_3)_2S$$

$$(RONH_3)_2S + H_2S \longrightarrow 2RONH_3HS$$

当气体中存在 CO_2 时，也同时被吸收：

$$2RONH_2 + CO_2 + H_2O \longrightarrow (RONH_3)_2CO_3$$

$$(RONH_3)_2CO_3 + CO_2 + H_2O \longrightarrow 2RONH_3HCO_3$$

$$2RONH_2 + CO_2 \longrightarrow RONHCOONH_3OR$$

各种醇胺吸收 H_2S 流程的基本形式如图 2-24 所示。

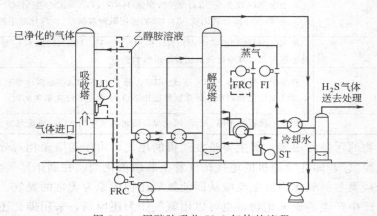

图 2-24 用醇胺吸收 H_2S 气体的流程

LLC—液位控制器；FRC—流量记录控制器；FI—流量指示器；ST—汽水分离器

一乙醇胺溶液价格低廉、反应能力强、稳定性好、容易回收，是一种对 H_2S 吸收较好的溶剂。但它的蒸气压高，溶液的蒸发损失量较大。此外，它还能与硫氧化碳 COS（或 CS_2）反应而不能再生，一般只适用于净化天然气和其他不含 COS（或 CS_2）的气体。

对含有 COS 的气体，可使用二乙醇胺（DEA）作吸收剂。DEA 溶液的硫容量高、蒸气压低，比 EMA 溶液的损失少。另外，DEA 溶液对气流中的烃类的溶解度较小，硫净化程度较高，便于回收，投资和运行费用也较低。

② 碱性盐溶液的化学吸收法 此种方法使用的吸收液种类较多，最常用的是碳酸钠溶液。含 H_2S 的气体与碳酸钠在吸收塔内逆流接触，一般用 2％～5％的 Na_2CO_3 溶液从塔顶喷淋而下，与从塔底上升的 H_2S 发生化学反应。吸收 H_2S 后的溶液送入再生塔，在减压条件下用蒸气加热再生，即放出 H_2S 气体，Na_2CO_3 得到再生。反应式如下：

$$Na_2CO_3 + H_2S \longrightarrow NaHCO_3 + NaHS$$

从再生塔流出的溶液回吸收塔循环使用。从再生塔顶放出的气体中 H_2S 浓度可达 80％以上，可回收用于制造硫黄或硫酸。

此法流程简单，药剂便宜，适用于处理 H_2S 含量高的气体。缺点是脱硫效率不高，一般为 80％～90％，动力消耗也较大。

③ 有机溶剂的物理吸收法 有机溶剂物理吸收的 H_2S 在其分压降低后即可解吸，克服了化学吸收法需要在加热条件下才能解吸的不经济的缺点。大多数有机溶剂对 H_2S 的溶解

度高于对 CO_2 的溶解度，所以可有选择地吸收 H_2S。该法要求 H_2S 在气体中的浓度要高。目前常用的物理吸收法有冷甲醇法、N-甲基-2-吡咯烷酮法、碳酸丙烯酯法等。

物理吸收法最简单的流程，只需吸收塔、常压闪蒸罐和循环泵。典型操作流程见图 2-25。

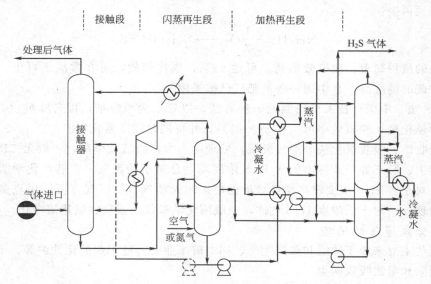

图 2-25　物理吸收法脱除 H_2S 的典型流程

（可用于几种不同溶剂再生）

④ 环丁砜溶液的物理-化学吸收法　环丁砜（二异丙醇胺溶液）既具有物理吸收特性（来自环丁砜），又具有化学吸收特性（来自二异丙醇胺和水）。环丁砜的吸收容量很大，溶解 H_2S 能力约为水的 8 倍，特别适合处理 H_2S 含量高的气体。而化学溶剂二异丙醇胺（ADIP）可使处理过的气体中残余 H_2S 减少到最低值。

采用环丁砜溶液脱硫，净化率高，溶液稳定性较好，使用过程中胺变质损耗少、腐蚀性小，溶液加热再生较容易，耗热量低。不仅可脱除 H_2S 等酸性气体，还可脱除有机硫。

（2）吸收氧化法　吸收氧化法通常是在吸收液中加入氧化剂或催化剂，使吸收的 H_2S 在氧化塔（即再生塔）中氧化成硫而使溶液再生。常用的吸收液有碳酸钠、碳酸钾和氨的水溶液。常用的氧化剂或催化剂有氧化铁、硫代砷酸盐、铁氰化合物复盐及有机催化剂组成的水溶液或水悬浮液。近年来该法发展较快，应用比较广泛。

① 氧化铁悬浮液的吸收法　该法整个过程的反应如下：

$$Na_2CO_3 + H_2S \longrightarrow NaHS + NaHCO_3 \tag{1}$$

$$Fe_2O_3 \cdot 3H_2O + 3NaHS + 3NaHCO_3 \longrightarrow$$
$$Fe_2S_3 \cdot 3H_2O + 3Na_2CO_3 + 3H_2O \tag{2}$$

$$2Fe_2S_3 \cdot 3H_2O + 3O_2 \longrightarrow 2Fe_2O_3 \cdot 3H_2O + 6S \tag{3}$$

反应（1）和（2）是脱硫过程，而反应（3）是再生过程。

该类方法的代表有费罗克斯法和曼彻斯特法。该类方法的脱除效率约 85%～99%，可与干法脱硫相比，并且减少了占地面积。

② 有机催化剂的吸收氧化法

a. 对苯二酚催化法　含 H_2S 的气体与含催化剂（通常为对苯二酚）的氨水在吸收塔逆流接触，发生如下反应：

$$2NH_4OH + H_2S \longrightarrow (NH_4)_2S + 2H_2O$$
$$(NH_4)_2S + H_2S \longrightarrow 2NH_4HS$$

吸收液送入再生塔，同时通入压缩空气，在对苯二酚催化剂作用下发生如下反应，析出硫，氨水得到再生：

$$NH_4HS + \frac{1}{2}O_2 \longrightarrow NH_4OH + S$$

此方法的流程简单，脱硫效率高，可达99%，操作简便，可在常温下再生，动力消耗也小，回收硫的纯度高，在中国一些氮肥厂已被采用。

b. APS法　中国科技人员研制的一种方法，以氨水为吸收剂，以苦味酸（2,4,6-三硝基苯酚）为催化剂，脱硫效率可达94%～95%，并可同时脱除氰化氢。

液体吸收法、吸收氧化法等湿法脱硫，处理能力大，脱硫效率高，一般无二次污染。

一般化工、轻工等行业排出的含H_2S浓度高、总量小的废气，常选用化学吸收法或物理吸收法；对于含H_2S浓度较高而且总量也很大的天然气、炼厂气，可以用克劳斯法及吸收氧化法处理；而对于低浓度H_2S气体，一般用化学吸收法或吸收氧化法净化。

（四）含氟废气的治理

含氟废气主要来源于磷肥和磷酸生产、铝电解工业及铸造工业的化铁炉等。治理方法主要有干法吸附和湿法吸收两类。

1. 干法吸附

干法吸附是以粉状的吸附剂吸附废气中氟化物，包括烟气与吸附剂接触、吸附和烟气与吸附剂分开两过程。该法的特点是净化效率高、工艺简单、没有水的二次污染，但净化设备的体积较大。

干法吸附主要采用粉状工业氧化铝作吸附剂。氧化铝对HF的吸附主要是化学吸附，同时伴有物理吸附，吸附的结果是在氧化铝表面上生成氟化铝。

干法吸附主要有输送床吸附法和沸腾床吸附法两种。

（1）输送床吸附法　输送床吸附法也称管道吸附法。其流程图见图2-17。

由铝电解槽来的含HF烟气通过管道进入输送床后与加入的氧化铝粉末相混合，在管道中的高速气流带动下，氧化铝粉末高度分散并与HF充分接触，在很短的时间内完成吸附过程。吸附后的含氟氧化铝通过旋风除尘器被分离出来，再经过袋式过滤器分离干净。分离出来的氧化铝可进入加料器进行循环吸附，也可返回铝电解槽。

（2）沸腾床吸附法　沸腾床吸附法的流程示意见图2-18。

来自铝电解槽的含氟烟气由沸腾床底部进入沸腾床后，以一定的速度通过床面上的氧化铝层，氧化铝形成流态化的沸腾层，并与烟气中的HF混合、接触、扩散而完成吸附过程。气体携带的氧化铝被沸腾床上部的袋式过滤器过滤下来，强送入加料器进行循环吸附，也可返回铝电解槽。

2. 湿法吸收

湿法吸收采用水、碱性溶液或某些盐类溶液来吸收废气中的氟化物，从而达到净化回收的目的，同时还可得到副产品氟硅酸、冰晶石及氟硅酸钠等。该法优点是净化效率高、设备体积小、净化工艺过程可以连续操作和回收各种氟化物。缺点是会造成二次污染，在寒冷地区需有保温措施。常用的有水吸收法和碱吸收法两种。

（1）水吸收法　采用水吸收净化含氟废气，主要是基于氟化氢和四氟化硅都极易溶于水，分别生成氢氟酸和氟硅酸。生成物可用于制取冰晶石、氟硅酸等产品。氟的吸收常采用文氏管洗涤器、喷射式洗涤器、拨水轮吸收室、湍流塔喷淋塔等设备。

文氏管洗涤器吸收效率高，若作为第一级吸收设备，其吸收效率可在99%以上。

但当废气含氟浓度较高时，用水吸收会有大量硅胶析出，容易造成喉管堵塞。因此，常用拨水轮吸收室作为第一级吸收，而文氏管作为第二级吸收，可以取得较好效果。

氢氟酸与氟硅酸均具有强腐蚀性，所以吸收设备必须是耐腐蚀的，普通过磷酸钙厂采用的除氟工艺流程如图2-26所示。

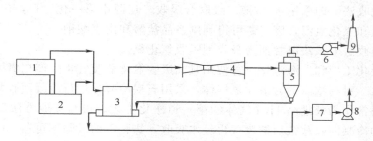

图2-26 普通过磷酸钙厂除氟工艺流程

1—混合器；2—化成室；3—拨水轮吸收室；4—文氏管吸收器；5—旋风除尘器；
6—鼓风机；7—氟硅酸液贮槽；8—泵；9—烟囱

（2）碱吸收法 本法是用碱性物质（Na_2CO_3、NaOH、NH_3 或石灰乳）来吸收废气中的氟化物。碱吸收法吸收净化效果较好，可用于净化铝厂含 HF 烟气和磷肥厂含 SiF_4 废气，同时副产冰晶石。

（五）含氯及氯化氢废气的治理

含氯和氯化氢的废气有时总称为"含氯废气"，这类气体主要来源于工业生产过程。在化工、农药、医药、有色冶金生产过程中以及纺织厂、造纸厂、纸浆厂的漂白过程中均有含氯废气产生。其中，氯碱厂是含氯废气的主要来源之一，而在有机合成生产中氯化、氯磺化和氧氯化过程中也可产生大量含氯废气。

此外，在印染、制药、制革、电镀、油脂等工业的生产过程中，都有氯化氢排放。特别是酸洗工艺中常有大量 HCl 废气产生。

1. 氯气的治理

含氯废气的治理主要是通过湿法来净化，常用方法有以下几种。

（1）碱液吸收法 以碱性溶液（NaOH、Na_2CO_3 或石灰乳）作为吸收液对氯气（Cl_2）进行吸收，可以得到次氯酸钠（NaClO）、漂白粉[$CaCl_2 \cdot Ca(ClO)_2 \cdot H_2O$]等。

（2）亚铁吸收法 该方法是以氯化亚铁（$FeCl_2$）或硫酸亚铁作为吸收剂，吸收废气中的 Cl_2 并与之发生氧化还原反应。

其工艺设备采用填料塔，并以废铁屑作填料，副产的 $FeCl_3$ 可作产品出售，也可用铁屑还原 $FeCl_3$ 为 $FeCl_2$，循环再用。该法设备简单，操作容易，废铁屑来源丰富，但反应速率较小，效率也较低。

（3）四氯化碳吸收法 当氯气浓度大于1%时，可采用 CCl_4 为吸收剂，在喷淋塔或填料塔中吸收废气中的氯，然后在解吸塔中将含氯的吸收液通过加热或吹脱解吸，氯可回收使用。

（4）水吸收法 当氯气浓度小于1%时，可用水通过喷淋塔来吸收氯气，然后再用水蒸气加热解吸，回收氯气。

2. 氯化氢废气的治理

（1）水吸收法 氯化氢易溶于水，故常用水直接吸收氯化氢气体。当所得 HCl 达到一定浓度时，经净化与浓缩可得到副产品盐酸。

水法吸收的工艺设备可采用波纹塔、筛板塔、湍流塔等。该方法设备简单，工艺成熟，操作方便。

（2）碱液吸收法 该法用碱液或石灰乳作为吸收剂，吸收并中和 HCl，是一种应用较多的方法。吸收可在吸收塔中进行。

（3）联合吸收法 即采用水-碱液二级联合吸收。辽源市第一化工厂，用水-碱液二级联合吸收法处理氯和氯化氢混合废气。可得到副产品盐酸和次氯酸钠。

（4）甘油吸收法 该法以甘油为吸收剂吸收氯化氢。

武汉有机合化工厂和上海电化厂曾使用甘油吸收氯化氢废气，生产二氯丙醇。

（5）冷凝法 对高浓度的含氯化氢气体，采用石墨冷凝器进行冷凝回收盐酸。冷凝法净化效率不高，通常作为处理高 HCl 气体的第一道净化工艺，再与其他方法配合，会得到较满意的结果。如冷凝回收盐酸后的废气再经水吸收，氯化氢的去除率可达 90% 以上。

（六）含铅废气的治理

含铅废气的发生源很多，主要来自铅矿的采掘、冶炼和含铅汽油的燃烧、含铅燃煤的燃烧以及含铅产品生产及使用的高温作业过程。如以含铅汽油为动力燃料的燃烧过程，熔制铅板、铅锭、铅字、铅管以及蓄电池、含铅油漆、涂料、彩釉陶、瓷等的生产过程。此外，在使用含铅化合物的塑料厂、橡胶厂、化工厂、含铅玻璃厂也有含铅废气的产生。

（1）物理除尘法 物理除尘方法中常用的有布袋过滤、静电除尘、气动脉冲除尘等工艺。该类工艺常用于净化浓度高、气量大的含铅粉尘和烟气。另外，文丘里管、湿式洗涤器（如泡沫吸收塔、喷淋塔）都有较好的效果，但设备的体积较大，费用较高。

（2）化学吸收法 化学吸收法对铅烟中微细颗粒的铅蒸气具有较好的净化效果，常用的吸收剂有稀乙酸和氢氧化钠溶液。

① 稀乙酸溶液吸收法 吸收剂为 0.25%～0.3% 的稀乙酸，吸收产物为乙酸铅。

本法常与物理除尘配合使用，也称为两级净化法。第一级用袋式滤尘器除去较大的颗粒，第二级用化学吸收法（斜孔板塔，兼有除尘和净化作用），可获得较高的净化效率。其工艺流程见图 2-27。

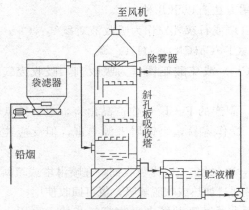

图 2-27 稀乙酸溶液吸收法流程

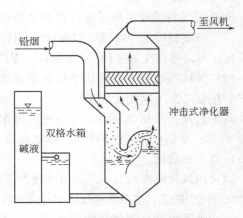

图 2-28 氢氧化钠溶液吸收法流程

本法装置简单、操作方便、净化效率高，生成的乙酸铅可用于生产颜料、催化剂和药剂等。但乙酸具有一定的腐蚀性，因此对设备的防腐要求较高。

② 氢氧化钠溶液吸收法　以 1％NaOH 水溶液作吸收剂。

该法的工艺流程见图 2-28。该法流程简单、操作方便，在同一设备内进行除尘和脱铅，净化效率高，另外，可同时除油，因而特别适合印刷行业和化铅锅排出的烟气。但当铅烟浓度较低时，净化效率较低，且吸收液须经处理，否则会造成二次污染。

(3) 覆盖法　覆盖法是针对铅的二次熔化工艺中铅大量向空气中蒸发污染环境而采取的一种物理隔挡方法。具体做法是在熔融的铅液液面上撒上一层覆盖粉末，这样不仅能防止铅的蒸发，而且还能阻隔铅熔液与空气中的氧接触，减少铅渣的量，使铅利用率提高。所用的覆盖剂有碳酸钙粉、石墨粉及 SRQF 覆盖剂等。

（七）含汞废气的治理

汞，俗称水银，在常温下呈液态，具有挥发性。在含汞矿物的矿山开采及其冶炼过程中，汞以蒸气状态进入大气，污染环境。各种含汞的有机和无机化合物的生产、运输和使用过程中，均可产生含汞废气。含汞废气的治理方法如下。

(1) 湿法　湿法即液体吸收法，是采用液体吸收剂对空气中的汞蒸气进行吸收以达到净化的目的。常用的吸收剂有高锰酸钾（$KMnO_4$）、漂白粉[$Ca(ClO)_2$]、次氯酸钠（$NaClO$）、热浓硫酸（H_2SO_4）等。

① 高锰酸钾溶液吸收法　高锰酸钾具有强氧化性，当其与汞蒸气接触时，能迅速将汞氧化成氧化汞，同时生成的二氧化锰与汞蒸气接触可产生汞锰配合物，从而净化汞蒸气。

吸收设备视具体条件可分别采取填料塔、喷淋塔、斜孔板塔、多层泡沫塔及文丘里复挡分离器。该法适用于含汞氢气及仪表电器厂的含汞蒸气的处理。可以在低温条件下通过电解来回收汞。

② 次氯酸钠溶液吸收法　吸收液是次氯酸钠和氯化钠的混合水溶液。次氯酸钠是强氧化剂，可对汞进行氧化吸收。

该方法的特点是吸收液来源广、无二次污染，适用于水银法氯碱厂中含汞蒸气的净化。通过电解法可回收 Hg。

③ 硫酸-软锰矿溶液吸收法　用含软锰矿（粒度为 110 目，其中含 MnO_2 约 68％）100g/L、硫酸 3g/L 左右的悬浮液吸收含汞废气。

由于 $HgSO_4$ 随净化过程的进行浓度愈来愈高，在有一定浓度 MnO_2 的条件下，吸收液的净化能力将愈用愈强，所以能获得较高和较稳定的净化效果。此方法适用于汞矿冶炼尾气及含汞蒸气的净化。副产品可提取 $HgSO_4$ 溶液，并通过电热蒸馏炉的方法回收金属汞。

④ 碘配合法　利用碘的碘化钾溶液吸收烟气中的 Hg。

该法的缺点是投资较大，运行费用大，但回收的汞具有一定的经济效益。适合于含汞矿物的焙烧和冶炼过程的烟气中含汞废气的治理净化。

液体吸收法效果较好，应用广泛。除上述方法外，还有热浓硫酸吸收法、过硫酸铵——文氏管法、多硫化钠吸收法、过硫酸铵溶液吸收法。

(2) 固体吸附法　单纯的固体吸附剂对汞蒸气的吸附容量低，因而一般是使吸附剂先吸附上某种化学物质，汞在被吸附的同时与吸附剂上的化学物质发生化学反应，生成汞化合物，从而达到更好的吸附效果。常用的固体吸附剂有活性炭、软锰矿、焦炭、分子筛、树脂以及活性氧化铝、陶瓷、玻璃丝等。

① 充氯活性炭吸附法 当含汞废气通过预先用氯气处理过的活性炭表面时，汞与吸附在活性炭表面上的 Cl_2 反应，生成 $HgCl_2$ 而附着在活性炭上。此法净化效率可达 99.99％ 以上，用于处理低浓度含汞废气最合适。

② 多硫化钠-焦炭吸附法 焦炭具有较大的活性表面，能对废气中的汞进行吸附和过滤。

为提高除汞效率，常在焦炭上喷洒多硫化钠溶液。并利用废气中 SO_2 和凝结水发生一系列反应，生成新生的硫与汞生成沉淀。此法除汞效率为 72％～92％，适用于净化炼汞尾气或其他有色冶金生产中的高浓度含汞烟气。

（3）气相反应法 气相反应法是用某种气体与废气中的汞发生气体化学反应，以达到净化的目的，最常用的主要是碘升华法。

在生产和使用汞的过程中，常有流散汞和汞蒸气冷凝后附着在墙面、顶棚、地面和其他物体上，不容易去除，白天温度升高时，汞蒸发而增高汞浓度。

采用碘升华法可以较为有效地解决这个问题。此方法简便有效，其原理是利用碘的加热蒸发或自然升华，形成的碘蒸发与室内汞蒸气反应，生成不溶解、不挥发物质（碘化汞）而达到除汞的目的。

① 加热熏碘法 按 $1m^2$ 地面 0.5g 用量，将结晶碘盛于烧杯内，用酒精灯加热，并闭门窗，碘受热后形成柴红色烟雾，碘蒸气与汞作用生成碘化汞。此法适用于事故性汞蒸气的消除，或在严重污染后的汞作业室内定期进行净化，汞浓度能立即降低。

② 升华法 按 $10m^2$ 地面 $0.02m^2$ 蒸发面积，将碘在浅盘内铺开，下班后将门窗关闭，任碘自然升华，与汞发生化学反应，次日上班时将碘加盖移去。白天上班靠通风排除汞蒸气，下班后用此法消除汞污染。

③ 微量升华法 当房间内汞蒸气浓度较低时，可以按房间内碘蒸气浓度不超过 $0.2mg/m^3$ 的配量，使微量碘自然连续升华，以消除室内的汞蒸气。

（4）联合净化法 对于高浓度含汞废气，采用单级处理往往很难达到排放标准，必须采用联合治理的方法，常见的有：①冷凝-吸附法；②冲击洗涤-焦炭层吸附法；③液体吸收-充氯活性炭吸附法。

（八）烃类的净化

1. 主要来源

烃类主要来源于石油、化工、有机溶剂行业的生产。另外，交通工具的汽车、飞机、轮船等也是产生烃类的重要污染源。

2. 治理方法

（1）燃烧法 燃烧法是将废气中的有机物高温下进行氧化分解。反应的温度为 600～1100℃，适于中、高浓度废气的净化。在化工、喷漆、绝缘材料等行业中广泛采用。本方法不能回收到有用物质，但燃烧时放出的热可以回收。目前使用的有直接燃烧和热力燃烧。

（2）催化燃烧法 催化燃烧法是在催化剂作用下，将烃类在 200～400℃ 下氧化。该法适于各种浓度的废气净化，适用于连续排气的场合，还可以进行热量的回收，具有较好的经济效益。

（3）吸附法 吸附法是用适当的吸附剂对废气中有机物组分进行物理吸附。吸附法可以相当彻底地净化废气，对于低度废气的净化，比用其他方法显出更大的优势。此外，吸附法可以有效地回收有价值的有机物组分。该法最适用于处理低浓度废气。

常用吸附剂有活性炭、硅胶、分子筛等，应用最广泛、效果最好的是活性炭。

（4）吸收法 吸收法是用适当的吸收剂对废气中有机组分进行物理吸收，适用于含有颗粒物的废气净化。目前，该法主要应用于石油炼制及石油化工的生产及储运中进行烃类气体的回收利用。

（5）冷凝法 冷凝法是在低温下使有机物组分冷却至露点以下，液化回收。该法适用于高浓度废气特别是含有害组分单纯的废气，适合处理含有大量水蒸气的高温废气，也可作为燃烧与吸附净化的预处理方法。

思 考 题

1. 什么是大气污染，大气中的主要污染物有哪些？

2. 你生活的周围环境是否存在着大气污染？若有，分析是怎样产生的？

3. 酸雨的基本成分是什么？对环境的危害有哪些？如何防治？

4. 臭氧层在大气层中的位置在哪里？对地球的作用是什么？

5. 引起臭氧层破坏的物质有哪些？臭氧层破坏会给人类带来什么样的影响？如何防治？

6. 何谓"温室气体"？有哪些常见的温室气体？大气中的二氧化碳都有哪些来源？

7. "全球变暖"可给人类带来哪些危害？如何防治？

8. 室内主要污染源有哪些？

9. 吸烟对人体有哪些危害？

10. 试简述如何进行大气污染的综合防治。

11. 除尘方法有哪些？气态污染物的主要治理方法有哪些？

第三章
珍惜生命之源——水

第一节　没有水就没有生命

一、　生命之源，　无可替代的水

在茫茫宇宙中，只有一个星球——地球，适合于人类生存、繁衍，因为地球上具备生命所需的水、空气、阳光等几大要素。

液态的水是生命存在的最重要的因素之一。地球就是因为有液态水才开始有了生命，生命大约产生于30多亿年前，然后逐渐发展演化成了现在这样有数千万个生物物种的大千世界。水是生物体的重要组成部分，在植物体中，水分占了50％～70％；在人的身体中2/3是由水构成的，血液中90％是水，甚至在骨头里也含有22％的水。一个成年人每天需摄入2～3L的水。水在人的身体内不断循环，一直到生命结束为止。所以，几天几夜不吃饭，人不致饿死，但若几天几夜不喝水，就难以生存。植物在缺乏肥力的地方还可以生长，但没有水就会很快枯死。有些细菌可以在没有氧气的情况下进行繁殖，但是，无论是细菌还是任何其他生命，都不能在没有水的情况下生长。

二、　为水而战——短缺的淡水

人类的生存和发展都离不开水，在人类所居住的地球上到底有多少水资源呢？全球水量总共约有 1.4×10^{18} m^3 [1]，如果均匀地分布于地球表面，水深为2700m，不过，这么多的水中有97.3％是海水，仅2.7％是淡水，其中有2％被两极冰冠和常年积雪的冰川锁定，剩下的0.7％中，又有很大的一部分被埋于极深的地下。而与人类生活最密切的江河、淡水湖和浅层地下水等淡水，又仅占淡水储量的0.34％。更令人担忧的是，这数量极有限的淡水，正越来越多地受到污染。据科学界估计，全世界有半数以上的国家和地区缺乏饮用水，特别是经济欠发达的第三世界国家，目前已有70％，即17亿人喝不上清洁水，世界上已有将近80％的人口受到水荒的威胁。

地球上可利用的淡水资源分布是极不均匀的，非洲大部、中国西部和华北地区、印度少数地区、墨西哥、中东，以及北美西部一些地区，处于严重的缺水状态。据统计，全世界已有2/3的国家存在着不同程度的缺水问题，其中严重缺水的国家已达40多个。埃塞俄比亚之所以有大批灾民被饿死，就是因农田缺水得不到浇灌，又无法从邻国开渠引水，干旱无雨，使干涸的田地无法长出粮食。中东，几乎每一个地区都受到水的困扰，那里的水真是贵

● 水是液体，通常以体积（m^3）计量，民间则常用"t"计量，1t水相当于 $1m^3$ 水。

如油啊。2014年1月份发布的"中央一号文件"显示：我国人均水资源正在逐渐下降，现在大约是2100m³。这一数字仅为世界平均值的1/4、美国的1/5、俄罗斯的1/7、加拿大的1/50，已经是世界上13个最贫水国家之一❶。

中国水资源总量约2.8×10^{12} m³，居世界第六位，但是，我国水资源在地区分布上的不均，进一步加剧了水紧张状态。根据2008年数据，长江流域、西南诸河、珠江流域、东南诸河和西北诸河流域五大流域的水资源总量之和占我国水资源总量的88％。从国土面积与水资源比例看，长江流域及其以南地区国土面积只占全国的36.5％，其水资源量占全国的81％。从人口与水资源比例看，全国82％的人口仅占据47％的水资源。全国共有16个省（区、市）人均水资源量（不含过境水）低于国际标准所划定的重度缺水线，有6个省、区已处于极度缺水状态。全国有29％的人正在饮用不良水，其中有7000万人正在饮用高氟水。

随着淡水需求量日益增长，淡水成为限制经济发展的重要因素。地区之间和国家之间为争夺淡水资源而发生冲突时常可见。地区之间在用水上所产生的矛盾往往表现为上下游之间的矛盾，不少地区由于上游用水量增加，导致下游来水减少，甚至出现断流，干旱季节得不到稳定的供水。

类似的情况也见于黄河，由于种种原因，黄河的上游来水在近60年来有所减少，加上中、上游的人们修筑了大量的小水库，使下游连年断流，工农业生产和人民生活受到严重影响。一直到由国家强行实施全流域管制，才在20世纪末恢复了干流全线不断流。然而，由于黄河流域的大小水库总库容已经超过黄河的总水量，沿河城乡又大肆截留河水"建设"水景，黄河下游水量显著减少，以致在2003年竟然出现入海流量只有数立方米的"凄凉"景象。2007年11月下旬一则来自黄河水利委员会的消息："今年黄河来水偏枯近四成，明年水资源供需缺口较大，水量调度形势不容乐观。"

有专家担忧：如此下去，黄河可能变成"内陆河"。

黄河一旦真的变成了内陆河，那么紧接着的就是渤海将变成中国的"死海"——黄河是渤海最后一条水质没有被完全污染的大河，是渤海"补水"的重要来源。

作为一个国家里的河流尚且存在"争水"现象，世界上有许多重要河流往往由两个或多个国家所有，它们又是如何的呢?!全世界可以统计的有200多条（片）国际河流和湖泊，将近40％的人生活在这些两国以上共享的流域。印度和孟加拉国为恒河，墨西哥和美国为科罗拉多河，捷克和匈牙利为多瑙河，泰国和越南为湄公河，都因为用水问题而产生国际争端。中东地区经常发生战争，表面上的原因是争夺石油资源，其实还有一个更重要的原因——水。中东地区有三大流域，分别是约旦河、尼罗河、底格里斯-幼发拉底河。以色列、约旦和被占领的西岸分享着约旦河水。以色列的年用水量已经超过每年可以从约旦河获取的供水量的15％，考虑到今后还会有大量的人进入，以色列每年的用水缺口将急剧扩大。约旦的人均用水量不足以色列的1/2，但也接近了供水极限，而且它的人口每年增长3.4％，用水之争将一年比一年尖锐。侯赛因国王1990年宣称，能够让他和以色列打仗的唯一原因就是水。

在约旦河西岸山脚有一个地下的含水层，以色列每年都要从该地区抽取地下水以补充用水量的不足。1967年阿以战争实质上是以色列为了控制水的战争，以色列占领了约旦河西岸这个地区后，大量抽取地下水满足自己的需要，却严格限制西岸阿拉伯人的取水量，这种不平等做法引起了阿拉伯人的极大愤慨。

无独有偶，尼罗河是世界第一长河，由青尼罗河（源起埃塞俄比亚，经苏丹）和白尼罗河（源起坦桑尼亚）交汇所形成，为九个国家供水，埃及是该河流经的最后一个国家。由于

---

❶　以往称为"12个最贫水国家之一"，现在排前了，并非我们的可用水量增加，而是因为有更缺水的国家出现。

上游国家认为没有义务为了下游地区的埃及和苏丹而限制自己利用尼罗河水,并大力开发水利项目,使下游的流量逐渐减少。埃及前总统萨达特在和以色列签署了历史性和平协定后不久被迫宣布,"能够让埃及再次开战的唯一原因是水"。

1989 年,当时担任埃及外交国务大臣的加利在对美国国会的一次谈话中指出,"埃及的国家安全掌握在尼罗河流域的其他 8 个非洲国家手中"。位于上游的埃塞俄比亚内陆没有河流,想建造水坝拦截尼罗河上游水,开凿一条运河发展农业,解决旱灾下的灾民吃饭问题,期望得到邻国的援助和支援,但视水如命的周边国家没有任何表示。1990 年初,埃及由于担心埃塞俄比亚会减少下游的水量,而暂停非洲开发银行给埃塞俄比亚的一笔贷款。

在中东的三个流域中,只有底格里斯河流域和幼发拉底河流域河水相对富足,但也没能防止出现紧张局势。位于上游的土耳其是一个富水贫油的国家,只能大力发展农业,实施大规模水利开发计划,建设 25 个灌溉系统、22 座大坝和 19 座水电站。其中,幼发拉底河上阿塔图克大坝是目前世界第五大坝,拦河蓄水能力很大,一旦关闸蓄水 2 个月,能使该河下游断流 1 个月,使下游的叙利亚、伊拉克对生命之源忧心忡忡。据说,土耳其曾扬言,威胁将要截断幼发拉底河以对抗叙利亚支持土耳其库尔德反叛分子。

中东地区因缺水引发冲突的形势最为严峻,其他地方同样存在着类似的国际争端。

在干旱季节,非洲博茨瓦纳东北部的乔贝国家公园里,兽中之王——狮子,为了获得饮水,而挑战、攻击那堪称动物巨无霸的非洲大象的奇观,也时有发生。

曾有人预言,21 世纪可能是为水而战的世纪。

三、全球性的淡水危机

随着全球经济的迅速发展和人口的猛增,人类对水的需求与日俱增,但水资源由于各种原因日益减少。淡水危机已经成为 21 世纪人类面临的最为严重的挑战。

1. 人口增长导致水需求量的不断增加

20 世纪以来,全世界人口增长了 3 倍,到 1999 年已突破 60 亿。全球用水量随着人类文明的进步逐年增加,1985 年的用水量是 1950 年的 3.5 倍,在 2000 年,世界用水量达 6 万亿立方米,但可供人类使用的淡水总量却不可能相应增加,使人均淡水占有量不断减少,到 2005 年降到 4800m³,使越来越多的国家和地区跨入缺水行列,使越来越多的人受水困扰。世界气象组织于 1997 年 3 月 13 日发表的报告中指出:世界上有 10 亿人得不到合格的饮用水;28 亿人没有足够的净水设施。发展中国家每年有 2500 万人死于水污染。表 3-1 是联合国粮农组织对 1980 年到 2000 年世界各大洲年人均淡水占有量的推测数据。

表 3-1　世界各大洲年人均淡水占有量推测数据

地区	1980 年人均淡水占有量/m³	2000 年人均淡水占有量/m³	地区	1980 年人均淡水占有量/m³	2000 年人均淡水占有量/m³
亚洲	5100	3300	拉丁美洲	48800	28300
非洲	9400	5100	北美洲	21300	15700
欧洲	4400	4100			

2. 全球经济发展迅猛,加剧水的供求失衡

在全世界对水的需求量中,农业用水占 69%,工业用水占 21%,城市用水占 6%,但由于人口和经济的不断增长,水的供求关系日益紧张。在中国,各方面的用水比例分别为 87%、7%和 6%。中国 2000 年农业用水量已由 1980 年的 4195 亿立方米增加到 5147 亿立方米,工业用水由 1980 年的 523 亿立方米增加到 1000 亿立方米,城市用水由 1980 年的 67 亿

立方米增加到 200 亿立方米。中国 2.8 万亿立方米的淡水资源，可利用的实际水量只有 11000 亿立方米，其中，还要包括因污染而无法利用的 3000 亿立方米，这样，近 14 亿的人口，960 万平方千米的中国，每年可利用的淡水只剩下 8000 亿立方米。而且这些淡水的分布极不均衡。以致全国 480 多个大中城市就有 300 多个供水紧张，40 多个城市严重缺水，仅生活用水年缺口就达 45 亿立方米。

据《科学美国人》月刊 2001 年 2 月号文章"少用水多种庄稼"估计，到 2025 年，单是灌溉用水就需要增加十几条尼罗河。没有人知道该如何去弄来那么多的水，人类已经超采又超采了！文章指出：出路只有推广应用高效率的灌溉新技术，"可将农田用水需求减少一半"。事实上，以色列人已经在极度干旱的阿拉伯沙漠上取得重大突破，他们的农产品不但实现了自给，还有盈余出口，而在单位面积用水方面却还不到我们的 1/10（单位产量计算可能更少）。

联合国环境规划署《全球环境展望 5 决策者摘要》称："许多地区已达到或超出了水资源（地表水和地下水）可持续发展的限度，水需求仍持续增高，而人和生物多样性所承受的与水有关的压力正在迅速升级。过去 50 年间，全球水资源抽取量已增至三倍。地下蓄水层、流域和湿地风险日增，但监测与管理却往往不力。1960 年到 2000 年之间，全球地下水储量的减少率增至两倍不止。今天，80% 的世界人口生活在水安全面临高度危险的地区，最严重的威胁类型影响着 34 亿人口，几乎都是在发展中国家。""截至 2015 年，预计仍有大约 8 亿人口无法获得改善的水供应，尽管改善饮用供水和卫生设施仍然是一个具有成本效益的减少与水有关的死亡和疾病的方式。在许多国家，对水资源综合管理和可持续发展至关重要的水文、水资源可利用量及水质方面的数据收集、监测和评估工作仍然匮乏，必须予以改进。"

开发和推广"节水农业"，效益是无可辩驳的，对于中国而言，不仅可以解决绝大部分的工业和城乡缺水难题，还可以节省大量的化肥。可是为什么就那么难呢，说到头还是经济问题，农业用水价钱非常低廉，谁来出钱投资？！其实，只要算一下缺水给中、下游广大地区的人民生活和社会生产所造成的困难和损失，一切就都明了了。

还是以黄河为例：仅 1972 年至 1996 年由断流所造成的直接经济损失累计就达 97 亿元，其中 20 世纪 70 年代直接经济损失每年为 1.8 亿元，80 年代为每年 2.2 亿元，90 年代后平均每年高达 20 亿元。

联合国环境规划署《全球环境展望 5 决策者摘要》指出："有必要更有效率地用水。全球水足迹总量的 92% 与农业有关。仅靠使用现有技术，即可将灌溉效率和中水回用率提高大约三分之一。此外，预防和减少点源和非点源水环境污染也是提高水资源可利用量以用于多种用途的重要措施。尽管过去 20 年间在水资源综合管理方面已取得重大进展，但供水压力和用水压力的总体增长速度需要靠各级加快改善治理工作来加以适应。"

由于施用无机化学氮肥而产生的一氧化氮同时也是"臭氧杀手"，因此，"传统灌溉模式"所导致的超量使用化肥对于环境具有极大的破坏。如果把这些相关因素所导致的环境效应以及可能造成的经济损失加以综合考虑，还有谁能说建设节水农业没有投资价值呢？！

3. 水源污染严重，可供使用水量减少

全世界每年约产生各种污水 4500 亿立方米，人畜、家禽粪便数百亿吨，其他有机、无机废物无数，排入江河湖泊，占全球淡水总量 14% 以上的可用水被污染。联合国统计数字显示，现在全世界约有 20 多亿人得不到清洁饮水供应，每年至少有 2500 万人死于污染引起的疾病，其中仅痢疾一项每年就夺去四五百万儿童的生命。

中国农业节水技协理事长张岳著文指出："21 世纪水的问题已成为世界各国关注的焦点。中国的水问题始终是个大问题。如何解决好中国水少、水脏和水环境恶化这'三大'难题，协调好生活、生产和生态用水的关系，处理好供水、用水和配置的关系，解决好开源、节流和保护的关系……直接关系到维护生态环境安全和国内国际环境的安定……建立用水审计制度，这是时代的要求，国家安全的要求，这是中国国情和水情的需要，必须尽快从法律上把它确定下来。"

2017年中国水稻、玉米和小麦三大粮食作物的化肥利用率为37.8%，农药利用率为38.8%，带有70%～80%的肥料和90%以上的农药的数千亿立方米的农业排灌水，通过不同的途径，最后汇集到江、河、湖、海中，给中国本来就十分紧缺的水源带来更大压力。中国每年因缺水而造成的经济损失达100多亿元，因水污染而造成的经济损失更达400多亿元。

监测结果显示，2000年长江、黄河、淮河、辽河、海河、松花江、珠江七大流域中，57.7%的断面为Ⅲ类水质，21.6%的断面为Ⅳ类水，20.7%的断面为Ⅴ类和劣Ⅴ类，见表3-2。主要湖泊营养化问题突出，其中巢湖西半湖和滇池、草海属重富营养状态，太湖属中富营养状态。由于乡镇企业的盲目发展，相当一部分山区、农村的小河小湖污染加剧。

表3-2　1991年、2000年、2005年中国七大水系水污染状况比较（占全流域比例）

单位:%

项　目	1991年	2000年	2005年	1991年	2000年	2005年	1991年	2000年	2005年
水质类型	Ⅰ、Ⅱ类标准			Ⅲ类标准			Ⅳ、Ⅴ类标准		
长江水系	54	71[②]	56	6	4[②]	2	30	25[②]	24
黄河水系	9	28.6	7	4	42.8	27	67	28.6	66
珠江水系	7	85.6	55	7	3.6	21	16	10.7	24
淮河水系	5		3	0		14	65	100	83
松花江水系	9		5	3	43.8	39	58	56.2	66
海河水系[①]	9		17	0	30.3	5	91	69.7	78
浙闽水系		37.0			45			18	
内陆	1	26.2	2	26.0		7	1.0		

① 含水库。
② 长江水系2000年数据因统计表达方式不同，无比较意义，故不列入。表中长江水系的数值为1998年数据。
注：据《环境公报》数据整理。

2005年环境公报显示：国家环境监测网七大水系的411个地表水监测断面中Ⅰ～Ⅲ类、Ⅳ类和Ⅴ类及劣Ⅴ类水质的断面比重分别为41%、32%和7%。其中珠江、长江水质比较好，辽河、淮河、黄河、松花江水质较差，海河污染严重。主要污染指标为氨氮、五日生化需氧量、高锰酸盐指数和石油类❶。

原国家环保总局2007年第一季度环境质量报告：松花江支流、淮河干支流、海河干流及"三湖"（太湖、巢湖、滇池）水污染加重，主要污染物指标为高锰酸盐指数、五日生化需氧量和氨氮。长江干流水质为优，支流总体属轻度污染；黄河干流为轻度污染，支流为中度污染；珠江干流、支流水质为良；松花江干流中度污染，水质较去年同期恶化，支流总体为重度污染；淮河干流、支流重度污染，水质变差；海河干流重度污染，主要支流水质有所好转；"三湖"为Ⅴ类或劣Ⅴ类水质。

---

❶ 由于2003年以后执行《地表水环境质量标准》GB 3838—2002，水质分类标准有所调整，所以之后的"分类"评价和之前的"分类"评价之间没有可比性。

从 2007 年太湖、巢湖和滇池的水污染形势看，湖泊的高度富营养化已经成为现实。

由于编著《中国水危机》而入选美国《时代周刊》"2006 年全球最具影响的 100 人"的马军先生❶接受了记者专访，指出："无锡水污染不是自然灾害，而是由于人为因素引起的一场生态灾害。""太湖周围遍布着污染企业，太湖边上的农垦用地撒满了农药化肥""……中国再也没有自然的资本和环境容量来承受这样的污染打击。"

广东省是水污染情况较轻的省份，但是监测结果也表明水源已普遍受到有机物污染，不少项目超标。

在联合国水资源会议上，专家们发出严重警告，21 世纪的中国，水资源短缺将成为严重的社会危机！

据《京华时报》报道，经济合作发展组织（OECD）2007 年 7 月在北京发布《OECD 中国环境绩效评估》报告。报告称，中国主要城市几乎有 1/2 不完全符合饮用水水源水质标准，长江、珠江、松花江等 7 个重点流域的水质仍呈恶化趋势。该报告是原环保总局委托 OECD 所做的，发布前已经获得环保总局认可。

2017 年环境公报显示，长江、黄河、珠江、松花江、淮河、海河、辽河七大流域和浙闽片河流、西北诸河、西南诸河的 1617 个水质断面中：Ⅰ类水质断面 35 个，占 2.2%；Ⅱ类 594 个，占 36.7%；Ⅲ类 532 个，占 32.9%；Ⅳ类 236 个，占 14.6%；Ⅴ类 84 个，占 5.2%；劣Ⅴ类 136 个，占 8.4%。全国 112 个重要湖泊（水库）中：Ⅰ类水质的湖泊（水库）6 个，占 5.4%；Ⅱ类 27 个，占 24.1%；Ⅲ类 37 个，占 33.0%；Ⅳ类 22 个，占 19.6%；Ⅴ类 8 个，占 7.1%；劣Ⅴ类 12 个，占 10.7%。主要污染指标为总磷、化学需氧量和高锰酸盐指数。109 个监测营养状态的湖泊（水库）中，贫营养的 9 个，中营养的 67 个，轻度富营养的 29 个，中度富营养的 4 个。其中：太湖湖体为轻度污染，环湖河流为轻度污染；巢湖湖体为中度污染，环湖河流为中度污染；滇池湖体为重度污染。

小资料 3-1

2007 年 12 月 3 日联合国秘书长潘基文在日本举行亚太水首脑会议上发表录像讲话说："目前全球各地都面临水危机，亚洲这一危机尤其严重。人口高速增长、消费增加、污染严重、对水资源的管理不力都是引发水资源危机的原因。在世界范围内，水资源不断被破坏、浪费和减少，但各国政府并没有对现实加以应有的关注。（那么）人类最终的归属就是坟墓。"

"水资源缺乏威胁着经济和社会财富增长，也是引发战争和冲突的诱因。"

英国环境专家公布的一份名为"国际警告"的研究报告说：如果人们对水资源保护不力，那么全世界将有 46 个国家在未来因面临环境变差和水资源危机存在爆发暴力冲突可能，另外还有 56 个国家可能因同样问题引发政局动荡。

---

❶ 马军，国际关系学院国际新闻系毕业，受聘于香港《南华早报》，任记者、研究员，1999 年编著出版了《中国水危机》一书，引起极大的反响，2004 年被翻译成英文出版。《时代》评论说："对于中国而言，马军《中国水危机》的意义也许如同卡逊的《寂静的春天》对于美国的意义。"2006 年 6 月，马军组建公众与环境研究中心，建立中国首个水污染公益网络数据库——"中国水污染地图"，2006 年底被评为绿色中国年度人物。

专家指出，中国水资源危机包括几个方面：一是水资源不足；二是水已被污染；三是因为浪费而不够用。水危机已严重限制中国经济的可持续发展。

第二节　水体●遭遇污染

地球表面有 2/3 是被水覆盖的。蔚蓝的大海，使从高空观看到的地球是一颗蓝色的星球，蜿蜒的长河就像大地母亲流出的乳汁和血管；星罗棋布的湖泊，就像一颗颗明珠镶嵌在地球上闪闪发光，把地球装扮得秀丽多姿。海洋是原始生命的摇篮，又是人类的主要资源基地，地球上的淡水主要依靠海洋的蒸发和通过大气降水的循环作用获得更新和补充。水循环示意图见图 3-1。

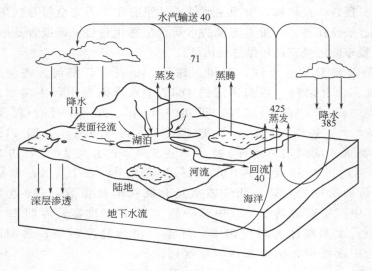

图 3-1　水循环示意图（单位：Gm³/a）

尼罗河、恒河、黄河等世界著名的河流，是人类古代文明的发源地，人类总是沿着这些河流流经的地方居住和生活，吸取大地母亲的乳汁，繁衍后代，由于大地母亲的无私奉献，20 世纪末，人类已突破 60 亿大关。可是人类回报大地母亲的是什么呢？是废弃的垃圾，把她当成垃圾收容站。当你站在海边细心倾听时，拍岸的惊涛，是大海在哭泣；当你来到黄河、长江边留心观看时，大地母亲分泌的乳汁越来越少，由甘甜变得有点苦涩，再看一看那些被誉为"大地明珠"的湖泊，也日渐失去往日的光彩。

一、水体的污染

外来物质进入水体的数量达到破坏水体原有用途的程度，水体就受到污染。

自然水体也有一种神奇的"自净"能力：当少量的污染物排入水体并经过一段时间后，水体能逐渐由不洁回复到原来的清洁程度，见图 3-2。在不同的水体中，水的自净

---

❶　水体是河流、湖泊、沼泽、水库、地下水、冰川和海洋等贮水结构的总称，包括水中悬浮物、底泥及水生生物，还有水中溶解的氧气、二氧化碳等。

能力不同。河流的自净能力比湖泊强，地下水的自净能力比较弱。原因一是流动的河水使污染物扩散速度加快，迅速与河水混合从而被稀释，降低污染物的浓度；二是河水翻滚流动时，加大了与空气的接触面积，使更多的氧气可以溶解进入河水，提高了水中的溶解氧含量，从而补充了污染物在氧化分解过程中所消耗的溶解氧；三是当水中溶解氧含量较高的时候，能使更多的水中生物（主要是好氧微生物）积极参与对污染物的生物降解❶，适当的流动也能促使某些污染物质沉降分离。但是水的自净能力是有限度的，当进入水中的污染物超过一定的数量，或者连续不断地进入并达到水体无法消除影响的程度时，水体失去自净能力，水质恶化并使原有的用途遭到破坏。

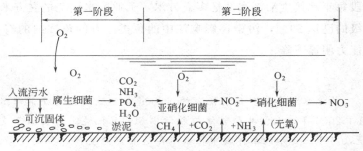

图 3-2　水体的自净过程示意图

据不完全统计，中国每年的污水排放量超过 850 亿立方米，其中长江每年要接纳超过 400 亿立方米污水，黄河每年要接纳 150 亿立方米污水，珠江每年也要接纳 200 亿立方米污水。

沿着长江顺流而下，从上游攀枝花市算起，干流上 21 个主要城市就有直接入江的大型排污口 394 个。几乎每一个城市江段都形成近岸污染带，仿佛一条污秽的飘带，远远延伸到大江里。按照长度排序，依次是南京、武汉、上海、岳阳、重庆、镇江，累计总长已超出 500km，而且还在延伸。含酚、氰、砷、汞、铬、铅、镉等毒害物质 3000 多吨，石油类近万吨，农药 40 余万吨。

属长江主要支流的岷江、沱江所流经地区每年排放工业废水约 7 亿立方米、生活废水 4 亿立方米，外加 300 万吨工业垃圾和生活垃圾沿江堆放，等待着大水带它们去漂流远方。

川江之水流到重庆，污水排放也渐入高潮。重庆污水排放总量超过 15 亿立方米，其中光是粪便就有 200 多万吨，流经重庆的长江重要支流嘉陵江，每年带入长江的污水也在 6 万吨以上。

龙溪河也是长江的支流，它养育着重庆市千万人口。近年来，龙溪河的源头，梁平区的一间造纸厂 20 年如一日地排污，河面堆积的有色泡沫有两三米高。往下有 16 家造纸厂，还有化肥厂、啤酒厂等污染大户。河水随着两岸污水的颜色变化，或黑，或红，或白，或黄，成了一条严重污染的"七色河"。

在涪陵地区，注入长江的乌江水不仅带来水和泥沙，还有大量的垃圾❷，与川江流下来的垃圾相汇合，最严重的时候竟形成一条长达 1km 多，宽 10m，高 1m 的"垃圾岛"。长江

---

❶ 由于微生物的作用，导致某些物质的分解。
❷ 生活垃圾也是重要的污染源，如一节小小的小号电池，其中含有的污染物就可以污染超过 60 万升的水，相当于一个人一生的饮用水量。

成了沿江居民的垃圾中转站。

滔滔的长江水转眼已流到三峡，由于流通断面的突然增大，三峡库区的江水流速变得平缓，上游漂浮的"垃圾岛"在库区徘徊，江水的自净能力也显著降低，水质显著变劣。

川水出峡，首先与湖北的污水汇合，目前湖北省每年排入长江干流的工业废水和生活污水合计达 20 多亿立方米，严重污染了长江水质。位于长江与汉水交汇处的武汉人为水厂取水点的设置和迁移费尽心思。

与上游相比，长江中下游的污染情况更令人担忧。在长江污染城市中，上海、武汉、南京稳居前三名。

长江的南京段每年承接生活污水 2 亿多立方米，工业废水达 7 亿立方米。整个长江流域属于地表水四五级的已达 29％，污染还影响江中的鱼类，有的鱼体内的有毒物质含量竟超标几十倍，繁殖能力明显下降。

> **小资料 3-2**　长江水利委员会日前发布的《2006 长江流域及西南储河水资源公报》显示，2006 年，人们共向长江排放污水 305.5 亿吨。对长江干支流水质调查发现，劣于三类水的水体集中在城市岸边和部分支流，特别是干流 20 多个城市 700 多公里长的江段，岸边污染带达 600 多公里。
>
> ——《人民日报》2007 年 11 月 29 日

在过去的几十年中，淮河受污染的情况令人触目惊心，每年有 30 多亿立方米工业废水和生活污水排入河中，化学耗氧量超标几十到几百倍，集中性恶性污染事故频繁出现，淮河成了浊流滚滚、臭气熏天的污水沟，整个淮河流域河水变黑、变毒。约 2/3 的河段已失去使用价值，一些地区因水质恶劣，已造成饮水困难。

经过又一个十年，淮河水污染已经有所改善，但是仍然存在问题，污染有所反复。2017 年环境公报显示：淮河干流 10 个水质断面中，Ⅲ类水质断面占 70.0％，Ⅳ类占 20.0％，劣Ⅴ类占 10.0％，无Ⅰ类、Ⅱ类和Ⅴ类。与 2016 年相比，Ⅲ类水质断面比例下降 20.0 个百分点，Ⅳ类上升 10.0 个百分点，劣Ⅴ类上升 10.0 个百分点，其他类均持平。

海河的情况也差不多。2017 年环境公报显示：海河流域主要污染指标为化学需氧量、五日生化需氧量和总磷。161 个水质断面中，Ⅰ类水质断面占 1.9％，Ⅱ类占 20.5％，Ⅲ类占 19.3％，Ⅳ类占 13.0％，Ⅴ类占 12.4％，劣Ⅴ类占 32.9％。与 2016 年相比，Ⅱ类水质断面比例上升 1.2 个百分点，Ⅲ类上升 3.2 个百分点，Ⅴ类上升 3.7 个百分点，劣Ⅴ类下降 8.1 个百分点，其他类均持平。

和淮河沟通的大运河由于欠缺天然河流的地势差，水流速度小，自净能力很差，结果也和淮河一样经历着长年污染的状况，一些河段甚至已经失去原有功能。

由于污染而引发沧州饮水数十万人氟中毒，满口氟斑牙的沧州姑娘"笑不露齿"，话也不多说了。

除了沧州以外，贵州、陕西、甘肃、山西、山东、河北、辽宁、吉林、黑龙江等省也有不少地域性的氟中毒病例发生。基本病症是氟斑牙和氟骨症。

北京每年排放污水达 15 亿立方米，以致全市 80 多条河流，70％受到污染。经过多年的整治，当年老北京人说"我们治理了一条龙须沟，又生出了百条龙须沟！"的情景已经不再。但是由于排污系统不完善，北京水污染情况仍然不容乐观。2015 年 11 月间北京市人大常委会执法检查组"关于《北京市水污染防治条例》等实施情况报告"揭示："全市污水直排量大，城乡结合部黑臭水体集中，约占中心城的 90％，坝河下游、常营等朝阳、海淀、丰台等人口密集区河流黑臭。""2010 年至今，北运河主要污染物指标逐年上升，其中 COD（化学需氧量）、BOD（生化需氧量）分别上升 30％和 52％；清河、通惠河等主要河流枯水期、平水期、丰水期均为劣五类水质。""断头路妨碍管网效率，新建小区污水收集缺少'最后一公里'支户管，如石景山区某地，1 万人每天约 1000 吨污水直排莲石河；农村设施严重不足，中心城城乡结合部规划人口 40 万，实际超 400 万，仅有 681 个村建了 1040 座污水处理设施，覆盖率不足 20％；河流周边村、水源地村、民俗旅游村和养殖村排污亟待治理。"报告强烈提示：北京虽然"贵"为首都，但是在环境保护方面仍然存在不少问题，不容忽视。而且地面水的严重污染也累及地下，北京浅层地下水四类、五类水质占平原面积 50％，深层地下水四、五类水质占监测面积 20％。

天津是严重缺水城市，30 年前开展引滦入津工程，当时确实解决了天津水资源短缺的问题，但是项目属于"跨省工程"，2013 年的一个调查报告显示：引水渠沿途严重污染，河道严重污染，水面漂死畜。而且周边还有工厂和其他污染性单位；水库境界各种警示标语标写得非常清楚，禁止在水库境界水域内钓鱼、毒鱼、电鱼、炸鱼或者游泳，但就在这些牌子的下面，违反规定的各种行为，就这样针锋相对地进行着。就在距离警示标语牌子不到 30m 的位置，就可以看到有一个养鱼的围栏，打鱼的渔船穿梭其中。大型的养鸭场、剧毒农药的废瓶到处可见。

百般无奈之下，2017 年 6 月，天津市正式与河北省签订了《关于引滦入津上下游横向生态补偿的协议》（以下简称《协议》）。根据《协议》内容，2016 年至 2018 年，河北省、天津市各出资 3 亿元共同设立引滦入津上下游横向生态补偿资金，专项用于引滦入津水污染防治工作。此后，津冀两地还将持续探索流域治理的区域协同新模式。但愿从此天津人能够持久地用上清洁安全的水。

《2015 中国环境状况公报》显示：2015 年，全国全年化学需氧量排放总量为 2223.5 万吨，比 2014 年下降 3.1％，比 2010 年下降 12.9％；氨氮排放总量为 229.9 万吨，比 2014 年下降 3.6％，比 2010 年下降 13.0％。全国城市污水处理厂处理能力 1.4 亿立方米/天，全年累计处理污水量达 410.3 亿立方米。2015 年，全国城市污水处理率达到 91.97％，完成"十二五"规划目标要求。

尽管如此，巨量的污染物对中国的水体仍然是沉重的负担。中国环境状况公报提示：2015 年全国地表水 972 个地表水国控断面（点位）覆盖了七大流域、浙闽片河流、西北诸河、西南诸河及太湖、滇池和巢湖的环湖河流共 423 条河流，以及太湖、滇池和巢湖等 62 个重点湖泊（水库），其中有 5 个断面无数据，不参与统计。监测表明：Ⅰ类水质断面（点位）占 2.8％，比 2014 年下降 0.6 个百分点；Ⅱ类占 31.4％，比 2014 年上升 1.0 个百分点；Ⅲ类占 30.3％，比 2014 年上升 1.0 个百分点；Ⅳ类占 21.1％，比 2014 年上升 0.2 个

百分点；Ⅴ类占 5.6%，比 2014 年下降 1.2 个百分点；劣Ⅴ类占 8.8%，比 2014 年下降 0.4 个百分点。"十三五"规划期间的环境整治依然"任重道远"。

截至 2017 年底，全国设市城市污水处理能力达 1.57 亿立方米每天，全国累计处理污水量达 462.6 亿立方米，分别削减化学需氧量和氨氮 1180.08 万吨和 109.63 万吨。而且，随着农村人口的城镇化，城市生活污水的排放量还将更大地增加，污染治理的力量还需要大大增强。

联合国环境规划署在《全球环境展望 5 决策者摘要》中指出："水、能源、社会经济发展以及气候变化在根本上是联系在一起的。例如，传统能源生产来源导致温室气体排放增多和气候变化，而后二者则是水资源短缺、洪水和干旱等极端气候事件、海平面上升，以及冰川和极地海冰流失的部分成因。旨在应对气候变化的举措，包括开发碳足迹较低的能源，也可能对水环境产生影响。"

小资料 3-3

中国青年报社会调查中心与腾讯网新闻中心联合进行了一项调查，这项有 8238 人参与的调查显示：97.2% 的人认为目前水污染严重，其中 68.4% 认为非常严重；89.6% 认为现在水质比以前差了，其中 62.9% 的人认为"差了很多"；83.7% 的人不放心自己喝的水。

——《中国青年报》2007 年 9 月 17 日

小资料 3-4

虽然国家早在 1994 年 5 月 24 日就正式宣布治理淮河污染，但 2004 年 5 月，南京大学学生记者团从源头开始分段采访的结果表明，10 年来治污的成效低微，有的地方污染依然严重，甚至比以前更甚。曾经给中原人民带来福祉的淮河，至今却让生活在两岸的百姓备受苦难。10 年治淮，为何成效不彰？

——《南方周末》5 月 27 日

淮河实际上从未达到过"2000 年底变清"的水质标准。"当时，工厂全部停工，不准排污，用自来水冲洗河道——为了在零点达标，地方上什么办法都用上了。"可是由于并没有从根本上堵住污染源，没有实行治污责任的经济补偿制度，没有建立起排污的责任追究机制，甚至也没有建立起日常的起码的水质检查、污染检查以及污染即时查究制度，光靠运动式的治理，靠行政命令式的单方推动，要根治淮河污染之痼弊，显然勉为其难。

——《中国青年报》2004 年 6 月 3 日

小资料 3-5

大理洱海边 600 亩农田将变度假酒店

桃源村位于云南省大理市喜洲镇，东邻洱海，西靠苍山云弄峰，有着世外桃源般的秀美景色。

当地镇政府决定，征用桃源村以北一大片地势平整、一直延伸到洱海湿地边的约 600 亩农田和湿地，开发成国际休闲度假会议酒店。对此，很多村民并不赞同把农田开发为国际休闲度假会议酒店，认为大理不是因为星级酒店而美丽，这既让他们失去土地，也破坏自然环境。而镇政府表示：当地旅游配套设施非常落后，建酒店是为了改善当地的旅游环境，吸引住游客，提高当地村民的收入。

喜洲镇副书记表示：希望通过一些旅游配套设施建设完善，能够把来旅游的人留下来，目前我们也只是在征求意见的过程，在开展过程中，原则依法依规，保护我们的生态。

——中国广播网 2011 年 8 月 13 日

小资料 3-6

绿藻封水面

2010 年 7 月 19 日，温榆河马坊桥河段，绿藻将水面盖得严严实实，几乎看不到河水，岸边的水藻已开始变黑、腐烂。一名在岸边散步的男子将半块砖扔进河中，砸出一片水洼。不到 3s，水洼便被水藻吞没。虽然下着小雨，但河面死气沉沉，看不到一个水泡和涟漪。

——新华网 2010 年 7 月 21 日

二、　无节制的"分流"，　黄河也断流

不少地区和国家为了充分利用日益稀少的水资源，大搞水利工程，筑坝建库，千方百计地把"水"留下，用于发展自己的工农业生产，这样做却给下游地区带来严重影响！以黄河为例：黄河以占全国 2％的河川径流，承担占全国 15％的水浇地和 12％的供水任务，多少年来，黄河一直在超常奉献，而我们却一味在索取黄河水。黄河水中游地区已建成大大小小 3000 多座水库，总库容达 600 亿立方米，已经远超过黄河的天然年径流量 560 亿～580 亿立方米，可以硬生生地把黄河水给全部截留下来，与此同时，沿线还在大力修建引水工程，加上黄河源头的生态环境恶化，源头的蓄水机能也在日益萎缩，上游来水逐年锐减❶。

中国内蒙古的最西端的额济纳旗，在历史上是有名的绿洲，1992 年，额济纳绿洲还有成片碧波荡漾的湖水，天鹅、黄鸭飞鸣嬉水，芦苇比骑在骆驼上的人还高。可是，还不到八个年头，这种景象已经一去不复返了，而取代它的是湖泊干涸、河水断流和风起沙扬！导致上述结果的直接原因是额济纳绿洲的生命源泉——额济纳河的断流，额济纳河的上游是黑河，源于甘肃祁连山，穿流河西走廊，由甘肃、内蒙古交界处注入额济纳河。三四十年来，黑河流域张掖、高台、金塔等农业垦区的人口增加了几十万，因此而新增的耕地需水浇地，其中离黑河最近的张掖，人们修筑一座拦河大坝将黑河齐腰截断，在每年的 4～6 月三个月把水拦到农田里，而位于黑河中游的高台，只能用张掖灌溉渗漏下来的水，全县建有 20 多个小水库，再下游是金塔，又有大小 14 个水库。近十几年来，黑河水流入额济纳河的水量因此减少了一半左右，断流期也越来越长。有专家认为，如果这种状况不改变的话，额济纳绿洲至多 20 年到 30 年就会消失。

中国最大的淡水湖——鄱阳湖，原有水面 4800km²，近五六十年就被围垦，减少容积近 3 个荆江分洪区。

---

❶ 见本书第一章第二节中断流的"母亲河"。

中国最大的咸水湖——青海湖，近五六十年面积缩小 500km²。20 世纪 60 年代以来大约每 8 年水位下降 1m，每年减小蓄水量 4.27 亿立方米。

华北最大的淡水源——白洋淀，是冀中平原的积水洼地，由 99 个淀泊、3600 多条壕沟组成，20 世纪 40 年代水面 360km²，正常蓄水量 4 亿～5 亿立方米。1958 年，人们开始在上游筑水库，总库容 31 亿立方米，几乎将白洋淀水源全部截走，1984 年完全干涸，连续 5 年，严重威胁沿湖居民的生存，破坏冀中的生态平衡。

号称鱼米之乡的洞庭湖从 4000km² 缩小到 2740km²。造成湖泊萎缩衰亡的原因：一是上游水源被截走，入不敷出；二是围湖垦荒造田；三是泥沙淤塞；四是污水污染，造成富营养化。

湖泊衰亡，降低了其自然调节和蓄洪的能力，恶化湖滨生态环境，也加速物种灭绝。

罗布泊、居延海、艾丁湖……已在这一代人眼前消失了。

三、 超采地下水， 水枯地陷

由于地表水不够用，一些生活在干旱地区的人们，又把目光投向地下水。

印度、墨西哥、泰国、美国、中东和北非的一些国家及地区和一些岛国，超量开采地下水问题相当严重。中国的不少城市和地区也有类似现象，盲目开采导致地下水资源严重失衡。

中国是地下水开采量最多的国家之一，由于缺乏节约意识，绝大多数的地区都已经超量开采，其中华北是过度开采最严重的地区之一，20 世纪 80 年代初，华北地区地下水超采区有 56 个，目前已经发展到了 164 个。

超采区普遍出现地面下沉现象，沿海 500m 内已经被海水所侵占。

多年来北京市地下水位不断下降，局部地区出现地面沉降现象。1980 年以来，全市地下水位平均下降 4.7m，北京历史上许多著名的泉眼干涸，为了保证城市用水，作为北京饮用水源的官厅和密云水库，不再向农业供水，农村只有大规模开发地下水，由于超采，北京市城市和近郊已形成 1000 多平方公里的降水漏斗区，全市近十万眼农用机井中有 2/3 已抽不到水。为了打水，有人甚至把井打到 200m（相当于 70 层大楼的高度）以下的超深度，超采那需要 6 个多世纪才可能循环一次的深层地下水。那些"浅于"200m 的井抽不到水了，就再往下打，一次又一次地掀起打井"热潮"，硬是把本来已很深的地下"水线"一再往下压。

近 50 多年来，天津地下水位持续下降，地面发生下沉，累计下沉量达 2.5m，使本来坡度很小的河道受到海水及潮水更为强烈的顶托，海岸线缓缓向陆地推移，市区形成大面积漏斗区。超采地下水使天津地面普遍发生下沉，海水入侵。

目前，整个华北地区地下水的开采已高达 83.5%，但仍然有很多人在不加节制地开采！致使该地区的地下蓄水层出现了大面积漏斗区，地下水位不断下降，仅 20 年时间地下水埋深就从平均 4m，到现在深达 10m，有的地方达 20m、30m，天津市中心的地下水位埋深接近百米。地漏了，地面上的降水和污水无法留蓄在地表层，顺着巨型的地下水"漏斗"（图 3-3），跑去与地下水汇合了，地下水因此被弄脏了。

水利部门流域地下水水质监测井主要分布于松辽平原、黄淮海平原、山西及西北地区盆地和平原、江汉平原重点区域，监测对象以浅层地下水为主，基本涵盖了地下水开发利用程度较大、污染较严重的地区，总共 2145 个地下水质量综合评价监测站。2017 年间的主要污

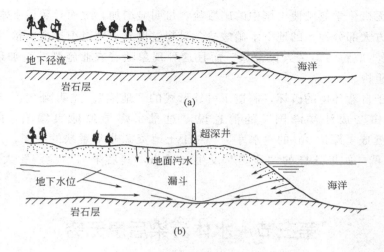

图 3-3　地下水"漏斗"

（a）正常的地下水；（b）"干涸"的地下水，污水入侵

染指标除总硬度、溶解性总固体、锰、铁和氟化物可能由于水文地质化学背景值偏高外，"三氮"污染情况较重，部分地区存在一定程度的重金属和有毒有机物污染，结果见表 3-3。

表 3-3　2017 年各流域片区地下水水质综合评价结果

流域	监测站比例/%		
	良好以上	较差	极差
松花江	11.2	81.4	7.4
辽河	8.8	81.0	10.2
海河	31.4	52.8	15.7
黄河	26.8	45.7	27.5
淮河	24.4	67.3	8.2
长江	14.3	80.0	5.7
内陆河	39.1	47.8	13.0
全国	24.4	60.9	14.6

注：评价方法采用《地下水质量标准》（GB/T 14848—93）地下水质量综合评价法，总大肠菌群、细菌总数等微生物指标不参评。

地下水位的下移，地下土层承托力下降，引起地面沉降，河北省沿海地区有近 1300km² 的土地已降至海平面以下。

华北地区每年超采 300 亿立方米，形成超过 2.3 万平方千米的漏斗区，不但在当地引起地面下沉，还跨过黄河，越过长江和苏州、无锡、常州"金三角"的大漏斗"大串联"，引起不同程度的地裂、地陷。

1988 年 5 月 10 日晚上，武汉市陆家街 10 多间民房、一间工厂的传达室、一间中学的校舍连同大树、电线杆地遁似地变得无影无踪。事后查明是附近过多的深井盲目开采地下水所致。

古城西安也出现因超采地下水而产生的严重后果：西安市地面不断下沉，气势恢宏的古城墙多处开裂，钟楼基座出现裂缝，每年下沉 34mm；闻名中外的大雁塔，已下沉 1.3m，塔体向西北倾斜近 1m，成为中国的"比萨斜塔"。

30 多年前，"上海在下沉！"的惊呼曾轰动全国。可现在，上海在下沉、哈尔滨在下沉、湛江在下沉……全国有 20 多个大城市在不知不觉中悄悄地下沉了！

过量施用无机化学氮肥使土壤中的硝酸盐含量明显增加，继而导致地下水体发生硝酸盐污染，我国北方大部分地区的地下水硝酸盐含量超过世界卫生组织标准 7 倍以上，甚至有达到 30 倍的，严重威胁污染区人民健康。而且这种现象随着农业施肥的增加还有上升趋势，必须引起高度重视。

采矿业对于自然环境的破坏，制造了另外形式的"地陷"。光明网 2001 年 11 月的一则题为"万亩良田变成汪洋泽国"的消息说："过量采煤导致地表塌陷，山东省邹城市 4000hm² 良田变成了深达 9m 的'水库'。"对于土地资源非常紧缺的中国，这样的"水库"无疑是雪上加霜。如果这样的"地陷"发生在城市，其后果与"地震"大概不会有什么区别。

第三节　水体污染后患无穷

人们肆无忌惮地将工业废水、生活污水倾倒入江河湖泊中，甚至回灌入地下，可又有多少人想过，水体污染产生的后果。

一、饮用污染水，容易得怪病

世界著名经济学家，《只有一个地球》的作者芭芭拉·沃德女士曾经说："人类从很早的年代起就一直习惯于把他们的废物倾倒到水源里去，而这些水源正是他们饮用水的主要来源。这是一件多么自相矛盾的事情。"

可是很久以来，人们都在犯着同样的错误。

20 世纪 50 年代，在日本九州鹿儿岛水俣湾地区曾发生震惊全球的"水俣病"事件。自从水俣镇的一些氮肥厂和化工厂投产后，灾难开始降临了，先是镇上一些猫狗变得行为怪异，疯疯癫癫，像着了魔似的尖叫着纷纷跳海自杀。不久，一种怪病蔓延开来，患者开始是口齿不清，四肢麻木，步履不稳，进而耳聋眼瞎，精神错乱，全身麻痹，最后手足痉挛，身体弯曲弓状，痛苦尖叫地死去。当时被确诊患这种怪病的患者，至今累计已超过千人死亡，还有 2 万人受到不同程度的危害。有的婴儿因此患有先天性智能障碍和运动障碍，这种怪病就是"水俣病"。经科学家研究，发现引起这种怪病的凶手就是当地化学厂污水中的无机汞盐，无机汞盐有毒，但经微生物作用转化成甲基汞毒性更大，经水生生物吸收后在鱼类中形成高浓度积累。当地居民和家畜食入被污染的鱼、虾、贝类等海产品后导致汞中毒，引起上述"特异性神经障碍"的疾病。

日本本州中部的神通川是一条美丽的清水河，曾经是日本著名的米粮川。20 世纪初这里也发生了一种怪病，持续折磨着神通川岸边居民。20 世纪 50 年代后更急速发展并扩大。1952 年神通川一带有些稻田秧苗枯死，江中鱼类大量死亡。1955 年后怪病患者剧增，从腰、手、脚疼痛到全身神经关节剧痛，直至大腿抽动、骨骼畸变，甚至轻微碰动或咳嗽也能导致骨折。许多病人经不住异常痛苦的折磨，不能进食，活活地饿死。人们称这种怪病为"哎唷-哎唷病"，或"痛痛病"，或"骨痛病"。曾经有一死者骨折部位竟多达 73 处，身体缩短几十厘米。20 世纪 60 年代才查明，引发"痛痛病"的是位于神通川上游炼锌工厂排出的含镉废水，污染整个富山平原和稻田，使稻米含镉量高达 4.23mg/kg，平均为 0.99 mg/kg。居民长期食用含镉米和含镉水，导致"骨痛病"。

在中国很多地区，污水引起癌症、肠胃病和各种疑难病症发病率上升的例子也不在少数。

在"水俣病"病因明确了以后的 20 世纪 80 年代的中国，却又在松花江重蹈覆辙，发生了渔民甲基汞中毒事件。

1987 年 1 月 2 日，山西省长治市长子县近 2 万人因喝了受污染的自来水，出现不同程度的中毒症状，有 1400 多人出现腹痛、腹泻、头晕、恶心等症状，有人在洗澡时全身刺痒，皮肤局部溃烂。有一个托儿所 200 多名幼儿全部有中毒反应，有的严重腹泻。经调查，原因是该县化肥厂在未采取任何保护措施的情况下进行设备维修，使设备内的氨氮母液全部经排污沟流入供 3 万人饮用水的水厂水源——南漳河。据测定，自来水中的氨氮含量超过国家饮用水标准几十到几百倍，氰化物和硫化物也严重超标。

上海市每天排放各种污水约 600 万立方米，粪便达 7000 多吨，流经市区的黄浦江、苏州河，每年的黑臭期超过 150 天；为了补偿流失的地下水，用取自黄浦江的自来水回灌，仅亚硝酸盐一项就高出 100 倍。受生活污水污染的毛蚶曾导致上海市暴发甲型肝炎。

广东省东部的枫江，是榕江的二级支流，其上游位于潮州，是该市唯一的水源河。但近几年来排进枫江未经处理的各种污水近 3000 万立方米，使枫江受到严重污染，河水呈棕黄色，露出水面的河床呈墨绿色，河底的泥沙变为黑色，河岸常年飘着令人作呕的腥臭味。该县沿江的近 20 间乡村小水厂被迫停止生产，25 万群众只能眼睁睁看着江水从自家门前流过。据沿江的登岗镇卫生院统计，1998 年上半年死亡的 190 人中，死于肿瘤的就有 59 人（占死亡人数的 31%，按医学分类属特高发病区）；1999 年征兵体检时，参加检查的 20 位青年就有 14 人肝功能有问题；村民中皮肤病、肠道传染病发病率尤高；同时疑难杂症和中青年得绝症而突然死亡的人数也比过去大大增加。

小资料 3-7

从 2001 年至 2004 年，中国共发生水污染事故 3988 起，平均每年近 1000 起，每天 2 到 3 起。据国家环保总局统计，2006 年水污染事故占全部环境污染事故总量的 59%。

2006 年，环保系统对中国七大水系的 408 个地表水监测断面检测显示，其中Ⅰ～Ⅲ类水质断面占 46%，Ⅳ、Ⅴ类占 28%，劣Ⅴ类占 26%，素有三大湖之称的太湖、滇池和巢湖水质均为劣Ⅴ类。按照国家环保标准，Ⅰ类和Ⅱ类水可以作为饮用水水源，Ⅲ类和Ⅳ类水只可以用于灌溉，Ⅴ类及劣Ⅴ类水质甚至不可以用于灌溉——但实际上，中国很多地方根本无法执行这一规定。

人群患有大量与水污染相关的传染性疾病。在中国的 37 种法定传染病中，通过水传播的疾病有 8 种。2006 年，中国上报法定传染病发病人数 460.9 万，其中靠水传播疾病的发病人数 127.8 万，占 27.7%。金银龙说，流行病学研究表明，饮用水中的污染物尤其是有机物暴露与慢性疾病显著相关，尤其是肝癌、胃癌等消化道肿瘤。

——中国新闻网 2007 年 12 月 3 日

20年来中国农药使用量增长惊人

小资料
3-8

自改革开放以来，我国大力发展农药以求解决粮食紧张问题，目前粮食问题有了很大的改善，但又有一个新的问题浮出水面，那就是在全球大部分国家农药使用量不断下降的情况下，我国却以一个惊人的速度增加着农药使用量。

自2008年以来，食品安全是公众挥之不去的议题之一。食品的污染、造假、添加剂等问题更是不断挑战公众的神经，甚至各种农残留事件频频见诸报端，而"农残留"是人们食品安全问题的重中之重。

农药使用已经变味。农药虽然远离我们的生活，但是农药却通过其他形式不断地渗透进了我们生活的各个方面，农药原本是作为预防和治理各种病虫害、提高农作物产量而被使用的。50年间蔬菜营养成分惊人猛降。按功效农药分为杀虫剂、杀菌剂、杀鼠剂等，全球每年在农作物上使用的农药有350万吨，而中国独占了一半。

据国家统计局数据显示：2014年中国农药使用量为180.69万吨。我国大规模使用农药接近20年，各类农产品农残留超标的比例更是居高不下。从20世纪90年代至今，我国农药使用量不断上升，1996年农药使用量114.08万吨，到了2014年已将近200万吨，（几乎翻了一倍），相比中国农药使用量的持续增长，其他国家的农药使用量基本都是在逐年下降。

近20年各国的农药使用情况中，英国减少了44%，法国减少了38%，日本减少了32%，意大利减少了26%，如果你说上面的数据都是发达国家的，那我们看下发展中国家的，以同样是农业占比较重的越南为例，近20年来越南的农药使用量减少了24%。

农药利用率低，陷进恶循环。农药作为一种化学防治的手段，是不可持续性的，长期使用农药会造成药物抗性、病虫害频发、生态环境恶化，导致农药使用量增加的恶性循环。

2015年农业部数据显示"中国农药平均利用率为36.6%"，过量使用农药不仅威胁食品安全，更通过径流、渗漏、漂移污染土壤和水环境，影响农田生态环境安全，"农药污染耕地土壤面积已经超过了1亿亩"。同时，这些不被利用的农药还会通过各种形式影响着其它动植物，甚至是公众的健康。

——农化网2017年6月26日

人们为了方便随意倾倒生活污水、生产污水，以及下水道的渗漏等，都可能引起地下水源的污染，历史上发生的好几次世界性"瘟疫"就是由"下水"污染水井引起的。广东贵屿简陋的"电子废物拆卸场"引起的严重水污染，甚至导致妊妇的羊水变色，婴儿胎死腹中。

某些极端的环境违法者甚至专门开挖深井往地下排放污水，直接污染了地下水源，他们不但是对当代人犯罪，更是对子孙万代犯罪。

资料显示，第三世界国家中80%～90%的疾病是由污水引起的。由于得不到足够的清洁的饮水，第三世界每三个死亡的人中就有一人的死因与水污染有关。世界范围内每天有6000～35000名儿童因缺水而死亡。20世纪末，全球约有9亿人口由于水资源不足而挨饿。

2016年5月21日第二届联合国环境大会召开前夕，联合国环境规划署发布《全球环境展望：地区评估》的报告称："生活和工业排污是亚太地区主要的水污染源，这一地区有30％人口的饮用水源被人类粪便污染，水生疾病每年造成 180 万人死亡。"

二、 水生生物中毒， 随水漂流

农业生产排灌和居民生活污水，含有大量的氮、磷、钾元素，是植物生长必需的营养素。这些植物营养物质进入水体后，会使藻类等浮游植物及水草过量繁殖，人们称这种现象为水体的"富营养化"。富营养化对湖泊、水库、港湾、流速缓慢的河口等水域影响较大。在被富营养化的水域中，首先是藻类在水面大量繁殖，形成一团团、一簇簇的"水华"。它们大量消耗了水中的溶解氧，造成水中缺氧而使耗氧量大的鱼类死亡，不久多数的藻类也随之死亡。鱼和藻类的遗骸沉入水底，在被微生物分解过程中进一步消耗大量氧，并放出毒素，致使更多的水中生物特别是底层水生物死亡，致使水体变成"死水"。由于水中缺氧，厌氧微生物在分解腐烂的生物遗体过程中产生硫化氢、氨等气体，使水质恶化变臭。

中国久负盛名的太湖，每年排入湖中的人畜粪便、生活污水达 3 亿多吨，把太湖变成了"肥湖"。加上沿湖的大大小小的污染企业，使太湖从 20 世纪 90 年代起，几乎全年都可见到藻类，且时常发生"水华"。

云南省昆明市西南的滇池，近年来也因严重富营养化的问题，使这颗明珠黯然失色，1999 年 10 月暴发的一次蓝藻灾害，滇池沿岸水面完全被蓝藻覆盖，游船不能靠岸，滇池沿岸的公园、道路、草坪上，堆放打捞上来的蓝藻近一人高。

太湖、巢湖、滇池的严重水污染事件，也凸显了中国农业污染的严重程度，一方面是大量的肥料随灌溉排水流失，另一方面则是自然水体由于"过度的营养化"而滋生有害生物，"蓝藻""红潮"泛滥。而要解决这类问题，则首先必须确立"环保农业"的新概念：必须建设资源节约（节水、节能、节肥农业）的循环经济型生态农业。事实上也只有"环保农业"才能真正称为"无污染农业"。世界银行曾警告说，中国的农业用水存在严重浪费（超过50％），并同时造成农肥、农药的浪费。而且，由于我国农业污染年代久远，很多农田的周边土地实际上已经严重"富营养化"，由于这种现象的长期存在，即使我们现在立即改变过往的错误，农业污染的后果可能还会延续相当一段时间。

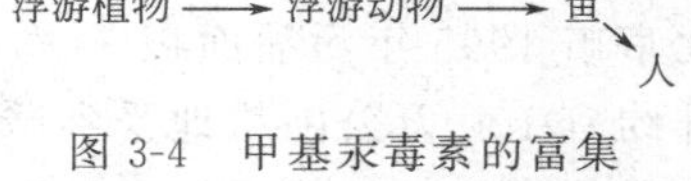

浮游植物 ⟶ 浮游动物 ⟶ 鱼 ↗ 猫 ↘ 人

图 3-4　甲基汞毒素的富集

水体富营养化的结果不但造成水中生物的死亡，使水体严重毒化，危害鱼类和其他水中生物的生命，而且随着水流四处扩散，并通过"食物链"使污染物一再浓缩富集，形成二次污染甚至三次污染，给人类和生物界带来无穷的灾难，见图 3-4。

科学家们在实验中发现，弥散在大气层中的滴滴涕（DDT）[1]，一旦降雨，就随同雨水一起降落至地面或海洋。海洋里的浮游动物摄入了含滴滴涕约为 3×10^{-6} mg/m³ 的海水，其体内滴滴涕的浓度可以上升到 4×10^{-2} mg/kg。小鱼吃了浮游动物，体内滴滴涕的浓度上升为 0.5mg/kg。大鱼吞食了小鱼，体内滴滴涕浓度可达 2mg/kg。海鸟捕食了大

---

[1]　DDT 为一种农药，现已被禁止使用。

鱼，海鸟体内滴滴涕浓度又再上升为 25mg/kg。由计算可知，处于食物链末端的海鸟体内的滴滴涕浓度为海水中滴滴涕浓度的 800 多万倍（图 3-5），富集程度之大是十分惊人的。人类再吃下这些含有如此高浓度的有毒物质，可以再浓缩至千万倍以上，其后果可想而知。

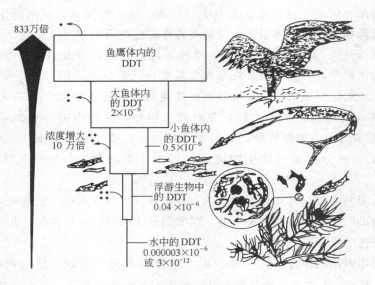

图 3-5　DDT 在食物链中的富集

三、祸及土壤和植物

　　在我国，农业生产需要消耗大量的水，由于水资源紧缺，不少地区被迫用受污染的河水或未经任何处理的城市废水、污水直接进行农田灌溉，使土壤遭到污染，农作物带有残毒。例如沈阳市张土灌区受到严重的镉污染，致使 $400hm^2$ 土地所产稻米镉含量严重超标，仅 1980～1981 年间，就导致近 3000t 稻谷不能食用。目前，该灌区污染严重地带已不可耕种，不得不改作工业开发区。

　　北京市 1995 年污灌面积 2.33 万公顷，灌水量 $1.8×10^8m^3$。1990 年检测发现，北京市东南郊约有 100 万公顷耕地受到严重汞污染，所产的糙米中汞的含量很高。

　　天津市的调查结果提示：长期使用污水灌溉使病原体、致突变物质、致癌物质通过水、粮食、蔬菜、鱼等食物链迁移到人体内，造成污灌区人群寄生虫和肠道疾病、肿瘤发病率大幅度提高。

四、污水入海，殃及全球

　　条条江河归大海，同时也将大量的污染物带入海洋。许多沿海城市也将未经处理的污水排入海中。海洋虽大，自净能力却有限，污水中的不易降解的有毒、有害物质在海洋中累积，并随着海流扩散转移，对海洋中的生物造成极大的危害。对海洋生态环境威胁较为严重的有以下几种污染类型。

1. 石油污染

石油污染是海洋遭受的第一大污染，来自沿海城市排放的含石油废水及海上运油、海上油田开发泄漏的石油。据估计，每年进入海洋中的石油高达千万吨。石油进入海洋后，会在海面扩散形成油膜。油膜的存在使空气中的氧无法进入海洋，影响海水中的溶解氧的补充。加上石油在分解过程中又消耗了大量的溶解氧，使海洋中的生物因缺氧造成死亡。另外，废油黏附在鱼卵、鱼苗身上，黏附在鱼鳃上，也造成鱼类的死亡。当海鸟黏上油污后，会使海鸟的羽毛失去御寒功能或油污过多无法飞行，以致大量死亡。在北半球每年因油污使海鸟死亡100万只以上。鱼和贝类在含有石油的水中生活，因石油进入体内，使这些鱼类和贝类肉质带有异味，甚至不能食用。石油中的有毒物质经生物链富集，使鱼变成了"毒鱼"。

1991年海湾战争所造成的后果，对海洋来说是一个极大的灾难。由于油井、油库和输油管道遭到人为破坏，大量的原油进入波斯湾，形成了几十公里长，十几公里宽的油污带，使这一带海域中的鱼、虾、贝类大量死亡，许多海龟、海鸟也惨死在油污中，约有52种鸟类在海湾灭绝。据估计，要恢复该海域原来的生态环境最少要50～100年。近三四十年来发生的油井泄漏的原油重大事故达20多起。

石油污染破坏了海洋的生态环境，有毒物质污染已使尚存的鱼类不能食用，有机氯使一些海洋生物畸形、不能繁殖。

2. 有毒物质污染

进入海洋的有毒物质包括有机农药、重金属和其他有毒害物品等，人类每年生产有机氯农药——六六六200多万吨，其中2/3累积在海洋。

非洲施用的农药随着海流迁移扩散到孟加拉湾和加勒比海。海水中虽然含六六六的浓度较低，但经生物链富集，海里藻类和浮游生物体内含六六六的浓度为海水的几百倍。

重金属中的汞、镉、铬、铜等金属离子对生物毒害较大，这些重金属离子能被生物吸收，却不能被生物降解，并通过生物链而在生物体内累积起来。如在虾体内汞的浓度是海水中汞浓度的10^5倍，鱼体内的汞是小虾体内汞浓度的数百至上千倍。

例如，流入波罗的海的河流把造纸厂排出的含有大量有机氯化合物的废水也带来了，该海域中鱼体内有机氯的含量比邻近海域中的鱼高10倍。各种海洋生物数目急剧减少，有些已濒临灭绝。

3. 海水富营养化

排入海洋中的污染物质，除了有毒物质外，还有大量的氮、磷（图3-6）、钾等植物营养素，使海洋中的水藻大量繁殖，形成"赤潮"❶。赤潮生物的繁衍以及它们的残骸在分解过程中，大量消耗水中的溶解氧，不但影响其他海洋生物的生存，腐败残骸在缺氧水体中能产生硫化氢等有毒物质，加上赤潮生物分泌的毒素有强烈的生物毒性，进一步破坏海洋生态环境，其

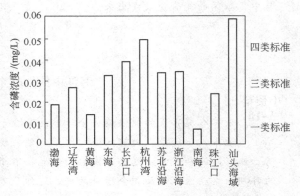

图3-6 中国近海海域的磷污染状况

---

❶ 一种特殊的生态异常现象，当赤潮出现时，海面上泛着红色、褐色或其他颜色的泡沫，可以连绵上百公里，乃至上千公里。

至造成海床淤塞、变浅，海港报废。

富营养化污染在许多国家的近海海域都有发生。"赤潮"在发达国家也屡屡发生，甚至还是"重灾区"。如日本的濑户内海，1967～1991年间就发生数次赤潮，造成渔业危害421次。美国佛罗里达州沿岸几乎每年都出现赤潮；1972年美国东海岸发生赤潮，使3200km沿岸海域受到污染；1987年在纽约萨福克一个海湾的赤潮造成扇贝养殖损失达18亿美元。1961年5月发生在日本岩手县的赤潮，使食用含毒素贝类的人中19人中毒，1人丧生。

1990年以前30多年中，中国沿海共发生赤潮29次，其中，1984～1987年4年中共发生12次。但1990年以后，赤潮在中国沿海频繁发生，10年间累计发生赤潮200余次，1998年广东发生特大赤潮，给沿海养殖业造成极大破坏，直接经济损失就数亿元，并造成沿海生态的严重影响。"赤潮"污染已经引起全球性的普遍关注。

2014年，中国全海域共发现赤潮56次，累计面积7290km²。东海发现赤潮次数最多，为27次；渤海赤潮累计面积最大，为4078km²。2014年赤潮次数和累计面积同比均有所增加，与近几年平均值基本持平。赤潮高发期集中在5月份。黄海沿岸海域浒苔绿潮影响范围为近几年来最大，最大分布面积比近几年平均值增加近19000km²，最大覆盖面积与近几年平均值基本持平。

赤潮和绿潮发生频率的增加，归根结底是江河水污染的表现，当然也离不开沿海的人工"海产品养殖"营养物质流失带来的影响。

2017年环境公报显示，全国近岸海域的主要污染指标为无机氮和活性磷酸盐，都属于"富营养化"污染物质。

富营养化污染还使海中的生态系统遭受破坏。

小资料 3-9

由于水体质量不断恶化，波罗的海一些海域出现了越来越多的"死亡地带"——除了腐败菌之外，其他一切生物均无法存活。根据专家的解释，造成"死亡地带"扩大的原因在于过多的化肥残留物排放到水体中，造成腐败菌超常生长。腐败菌本来可以将植物和动物尸体逐步分解，但是过量的腐败菌生长在其中，难闻的气味就散发出来。

——《文汇报》2007年9月12日

小资料 3-10

海洋中的220个死亡地带

人类犯下的错误造成全球多达220个海域没有生命存在。这些区域主要是沿海地带，一般是在大河入海口附近，缺氧现象严重。最为人所熟知的地带位于墨西哥湾、波罗的海和黑海。这些区域的面积也在不断变化。绿色和平组织预计，在扩张最严重的时期，这些区域的面积会增长两倍，达到7万平方公里，相当于整个爱尔兰岛的生命全部消亡。

这场环境灾难的罪魁祸首是人类活动。这个过程开始于河流携带大量来自内陆的化肥或工业区的废水，高浓度的营养成分造成藻类和浮游生物大量滋生，但繁殖失控带来的结果是死亡。在大量繁殖的同时，它们消耗掉了水中的氧气，有活动能力的动物会逃离这个环境，而植物和行动迟缓的动物就会窒息而亡。

......

从20世纪60年代起，死亡地带的数量每10年翻一番：1960年10个，1970年19个......

——《参考消息》2007年11月15日

小资料 3-11

渤海湾油田溢油事故溢出总量料超预期

发生溢油事故的渤海湾蓬莱19-3油田作业方——康菲石油中国有限公司（康菲中国）3日公布消息说，目前尚无法估计海底剩余油基泥浆总量，但估计总溢出量将超出早先预计的1500桶。

蓬莱19-3油田是中国国内建成的最大海上油气田，是中海油和美国康菲石油公司的全资子公司——康菲中国的合作油田。康菲中国是作业方，负责油田的勘探、开发、生产等日常作业，负责处理紧急事件。

北海分局介绍说，受溢油污染的海水面积约1200km^2。康菲应在8月7日前完成海底油污清理，8月10日前提交清理回收效果的评估报告。

3日，康菲中国介绍说，专业潜水人员将继续清理残留的油基泥浆，直至所有滞留海底的油基泥浆清理完毕。目前，全油田范围的声呐探测仍在进行，以便检测海底地质情况。2日探测了279km后，已完成全部探测的97%。

派员巡查海岸的康菲，还面临被海鲜养殖者起诉的风险。蓬莱19-3油田发生溢油事故后，河北乐亭县人工养殖的扇贝出现死亡。遭受损失的养殖者，打算起诉康菲和中海油、索要赔偿。但迄今尚无证据表明，上述养殖者的损失与溢油事故直接相关。

——中国新闻网2011年8月3日

4. 放射性污染

海洋污染类型中，危害和影响较大的还有放射性污染。一些国家把核废料倾倒在太平洋、大西洋或北极海域，还有核动力船舶的泄漏等，使某些海域含有放射性物质，给海洋生态带来危害。在北海的俄罗斯沿岸，几千只海豹因受到放射性污染而濒临死亡。

日本福岛核事故导致大量核灰尘和核污染废水进入海洋，日本海域放射性超标达300倍以上，造成污染海域的海洋生物发生放射性变异，恐怖且巨大变异的鱼类，海中遭受辐射的怪异巨大生蚝以及多长了几条腿出来的螃蟹……而且还有报道称食用这些变异的生物（海洋生物和陆地生物），可能引发癌症，估计是摄入的放射性物质太多残留在体内所致。

据国家海洋局发布的2000年《中国海洋环境质量公报》（以下简称《公报》）显示，中国的海洋环境状况不容乐观。2000年全国近海海域面积的1/3受到不同程度的污染：属于二、三、四类和劣四类水质的海面面积分别为10.2万平方千米、5.4万平方千米、2.1万平方千米和2.9万平方千米，其中上海、浙江、辽宁、天津、江苏的近岸和近海海域污染较严重。污染物中以营养性污染物，如氮、磷等含量最高；一些海域中的油类、铅、汞含量偏高。由于黄、滦、海等河流水量减少，渤海污染继续加重。总的说来，中国近海海域的环境

质量状况不容乐观，必须加大治理力度。

2000年中国海域里发生赤潮灾害28次，海上溢油事故10起，此外还发生较大风暴潮灾害4次，各种灾害损失超过120亿元，给中国海洋事业和渔业生产带来了不少困难和不良影响。《公报》建议沿海地带应采取加强防潮设施建设、退耕还海以及加强赤潮预防等环境保护措施。

2014年环境公报显示，渤海滨海平原地区海水入侵和土壤盐渍化严重，局部地区入侵范围有所增加。黄海、东海和南海滨海地区海水入侵和土壤盐渍化范围较小，但部分监测区近岸站位氯离子含量和土壤含盐量明显升高。

2017年环境公报显示，在监测的195个入海河流断面中：无Ⅰ类水质断面；Ⅱ类27个，占13.8%；Ⅲ类66个，占33.8%；Ⅳ类48个，占24.6%；Ⅴ类13个，占6.7%；劣Ⅴ类41个，占21.0%。主要污染指标为化学需氧量、总磷和高锰酸盐指数。

小资料 3-12

北京夏季日直排污水约100万吨 地下水污染较重（节录）

北京水污染形势严峻，地下水污染较重，夏季日直排污水量约100万吨。

这是北京市人大常委会副主任柳纪纲26日介绍的。当天，北京举行市十四届人大常委会第23次会议，他代表市人民代表大会常务委员会执法检查组作关于《北京市水污染防治条例》等实施情况报告。

柳纪纲介绍，全市污水直排量大，城乡结合部黑臭水体集中，约占中心城的90%，坝河下游、常营等朝阳、海淀、丰台等人口密集区河流黑臭。他说，河湖水质堪忧，2010年至今，北运河主要污染物指标逐年上升，其中COD（化学需氧量）、BOD（生化需氧量）分别上升30%和52%；清河、通惠河等主要河流枯水期、平水期、丰水期均为劣五类水质。

地下水污染同样严重。柳纪纲说，北京浅层地下水四类、五类水质占平原面积50%，深层地下水四、五类水质占监测面积20%。雨污合流比重高，全市排水管9147km，雨污合流管道占24%。

——中国新闻网2015年11月26日

小资料 3-13

部分企业用高压泵将污水压地下

近日，有网友在微博爆料称，一些企业将污水通过高压水井压到地下，致命性污染地下水却可逃避监管。而地下排污法已在很多地方悄悄进行多年。2月12日，公益人士邓飞在微博上发起"地下水污染调查"。

"企业污水直排地下"现象引起很多人的共鸣。诸多网友痛陈回乡见闻：家乡的水已变质，亲朋和邻里多人得了癌症，一些地方政府漠视企业违法排污。

不法企业将未经处理的污水直排地下，确实并非现在才有的事情。早在2010年5月份《半月谈》就刊发了《地下排污：致命威胁悄悄逼近》的报道。记者调查时发现，除了挖渗坑、渗井偷排外，为了躲避查处，有的污染企业竟用高压泵将大量污水直接注入地下，而南方的一些企业甚至将污水排入地下溶洞。

去年春节期间发生了广西龙江河镉污染事件，肇因就是一家企业将污水直接排入地下溶洞。

企业地下排污猖獗根在环保监管乏力，一些地方政府、部门漠视公民生命安全，不作为甚至袒护污染企业。一些企业一方面将污水注入地下，一方面还享受着地方政府的各种扶持，甚至被地方当作明星企业运作上市。

地下水污染之所以长期被忽视，还有一个重要原因就是，这些污染绝大多数发生在县域乡村，大中城市几乎对此无感，而受此祸害最深的农民又缺乏话语权。然而，地下水污染已经到了不得不正视，不得不从根本上治理、遏制的时候了，再不治理城市也将难有清洁的水源。

十八大提出建设美丽中国，将生态文明建设视为与经济建设、政治建设等同样重要，"五位一体"。不治理地下水污染，就不可能有真正的生态文明，中国也不可能真正美丽。

这需要一场国家层面推动的监管风暴，依法打击那些非法排污的企业，彻查其中的公职人员渎职、受贿等犯罪行为。同时研究、制定地下水污染的治理方案。

也希望那些知情人士听从良知的召唤，为政府和公众提供线索、证据。有关方面也应鼓励民众监督，依法保障公民维权渠道畅通无阻。

——《新京报》2013 年 2 月 14 日

第四节　珍惜水资源，整治水污染

茫茫无际的水域，使人们产生一种错觉：水取之不尽，用之不竭。事实上，能够提供给人类利用的淡水资源仅有全球总水量的 0.26%。而这有限的淡水资源，却一直未能引起人们的珍惜和爱护，相反却被一味地索取和肆意地浪费，使水资源日趋枯竭，人们还不断地往水体排放大量污水，使水环境日趋恶化，也使人类陷入"无水可用，有水不能用"的尴尬局面。缺水！缺水！这呼喊声不仅仅从那些长期干旱的地区发出，现在连一些富水国家和地区也发出这样的呼声。

水是生命的源泉，是经济的命脉。如何解决水资源危机，使水资源能够可持续利用，是21 世纪人类迫切要做的事情。

一、节约用水，实现可持续发展

2001 年 3 月 15 日，在第九届人大四次会议上通过的《国民经济和社会发展第十个五年计划纲要》提出："坚持开源节流并重，把节水放在突出位置。以提高用水效率为核心，全面推行各种节水技术和措施，发展节水型产业，建立节水型社会。"

节水、循环、重复利用水是当今最经济、环境效益最好的措施。

1. 节约农业用水，改革落后的灌溉方法

中国每年的农业用水达 4200 亿立方米，占全国总水量的 88%。其中，单是灌溉系统的漏失就占 40%～50% 的水量，加上采用原始、粗放的漫灌或渠灌方式，"漏失"后剩余的灌溉水仍然比喷灌和滴灌分别多耗水 30% 和 60% 或更多，双重作用的结果是中国的农业灌

溉水利用率只有20％～30％，因此存在很大的节约空间，可以说推广节水农业相当于开发一个超大规模的新水源。

在农业节水方面，以色列人采用先进的滴灌技术，通过水管网络，把水直接浇在农作物根部，使蒸发和渗漏损失降至极低。滴灌系统用水效率通常可达95％，是最成功的典范。不但节省了大量的水和肥料，而农作物产量却比原来提高，实现名副其实的低投入高产出。目前已经为不少国家所采用，节省了大量农业用水。

如果中国真正推行了"节水农业"，节省下来的水将是非常可观的，那时黄河将不会断流，"南水"也不需要"北调"了，甚至可以说除了特别干旱的西北地区以外，其他地区的所有的地下水几乎都可以不用再开采了！

2. 提高工业用水的重复利用率

工业用水指生产过程中的冷却水、洗涤水、工艺用水、锅炉水等，其中只有小部分是真正被消耗的，大部分则在使用中因水质改变而成为"废水"。使这部分"废水"重复利用，是节约工业用水的关键。在国外，工业用水重复利用率可达70％以上。

3. 缓解城市用水，关键在杜绝浪费

随着城市人口不断增多，城市规模扩大，城市生活用水需求量也相应增加。许多城市已出现用水紧张局面。由于对现代生活的追求，抽水马桶、淋浴器、洗衣机普遍使用。冲一次马桶要10L水，洗一次澡要100L水，某些大城市在夏天有人日用水超过300L，最高时可达500L，一年下来可消耗一百多立方米水。由于人们缺乏节水意识，浪费水的现象到处可见，即使是被称为历来是个缺水的城市的水资源奇缺的北京，人均日用水也达100L以上。据测算，水压在0.1MPa时一个水龙头的漏水量：大漏每小时浪费0.67m³；线漏是0.01m³；滴漏也有0.001m³。据估算，北京每年漏掉的水就可以灌满两个昆明湖。为缓解2008年奥运会前用水紧张局面，当年北京可调用的水资源主要有三种：首先是北京市的各大水库和地下水源；其次是从上游的山西、河北两省输水；最后是必要时可从黄河调水。而所有这些，其实都可以通过"节水"和"中水"的开发利用等途径加以解决。作为地方政府完全有理由利用"奥运"这个契机推动北京建设节水型城市。

中国水资源的严重浪费还与目前水价偏低有密切关系，如北京一方面是严重缺水，可是另一方面1t水才几元钱，在凡事计算成本的年代就没有推动力。同样的原因，某一严重缺水的城市，一家工厂的自来水总管，仅一年时间就漏掉100多万立方米自来水，但由于"仅值20多万元"，事发后竟然没有人过问。相对听到水费涨价时的那种"斤斤计较"，用水的时候依然是我行我素，是何等的反差！节水行动不是单单在节水日摆摆样子的，得逼着自己养成这个习惯。

针对水的这种严重浪费，2001年的中国水周再次以"建设节水型社会，实现可持续发展"的口号呼吁人们重视节水。

二、掐断水污染源头，还自然界绿水清流

环境专家钱易院士指出："水是人类生存不可或缺的重要资源。没有了水，或者说没有了清洁的水，人类和一切生命都将毁灭，到那时再侈谈工业水平或金银财富，都将毫无意义。"

只求发展，不惜牺牲环境，水污染的后遗症已经让人类吃尽苦头，是觉醒的时候了。

1. 断绝水体磷污染

磷对水体的污染主要是引起水体富营养化。中国的太湖、滇池、西湖等富营养化污染程度比较严重。很重要的原因就是水体含有大量的磷和氨氮。但是一般的工业污染中，磷只出现在很少的工业类别之中，比如磷肥、金属涂装，而且分布也并不普遍。但是在农业生产中施放的磷肥以及人们日常生活中大量使用的洗涤用品中却普遍含有磷酸盐。"氨氮"也同样主要来源于农田里的化肥和居民的生活污水。中国的"三湖"和其他水体的污染治理成效有限很重要的原因就在于没有杜绝"磷"和"氨氮"的来源。

目前，人们日常的洗涤用品已经"无磷"化，也普遍开展对"生活污水"的治理。但是，更重要的来源——农业面源污染，却仍然没有得到有效的控制。因此，像"三湖"这样比较"封闭"的水体的治理还需要综合治理措施和全社会的配合。

新建的污水处理厂一定要配备除磷、除氮处理工艺，这是控制磷和氨氮的重要措施。

2. 西湖重获生机

被宋代苏东坡用"欲把西湖比西子，淡妆浓抹总相宜"诗句赞美的西湖，在近 30 年，不断地受纳沿湖一带居民区、工厂、医院等排放的污水，渐渐地变成了一潭死水。西湖的生态环境日益恶化，湖水氮磷含量严重超标，藻类疯长。为了彻底解决西湖水污染，杭州市除了禁止生活污水和工业废水直接排入西湖，投资打通玉泉山等输水隧道将滚滚的钱塘江水引入西湖以外，近年来还推进了"五水共治"工程，实施 96 个治水项目。系统开展河道环境综合治理，加大清淤疏浚力度，排水管网清淤 2136km，河道清淤 114 万立方米，并层层压实各级河（湖）长责任。90％以上河道水质达 Ⅳ 类以上，成功创建首批市级"美丽河湖"4条，首夺全省治水最高荣誉"大禹鼎"。

功夫不负有心人，在浙江和杭州政府和人民的共同努力下，西湖的综合治理已经取得可喜成效，一个"美丽西湖"在杭州重现。

3. 重新"擦亮"麓湖

白云山是广州市的"市肺"，在白云山南面山脚有一个占地近 19 万平方米的麓湖，属于白云山风景区特别保护范围，湖边绿树环绕，空气清新。由于麓湖周边的一些单位和居民区长期以来都是直接向湖内排入污水，使原本清澈的湖水水质变得越来越差，在枯水季节就会出现雨水少而污水充斥，湖水急剧恶化、变臭的情况。湖里的鱼钓上来也不敢吃，甚至还出现过臭水熏死湖鱼的场面。

广州市区的这块宝地被污染，引起了市有关部门的高度重视。政府把麓湖治污列为 2001 年全市的 18 项重大工程之一，重新擦亮麓湖这块"宝玉"。

为了避免珠江广州市河段水体继续受污染，广州市已投入巨资建设四家技术先进的大型污水处理厂（号称"四大金刚镇污水"工程），同时修筑了多条专用的污水收集渠道，并配合修造了珠江沿河堤岸。

为了充分利用水体的自然净化功能，广州近几十年来还陆续建设湿地公园——人工湿地，截至 2018 年，广州已经建成了 19 个湿地公园。这些湿地公园不但能发挥水体自然净化作用，还是市民极佳的避暑处所，也是市民体验大自然、亲近大自然和欣赏大自然的城市乐园。

广州市城市湿地的建设和开放，很受市民的欢迎。

4. 善待水资源，清波绿水再现

新华社 2007 年 11 月的一份电讯称：为了避免由于过量取水导致向"深""港"供水的东江流

域发生水污染和流域生态破坏，广东省"未雨绸缪"地制定了《广东省东江流域水资源分配方案》对穗、深、港限量供水，实行水量水质双控制。

西方国家由于早年吃过环境污染的苦头，对环境比较重视，使一些污染严重的河流，恢复原来的生态环境。英国泰晤士河就是一个典型的例子。

美国第十二大河威拉米特河位于俄勒冈州中部，早在 20 世纪 20 年代就开始受到污染，到 60 年代变成臭水沟。经过几十年来的整治，如今又恢复碧波游鱼、鸟语花香，是环境整治的典范。

国家环保总局的数据显示，2005 年年底松花江事件后，中国平均每两天发生一起环境突发事故，其中 70% 是水污染事故。

2007 年无锡的"水危机"引发了一场"环保风暴"：当地一些企业因违法向太湖排污而遭到严肃查处或遭勒令停产整顿。

无锡市政府公布的数据显示，1997 年以后太湖污染明显加重，2007 年总磷、总氮达到最高点，近年来太湖无锡水域水质总体呈好转趋势。2017 年，太湖无锡水域水质由 2007 年的 V 类改善为 IV 类，总氮、总磷、化学需氧量、氨氮、综合营养状态指数较 2007 年分别下降 57.9%、29.6%、44.1%、90.3% 和 8.2%。

"蓝藻不是污染，而是污染问题的体现。"专家说，水体富营养化是导致蓝藻大面积暴发的必要条件，想要治理好太湖水，必须从源头下手，控源截污，解决太湖的富营养化问题。

为此，无锡市 2007～2016 年底累计关停污染企业 3070 家，搬迁入园企业 5480 家，建成循环经济试点企业 164 家，否决和劝退不符合环境要求的拟建项目 2000 多个。全市高新技术产业增加值占规模以上工业增加值比重达到 43.4%，服务业增加值占地区生产总值比重五成以上。同时建成覆盖所有城镇的污水处理厂，日处理能力达到 226.35 万吨。2007 年以来，无锡市新建管网 4500km，全市污水主管网总长度 8700km，基本实现城乡全覆盖。目前，城区污水处理率达到 95%，污水处理厂污泥无害化处理率达到 100%。

十年间，江苏各级财政投入太湖治理的专项资金，以及带动投入的社会资金，已累计超过 1000 亿元。经过十年治理，太湖无锡水域总氮、总磷分别下降了 54.4%、38.9%，好于 1997 年以前的水平。

但是 2006 年和 2009 年《中国环境状况公报》中显示："三湖"中太湖、滇池水质总体为劣 V 类，巢湖水质总体为 V 类。《2017 中国环境状况公报》显示："三湖"中太湖水质总体为 IV 类，巢湖水质总体为 V 类，滇池水质总体为劣 V 类等。这些"数据"，提示我们："三湖"水污染是长年排污累积的结果，真的有点"积重难返"，以至于经过长达十年的治理仍然收效有限。

真是"破坏容易恢复难"，环境的破坏和恢复仍然无法逃脱这个"自然规律"的"紧箍咒"，这就是为什么环保专家们一再强调"不能够先污染后治理"的道理所在。

中国的水污染治理，依然"任重道远"。

表 3-4 是根据《中国环境状况公报》数据整理的近 20 多年来我国水体污染物排放的统计。

表 3-4 1990～2015 年水体污染物排放情况统计表

年度	废水排放量/亿吨			COD 排放量/万吨			氨氮排放量/万吨		
	合计	工业	生活	合计	工业	生活	合计	工业	生活
1990	354	249	105	708					
1991	336.2	235.7		718					

续表

年度	废水排放量/亿吨			COD 排放量/万吨			氨氮排放量/万吨		
	合计	工业	生活	合计	工业	生活	合计	工业	生活
1993	355.6	219.5			622				
1995	356.2	222.5			770				
1997	416	227	189	1757	1073	684			
1998	395	201	194	1499	806	693			
2001	432.9	202.6	230.3	1404.8	607.5	797.3	125.2	41.3	83.9
2002	439.5	207.2	232.3	1367	584.1	782.9	128.8	2.1	86.7
2003	460.0	212.4	247.6	1333.6	511.9	821.7	129.7	40.4	89.3
2004	482.4	221.1	261.3	1339.2	509.7	829.5	133.0	42.2	90.8
2005	524.5	243.1	281.4	1414.2	554.8	859.4	149.8	52.5	97.3
2006	536.8	240.2	296.6	1428.2	541.5	886.7	141.3	42.5	98.8
2007	556.8	246.6	310.2	1381.9	511.1	870.8	132.4	34.1	98.3
2008	572.0	241.9	330.1	1320.7	457.6	863.1	127.0	29.7	97.3
2009	589.2	234.4	354.8	1277.5	439.7	837.8	122.6	27.3	95.3
2011				2499.9			260.4		
2012				2423.7			253.6		
2013				2352.7			245.7		
2014				2294.6			238.5		
2015				2223.5			229.9		

注：数据来源于历年《国家环境公报》因公报公布数据不全，故部分数据缺。

国家环保总局宣教中心接受本报记者采访时指出：

小资料 3–14

　　"环保政策收效不佳的重要原因之一，是地方政府的绩效、财政收入与企业效益有很大连带关系。"企业实行更为严格的环保标准，一方面会影响当地经济增长和财政收入，另一方面会影响当地的就业市场。环境监督部门在客观上受制于地方政府，在执法时，往往因为各种因素无法落实。

　　"按照现在环境方面的法律法规，很多企业的偷排行为成本很低，而遵守法律规定的成本则很高。法律坐标的设定使得高污染企业不能受到良好的约束。"

——《上海证券报》2007 年 7 月 30 日

小资料 3–15

中国城市人均用水十年降三成

　　从住房和城乡建设部与国家发展和改革委员会日前召开的节水型城市创建工作会议上获悉，全国城市人均综合用水量已由 2000 年的 517.9 升/（人·天）下降至 2010 年的 364.7 升/（人·天），十年间下降了 30％。城市人均年用水总量基本稳定在 500m³ 左右，每年城市节水量约

占当年城市年供水总量的 10％。

　　"十二五"期间，发改委采取六项措施推动节水型城市创建活动。一是优化产业结构，二是发展循环经济，三是抓好示范工程，四是完善水价政策，五是推动公共机构节水，六是研究重大问题。

——《人民日报》(海外版) 2011 年 9 月 5 日

第五节　水污染的常用治理方法

　　预防为主、源头治理是发达国家的成功经验，也是他们经过长期痛苦煎熬后取得的经验。如何结合我国的实际情况，灵活运用先进的"清洁生产"模式，预防和整治环境污染的任务就摆在我们面前。

一、废水❶的分类

　　1. 城市污水

　　城市污水主要是生活污水，即一般居民的生活废水，污染物的基本成分是有机物，也可能含有少量的日用工业品中带来的有害物质（按理应该是无毒的）。

　　2. 工业废水

　　（1）按组成分类

　　① 含悬浮物和含油的工业废水　　这类废水主要是湿法除尘废水、煤气洗涤水、选煤洗涤水、轧钢废水等。这部分废水的污染程度比较低，经过处理以后，一般可以循环使用。

　　② 含无机溶解物的工业废水　　这类废水包括酸洗废水、矿山酸性废水、有色冶金废水和电镀废水等，是以含酸、碱和重金属离子为主的废水。其毒害大，含有较多的可回收物质，处理方法较复杂。应先考虑尽可能地从废水中回收有用物质，以便实现化害为利。通常，这类废水采用物理化学法进行处理。

　　③ 含有机污染物的工业废水　　这类废水包括造纸黑液、印染废水、石油化工废水和焦化废水等。废水既耗氧又有毒，多采用物理化学和生物化学相结合的方法加以净化。

　　④ 冷却废水　　工业的冷却用水通常占总用水量的 2/3 以上，属低污染废水。冷却水可再循环利用。

　　（2）按污染程度分类

　　① 低污染废水　　含污染物的浓度较低，如冷却水、一般洗涤用水。

　　② 高污染废水　　含污染物浓度较高，如生产中的反应母液、多次反复使用的洗涤水等。

　　（3）按污染物的毒性分类

　　① 低毒或无毒废水　　不含重金属元素、高毒有机物的废水，如食品工业废水。

---

　　❶ "废水"和"污水"是不同的概念，一般人经常混用。其实"废弃的水"并不一定受到污染，因此统称为"废水"更为合适。

② 高毒害性废水　含有重金属元素、高毒有机物或强酸性、强碱性等"烈性"物质的废水，包括含放射性物质的废水。

表3-5列出了最常见的工业废水及其来源。

表3-5　常见的工业废水及其来源

废水种类	废水来源
重金属废水	采矿、冶炼、金属处理、电镀、电池、特种玻璃及化工等工业
放射性废水	钠、钍、镭矿的开采加工,核动力站运转,医院同位素试验室等
含铬废水	采矿冶炼、电镀、制革、颜料、催化剂等工业
含氰废水	电镀、提取金银、选矿、煤气洗涤、焦化、金属清洗、有机玻璃等
含油废水	炼油、机械厂、选矿厂及食品厂等
含酚废水	焦化、炼油、化工、煤气、染料、木材防腐、塑料、合成树脂等
硝基苯类废水	染料工业、炸药生产等
有机废水	化工、酿造、食品、造纸等
含砷废水	制药、农药、化工、化肥、采矿、冶炼、涂料、玻璃等
酸性废水	化工、矿山、金属酸洗、电镀、钢铁等
碱性废水	制碱、造纸、印染、化纤、制革、化工、炼油等

二、废水水质指标

（一）物理指标

（1）固体物　包括悬浮固体（SS）和溶解固体，两者之和称为总固体，又称蒸发残渣。

（2）浊度　由微细的悬浮物和胶体物组成，使水体变得浑浊不透亮。

（3）臭和味　通常是由水中的腐化物质所散发，当水中含有"恶臭物质"时尤其明显。

（4）色泽和色度　由废水中的有色物质所造成，含量越高颜色越深。

（5）电导率　纯水是不导电的，水的电导率是水中含有的溶解盐类所造成的，间接反映水的含盐量。

（6）温度　水温与水生生物的生存和繁育有直接关系，与废水的生物处理效果密切相关。

（二）化学指标

（1）生化需氧量（BOD）　生化需氧量是水质有机污染综合指标之一，是指在一定温度（如20℃）时，微生物作用下氧化分解所需的氧量。其来源是生活污水和工、农业及其他生产中产生的有机污染物，这些物质在水体中由于外界因素而发生分解的时候需要消耗大量的溶解氧，可导致水中生物缺氧、窒息死亡、水体发臭等危害。常用5日生化需氧量（BOD_5）表示。

（2）化学需氧量（COD）　化学需氧量是水质也是有机污染综合指标之一，是指在一定条件下，用化学氧化剂氧化水中有机污染物时所需要的氧量。其来源、危害同生化需氧量。

（3）总需氧量（TOD）和总有机碳（TOC）　采用专用仪器对水中的总有机物质进行测定的结果，反映水质的总有机物质含量。

（4）有机氮　指水中的有机含氮物质，通常分解为氨和硝酸盐。有人也用总氮（TN）

作水质指标。

（5）pH 值　水的重要指标，表示水的酸、碱性。

（6）有毒物质　包括各种有机和无机的毒性物质，如氰化物、毒性农药、酚、汞、铬、铅、砷化物等有毒物质。

（三）生物指标

主要有细菌总数、大肠杆菌数、致病源和病毒等。

（四）感官指标

人们的感官反映，如浑浊、恶臭、异味、颜色、泡沫等。

三、　废水处理的基本方法

废水处理按其作用原理，可分为：

（1）物理法　利用物理作用分离废水中悬浮状的污染物质，在处理过程中并不改变物质的化学性质，如沉淀法、筛滤法、离心分离法等。

（2）化学法　利用化学反应作用分离或回收废水中的污染物质，或将其破坏，转化为无害的物质，如混凝法、中和法、氧化还原法等。

（3）物理化学法　通过物质的物理化学作用使废水中的污染物从水中分离，使废水得到净化的方法，如吸附、萃取、离子交换、膜分离等方法。

（4）生物法　利用微生物的作用来去除废水中有机物的方法，可分为好氧生物处理（主要有活性污泥法、生物膜法、氧化塘及污水灌溉等）和厌氧生物处理两大类。

（5）水生植物净化法　很多水生植物对水中的污染物具有强烈的吸收能力，可以利用其净化废水，如凤眼蓝、细绿萍、水花生、空心菜、香蒲、水葱、槐叶萍、黑藻、假马齿苋、水筛、菖蒲、喜旱莲子草、菰、水龙、两栖蓼等。

凤眼蓝具有高速增殖能力，一个生长季里，一株可以繁殖 60 多万株，形成水上浮垫。凤眼蓝能够净化水中的锌、锰、砷、氮、磷、汞、镉、铬、铅、银及放射性锶等十余种元素以及酚、氰和其他有机毒性物质，堪称除污能手。据测定：$1hm^2$ 的凤眼蓝一昼夜可以吸收锰 4kg、汞 89g、镍 297g、锶 321g、钠 34kg、钙 22kg、铅 104g，并能从低于 $1×10^{-6}$ 的含镉废水中除去 97% 的镉，对铬的净化效果也很好。污水中的砷对其有抑制作用，但它仍然能够富集砷（为水中浓度的几十倍）。此外，还能清除水中的多种有毒有机物质。

养殖于无毒的城市生活污水中的凤眼蓝可以用作饲料，凤眼蓝还可以发酵沼气，如残渣无毒则可以肥田，含重金属等有毒物质的残渣则应按有毒废渣处置方法加以妥善处理，避免"二次污染"。

水葱可以在浓度高达 600mg/L 的含酚废水中正常生长，每 100g 水葱在 100h 内可以净化 200mg 的酚。

四、　城市污水的治理方法

1. 城市污水的水质

我国部分城市生活污水水质情况见表 3-6。

表 3-6　我国部分城市生活污水水质情况　　　　　　　单位：mg/L

项　目	北　京	上　海	西　安	武　汉
悬浮物	50～327	320.7		66～330
化学需氧量	30～88			52～64
BOD₅①	90～180	360		320～338
氨	25～45	47.1	21.7～32.5	15～59.3
氯化物	124～128	141.5	80～105	
磷	30～34.6			
钾	17.7～22			
pH 值	7.35～7.7	7.31	7.3～7.85	7.1～7.6

① BOD₅：5 日生化需氧量。

2. 城市污水的特点

生活污水是城市污水的重要组成，包括厨房、洗涤和厕所等排的污水。生活污水所含的污染物主要是有机物如碳水化合物、蛋白质、脂肪等，一般不含有毒物质。这类有机物可以被微生物所分解，属于需氧污染物，通常用生化需氧量指标来评价其污染程度，数值越大，说明水中的需氧有机物越多，水体污染越重，反之则轻。

3. 污水处理的分级

按照处理任务与处理程度的不同，可分为一级处理（包括预处理）、二级处理和三级处理。

（1）一级处理　主要是去除水中的漂浮物、悬浮物，调整 pH 值，减轻后续处理的工艺负荷。采用的方法有沉淀、上浮、预曝气等。属于较低层次的处理，常作为预处理。

（2）二级处理　用于对出水水质的要求较高的场合，主要作用是去除水中呈胶体和溶液状态的有机物，采用的方法主要是生物法。我国大多数城市污水处理厂均以二级处理为主。二级处理通常可以去除悬浮固体（SS）的 70％～90％，去除生化需氧量（BOD₅）的 65％～95％。

（3）三级处理　又称废水高级处理或深度处理。三级处理的任务是进一步去除二级处理所未能去除的污染物质，其出水可排于水质高的受纳水体（如作为饮用水源或娱乐的水体），或出水再用。完善的三级处理包括除氮，除磷，去除难降解的有机化合物、溶解盐和病原体等过程。三级处理的 BOD₅ 处理率大于 95％。

4. 城市污水的综合利用——一个不可忽略的水资源

城市污水处理的目的是使之达标排放或污水回用，以使环境不受污染，处理后出水根据水质状况，可回用于农田灌溉、城市的市政景观、喷洒马路、城市绿化以及工业冷却或工艺冲洗等，既能缓解水资源短缺矛盾，又能减轻水污染，促进良性循环。当前，世界上不少国家成功地将城市污水开辟为新的水源（中水道回用或灌溉水），而其经济上的费用往往要低于开辟新水源、使用新鲜水。

5. 城市污水的处理

城市污水一般选用二级处理即好氧生物处理法，比较常见的方法有活性污泥❶法、生物膜❷法及氧化塘。

---

❶ 活性污泥是含很多微生物的泥状物，以悬浮形式吸附和分解有机物。
❷ 生物膜由固定地附着生长在载体上的微生物组成。

（1）城市污水的典型处理流程　参见图 3-7。

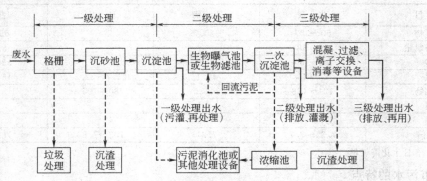

图 3-7　城市污水的典型处理流程

（2）普通活性污泥法　普通活性污泥法是经典的污水处理工艺，该工艺对氮的去除率只有 30％，除磷效果更差，处理后的污水仍会造成水体富营养化，并消耗水体中的溶解氧，影响鱼类等水生物的生存。

普通污泥法由于先天不足，已逐步被更先进的方法所代替。

（3）厌氧-好氧活性污泥法除磷工艺（A/O工艺）　A/O 是英文 Anaerobic-oxic 的简称，由前段厌氧池和后段好氧池串联组成，见图 3-8。该工艺能同时去除有机物和磷，BOD_5 和 SS 的去除率为 95％以上，磷的去除率达 70％以上，处理效果很好。

图 3-8　A/O 除磷工艺流程

（4）厌氧-缺氧-好氧活性污泥法（A^2/O工艺）　A^2/O 是英文 Anaerobic-Anoxic-oxic 的缩写。该工艺对 BOD_5、SS、N、P 都有很高的去除效果，因此又称生物脱氮除磷工艺。该工艺处理效率一般能达到：BOD_5 和 SS 为 90％～95％，除氮为 70％以上，磷为 90％左右。广州大坦沙污水处理厂就采用这种工艺（图 3-9）。

图 3-9　A^2/O 工艺流程

（5）吸附-生物降解活性污泥法（AB工艺）　AB 法工艺流程的主要特点是不设初沉池，由 A、B 两段活性污泥系统串联运行，并各自有独立的污泥回流系统（图 3-10）。

AB 工艺对 BOD_5 和 SS 的处理效率均可达 90％～95％，对 N、P 的去除率取决于 B 段采用的工艺，该工艺适合于进水浓度高的城市污水处理厂。青岛海伯河、泰安、深圳、淄博污水处理厂及广州猎德污水处理厂均采用 AB 法。

（6）城市污水处理的新动向

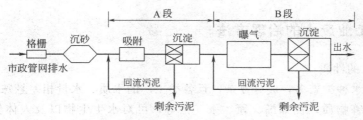

图 3-10 AB 法工艺流程

① 应用新技术 目前我国城市污水处理工艺很多处理工艺流程简单，污水处理流程普遍偏长，占用土地面积大，能源消耗大，产生污泥多，处理费用高。

20 世纪末以来国内已经有不少污水处理的新技术诞生，其中不少已经获得环保部（现生态环境部）的认可，并登载在相关的环保新技术推广名录如《国家鼓励发展的环境保护技术目录》《国家先进污染防治示范技术名录》或《国家重点环境保护实用技术项目》上，向社会推荐。

② 小型化 建设大型的污水处理厂占用土地多，需要征用很多土地，对于小城镇来说是很大的负担，但是如果开始不建设大的处理厂，以后城市发展又难以满足污水处理的需要。而且城市扩大以后，污水厂在城市的中心区却又"大煞风景"，所以往往建设在距离城区比较远的地方，需要建设庞大的输送管道网络和强大的输送机械，结果是建设投资、动力和运行费用都很高。

建设小型污水处理厂就简单多了，所以国际上都已经向小型化发展，"就地处理"建设投资、运行费用都显著降低。

③ 分散化 由于"小型"的"污水处理厂"用地少，输送管道短，容易灵活建设，分散到居民点的适当地方建设就顺理成章。依城市本身的天然水道建设的小型污水厂❶，可以就地向这些天然水道补水，解决污水集中处理后天然水道无水可流甚至变成"死水沟"的困境。

比如：某专业团队的"硅藻精土污水处理工艺"，曾经在《2006 年国家重点环境保护实用技术项目表》《国家先进污染防治示范技术名录（2007 年度）》《2008 年国家鼓励发展的环境保护技术目录》，乃至《2009 年国家鼓励发展的环境保护技术目录》中连续登载四年以上，并多年得到环保部（现生态环境部）的推荐。佛山市某区的实践结果是，处理能力 5 万吨/天，连续运行 3 年，处理总量 5000 万吨污水，仅有不到 50t 污泥，出水达到"一级 A 标准"，而相对比的某大城市的 500 万吨/天的污水厂日产污泥竟然达到 800t 以上。同时，该工艺的"污水净化"的单位"完全运行费用"（含设备折旧费用）和对比的 500 万吨/天的污水厂的"单位'日常运行费用'（不含设备折旧费用）"相当。该技术已经运用在国内很多地方的小型污水处理厂，社会反映良好。

此外，生物接触氧化污水处理技术、好氧生物流化床污水处理技术、膜生物反应器污水处理技术等，也有很成功的应用效果。这些"小型化"的水处理技术的装备还可以制造成为"袖珍型"的设备，应用于处理量几千吨每日级别的小区生活污水，是一类很有开发价值的新型污水治理技术。

---

❶ 由于"水是生命之源"，人类也和所有生物一样依天然水道而生存，住房当然也依天然水道而建设。

五、 一般工业废水的治理方法

1. 工业废水的性质

（1）工业废水种类繁多，成分复杂，且各类工厂的水质、水量相差悬殊。许多工业废水中含有有毒或有害物质，例如酚、氰、汞、铬等，可对水生生物以及人体健康造成直接的危害。

（2）污染物浓度往往较高，较难处理。有些有机废水可用生物法处理，而有些废水中含有难以生物降解的高分子有机物，采用生物处理难度高。

（3）废水的水温随生产工艺而异。有些工业废水（如电厂废水、化工废水）的水温较高，有些则较低。

由于工业废水成分复杂，处理过程中涉及的处理方法与技术十分广泛，物理法、化学法、物理化学法、生物法都可能需要使用。

2. 一般工业废水的治理方法

一般工业废水处理流程见图 3-11。

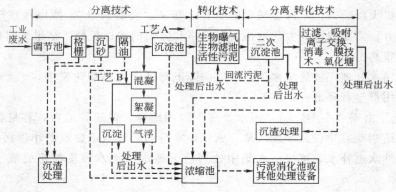

图 3-11 一般工业废水处理流程

（1）低污染废水的处理和利用 低污染废水主要是冷却水等，可以不经处理直接复用，必要时可进行沉淀、过滤、脱盐、防菌杀菌等简单处理后复用。

低污染废水的重复使用，可以减少"新鲜水"用量，在很多情况下还可能节省原料，如电镀零件的洗涤水（图 3-12）。

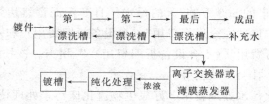

图 3-12 电镀镀件漂洗水闭路循环用水处理系统示意图

（2）酸碱废水的治理

① 酸性废水 酸性废水是指含有某种酸类，pH 值低于 6 的废水。通常的酸性废水，往往还含有重金属离子及其盐类等有害物质。

酸性废水主要来源于矿山排水、湿法冶金、轧钢、钢材与有色金属的表面酸处理、化工、制酸、制药、染料、电解、电镀、人造纤维等工业部门生产过程中排放的酸性废水，最常见的酸性废水是硫酸废水，其次是盐酸废水和硝酸废水。

② 碱性废水　碱性废水是指含有某碱类，pH 值高于 9 的废水。碱性废水通常还含有大量的有机物、无机盐等有害物质。主要有制碱工业废水，碱法造纸的黑液，印染工业煮纱、丝光的洗水，制革工业的火碱脱毛废水，以及石油、化工部门生产过程的碱性废水等。

③ 酸、碱性废水治理的基本方法　对于酸性或碱性废水，必须考虑有无回收利用价值。浓度大于 5% 的废水，通常要尽可能回收利用；浓度更低的废水，则可中和处理，治理合格后排放至受纳水体。

（3）含油废水的治理　含油废水主要指石油类废水和焦油类废水。主要来源于石油、化工、钢铁、焦化、煤气发生站、机械制造和食品加工等工业企业中，含油废水的性质及特征随着生产行业的不同，其差异及变化较大。

某炼油厂废水量 1200m³/h，含油 300～200000mg/L，含酚 8～30mg/L。采用隔油池、两级气浮、生物氧化、砂滤、活性炭吸附等组合处理工艺流程（图 3-13），出水可以达到排放要求。

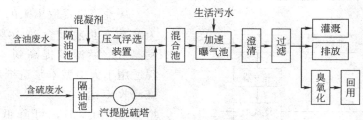

图 3-13　炼油厂废水综合处理工艺

（4）食品行业废水的治理　食品行业废水主要来源有肉鱼类加工，禽蛋，水果、蔬菜类加工，乳品加工，谷物加工，豆制品类加工等加工行业。由于食品工业原料广泛，制品种类繁多，废水水质差异很大，但共同的特点是均含大量的有机物质和悬浮性物质。一般说来，处理方法与生活污水相似，由于 BOD 值等远高于生活污水，比较容易进行生物氧化，但耗氧较多。为此常采用厌氧-好氧联合生物处理流程进行治理。废水先经过预处理，再进入图3-14 所示的工艺流程进行治理。

图 3-14　厌氧-好氧联合生物处理流程

采用该工艺流程治理牛奶废水时，可使废水的 COD 从 3000mg/L 降至 150mg/L，BOD_5 从 1400mg/L 降至 30mg/L。甜菜制糖废水的浓度更高，一般情况下 COD 为 8000mg/L，BOD_5 为 3800mg/L，治理以后可降至 COD 400mg/L，BOD_5 120mg/L，此后再与城市废水混合做进一步的治理。

厌氧-好氧联合处理工艺十分稳定，同时还可以回收沼气，经济效益显著。

（5）造纸废水的治理

① 造纸工业的污染现状　造纸业污染特点是有色，生化需氧量高，废水中纤维悬浮物

多，并有硫醇类恶臭气味，且排放量很大。世界造纸大国美国、日本均把造纸废水列为重大污染源。我国造纸工业的年总产量已超过 3000 万吨，位于世界第三，仅次于美、日两国，但全国制浆造纸工业年排放废水量已达到 30 亿立方米，为全国一大污染行业。

造纸废水的性质取决于造纸原料、造纸工艺及操作方法。碱法造纸一般都排出以下三种废水：

a. 蒸煮废液。色黑，俗称黑液。它含有大量烧碱和杂质，其中 65％为有机物，BOD_5浓度 5000～40000mg/L，主要为纤维素、木素和半纤维素。此外，还有果胶、单宁、树脂、蜡质、灰分等。其是造纸业的主要污染源，可造成水体变黑、发臭，危害极大。

b. 打浆（精浆）机废水。也称中段废水，成分与黑液相似，但浓度比黑液低，污染较轻。由于我国纸浆一直沿用传统的含氯漂白剂，故含有有机氯化物二噁英❶等致癌毒性物质，毒性较大。

c. 造纸机废水。水量大，主要含纤维和填料、胶料等，色白，又称白水，污染程度较轻，可按低污染废水处理。

② 造纸废水处理及综合利用基本技术 黑液综合利用的途径有回收碱、亚硫酸盐和制取胡敏酸胺肥料等。利用蒸发及燃烧从黑液中回收碱的流程如图3-15所示。

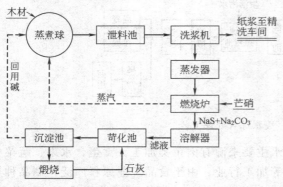

图 3-15　蒸发燃烧法黑液碱回收工艺流程图

从洗浆机提取出来的黑液，主要成分为碱和有机物，含碱 10％～20％，经蒸发器浓缩后浓度提高到 45％以上。该流程适用于大中型木浆造纸厂，用此法可使碱回收率达 70％～80％。如果将提取率增加至 90％时，可降低黑液的污染负荷 50％。

经过回收处理的造纸废水，仍未满足排放要求，需经二次处理以后，才能排往环境中。采用简单的物理方法，可以去除悬浮物，调整 pH 值，再按城市污水的处理方法处理合格后排放。要求高度净化时，则再采取适合的物理化学法进行处理。

（6）印染废水的治理

① 印染废水的性质 印染废水的基本特点是：以有机污染为主，碱性强，pH 值在 9～12之间，COD、BOD 较高，悬浮物多。一般 COD 为 500～1000mg/L，其中毛纺织染整废水COD 较低，偏碱性，色泽较深。

② 印染废水处理的概况

a. 一般印染废水，可以采用生化法处理，或者生化-化学处理。

b. 污染物浓度较大的印染废水可以实行生化或生化-物化二级处理；必要时还可以增加活性炭作第三级处理。

c. 对于含碱量较高的废水，也可以参照造纸废水的处理方式进行回收处理。

经过初步处理并达标的废水，可送往城市污水处理厂做最后处理。

---

❶ 二噁英（dioxin）是由 2 组共 210 种氯代三环芳烃类化合物组成的一类剧毒物质，其半数致死量为 1μg/kg，为氰化物的 50～100 倍，致肝癌剂量为 10ng/kg，还具有生殖毒性和其他毒害性能。

六、"高毒性" 工业废水的治理方法

1. 有机磷农药废水的治理

(1) 农药废水的基本状况 农药工业是重要工业行业之一，全国现有农药生产厂 200 余家，基本为有机磷农药品种，其产量占农药总产量的 80％以上。每合成 1t 有机磷农药约消耗 3～4t 化工原料，排放高浓度废水数吨至数十吨，污染物含量高，COD 每升可达数万毫克，有毒性、有恶臭，水质、水量不稳定。农药废水对环境产生严重污染。

(2) 农药废水的治理方法 目前农药废水处理方法主要有氧化还原法、水解法、焚烧法和生化法等。

① 氧化还原法 本法适于处理浓度高、毒性大、含难被生物降解污染物的废水，但需要大量氧化剂和耐压高温设备，运行费用比较高。

② 水解法 是在碱性或酸性条件下分解废水中的有机物，此法运行费用高，设备应耐腐蚀。

③ 焚烧法 是在高温条件下氧化分解高浓度的有机废水，有机物氧化分解彻底，但需消耗大量燃料。

④ 生化法 主要是利用微生物来分解有机物。活性污泥法属于较简单的生化处理，广泛应用于低浓度（COD＜5000mg/L）的有机磷废水（图 3-16）。

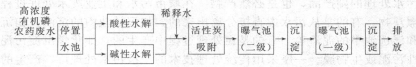

图 3-16 有机磷废水活性污泥法的工艺流程

20 世纪 80 年代国外开始采用厌氧生物处理技术，对进水有机物浓度放宽限制，在能耗、运行费用等方面比好氧法要低。

2. 电镀废水的治理

电镀废水大都有毒，属于危害性较大的废水。如氰可引起人畜急性中毒；镉可使肾脏发生病变，并会引起"骨痛病"；Cr^{6+} 可引致癌症、肠道疾病和贫血等。因此，电镀废水的排放必须严格控制、妥善处理和处置。

目前，国内外的电镀废水处理以化学法和物理化学法为主。

(1) 化学法 主要有中和沉淀法、氧化法、中和混凝沉淀法、还原法、钡盐法。

① 中和沉淀法 常用于酸碱废水的治理或作为其他处理方法的前处理手段，常采用以废"制"废的方法。本法的装置非常简单，包括两个投药箱、一个中和槽、一套固液分离装置。废渣可综合利用或固化填埋。

② 氧化法 主要用于含氰废水处理。通过投加氧化剂，使 CN^- 分解为无毒的二氧化碳和氮。一般设一个破氰池、两个投药箱（分别装氧化液和碱液）。

③ 还原法 主要用于含铬、含汞废水处理。含铬废水一般先用还原剂如硫酸亚铁、铁屑等将 Cr^{6+} 还原成低毒的 Cr^{3+}，再调 pH 值，使形成氢氧化铬沉淀。含汞废水用铁屑、锌粒、铜屑作还原剂，使 Hg^{2+} 还原为金属汞再过滤去除。

④ 钡盐法 主要用于处理含铬酸废水，以铬酸钡的形式析出而去除，此法出水水质好，但设备较复杂，处理成本高。

（2）物理化学法 主要包括电解、离子交换、膜分离、蒸发浓缩等方法。

① 电解法 主要用于处理含铬废水。利用铁作阳极，在直流电场作用下，产生亚铁离子，在酸性条件下使废水中的 CrO_4^{2-} 和 $Cr_2O_7^{2-}$ 中的 Cr^{6+} 还原为 Cr^{3+}，最后以 $Cr(OH)_3$ 沉淀形式析出，采用不同的阳极可处理含其他金属离子的废水。

② 膜分离法 利用半透膜或离子交换膜的特性，在外加动力的作用下，使废水中的溶解物和水分离浓缩，以净化废水。由于膜分离法成本较高，只用于回收价值较高的废水。

③ 离子交换法 是电镀废水实现闭路循环的主要手段，将离子交换法与其他技术组合，形成一套较为完整的综合系统，可以有效地回收废水中的有用成分。本法初次投资大，操作管理水平要求高，但处理效果稳定。

④ 蒸发浓缩 利用热源浓缩废水，用以处理高浓度废水，常与逆流漂洗，气、水喷淋或（和）离子交换法联合使用。

⑤ 化学沉淀法 是用适当的沉淀剂使废水中重金属成分分离的处理技术，应用于电镀废水处理效果好，成本合理。化学沉淀一般是作为废水综合治理的最后一道工艺，在整个废水回收、处理系统中起把关作用，保证废水能够达标排放。

七、污泥处理、利用与处置

1. "水处理"污泥

污泥是污水处理的副产品，也是必然产物。在城市污水和工业废水处理过程中，产生很多沉淀物与漂浮物。有的是从污水中直接分离出来的，如沉砂池中的沉渣，初沉池中的沉淀物，隔油池和浮选池中的泥渣等。有的是在处理过程中产生的，如化学沉淀污泥与生物化学法产生的活性污泥或生物膜。一座采用传统处理技术的二级污水处理厂，产生的污泥量约占处理污水的 $0.3\%\sim5\%$（按含水率 97% 计）。如进行深度处理，污泥量还可增加 $0.5\sim1.0$ 倍。污泥的成分非常复杂，不仅含有很多有毒物质，如病原微生物、寄生虫卵及重金属离子等，也可能含有可利用的物质如植物营养素、氮、磷、钾、有机物等。这些污泥若不加妥善处理，就会造成二次污染。所以污泥在排入环境前必须进行处理，使有毒物质得到及时处理，有用物质得到充分利用。一般污泥处理的费用约占全污水处理厂运行费用的 $20\%\sim50\%$，所以对污泥的处理必须予以充分的重视。污泥处置的一般方法与流程如图 3-17 所示。

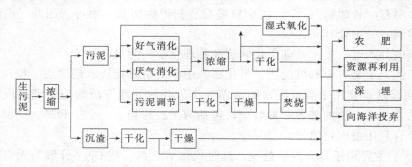

图 3-17 污泥处理流程示意图

"'污水厂'污泥"的治理是一件很麻烦的事，因为它其实不是"泥"而只是"泥浆状"的物质，里面 99% 以上是水和棉絮状"微生物"的聚集物❶，即便离心机脱水后仍然饱含水

---

❶ 广东有使用国内某"'无污泥'水处理技术"的污水厂，处理能力 5 万吨/天，运行 3 年，累计总量达到 5000 万吨，只产生不到 50t "污泥"。而广州市日处理 500 万吨污水的污水厂，一天就产生近千吨污泥。

分，完全没有利用价值。因此，研究开发"'无（少）污泥'处理技术"很有必要。其实国内已经有这方面的相关成果，只是如何推广应用的问题。

2. 水体"底泥"

受污染水体的底泥中往往含有较多的污染物，在水污染治理过程中往往被忽视，而在实际工作中却经常因此导致治理失败。美国在整治江河污染的时候，发现大多数的水体底泥都含有很多污染物，不宜直接填埋，从而决定把它们作为"危险性"物质处理。这些必须引起重视，认真处理。

思 考 题

1. 为什么说地球是个"大水缸"，但人类可以使用的仅有一小勺？
2. 世界公认的贫水国家标准是多少？为什么说中国是贫水国家？
3. 水体污染将产生什么后果？简述水体污染的类型。
4. 要解决我国的缺水问题，为什么要以节水为主？
5. 请收集和描述一个本地区水体受污染的例子。
6. 请收集和描述一个本地区治理污水有成效的例子。
7. "富营养化"污染是什么污染物引起的？主要发生在何种水体？
8. 试分析"富营养化"的污染来源。
9. 为什么不能再走先污染后治理的老路？
10. 我国有些经济落后地区，为求地区经济发展，引入外资在当地办起对环境污染极大的企业，你认为值得吗？为什么？

第四章
日渐贫瘠的土地

第一节　满目疮痍的大地母亲

一、土地——无私奉献的母亲

　　土地是地球表面的陆地区域，是岩石圈和生物圈相交错的地带，是人类生活和生产活动的主要场所。土地是最宝贵和最基本的生产资料，它甚至被称为"财富之母"。

　　自有地球以来，土地可说是历尽沧桑，但它的最基本的属性却始终不变：农民只需撒下种子，加以培育，土地就会长出五谷杂粮。土地，那一层覆盖着地球各大洲的脆弱的、松散的、不同色彩的却又神奇的表土，是所有陆上生命的家园所在。没有它，生物就永远不会从海洋里登陆，就不会有植被、森林、草原、农作物、动物和人。

　　土地是人类安身立命的根基。土地资源包括耕地、林地、草地、湿地等。有了土地，才有农田、果园、鱼塘、林地和牧场，才能生产出人类需要的粮食、水果、蔬菜、各种畜产品以及鱼虾等，才有城市和农村的民居、道路、水流等，所有这些都是人类一天也不能离开的东西。放眼我们的家园，那森林、河流、矿藏、山峦，是啊，你想过没有，我们拥有的一切无不源于土地母亲的无私奉献。

　　1. 土地的特征

　　土地是在气候、水文等条件作用下，由地貌、土壤、植被等因素组成的自然综合体，同时又受人类活动的作用和影响，并且随着生产和科学技术的发展，人类影响的广度和深度越来越大。

　　土地是大自然的赋予，其在自然环境中的地位见图4-1，特征如下。

　　（1）位置的不可移动性　土地的地理位置是固定的，非人力所能移动，地理位置就是决定土地价值的先决因素。

　　（2）面积的有限性　土地是自然物，只能由自然界中岩石等自然分化形成，不能人工生产，人类仅能改变土地的用途、利用的类型和方式。

　　（3）土地具有可分离性　土地由自然界中的某些岩石等自然物经过自然分化所形成，由于"原料"岩石组成上的差异以及分化程度的不同，土地中混杂有各种分化产物，因此其组成很不均匀，在一定的外力作用下可能发生分离或迁移。土地的组成和分离性对土地的用途有很大的影响。

　　土地既是生产的物质要素和物质条件，同时又是社会关系的客体，是最重要、最基本的社会基础之一。

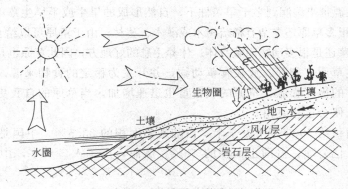

图 4-1　土地在自然环境中的地位

2. 土地资源的概况

（1）耕地　土地资源是人类生存和发展的物质条件。对于人类而言，土地资源中耕地最为重要。全球居民赖以生存的基本粮食几乎都是由耕地提供的。目前世界有耕地 13.46 亿公顷，平均每人 0.24hm²。澳大利亚、加拿大、美国等国家是人均耕地大国。澳大利亚有耕地 5078 万公顷，人均耕地 2.88hm²，是世界上人均耕地最多的国家。而中国虽然拥有耕地 9540 万公顷，但由于人口众多，人均只有 0.068hm²，仅为世界人均耕地的 1/4。

（2）林地　林地是依托于土地的资源中的重要成员，它对于人类来说是一种重要的自然资源，它不但为人类提供木材、薪材和各种林木产品，还有重要的环境效益，它可以保护土壤、涵养水源、净化空气、减少噪声，并为各种动物提供天然栖息场所。森林本身还是一个巨大的基因库，林中生长的各种生物是不可多得的宝贵的基因资源。

森林是最主要的陆地生态系统，其调节作用见图 4-2。考古资料显示，史前，地球上森林覆盖率达 70%，到工业革命前损失了 1/3，工业革命以后又损失了 1/3。森林在自然界中具有不可缺少、无可替代的作用。在森林生态系统中具有一定利用价值和开发效益的物质和景观，均属于森林资源的范畴，概括为林木、林地、林副特产品资源、森林野生动物资源和旅游观赏资源。森林中的土壤、岩石、矿产、流水、泉水、湖泊、水潭都属于森林资源的一部分。

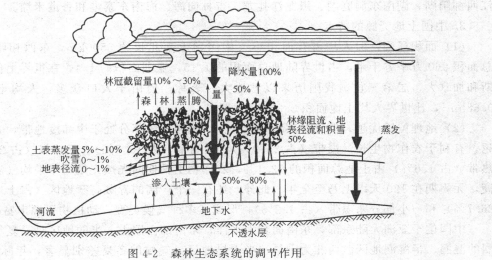

图 4-2　森林生态系统的调节作用

（3）草原　在温带半湿润到半干旱条件下，自然形成的旱生或半旱生草本植物为优势植物的土地植被地带。很多草原还夹杂有稀疏树木或灌木、丛林。由于草原可以给食草动物提供充足的食物，茂密的野草还是很多动物隐蔽身体、休养生息的好地方，因此草原也是巨大的生物库。

人类很早就在草原上驯养、放牧食草动物，并开发为稳定的食物来源。

随着人类种群的极度膨胀，草原的载畜量也迅速增加，当草原的自我更新速度赶不上牲畜大发展需求时，便会逐步衰落。

全世界草地面积约5000万平方千米，占陆地总面积的33.5%。中国是世界上第二大草原大国，有草地4亿公顷，占国土面积的41%。然而，由于人口众多，中国的人均草地面积仅0.3hm²。

由于过度放牧等影响，中国的草原很大部分都在退化。

（4）湿地　泛指暂时或长期覆盖水深不超过2m的低地、土壤充水较多的草甸以及低潮时水深不过6m的沿海地区，包括各种咸水淡水沼泽地、湿草甸、湖泊、河流以及洪泛平原、河口三角洲、泥炭地、湖海滩涂、河边洼地或漫滩、湿草原等。按《国际湿地公约》定义，湿地系指不论其为天然或人工、长久或暂时之沼泽地、湿原、泥炭地或水域地带，带有或静止或流动、咸水或淡水、半咸水或咸水水体者，包括低潮时水深不超过6m的水域。

湿地是位于陆生生态系统和水生生态系统之间的过渡性地带，在土壤浸泡在水中的特定环境下，生长着很多湿地的特征植物。湿地广泛分布于世界各地，拥有众多野生动植物资源，是重要的生态系统。很多珍稀水禽的繁殖和迁徙离不开湿地，因此湿地被称为"鸟类的乐园"。湿地覆盖地球表面仅为6%，却为地球上20%的已知物种提供了生存环境。

湿地具有多方面的环境功能，其中又以生化净化污染的生态功能最为显著。湿地在维持生态平衡、保持生物多样性和珍稀物种资源以及涵养水源、蓄洪防旱、降解污染、调节气候、补充地下水、控制土壤侵蚀等方面均起到重要作用，并因此获得"地球之肾"的美誉。

在人口爆炸和经济发展的双重压力下，湿地在20世纪中后期被大量地改造成农田，加上过度的资源开发和污染，湿地面积大幅度缩小，湿地的生物多样性也受到严重破坏。

我国的湿地面积有6570万公顷，其中符合"国际重要湿地标准"的湿地有200处。全世界已经有1014处湿地被列入了《国际重要湿地名录》，其中，我国有7处，即青海鸟岛、江西鄱阳湖、湖南东洞庭湖、黑龙江扎龙、吉林向海、海南东寨港和香港米浦。

3. 中国土地资源的特点

（1）面积辽阔，但人均占有面积小　中国领土南北长约5500km，东西相距5000km，总面积960万平方千米，占世界陆地总面积的1/15，亚洲面积的1/4，在世界上仅次于俄罗斯和加拿大，居第三位。我国历来以"地大"著称，但由于人口众多，人均土地面积仅0.68hm²，比世界人均土地面积3.3hm²少得多。

（2）地理位置优越，但气候环境差异大　中国领土大部分处于中纬度地带，光热条件优越，有利于农作物生长。温带（占25.9%）、暖温带（占18.5%）、亚热带（占26.1%）和热带（占1.6%）占土地总面积的72.1%，农作物生长期间光热充足，年平均气温和积温较高，无霜期在120天以上乃至全年。此外，还有一个广阔的青藏高寒地区（占土地总面积的26.7%）和一小部分寒温带（占1.2%），形成了多种气候类型，动植物资源丰富多彩。

中国位于亚洲大陆东部，东南面临太平洋，东南部占国土一半的地区是受夏季风影响强烈的湿润、半湿润地区。西北为干旱、半干旱地区，气候的冬夏差别显著，年际变化很大。水、热、光能分布的不平衡，土地与水热条件配合不协调是中国土地环境的先天不足。

（3）土地类型多样，但不平衡，土地生产力地区差异大　在我国的东南部，集中了全国94%的耕地，95%的人口和相应的农业产值。这里是重要的农业区，饲养畜牧业比重也较大。而广阔的西北部是干旱和半干旱区，耕地和人口只占全国5%，土地生产力显著低下，只能发展旱作农业。

（4）地形复杂，多山地，土地后备资源的潜力不大　我国山地面积广大，占全国土地总面积的2/3，草原面积占33%，耕地面积约占10%，淡水面积仅占国土面积的2%。其中海拔1000～2000m、2000～5000m、5000m以上的地区，分别占全国土地总面积的28%、18%、19%。海拔在3000m以上的高寒地区2.48亿公顷，属于难开发、不可开发地区。

由于中国历史悠久，人口众多，所以凡是容易开垦的土地，基本上早就被开垦了。尚未开发的荒地估计只有1.2亿公顷，其中可供造林的约8000万公顷，可供农牧业用地的约3333.3万公顷，而可供耕作的面积不过2000万公顷。

人类在漫长的岁月里，吮吸着土地母亲的乳汁，逐渐进化为迄今为止的最高等动物。但是，人类忽略了对土地母亲的爱护，乱砍滥伐，过度开发耕地，固体废物的蚕食、城市垃圾的围城，使环境尘沙蔽日、寸草不生、飞鸟绝踪，一片萧条荒凉的惨淡光景，在很多地方都能看到。就像生态学家惠特曼所说的："大地……给予所有人的是物质的精华，而最后，它从人们那里得到的回赠，却是这些物质的垃圾。"

二、狂伐滥采造成荒漠

在历史上，地球的陆地曾经有2/3是郁郁葱葱的森林，但随着人口的增长和经济的发展，森林面积不断减少。20世纪中叶，全球森林减至40亿公顷，至1980年，仅存不足30亿公顷，20世纪末减至20多亿公顷，人均森林面积为工业革命开始时的1/80。

沿着人类的历史，我们既惊奇于人类伟大的创造力，更触目惊心于人类对生命大本营的破坏力。

尼罗河，这条伸展在撒哈拉沙漠中的生命动脉，曾经哺育了一个辉煌的古代文明——古埃及文明。

巍峨雄伟的金字塔便是古埃及文明的象征。那是法老们的巨大坟墓，直到今天仍令人惊叹不已，工程之浩大就是现代人要徒手修建也是艰巨的。如果没有肥沃的土地及其生产的富裕的粮食，何以能支撑住这样一个个的庞大工程？

"埃及是尼罗河馈赠的厚礼"，每年夏季，尼罗河涨水，把两岸的盆地和三角洲泛滥成水乡泽国，河水携带着上游的腐殖质淤泥，在两岸沉积一层肥沃的黑土，极适合谷物的生长，使埃及人在6000年前就首先跨入了农业文明的大门，并在这块土地上延绵繁衍了数千年。然而，古埃及的统治者们，为了自己的尊严和不朽，不惜驱使成千上万的奴隶，伐木采石，挖山铺路，修建金字塔。森林砍光了，田野荒芜了，狂风携着黄沙在古埃及的大地上肆虐横行，埋没了肥沃的土地……

修建"阿斯旺大坝"的错误，在于虽然束缚住了时而泛滥的尼罗河，却又使尼罗河沿岸的土地资源进一步退化，埃及的土地再也得不到那宝贵的沃土❶，难以生产出足够的粮食来供养众多的人口。

跨过历史的长河，如今供养万物休养生息的土地又是一番怎样的景象呢？

---

❶ 尼罗河每一次泛滥都会把从上游冲刷到的肥沃土壤留给沿岸的土地，成为流域土地宝贵的补充资源。

据世界观察研究所 1996 年公布的资料：每年世界各洲损失 240 亿吨表土，相当于澳大利亚全部粮田的表土总和。

农药和化肥的过量施用正在改变土壤结构，盐分的日积月累正在促使世界耕地的大面积盐碱化，最终只得弃耕。世界银行 1993 年的报告中说，已经出现盐碱化趋势的灌溉土地，在美国占 28%，在中国占 23%，在印度占 11%。

因为荒漠化的进逼，全世界超过 10 亿人口的生计面临威胁，8 亿以上的人没有起码维持生命的粮食，1.35 亿人背井离乡。

美国农田调查表明，土壤侵蚀足以使 5760 万公顷耕地（占目前可耕地的 1/3）的生产能力长期降低，每年将减少谷物数千万吨。

土地资源退化在非洲干旱地区更为突出。撒哈拉沙漠南端（地理上称"撒赫勒"地区），居住着不少以种植和放牧为生的黑人。那里降水少，植被稀疏，地表以下往往是疏松的沙土，所以土壤一旦失去了植物的保护，风沙肆虐，就会"沙漠化"。占陆地面积 1/3 的干旱半干旱地区，生活着大约 7 亿人。迫于生计，居民们在这种环境十分脆弱的地方开垦土地，过量放牧牲畜，使土壤侵蚀加剧，土地肥力锐减，本来就不多的植物失去了生机，仅有的表土也被狂风刮掉了，最后变成农作物无法生长的沙漠。

联合国环境规划署《全球环境展望 5 亚太地区摘要》报告指出："自 1992 年以来，东南亚的森林面积减少了 13%（相当于越南领土面积），成为全球森林砍伐最严重的地区之一。森林承受的压力来自不断膨胀的人口，因为人类的生存严重依赖木材，他们用木材作燃料，同时需要开发农田和工业用地来满足所需的空间。"

养育了中华民族几千年的华夏大地，情况又如何呢？

中国土地资源被破坏的情况十分严重，每年因风沙造成的直接经济损失高达 45 亿元。尽管中国政府在遏止国土沙漠化方面做了大量的工作，但是由于种种原因，在过去的半个多世纪里，"人进沙退"和"沙进人退"呈现"胶着"状态，中国的沙漠化实际面积仍然从 66.66 万平方千米扩大到 262 万平方公里（约占全国土地面积的 27.3%），而且还有近 800 万公顷的耕地和 1/3 以上的草场不同程度地受到沙漠化的威胁。全国 1/3 以上的草场面积退化，平均产草量下降 30%～50%。至 1992 年，全国水蚀面积达 179 万平方千米，风蚀面积达 188 万平方千米，两者合起来接近国土面积的 40%。

中国是水土流失最严重的国家之一，20 世纪末全国水土流失总面积 356 万平方千米，超过国土总面积的 1/3，每年流失土壤达 50 多亿吨，占世界总流失量（600 亿吨）的 1/12；每年的入海泥沙量 30 多亿吨，占世界总量（240 亿吨）的 1/8。长江、黄河的输沙量分别占世界九大河流的第一位和第四位。全国每年流失氮、磷、钾肥远超过 5000 万吨，相当于 2007 年中国全国化肥的总产量。因水土流失毁掉的耕地 4000 多万亩，沙化、碱化的草地约 100 万平方千米。全国水土流失面积占国土面积的 16%，部分地区高达 70%。水土流失造成次生灾害，加剧滑坡、崩塌、泥石流灾害的发生，并造成河床抬高、水库淤塞，加速灾难性洪涝灾害的发生和发展。长江上游和嫩江上游，在森林植被惨遭破坏以后，雨季经常发生滑坡、崩塌等问题，1998 年的大洪灾就是经验教训。

1979 年 4 月 10 日新疆的沙尘暴曾使南疆铁路路基风蚀 25 处，铁路中断行车 20 天，造成直接经济损失 2000 多万元。

1993 年，新、甘、宁、内蒙古 4 个省区 72 个县共 110 万平方千米的广大区域遭受一场强沙尘暴的袭击，直接经济损失竟达 10 亿元。

甘草是一种有"药王"之称的重要药用植物，也是多年生根系发达的重要的固沙植物，遍布甘肃、宁夏等地，每一棵甘草可以固沙 1m² 多，对保护"生态过渡带"具有特别重要的意义。《土地》杂志 2000 年 14 期载文揭示："外来"采掘者却采用强盗式掠夺——连根端，甚至连带把共生的其他植物也一起铲掉，每采集 1t 甘草最少毁掉 2.2hm² 草原，单是宁夏就有 30 多万公顷草原被野蛮地破坏，部分已经沙漠化，是造成"沙尘暴"的重要原因。大批涌入草原地区采挖甘草、麻黄、发菜的盗挖者，与生存同样窘迫的当地人经常发生械斗，不断造成人员伤亡。

1998 年 4 月 19 日清晨，强大的气流挟带着从罗布泊飘来的沙尘直扑河西走廊，碗口粗的树木连根拔起，直径 15cm 的钢管支架被风吹折，人们在室内也感到呼吸困难，沙尘暴使半个中国被黄尘所笼罩。号称"植物王国"的云南由于森林覆盖率急速下降，也出现"风沙蒙面"的情况。

2000 年春天，中国北方连续 8 次发生大面积沙尘暴，直袭北京，引起阵阵惊呼。紧接着更频繁的强沙尘暴，一次又一次的狂风，挟带着黄沙席卷了西北、华北各地，北京、山西甚至南京、镇江、常州、无锡、苏州、扬州等江南地区也被殃及，并造成了人员伤亡和巨大的财产损失。

2001 年 4 月 18 日，从美国西部亚利桑那州界一直向北伸延到加拿大被来自一场巨大的沙尘暴的尘埃所覆盖。这场沙尘暴离开中国时宽度达 1800km，携带了多达 1 亿吨的地表土。

2002 年 4 月 12 日，另一场巨大的尘暴席卷了韩国，令首尔城人呼吸维艰。学校停课，航班停飞，医院挤满了呼吸困难的病人……韩国人称之为"第五季"，并为它而惶惶然。

仅 2001 年和 2002 年两年中，中国发生了大约 20 多次较大的尘暴，把大自然历经好几个世纪才能形成巨量的宝贵资源抛扬到空中，生态灾难正在中国北部和西部地区扩展，而这些尘暴正是其明显的外部标志之一。

森林的锐减，草原的荒芜，给人类带来重重的灾难。

2010 年 8 月 7 日 22 时左右，甘南藏族自治州舟曲县城东北部山区突降特大暴雨，引发三眼峪、罗家峪等四条沟系特大山洪地质灾害，泥石流长约 5km，平均宽度 300m，平均厚度 5m，总体积 750 万立方米，流经区域被夷为平地。灾害中遇难 1557 人，失踪 284 人，累计门诊治疗 2315 人。导致舟曲泥石流的原因是多方面的，但是如果有大量的纵横交错的树根"抓着"土地，灾害完全可以避免。

数千年来，人类从大自然中索取的东西已经太多太多了，土地的退化，正是大自然对人类的无情报复。

20 世纪 60 年代末至 70 年代初，西部非洲特大干旱加快了这一地区的土壤荒漠化进程。1968～1974 年撒哈拉地区（布基纳法索、尼日尔和塞内加尔）的特大干旱，夺走了 20 万人和数百万头牲口的生命。这场旱灾持续时间之长、破坏之大，令世界震惊。有科学家估计，仅乍得一国每年就有 13 亿吨表土被沙尘暴送入大西洋，送到加勒比海诸岛屿，甚至送到美国的佛罗里达州，而给它们的故乡留下了沙漠。荒漠化产生的长期经济、社会、政治、环境的影响，引起了人们对荒漠化问题的极大关注。为此，联合国在 1975 年以 3337 号决议提出"向荒漠化进行斗争"的口号，掀起了全球共同行动的综合的和协调防治荒漠化的行动。

中国是世界上沙漠面积较大、分布较广、荒漠化危害严重的国家之一。在西北、华北、东北分布着 12 块沙漠和沙地，它们绵延成北方万里风沙线。在豫东豫北平原，在唐山、北京、鄱阳湖周围，北回归线一带还分布着大片的风沙化地带。

荒漠化和干旱给中国的一些地区的工农业生产和人民生活带来严重影响。中国 60% 以上的贫困县都集中在这里，其中最严重的地区温饱问题还没有解决。

尽管中国从来没有停止过对荒漠化的治理，但是由于种种原因，中国土地荒漠化扩大的

趋势还在继续。20世纪50～70年代，中国荒漠化土地平均每年以 1650km² 的面积在扩大。80 年代以来，荒漠化土地面积平均每年扩大 2100km²，每天就有 5.6km² 的土地荒漠化！

联合国环境规划署《全球环境展望：地区评估》报告称："经济繁荣、消费增长促进了亚太地区发展，也使高污染、高碳的生活方式成为主流，可持续消费方式尚未建立，严重威胁着环境健康。在东南亚，城市化进程和农业发展对自然资源的侵蚀使得荒漠化速度令人担忧，平均每年荒漠化土地面积超过一百万公顷。"

三、 废物和熏天臭气包围的城市

联合国环境规划署《全球环境展望5决策者摘要》称："城市化水平的提高在部分程度上导致更多废物生成，包括一般的电子废物以及工业和其他活动所产生的更为危险的废物。经济合作与发展组织（经合组织）的成员国 2007 年产生了大约 6.5 亿吨的城市废物，年增长率约为 0.5％～0.7％，其中 5％～15％是电子废物。有迹象表明，大部分电子废物的最终归宿是发展中国家，而在全球范围内，到 2016 年发展中国家生成的电子废物可能是发达国家的两倍。"

随着人类社会生产活动的日益发展和大规模地开发利用资源以及城市人口剧增，固体废物不断蚕食着土地，污染我们的环境。固体废物已成为又一严重的世界性环境污染。

目前，全球每年生产、废弃的垃圾数量，虽然很难进行准确的核算，但据有关部门粗略估计，至少在 100 亿吨以上。发达国家每人每年产垃圾 3.5t，发展中国家则为 1.3t。美国的工业生产能力和生活水平在世界上排名靠前，其废物量也是世界第一，每年有 500 亿个罐头盒、300 亿个玻璃瓶、100 多万辆废汽车弃置于环境中，成为难以解决的公害。尽管美国采取了很多技术措施对多达 2 亿吨的生活垃圾进行处理，但 90％以上仍需运到垃圾坑填埋。素有"弹丸之地"之称的香港，每天仅废弃塑料就要倒掉 1000 多吨。

1990 年 2 月 16 日，巴黎报纸就曾报道：因垃圾过剩，西柏林进入"紧急状态"。

中国年产垃圾数量巨大，其中只有一部分在农田堆肥、作物增产方面发挥了作用，然而每年进入环境的垃圾，仍多达数亿吨。在全国 400 多个城市中，至少有 2/3 的城市已处于垃圾包围之中。

资料表明，1997 年北京市区生活垃圾平均每天产量是 13000t，年增长幅度为 8％左右，北京城周 30km 内的地方已很难再找到堆放垃圾的地方。

上海市仅市区的生活垃圾，每天多达 8000t。专用于堆放垃圾之地，大大小小共有 3000 多处，总占地面积超过了 600hm²。

哈尔滨每天运走的垃圾约为 3000t，过年过节期间可达 6000t，而且以高于 10％的速度增长。

"白色污染"——塑料，尤其是"泡沫塑料"，已经成为公害。资料显示，目前全球废弃塑料物每年总量达 5000 多万吨。中国自 20 世纪 90 年代以来，塑料废物"突飞猛进"，1995 年已达 200 万吨。近些年来，国内很多商品采用很奢华的包装材料，形成"过度包装"，也是造成大量垃圾的重要原因。

武汉、广州……甚至许多小城市，垃圾"尸"横荒野，污秽四流的现象随处可见。如不加快有效地处理，不用多久，我国数十个大中城市将处在垃圾围城之中。

联合国环境规划署《全球环境展望：地区评估》指出："不受控制的倾倒仍是亚太地区垃圾处理的主要方式，造成严重的疾病隐患。以印度城市孟买为例，12％的城市固体垃圾在街道或垃圾填埋场露天燃烧，排放出大量黑炭、二噁英以及致癌物呋喃等。"

四、危险性废物越境转移

危险性废物是指除放射性废物以外，具有化学活性或毒性、爆炸性、腐蚀性和其他对人类生存环境存在有害特性的废物。美国在《资源保护与回收法》中规定，所谓危险废物是指一种固体废物和几种固体的混合物，因其数量和浓度较高，可能造成或导致人类死亡，或引起严重的难以治愈疾病或致残的废物。

1. 危险性废物

危险性废物其实无处不在，如：民间大量使用于住房装修的油性涂料、防水剂、地板漆、胶黏剂、或多或少的含有具有燃烧甚至爆炸性能的有机溶剂；使用于清洁卫生的洗涤剂当中也含有不少腐蚀性物质、氧化性物质，甚至能够产生毒性气体的"漂白水（次氯酸钠）"；某些"喷雾剂"可能含有可燃烧气体、氟利昂、酒精、杀虫剂，还有经过使用的电池、电子产品、家用电器等等。这些东西在使用完以后都有可能成为"危险性废物"，有一些甚至在使用过程中就已经成为"危险性'废物'"。

在生产性企业以及储存、销售、运输和使用化学品、化学农药的地方，"危险性废物"更是随处可见。由于农业生产遍及世界，"危险性废物"可以说也遍布全世界，而且随时在转移之中。

2. 危险性物质的越境转移

危险性物质的越境转移是很平常、很普遍的事情，因为危险性物质之所以会生产就是因为它们在社会上有需求，有作为生产资料的，也有用作生活资料的。但是，使用者和生产者通常都不会在同一个地方，即使在同一个城市里，也需要通过"物流"转送。

由于生产需要的危险性物质，数量上往往都是巨大的，而且随着社会生产的发展，数量将会越来越大，品种也会越来越多。据不完全统计，目前全世界已经生产的化学品已经超过一亿种，当中大部分属于危险化学品，不少还是风险度极高的，它们在生产出来以后，便与生俱来就具备各种各样的危险性。无论是在储存使用中还是在使用后，很多都一直保持着危险性能，在转移的时候可能还会增加，因为在转移过程中很多时候无法保持它们最适合的储存条件，而且转移本身的外来因素还可能增加它们的危险性。

3. 危险性废物越境转移的危险性

通常"危险货物"的组成比较单一，危险性能容易掌握，预防救援措施也比较明确，所以危险性相对容易控制。

"危险性废物"的情况比较复杂，品种多，成分复杂，这个时候它们的危险性就不好掌握了，更加说不上控制了。

随着社会上生产的危险性物质越来越多，危险性废物的品种、数量也越来越多，它们的

转移过程产生危险的机会也越来越多，受影响的范围越来越大。

危险性废物的危险性，通常有爆炸、燃烧、中毒、腐蚀、辐射，还有疾病传播、致癌、致畸形、致过敏。这些危险性有可能是单一的，也有可能是混合的、叠加的。还有就是可能导致环境污染，甚至成为"永久性"的环境破坏。

小资料 4-1

水土流失

今年 7 月 20 日 8 时，三峡工程迎来了流量达 7 万立方米每秒的洪峰，超过 1998 年的最大峰值。洪水经由三峡大坝拦截后，出库流量减少到 4 万立方米每秒，有效缓解了特大洪峰对中下游河道的冲击。

但在一些局部地区，水土流失的情况还比较严重，甚至发生了泥石流、滑坡等地质灾害。它表明，水土流失，仍是中国大地之痛，对水土流失的治理，依然任重道远。

据水利部统计，我国现有水土流失总面积达 356 万平方公里（含风蚀），已占到国土面积的 37.1%，且不仅广泛发生在农村地区，还发生在城镇和工矿区，几乎每个流域、每个省份都有。

按现在的流失速度推算，50 年后东北黑土区 1400 万亩耕地的黑土层将流失掉，粮食产量将降低 40% 左右；35 年后西南岩溶区石漠化面积将增加一倍，届时有近 1 亿人失去赖以生存和发展的土地。

水土流失还成为我国最大的环境公害之一。一方面，导致土壤涵养水源能力降低；另一方面，在流失大量泥沙的过程中，输送了大量化肥、农药和生活垃圾等面源污染物，成为加剧水源污染的重要原因，对我国生态安全和饮水安全构成严重威胁。

我国仍然是世界上水土流失最为严重的国家之一 保护与治理同步遏制水土流失

"水土流失是一个综合的自然和社会经济问题，水土保持也是一项非常复杂的系统工程。各级政府应当建立健全水土流失防治的协调机制，统筹研究水土流失防治的重大问题和相应的政策措施，使水土保持的工作真正落到实处，收到实效。"

林下水土咋会流失

近些年，为了治理水土流失，全国大兴植树造林，但由于林下缺少灌木或草本植被覆盖，土壤表面裸露程度高，水土流失依然严重。

林下水土流失的问题，根子在于植树造林的急功近利与缺乏科学的规划和监督。要解决这一问题，首先，从上到下都要改变重森林覆盖、轻植被覆盖的观念。水土保持更应强调地表覆盖度的提高和合理的植被层次结构，过分强调森林覆盖率，反而会对水土保持产生不利影响。其次，对植树造林要有科学的规划、指导和监督。要因地制宜，构建适合本地实际情况、有利于水土保持的林相、林型结构，使植树造林真正起到保护水土的作用，不致成为中看不中用的"形象工程"。

——人民网 2010 年 8 月 7 日

地面塌陷吞噬二层小楼

小资料
4-2

3月24日下午5点多，随着一声轰然巨响，房山区史家营乡西岳台村于可庆（音）家的二层小楼，从地面上消失了，同时消失的还有半壁山崖。地面突然塌陷形成的十几米深坑将小楼摔得粉身碎骨。

地现深坑吞噬小楼

幸运的是，事发时楼内无人。一年多前，这栋楼旁同样出现了一个深坑，于可庆举家搬离。据村民介绍，此前非法采矿猖獗，西岳台村到处是盗采留下的洞穴，很多村民的房子出现裂缝甚至沉陷，村中近三分之二的人口已不在村中居住，这个有近200年历史的村庄，正面临消亡。

记者在小楼废墟旁边发现了另一个大坑，边上立着一块安全警示牌，上面写着"崩塌危险区 请注意安全"。村民说，这个大坑是1年多前地面塌陷形成的，事后政府派人在此立下了警示牌。于可庆一家也举家三代搬离了这个祖祖辈辈生活的山村，至今都很少回来，跟村里的人也联系不多了。"没想到事隔一年多，再次发生这样的事情。"

村中房屋墙倒屋裂

据介绍，四五年以前，史家营乡的非法开采达到近乎猖獗的地步，西岳台村也未幸免，因储煤量丰富，山体上不断出现盗采的洞穴，仅一两年时间，西岳台村就像"悬在了空中"，墙体开裂甚至倒塌现象时有发生。盗采随着政府的严厉打击结束了，但留给村民的，却是一片危房和不安。

多数村民担心安全离开故土

64岁的村民于增路（音）将记者领到家中，他的房子打了钢筋底梁，却依然无法避免梁断屋陷的悲剧。

就在记者采访时，一名34岁的于姓村民正在拆卸家里的物品，他家的院墙和厕所已倒塌一年多。他说："谁也不想走，但实在住不了了。"他把暖气片和锅炉都拆了，准备当废品卖，下一步就是要卖掉防护网和防盗门，此后将永远离开这片土地。

安置措施需再次勘察后确定

昨天下午4点多，记者致电史家营乡政府，办公室相关工作人员称，24日楼房沉陷后已经派人到现场勘察过情况，并将报告和现场照片呈交给房山区区政府和国土资源局。对村民的具体赔偿方法和安置措施有待上级部门再次进行勘察后确定，乡政府无法给出准确答复。

在西岳台村，至今仍残留着大大小小的盗采形成的洞穴。盗采在高压打击下，已经极少发生，但是留给这个有近两百年历史古村的，可能是废弃消亡的结局。

——《京华时报》2010年3月27日

推进垃圾分类，要坚持也要精准

**小资料
4-3**

近日广州市城管执法部门动真格，抓住了几个不严格执行《广州市生活垃圾分类管理条例》的企业，其中竟然有五星级酒店和著名的洋快餐企业。广州垃圾分类推进的艰难可见一斑。

《广州市城市生活垃圾分类管理暂行规定》自2011年4月起施行，至今已经7年多了。不过，在实施垃圾分类的效果上，依然还有很大空间。比如街头的垃圾分类桶已经普及，但是市民的分类意识还是比较随意。真正能主动落实分类的人群并不多，尤其是面对比较差的卫生环境，更会打消人们分类的念头。

与此同时，环卫工人在收集街头垃圾的过程中，并不能严格遵守分类策略，这就导致垃圾混装的情形非常普遍。再到运输过程，举目可及，许多大型运输车的混装情形就更难以避免。分类的链条环节并未完全守住，就会进一步削弱人们对于主动分类的热情。

作为知名企业和外企，本来应该在垃圾分类上更有担当意识，可是连五星级酒店、洋快餐企业都并未真正推行。这反映出一种形势，也就是执法的深度和力度依然没有深入到所有的领域。也许，对于场所环境本来就很好的星级酒店，他们会觉得环境一流就是最好的。至于分类，反而可能给客户带来"麻烦"，因此宁愿选择把麻烦留给自己——当然，酒店最后还是不会进行分类的。

如果比较有知名度、有实力的消费场所，对于垃圾分类依然停留在初级阶段。那么对于广大中低级消费场所来说，要真的实现分类的普及，可能就会更加困难。作为城管部门，首先就应该对知名度高的企事业单位进行重点督查。对于这些有能力却不作为的场所，务必重点进行惩戒。只有出狠招，才会带来一定的社会震动和影响。

至于生活小区，同样也应该抓重点。尤其是形象和设施都比较好的小区，更应该重点推进。因为这些小区的素质一般都比较高，受高等教育人员多。如果能坚持推进垃圾分类，那么环保的成果会更容易巩固。

相比之下，最难以推进的，当然就是广大的城中村、批发市场之类的地方。由于流动人群非常庞大，对于环保政策的认同性就会很低。但是这些地区的人口密度又是最高的，垃圾不分类同样会影响全局。那么单纯依靠城管队伍是不够的，这些地区的社区组织就成了推进垃圾分类的最重要力量。至少在分类设施上要全面保障，增加曝光度，否则单纯靠宣传推广是很难做好的。

总而言之，广州的垃圾分类成效必然是和城市成分的复杂度相关的。唯有针对不同的区块、人群和单位进行分而治之的措施，才可能让垃圾分类的意识和行为开花结果。否则，可能很多年过去之后，还是在原地踏步。

——《羊城晚报》2018年7月12日

第二节　固体废物的污染

一、固体废物的污染和危害

固体废物的处理和处置是当今世界各国不容忽视的一个环境问题，固体废物产生量大，但处理和处置水平与废气、废水处理水平相比却要低得多，综合利用少、占地多、危害严重，是主要环境问题之一

1. "放错了地方的原料"既造成浪费又危害环境

（1）固体废物的定义、分类和来源

固体废物通常是指人类在生产、加工、流通、消费以及生活等过程中提取目的组分后，弃去的固体和泥浆状物质，包括从废水、废气中分离出来的固体颗粒物。所谓废物一般是指在某个系统内不可能再加工利用的部分物质。例如，人们生活中所丢弃的各种垃圾，工农业生产过程所排出的物质。然而，如果对废物进行分析就会发现，在某一过程中的废物，往往在另一个过程中可以作为原料，比如，城市中大量的有机垃圾，经过适当处理可作为优质的肥料供植物生长，工业废料经过挑选加工也可能重新作为原料来生产产品。所以固体废物又有"放错了地方的原料"之称。

固体废物有多种分类方法，可以根据其性质、状态和来源进行分类。中国目前将其分为工矿业固体废物、有害固体废物和城市垃圾等三类。固体废物来源极为广泛，种类极为复杂（表4-1）。

表 4-1　固体废物的分类、来源和主要组成物

分类	来源	主要组成物
矿业固体废物	矿山、选冶	废矿石、尾矿、金属、废木、砖瓦灰石等
工业固体废物	冶金、交通、机械、金属结构等工业	金属、矿渣、砂石、模型、芯、陶瓷、边角料、涂料、管道、绝热和绝缘材料、胶黏剂、废木、塑料、橡胶、烟尘等
	煤炭	矿石、木料、金属
	食品加工	肉类、谷物、谷类、果类、菜蔬、烟草
	橡胶、皮革、塑料等工业	橡胶、皮革、塑料、布、纤维、染料、金属等
	造纸、木材、印刷等工业	刨花、锯末、碎木、化学药剂、金属填料、塑料、木质素
	石油化工	化学药剂、金属、塑料、橡胶、陶瓷、沥青、油毡、石棉、涂料
	电器、仪器仪表等工业	金属、玻璃、木材、橡胶、塑料、化学药剂、研磨料、陶瓷、绝缘材料
	纺织、服装业	布头、纤维、橡胶、塑料、金属
	建筑材料	金属、水泥、黏土、陶瓷、石膏、石棉、砂石、纸、纤维
	电力工业	炉渣、粉煤灰、烟尘
城市垃圾	居民生活	食物垃圾、纸屑、布料、木料、庭院植物修剪物、金属、玻璃、塑料、陶瓷、燃料灰渣、碎砖瓦、废器具、粪便、杂物
	商业、机关	管道、碎砌体、沥青及其他建筑材料，废汽车、废电器，废器具，含有易爆、易燃、腐蚀性、放射性的废物以及类似居民生活栏内的各种废物
	市政维护、管理部门	碎砖瓦、树叶、死禽畜、金属锅炉灰渣、污泥、脏土等

续表

分类	来源	主要组成物
农业固体废物	农业	稻草、秸秆、蔬菜、水果及树枝条、糠秕、落叶、废塑料、人畜粪便、禽粪、农药
	水产	腥臭死禽畜，腐烂鱼、虾、贝壳，水产加工污水、污泥等
放射性固体废物	核工业、核电站、放射性医疗、科研所	金属、含放射性废渣、粉尘、污泥、器具、劳保用品、建筑材料

注：本表格摘自《环境学导论》，何强等编著，清华大学出版社。

（2）固体废物的特点及危害

① 固体废物的特点　固体废物有几个显著的特点。

首先，固体废物是各种污染物的最终形态，特别是从污染控制设施排出的固体废物，浓集了许多成分，具有呆滞性和不可稀释性，是固体废物的重要特点之一。

其次，在自然条件影响下，固体废物中的一些有害成分会转入大气、水体和土壤中，参与生态系统的物质循环，有长期潜在的危害性。

最后，固体废物的上述两个特点，决定了从其产生到运输、储存、处置及处理的每个环节都要妥善控制，使其不危害生态环境，即具有全过程管理的特点。

② 固体废物的危害　联合国环境规划署《全球环境展望5决策者摘要》指出："化学工业的发展带来了诸多惠益，对农业和粮食生产、作物病虫害控制、工业制造、尖端技术、医药和电子等领域的发展起到了支撑作用。目前在市场上销售的化学品有大约248000种，其生产和使用的速度仍在继续增长""然而，某些化学品因其内在的危险特性而给环境和人类健康带来风险。给人类健康和环境造成的负面影响以及由此产生的代价很可能是巨大的。"随着人类社会生产活动的日益发展和大规模地开发利用资源及城市人口剧增，工业废渣与城市垃圾数量逐年增大，成为人类社会的一种负担。

固体废物对人类和环境的危害是多方面的，概括起来，从其对各环境要素的影响看，主要表现为以下几个方面。

a. 侵占土地。固体废物不加利用时必然占地堆放，堆积量越大，占地面积越大。据估计，每堆积1万吨废物，占地面积近0.1hm²。我国历年工业固体废物堆放总量已超过70亿吨，占地面积约6亿平方米，其中侵占农田达到0.5亿平方米。垃圾与农业用地的矛盾日益尖锐。以北京为例，远红外高空探测结果显示，市区已几乎被环状的垃圾群包围。

b. 污染土壤和地下水。废物堆置或没有适当防渗措施的填埋，其有害组分很容易渗滤出而污染土壤及地下水，人类健康会受到威胁，工业固体废物还会破坏土壤的生态平衡。

c. 污染水体。除对地下水的污染外，固体废物还可以通过风吹、雨淋或人为因素进入地面水域而污染水体。

由于不少国家把固体废物直接倾入河流、湖泊和海洋（甚至以海洋投弃作为一种处置方式），使地表水体受到严重影响，不仅减少水体面积，还影响水生生物的生存和水资源的利用。

从世界范围看，核爆炸产生的散落物、某些国家向深海投弃的核废渣和其他放射性废物，已严重污染了海洋，海洋生物资源遭到极大的破坏。

d. 污染大气。固体废物对大气的污染也是极为严重的。在温度、水分及其他因素的作用下，固体废物中的某些有机物质发生分解，产生有害气体和恶臭，造成空气污染。此外，以微粒状态存在的废渣与垃圾，还可能随风飘扬，既污染了环境，影响人体健康，又会沾污建筑物、花果树木，危害市容与卫生。

更值得注意的是危险废物。由于种类纷繁复杂和鉴别困难，它不但污染空气、水源和土壤，而且由于不同国家对危险废物和有毒废物的理解、管理方法的差异，从而使危险废物的管理发生漏洞，必须认真对待。

2. 固体废物的转化和远期影响

大多数的固体废物成分复杂，许多成分在自然条件的影响下可能转化为有害成分，并可能迁移进入大气、水体和土壤中，参与了生态系统的物质循环，其中对于土壤的影响尤为严重。

(1) 工业废渣对土壤的毒化

工业废渣对土壤的危害，以矿业废渣最为严重。由于废渣含有多种有毒物质，长期堆存时，经过雨雪淋溶，可溶成分随水从地表向下渗透，向土壤迁移转化，使土壤富集有害物质，渣堆附近土质酸化、碱化、硬化，甚至发生重金属型污染。有害元素含量往往可富集数倍乃至数百倍。

重金属对土壤的污染尤为严重。土壤重金属污染物主要有汞、镉、铅、铜、铬等。它们在土壤中存在的形态、迁移转化特点和污染性质不尽相同，但是重金属污染物都具有不易被生物降解、残留时间长的特点。还可能被微生物转化为毒性更强的化合物，被农作物从土壤中摄取而进入食物链，逐级在生物体内富集起来，然后进入人体积聚起来造成慢性中毒，影响人类正常生活。

另外，放射性废渣、城市垃圾等固体废物也会转化迁移造成土壤、水体的污染。

用医院、屠宰场、生物制品厂及农场食品加工厂所排出的废渣或垃圾等作为肥料时，垃圾中的致病菌或寄生虫就自然而然地进入土壤，再通过各种途径传染给人。

矿山开采过程中产生的"尾矿"也是非常难以处理的固体废物，在矿山开发的时候，人们通常用矿山附近的山谷或者洼地堆存，但尾矿通常是松散的，很容易被雨水冲刷引起"矿砂流"，冲击田野、民居，甚至堵塞道路、河流，危及人民生命财产安全，矿砂中的有害成分还会引起环境污染。

中国工业固体废物年产量估计达到 10 亿吨以上。每年有 1000 多万吨固体废物直接投入江河湖海，并且引起严重污染事故。最典型的数 1991 年的嘉定县自来水厂发生的水源含毒案，江苏省张家港市某村属化工厂在没有处理含氰废渣能力的情况下，承接了上海市某厂的含氰废渣处理工作，该厂厂长曹保章令人把废渣直接倒入江河（计 25 次，共 294t 含氰废渣），造成水体大面积严重污染，水生生态受到严重破坏，自来水厂停水，部分工厂停产，直接经济损失 210 多万元，而曹某等人牟利 7.3 万元。主犯曹保章被认定犯投毒罪，判处死刑缓期执行，其余 7 名同案分别被判处有期徒刑。

(2) 生活垃圾的转化与影响

① 塑料垃圾　塑料垃圾进入土壤后不但长期不腐烂，而且影响土壤透气性，因而破坏土质，影响植物生长。不仅如此，塑料垃圾质量轻、体积大，用填埋法要占用大量土地，还会污染地下水；开放式焚烧会释放出多种有毒气体，对动物毒性很大，也能使鸟和鱼类出现畸形和死亡。人体吸收了毒性物质，会出现消瘦、肝功能紊乱、神经损伤或发生癌症等情况。

② 废电池　有普通干电池和纽扣电池两种形式。纽扣电池含有汞、镉等多种金属，干电池含有锰等重金属元素，有些还含有汞（国家已明令禁止，但仍然有厂家偷偷使用），在

自然界中渗出后，污染土地和水体❶，继而进入生物体和人体。

③ 有毒的城市垃圾　如油漆、颜料等和工业固体废物都存在着在堆放和最终处置中的转化并对环境造成远期危害的危险，是一个不容忽视的问题。

小资料 4-4

如何处理危险垃圾

对于无毒无害垃圾，可以直接埋入洼地，待其自然分解成土壤（称之为安全型垃圾处理场）。对于有毒垃圾，在日本为了防止其对地下水和河流水质、土壤等构成污染，需要采用更为安全的密封型填埋方式。处理一般性焚烧垃圾灰，或是毒性很弱的垃圾时，在垃圾填埋场的下面铺上塑料膜层，在塑料隔层下面敷设引导渗漏雨水和废水的排水槽（称之为管理型垃圾处理场）。但是这时需要认真检查塑料隔层是否破损，排水沟是否排水畅通等。对于有毒类垃圾，需要使用水泥加固水泥隔层，填埋在有遮盖的密封处理场（称之为隔断型处理场）。

尽管如此，仍有些人悄悄地倾倒或填埋着有害废物。例如，日本香川县地丰岛就出现过由于倾倒了50t有害垃圾导致严重污染的实践。或许在垃圾中还有我们至今尚未发现的有害废物。

我们今后需要努力减少使用可以产生有毒垃圾的物品，尽可能少量或不排弃有毒垃圾。

——摘自《我们的地球——让我们都来关心环境问题》[日] 浦野矿平

小资料 4-5

腊芙·卡纳（Love Canal）运河事件

指发生在美国腊芙运河地区的剧毒化学废物污染事件。该运河位于纽约州尼加拉瓜瀑布附近，是一条废弃的运河，20世纪20年代末，被霍克化学塑料公司买去作为废物填埋场，共填埋了大约200多种化学废物和其他工业废物，其中相当一部分是剧毒物。这些化学废物可以导致畸形、肝病、精神失常、癌症等多种严重疾病。1953年后，铺上表土的填埋场经转手后建为居民区，1976年，一场罕见的大雨冲走了地表上，使化学废物暴露出来。此后，花草坏死、腐蚀灼伤等现象时有发生，癌症发病率明显增高，引起当地居民的恐慌不安。1978年，美国国家环保总局调查证实为严重的有毒化学废物污染事件。纽约州政府采取了一系列紧急措施进行处理，如封闭学校、疏散居民、买下被化学废物污染的全部房屋等。

由于运河事件中首次出现民众自发争取环境权的现象，所以也被称为"里程碑式的环境公害事件"。

---

❶ 1颗纽扣电池可以污染60万升水；1节普通电池可以使1m² 土地失去使用价值，按全国年耗60亿个计算，每年就可能有近千万亩土地因此而报废。

云南曲靖铬渣污染——官方称云南铬渣与村民癌症无关

9月4日下午，曲靖市政府就南盘江铬污染事件处置举行新闻通报会。当地市政府、环保局、工信委、卫生局、公安局和陆良县、麒麟区的相关负责人进行情况通报并回答记者提问。曲靖市副市长陈军称2012年底完成铬渣无害化处理，并表示不会以牺牲环境代价换取增长。

曲靖市卫生局局长唐锐表示，为进一步明确受铬渣影响村子的人口死亡率有无异常、恶性肿瘤是否高发，卫生部门对兴隆村三年来人口死亡情况进行进村入户式回顾性流行病学调查，结果如下：2002~2010年间经县级以上医院诊断为恶性肿瘤的病人14人，死亡11人；2008年1月1日到2010年12月31日，恶性肿瘤发病2例，平均患病率1.88人/万人，低于全市的平均水平。

同时，卫生部门对另一个受污染的村子——小百户镇小百户村也进行了对照调查分析，发现恶性肿瘤发病4例。2008年、2009年、2010年人口死亡率分别为8.5‰、9.2‰、10.3‰，死因顺位排序为：心脑血管系统37人，占41.0%；恶性肿瘤17人，占19.0%；呼吸系统15人，占16.2%；意外伤害13人，占13.9%；消化系统3人，占2.9%；其他类别6人，占7.0%。对比分析结果表明，该村人口死亡率与本镇其他村无显著性差异，这一结果表示，无证据证明村民患癌与铬渣堆放有直接联系。

唐锐称，曲靖陆良卫生部门联系上持有33例癌症村民名单的记者，按名单进行入户核实，发现其中10人为确诊（已在卫生部门的14例名单之中），另外15例为肺结核或糖尿病其他疾病，5人无法提供资料，3人查不到人，并非如网上说的33人全为癌症患者。

——云南网2011年9月5日

中国拒收洋垃圾 西方国家垃圾集体失控无法处理（节录）

自去年中国宣布不再想成为"世界的垃圾桶"——回收全球大约1/2的塑料和纸制品之后，西方国家一直在苦苦思考，当禁令生效后要怎么办。该禁令已于1月1日正式生效。

纽约时报报道，到目前为止，至少在英国，答案是什么都不做。伦敦至少有一家废弃物处置场正在眼看着塑料回收物不断堆积，并且不得不付费来把其中一些挪走。

有报道称，加拿大、爱尔兰、德国和其他几个欧洲国家采取了类似的备用计划，无数的垃圾正在如香港这样的港口城市堆积成山。

俄勒冈州先锋回收公司（Pioneer Recycling）的史蒂夫·弗兰克（Steve Frank）拥有两座工厂，每年收集22万吨可回收材料并进行分类。直到最近，其中大部分都会出口中国。"我的库存已经失控了。"他说。

弗兰克说，中国的禁令已经让"全球回收物的流动大受打击"。他说他现在希望把废品出口到印度尼西亚、印度、越南和马来西亚这样的国家——"到任何我们可以的地方"，

但"他们还是无法弥补这个差距"。

在英国，废品处理公司欧多诺万废品处理（O'Donovan Waste Disposal）的总经理说，自从中国的决定生效以来，"这个市场彻底改变了"。她说，她的公司每年收集并处理约70000t塑料垃圾，并预计在接下来的几个月，"英国到处都会出现大麻烦"。

周四，英国首相做出保证，要在25年内消除可以避免的废物。在一份准备好的演讲中，她敦促超市推出不用塑料包装的货架通道，所有食品都是散装。

欧盟引述了中国的禁令和海洋生态健康等各种原因，计划提出一项对塑料袋和包装征收新税的法案。

这些举措有一天或许会有助于缓解这个问题，但英国目前面临着回收物的不断堆积，却没有地方可以放置它们。专家表示，对这场危机最立即的回应可能就是进行焚烧或填埋——这两种方法都会对环境造成伤害。

——中国小康网2018年1月15日

3. 漂浮的"新大陆"

（1）太平洋上惊现"第八大陆"　七大洲、四大洋，一直是人们对地球的认识。但是21世纪之初，一位船长为了节省时间抄近道从赤道无风带通过，结果却意外陷入一个从未被人发现过的"垃圾带"。他说："我目光所及之处全都是塑料。"在一望无际的"垃圾带"中，本来想省时间的船长结果却花了一周时间才穿越了这片"垃圾带"。

据估计，这个"新大陆"面积约为150万～200万平方公里，比15个韩国还大，这相当于10个河南省面积的大小，或1000个中国香港特区的面积，由于面积巨大，被科学家形象地戏称为"第八大陆"。

（2）"第八大陆"的形成　这个"新大陆"是太平洋上一片由400万吨塑料垃圾组成的漩涡。由于处于太平洋的"无风地带"，以及海水大洋流的大回旋的中心位置，因此受洋流的影响很小。由于塑料制品的密度很小，所以一直漂浮在漩涡的上面，全世界被人类抛弃的塑料垃圾随着大洋流漂浮到这里，聚集的结果就是形成巨大的"垃圾岛"

（3）"垃圾岛"的危害

① 破坏环境　"垃圾"顾名思义就是被遗弃的东西，由于来源于全世界，成分复杂，可能存在有毒害性的塑料或者"有毒害性的内容物"，长时间的漂浮过程中，部分塑料可能降解，降解产物会进入海水污染海洋。

"垃圾岛"在漂浮过程中可能凝聚漂浮在海面的油污，降低其自然降解速度，形成持久性的石油污染。

② 破坏海洋生态　海洋生物如海鱼、海龟或者海鸟，容易误食塑料，以及随着塑料制品漂浮的其他物质，消化不良、饥饿、撑胀或者中毒而死；也可能被塑料薄膜袋封闭呼吸道而窒息死亡；还可能被垃圾中的塑料绳、渔网、薄膜缠绕导致死亡。海洋生物死亡的尸体腐化会给环境带来不利影响。

③ 进入食物链贻害全球　吃食了垃圾岛上的塑料的海洋生物，可能进入生物链，则塑料也同时进入生物链，有很大的机会成为人类和其他生物的食物，塑料和其他垃圾所携带的有害物质将对地球生物造成损害。

④ 影响航行安全　"垃圾岛"漂流到船舶的航线上会影响航行安全，垃圾岛上的塑料绳索、渔网可能缠绕航船的螺旋桨，造成航行事故。

⑤ 破坏海滩，影响旅游事业　垃圾污秽、恶臭、形象恶心，漂流到海滩上会使海滩成为垃圾场，污臭无比，即使仅仅在海面漂流而过，也让游客无法接受，游兴索然。

（4）"垃圾岛"的治理　由于人类还在不断地向大海"扔"垃圾，垃圾中的塑料制品有很大的机会成为"垃圾岛"的"后援"，使"垃圾岛"不断增大，当"垃圾岛"的面积足够大的时候，就有机会进入洋流的核心地带，而被洋流带动漂流到全世界的所有海域，给世界的海洋和海岸造成"灭顶之灾"。"垃圾岛"的治理已经成为世界人民无可回避的事实。

① 海星项目　"海星项目"又称"海星计划"，是 2008 年末由来自旧金山湾的三个有多年海洋管理和活动经验的专业人士发起的，在 2009 年 3 月 19 日启动，他们利用各自的人脉和特长共同工作。这个三人团体在太平洋两岸（美国旧金山和中国香港）各设置一个工作站，帮助各方讨论如何堵截进入太平洋的塑料和海洋废弃物垃圾流，推进北太平洋环流塑料漂浮物初期科学研究及其回收循环技术的可行性研究。海星计划的目标是实现科学、技术和解决方案的全球合作，清除海洋垃圾漂浮物。

② The Ocean Clean up 项目　"The Ocean Clean up"的中文含义是"海洋清理"或者"海洋清道夫"，由荷兰发明家博扬·斯莱特于 2013 年创立，当时他还是 18 岁的航空航天工程系学生。其目标是创造一类可以清理海洋垃圾的装备，并进行营运。

③ 第 196 主权国运动　英国网站 LADbible 与塑料海洋基金会合作发起海洋保护行动，向联合国申请要求承认垃圾岛为世界上第 196 个主权国家（联合国承认的国家），目的是通过建立国家的行为，一方面唤起全世界人民的关注，另一方面则利用联合国宪章的相关规定，争取联合国对垃圾岛整治行动的支持，使其成为全球行动。

据悉，目前"第 196 主权国"已经招募十多万支持者，只需要另外 16000 多人的支持，就能达成 15 万的 KPI 了！

美国前副总理阿尔·戈尔（Al Gore）以及英国长跑运动员莫·法拉赫（Mo Farah）也签署了请愿书，并成了垃圾岛的荣誉公民。

④ 从源头上预防　源头预防是保护环境的根本措施。人类每年生产超过 3.2 亿吨塑料，其中大部分最终会进入大型海洋区域。他们都是"第八大陆"的"后备军"。如今 400 万吨塑料垃圾的治理已经这样困难，如果任由其扩大，必将成为人类永远无法完成之痛。因此，从源头上治理，或者说预防才是"王道"。第一是要减少塑料制品的生产和使用；第二是不要向环境中扔垃圾；第三是要做好塑料制品的回收利用或最后处置；第四是要解决塑料制品的自动降解技术，使塑料制品在使用以后能够迅速分解为环境可以接受的无害物质，从而避免对环境的破坏。

其中，①～③是一般群众都可以做的，④需要科学家们去努力。

二、 固体废物的整治和处置

1. 变废为宝，化害为利

（1）固体废物污染的管理措施

① 改革生产工艺，少排废物　提高产品质量，生产和使用寿命长的产品，使物品不至于很快变成废物。采用精料，减少生产过程中的废物排放量。例如，提高铁矿石品位，既节约炼铁的能量又使炉渣排放量比原来减少1/2以上。

② 发展物资循环利用工艺　改革传统工艺，发展物资循环利用工艺，使生产一种产品

的废物成为生产另一种产品的原料，如此类推，最后只剩下很少量的废物排放入环境，取得经济、环境和社会的多方面利益。

③ 把固体废物纳入资源管理范围　制定固体废物资源化方针和鼓励利用固体废物的政策，建立固体废物资源化体系，把有明确用途和暂时未能利用的废物纳入分配或后备资源分别处理。

④ 制定固体废物的管理法规　有关防治固体废物的污染和利用固体废物的政策都应通过立法手段体现出来。

（2）固体废物的减量化、资源化和无害化　整治固体废物，控制其对环境污染和对人体健康危害的途径是实行对固体废物的减量化、资源化和无害化。

①减量化　减量化指的是尽量减少固体废物的产生量。当前，减少废物的产生在理论上已被认为是解决固体废物问题的最好方法，并得到了广泛的认可，在不少发达国家已取得实效。

加强环境与资源意识，让市民自觉减少废物的排放，拒绝使用不必要的一次性制品，尽可能循环利用各种物资。减量化更重要的是针对工业生产中的废物，以减少工业污染物排放。

"清洁生产"是近数十年来在国际上兴起的一种全新的可持续发展生产方式，所有的原料和能量在"原料资源—生产—消费—再生资源"的循环中，得到最合理和综合的利用，并为一些过去抛弃的"废物"寻找适当的用途，从而避免对环境的任何破坏。

"少废工艺"是传统工业向"清洁生产"转化的过渡："少废工艺是这样一种生产方法，这种生产的实际活动对环境所造成的影响不超过允许的环境标准（最高容许浓度）；由于技术、经济、组织或其他方面的原因，部分废料可能需要长期存放或填埋处理。"

② 资源化　基于固体废物的两重性，它既占用大量土地，污染环境，但本身又含有多种有用物质，是一种资源。20世纪70年代以后，人们从对固体废物的消极处理转向再资源化。利用管理或工艺技术措施，从固体废物中回收有利用价值的物资和能源。

固体废物再资源化的途径很多，但归纳起来有五个方面。

a. 提取各种金属。把最有价值的各种金属首先提取出来，这是固体废物再资源化的重要途径。

有色金属渣中往往有其他金属。在金属冶炼渣、某些化工废渣、粉煤灰和煤矸石中往往可提取金、银、钴、锑、硒、碲、铊、钯、铂等，有的甚至超过工业矿床的品位。

b. 生产建筑材料。一些冶金矿渣，如钢、铁炉渣等冷却后能自然结晶，其强度类似天然岩石，可以直接生产碎石，可以减少开采天然砂石，利于保护自然景观和水土保持。

某些工业废渣的化学成分与水泥相似，具有水硬性，可以用来生产无熟料水泥或"混合"水泥，如矿渣水泥。此外，煤矸石也可以代替黏土作为生产水泥的原料。

c. 提取再生原料或燃料。废塑料加热加压成型，可再生塑料；废塑渣、石油废渣可提取石油；燃料渣、煤矸石可直接利用作低品位燃料。

d. 用于废水处理。高炉渣等无毒害废渣，可代替砂、石作滤料，用于处理废水；可作吸收剂，回收水面石油制品等。

e. 用于农业改土及作肥料。煤粉灰、活性污泥等与土壤成分接近的无毒害废渣可施用于农田，改良土质。

据统计，中国每年有数百万吨废钢铁、600多万吨废纸、200万吨玻璃未予以回收利用，每年扔掉的 60 多亿节废干电池中就含有 8 万吨锌、10 万吨二氧化锰、1200 多吨铜等。据不完全统计，每年单是再生资源流失造成直接经济损失就达 250 亿～300 亿元，连同由此而来的污染损失更不计其数。这些可利用的废物再生后所形成的经济效益更加可观，是一笔不可小觑的财富。

③ 无害化　固体废物的"无害化"是指经过适当的处理，使固体废物或其中的有害成分无法危害环境，或转化为对环境无害的物质，为解决固体废物的最终归宿奠定基础。

固体废物的"无害化"，必须通过科学试验，并根据需要和可能进行论证和评价，选取效果好、成本低、处理方便的方案，以确保处理效果。

（3）城市垃圾的处理

① 垃圾资源化　法国著名学者傅立叶说："垃圾是摆错了位置的财富。"日本东京市政委会则把"消灭垃圾"作为"一场严重的战争"来"采取紧急对策"。如今法国巴黎已经从垃圾中获取热能，为 1/3 巴黎居民提供取暖热源；日本则把垃圾焚化，取其灰制成农肥回田；英国利用全国 700 多个垃圾场的垃圾发电，获得全国 5% 的电力；美国利用部分垃圾制成一种新型的铺路材料，比传统的沥青耐用。这些"摆错了位置的财富"，正在化为"神奇"。

② 垃圾焚烧　焚烧是垃圾减量化的重要手段，通常的做法是：先把垃圾简单分拣，清除无机成分，然后投入焚烧炉焚烧。其优势是减量显著，除害彻底，还可以回收热量。缺点是有可能含有"二噁英"等毒害物质的废气生成，如不进行处理就直接排放会造成二次污染，且运行费用较高。焚烧流程见图 4-3。

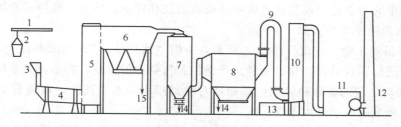

图 4-3　垃圾焚烧流程图

1—进料系统；2—吊车；3—回转窑进料；4—回转窑；5—二次燃烧室；6—锅炉；

7—喷雾干燥器；8—电除尘器；9—急冷器；10—湿式除尘器；11—强制

通风系统；12—烟囱；13—湿渣洗涤器；14—排渣；15—锅炉渣

垃圾的处理一向是城市的难题（现在已经扩展到成为"农村和城镇的难题"），垃圾焚烧虽然是一种行之有效的"缩容"手段，但是对于没有分类的垃圾进行焚烧，却具有"不环保"的一面：各种垃圾中的可以回收的物资在付诸一炬后，只有热量成为回收的资源，更多的有用物质如废纸、塑胶、金属、玻璃乃至可以发酵利用（回收沼气和有机肥料）的食物残渣等，统统都变成了废物，只能用于铺路或者填充于建材中。为了使其中的某些不容易燃烧的部分也充分焚烧，还要添加助燃物质（包括添加燃料）。而且，即使是"最充分的燃烧"，以目前的"现代技术"也仍然无法避免燃烧产物（烟气、灰尘和残渣）中存在某些有害物质毒化环境。而且当中有些原先是属于液体或者固体的成分，在经过高温燃烧后转化为气态物质（如二噁英、汞蒸气等），还可能向更大的范围扩散，形成更严重的污染。

垃圾分类收集是垃圾处理的重要组成部分。垃圾分类收集有赖于政府的安排和协调。如中国香港地区、中国台湾地区台北市，他们在垃圾的分类收集和处理方面就有很成功的

经验。

2. 土壤污染整治的途径和常用方法

(1) 土壤与土壤污染

① 土壤及其功能　土壤就是位于陆地表面具有肥力的疏松层。土壤具有独特的组成、结构和功能。其组成包括矿物质、有机质（活性有机质、土壤生物等）、水分和空气，固相、液相和气相三相共存而形成具有一定层次的结构。因此，其功能也不同于其他自然系统。第一，具有肥力；第二，具有同化和代谢外界输入和再向外输出物质的能力。

② 土壤污染、污染物及污染源　所谓土壤污染，就是人类在生产和生活活动中产生的"三废"物质直接或通过大气、水体或生物间接地向土壤系统排放，破坏了土壤原来的平衡体系，引起的土壤成分、结构和功能的变化。

造成土壤污染的物质包括以下几类。

a. 工业污染物，如工业"三废"。

b. 农业污染物，如化学农药和过量施用的化肥都会造成土壤污染。我国的化肥利用率平均只有 30%～35%，大量的化肥流入水体，不但造成极大的经济损失，而且对环境产生极大的污染，主要危害有：造成水体污染；威胁近海生物；破坏土壤结构，最终丧失农业耕种价值。此外，超标准（超过需要量）的氮肥在植物体内转化为硝酸盐、亚硝酸盐，具有强烈的致病性。

(2) 土壤污染的防治　由于土壤污染的特殊性，根据以预防为主的环境保护方针，为了防止土壤污染，首先要控制和消除土壤污染源。对已经污染的土壤，则要采取一切有效措施，清除土壤中的污染物，或控制土壤中污染物的迁移转化，使其不能进入食物链。

① 控制和消除土壤污染源

a. 控制和消除工业"三废"排放。要大力提倡"清洁生产"、消除和减少废物的排放。对工业废物应进行回收处理，化害为利。严格控制污染物的排放，并不得向土壤直接排放。

b. 要加强对土壤的监测和管理。要加强对灌溉用水的水质监测，避免有毒害的工业污染物，特别是重金属随水进入土壤。

c. 合理施用化肥和农药　要禁止使用剧毒、高残留性农药，限制使用高效、低毒、低残留化学农药；合理使用化学肥料，避免过量施用。大力发展高效无毒生物农药推广使用有机（农家）肥，并逐渐替代化学肥料。

② 防治土壤污染的常用方法

a. 施用改良剂。向土壤中施加适当的生物安全的化学物质，以降低重金属的活性，减少重金属向植物体内的迁移。常用的改良剂有石灰、碳酸钙和有机堆肥等。

b. 客土法、换土法和水洗法。客土法是在被污染的土壤上覆盖非污染土壤；换土法是部分或全部挖除被污染土壤而换上非污染的土壤。这两种方法是治理重金属污染的有效方法，但是操作比较困难，成本也比较高，故只适用于小面积严重污染的土壤。水洗法是采用清水灌溉稀释，以洗去金属离子，使重金属离子迁移至较深土层中，或者将含有重金属离子的水排出农田之外，再另行处理，以避免对环境造成二次污染。

c. 利用植物吸收去除重金属。选育与栽培对重金属有较强吸收能力的植物，以降低或消除土壤的重金属污染。如羊齿铁角蕨属的植物有较强吸收土壤重金属的能力，对土壤中镉的吸收率可达 10%，连年栽种，可降低土壤含镉量。

总之，在制定防治土壤污染的措施时，必须因地制宜，既要消除土壤环境的污染，又要注意避免引起其他环境问题，并注意尽量降低处理成本。

3. 固体废物的最终处置方法

由于种种原因，即使资源化工作不断发展，人类仍然不可能将所有排放的固体废物全部回收利用，废物积存仍在所难免，因此必须采取适当的措施使其安全化、稳定化、无害化，然后做最终处置。

（1）一般固体废物的处置方法

① 土地堆存法　堆存是最原始、最简单和应用最广泛的处置方法。这种方法只应处置不溶解或难溶解、不扬尘、不腐烂变质等不危害环境的固体物体。但占地多，且数量较多时可能发生二次污染。

② 填埋法　填埋法也是古老而广泛采用的处置方法。填埋场地尽量利用废矿坑，并有排放有机废物填埋后产生的废气的通道，防止发生爆炸、火灾或窒息性死亡等。一些工业发达国家应用卫生填埋、滤沥循环填埋、压缩和破碎垃圾后填埋等新的填埋技术处理城市垃圾等固体废物。

③ 筑坝堆存法　粉煤灰、尾矿粉等湿排灰泥需要进行围坝堆存。储存场应设在输送方便、工程量少、使用年限长的山沟、山谷。

④ 土壤耕作法　土壤耕作法是利用土壤中的微生物处理无毒或经过无毒化处理的固体废物，经生物降解用作农肥，是废物资源化的一种。

（2）工业有害废渣的最终处置　有害废物进行无害化处理和最终处置，主要有以下几种方法。

① 焚化法　废渣有害物质的毒性如果是由物质的分子结构，而不是由所含元素造成的，一般可采用焚化法分解其分子结构。

② 化学处理法

a. 酸碱中和法。可采用弱酸或弱碱，就地中和强碱、强酸。

b. 氧化和还原处理法。如处理氰化物和铬酸盐应用强氧化剂和还原剂，通常要有一个带搅拌的反应池。

ⅰ. 沉淀处理法，即利用化学沉淀作用，形成难溶解的水合氧化物和硫化物等，减少毒性。

ⅱ. 固定法，其能使有害物质形成溶解度较低的物质。常用的固定剂有水泥、沥青、硅酸盐、离子交换树脂、土壤胶黏剂、脲醛以及硫黄泡沫材料等。

c. 水泥窑高温煅烧。将有害废物放进水泥窑，在 1400℃高温下煅烧，使有毒成分分解和净化并在水泥熔块中固定。

③ 生物处理法　对各种有机物常采用生物降解法，如采用沼气发酵、堆肥等方法进行无害化处理。

④ 海洋投弃　除个别情况外，废物已不再被允许倾入海洋，这是因为海洋处置容易造成污染，破坏海洋的生态环境。个别投入海洋的废物也必须符合严格的规定。

⑤ 填埋法　掩埋有害废物，必须做到安全填埋。预先要进行地质和水文调查，选定合适的场地，保证不发生滤沥、渗漏等现象，不使这些废物或淋出液体排入地下水或地面水体，也不使之污染空气。对被处理的有害物的数量、种类、存放位置等均应做出记录，避免引起各种成分间的化学反应，对淋出液也要进行监测。对水溶性物质的填埋，要铺设沥青、塑料等隔水层，以防底层渗漏。安全填埋的场地应选在干旱或半干旱地区。

　　固体废物填埋场必须配备防渗透和渗滤液收集设施，避免发生二次污染，常用的填埋场地的防渗漏结构见图4-4。

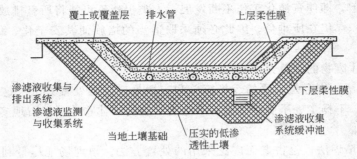

图 4-4　填埋场防渗漏结构

　　固体废物填埋场封场后，还要继续监测数十年，以避免发生意外（美国规定为30年）。典型的固体废物处理工艺流程见图4-5。

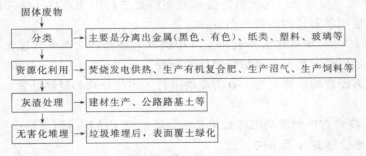

图 4-5　典型固体废物处理工艺流程

第三节　生物污染

　　环境污染，人们很自然地就会想到化学污染——中毒、致癌、致畸……殊不知，"生物"也可以成为"污染源"。

　　由于"生物"的作用，导致环境的改变甚至失去原先的功能，或者威胁其他生物的生存或者健康的现象，都可以归为"生物污染"。

　　被污染的可能是水体、大气或者土壤，均可能含有致病的各种病原菌和寄生虫，或者其他生物物质，未经处理直接投入或者弃置于土壤，或者水体和大气中的生物体通过各种途径进入土壤，均可导致发生严重的土壤生物污染，并威胁人类和其他生物的健康。

一、　一般生物污染

　　从环境保护角度而言，一般生物污染主要是指"外来生物"的入侵。

　　1. 生物污染的危害

　　"外来生物"入侵对本地物种具有很大的侵害，严重的甚至可导致"生物灭绝"。所以各国政府都很重视，千方百计地堵截。由于现代人的社会活动活跃，很容易导致生物入侵，因此更加需要被入侵地区全体人民一致行动。

"外来生物"通常都有共同的特点，就是在侵入地没有天敌，或者具有独特的生长优势，以至于在侵入地占领了原先的本地物种的生存空间，扼杀（或压抑）了当地物种，成为"物霸"。外来物种的入侵，还可能同时带来致病微生物，造成生物病患等严重生态环境问题。

比如桉树的大量种植，树根含有毒素分泌物，造成种植地区的地下水污染，广西很多地方本来水土很好，但是种植桉树以后，不但土地干旱，地下水也变得黑臭，人们被迫跑到外边引水使用，甚至得花钱购买清水，实在得不偿失。很多品种的桉树的树根能够在地下扩张蔓延，而且在砍伐以后仍然能够再次生长出树干，一旦种植几乎无法清除，很容易成为"山霸"，严重破坏地方生态。

入侵中国并造成严重危害的松材线虫、美国白蛾、松突圆蚧、湿地松粉蚧等，已经发生面积达 160 万公顷，严重威胁中国的森林资源安全。

《全球环境展望 5 决策者摘要》警告说：外来入侵物种所引起的本地物种的生境丧失与退化，是陆地和水生生物多样性所面临的主要威胁。

2. 中国外来生物入侵基本状况

目前，被编撰在第一～四批中国"外来生物"名单的有紫茎泽兰、薇甘菊、空心莲子草、豚草、毒麦、凤眼莲（水浮莲）、桉树等植物，以及蔗扁蛾、湿地松粉蚧、强大小蠹、美国白蛾、非洲大蜗牛、福寿螺、牛蛙、巴西龟、美洲斑潜蝇、地中海实蝇等动物，均属于"1 级恶性入侵"品种。

全国已经发现的"外来生物"有 560 多种，而且呈逐年上升趋势，对中国生态环境、经济发展和人民群众健康已造成严重影响，不可等闲视之。国家科技部已经编撰《中国外来入侵植物志》，全面梳理我国外来入侵植物本底资料，为外来入侵植物"建档立案"，并严加管控。

然而，中国目前尚未对"防止外来生物入侵"进行立法，各地自行制定的地方行政管理规定，也仅仅达到"条例"的范畴，存在严重的管制漏洞。

二、 微生物污染

1. 微生物

在地球上，微生物无所不在，所有动物（包括人类）的身体内部都有不少的微生物（共生微生物）。

"微生物"，顾名思义是我们肉眼无法直接观察到的生物，它们体积微小，通常都需要借助"显微镜"才能看到它们的"庐山真面目"。微生物虽然个体非常小，却在自然界里扮演着非常重要的角色。没有了微生物，整个自然界就无法正常运转。

和世间所有事物一样，微生物也有好坏之分，在正常情况下，好的微生物总是占上风。但是，如果发生了错误，情况就可能逆转，而导致"微生物污染"发生，给人类和环境生态带来灾难。

2. 微生物污染的发生和传播

"微生物污染"通常是指对人和生物有害的微生物、病原体和变应原乃至寄生虫等污染水、气、土壤和食品，并因此影响生物产量和质量，危害人类健康的污染。这些有害的微生物主要来自生活污水、医院污水、屠宰、食品加工厂污水、垃圾粪便以及大气中的飘浮物和

气溶胶。1988 年，上海市暴发甲型肝炎，原因就是许多人吃了半生的、体内含有甲肝病毒的毛蚶；1997 年，香港发生的禽流感事件，罪魁祸首就是一种被称为"H5N1"的病毒。这些疾病都是微生物污染食品引起的。

与化学品一样，环境中的微生物也有转移、渗透现象，而且由于属于生物范畴，具有"自我增殖"性能，还会向周围环境扩展。气候变暖对微生物的增殖具有促进作用，所以近些年来全球性的疾病也有所增加。

人类的认识仍然是有限的，那些隐形的、微小的、潜在的多种微生物有可能在人类稍微不慎之时，突然侵袭人类。比如引起全球恐慌的 2002 年冬至 2003 年春在世界各地爆发的"非典型肺炎（SARS）"，还有"禽流感"等等，都是环境破坏的警告信号。

而且某些对人类具有致病性的微生物，在原先的宿主身体内却未必能够引起疾病，容易为人们所忽略，如"艾滋病"、"非典型肺炎（SARS）"等。

3. 微生物污染的危害

微生物还有自身的特殊功能，就是容易发生"变异"，随着环境条件的变化而变化，对环境的变化很容易产生新的适应，比如致病微生物对人们滥用抗生素产生"抗性"（抗药性），对恶劣环境的适应，还有"致病性"的增强（毒性增加）等等。又比如中间宿主的转移，"禽流感"不容易传染给人类，只有经常接触"禽流感"病患的饲养、销售、屠宰的人员才会在反复接触"禽流感"病原以后感染而患病，但是传染给猪以后的"禽流感"病毒就比较容易使人类得病。究其原因应该是猪的生存环境比较容易给"禽流感"病毒聚集繁殖提供条件，并达到攻击突破猪的免疫系统的程度，然后又经过"猪"这个中间的哺乳动物宿主的"驯化"，具有进攻人类免疫系统的毒性。

螨虫虽然属于比较"大型"的微生物，但是其体积仍然不能为肉眼所看到。螨虫是至今世界上已知的最强烈的过敏原，是引起过敏性哮喘、鼻炎、湿疹等病态反应的罪魁祸首。室内家具、装饰物、床上用品、儿童玩具等是螨虫生长的"温床"，空调更是滋养螨虫的地方。现在许多家庭养猫养犬或者其他宠物，而且大有愈来愈多之趋势。猫、狗身上滋生的跳蚤是传染疾病的重要途径……近年来，微生物污染问题已经演变得越来越突出化、严重化和社会化。

4. 微生物污染的控制

对于微生物污染的控制，主要是注意环境卫生（含生产环境）和个人卫生，在产品生产、加工、运输和销售环节中注意严格的卫生管理和监督监测，建立消毒制度。

微生物由于体积微小，很容易在大气气流作用下飘浮在空气中，形成大气的"微生物污染"，人吸入含有过敏原或者致病微生物的空气，可能发生过敏反应或者得病。特别敏感的人群必须引起注意。比如婴幼儿的活动场所、孕妇的活动空间、托婴所、幼儿园、中小学校等等，应该成为人们控制微生物污染的重点区域。

5. "抗生素"污染及危机

"抗生素"污染也可以归进"微生物污染"范畴，因为"抗生素"本身就是微生物的分泌物提炼的药物。"抗生素"和"致病微生物"之间的作用其实可以视为一种微生物的分泌物对另一种微生物的"抑制"，"抑制"强了，被"抑制"的致病微生物可能就会死亡，要是"抑制"弱了，那么被"抑制"的致病微生物就会逐渐变异并抵抗"抑制"，甚至不受"抑制"，形成抗性致病微生物。

"抗生素"污染引起的危机，关键正是"滥用'抗生素'"（以及养殖业的"动物疾病预防"）会导致"致病微生物"的抗药性增强，以至发展成为超级"致病微生物"，人类或者其他生物受到感染的时候，可能出现"无药可治疗"状况，导致生命陨灭。

三、 基因污染

1. 基因

基因（遗传因子）是产生一条多肽链或功能 RNA 所需的全部核苷酸序列。基因支持着生命的基本构造和性能。储存着生命的种族、血型、孕育、生长、凋亡等过程的全部信息。环境和遗传的互相依赖，演绎着生命的繁衍、细胞分裂和蛋白质合成等重要生理过程。基因具有双重属性：物质性（存在方式）和信息性（根本属性）。19 世纪 60 年代，遗传学家孟德尔就提出了生物的性状是由遗传因子控制的观点。1909 年，丹麦遗传学家约翰逊（W. Johansen，1859～1927 年）在《精密遗传学原理》一书中正式提出"基因"概念。

2. 基因污染

基因污染是环保新概念。这个概念的形成和提出反映了人类的预警意识，基因污染（genetic pollution）指对原生物种基因库非预期或不受控制的基因流动。外源基因通过"转基因作物"或家养动物扩散到其他栽培作物或自然野生物种中并成为后者基因的一部分，在环境生物学中我们称为基因污染。基因污染主要是由基因重组引起的。基因污染是唯一一种可以不断增殖和扩散的污染，而且无法清除。

由于这些"外源基因"是通过特殊技术安插到生物体内的，并非生物自身"自然选择"的结果，而且就目前科学界所掌握的技术而言，这种"安插"是随机的❶，所以具有"不稳定性"或"攻击性"，很容易发生"基因逃逸"（基因漂移）或"基因转移"，并对"转移"的对象产生"基因干扰"作用，甚至改变了被转移对象的基因遗传密码，给后代造成不可挽回的损害。

"基因污染"之所以引起社会关注，首先是由于人类发现"基因"这种"遗传因子"的历史还很短，对"基因"的很多实质性问题的认识也还存在很多盲点，比如，为什么人类和很多哺乳动物（甚至"果蝇"）的"基因"的差异其实很少，但是却在形态上具有那么巨大的差异，在行为能力上差异更大。这个最基础的问题，到现在还没有人可以弄明白其中的道理。其次是，和任何科学技术一样，"基因技术"也是一把双刃剑，用好了可以造福人类，但是要是用得不好则可能毁灭人类。

鉴于"转基因"生物产品存在"安全未知数"，出于对人类种群负责的态度，联合国危险货物专家委员会基于"有目的地通过基因工程，以非自然发生的方式改变基因物质的微生物和组织"，"可通过非正常天然繁殖结果的方式使动物、植物或微生物发生改变"将其划为第九类危险货物进行管理❷。

用"实质相同"解释转基因食物的安全性显然带有"片面性"，现代生物科技已经证明蛋白质在消化过程中产生的"片段"——小分子的"肽"，不但能保留着原先蛋白质的主要功能，而且进入人体内很容易重新组合为相应的蛋白质，更重要的是，这些"小分子的

---

❶ 杂交育种是通过授粉等方式"导入"别种基因，由被导入的"母株"自然植入到具有"接收能力"的基因链特定位置上，然后再通过反复的培育淘汰不良植株以后再推广。但是"转基因"种子是不育的，它们的"培植"只有"一代"的机会，即便"植入"的基因是安全的，也未必能够得到优良的和稳定的植株。

❷ 第一到第八类"危险货物"是"爆炸品"，"气体"，"易燃液体"，"易燃固体、易于自燃的物质、遇水放出易燃气体的物质"，"氧化性物质和有机过氧化物"，"毒性物质和感染性物质"，"放射性物质"和"腐蚀性物质"等"危险化学品"。

'肽'"并不需要进一步分解为氨基酸，即可被人体的黏膜或皮肤直接吸收（可以不经过消化道），这个发现已经被应用在医学上，利用特定的"肽"对特定的疾病进行治疗，并取得很好的效果。因此，没有完全分解的"外源基因"片段直接进入动物组织的可能性是存在的。而且已经有权威机构在中国人体内检测到 Bt 毒蛋白和"草甘膦"等成分。

"基因逃逸"（基因漂移）现象最初发现于种植"抗除草剂基因农作物"的农田里，"抗除草剂基因"通过根系或花粉传播到杂草上，产生了"超级杂草"新物种，相关报道比较早的是 2002 年 2 月，英国政府环境顾问在《英国自然》提交的一份报告中，特意描述了加拿大转基因油菜超级杂草的威胁。我国的相关报道则出现在 2013 年 8 月 29 日的《安徽网》上。"基因逃逸"（基因漂移）在"转基因动物"上的表现，国外媒体也有所报道，包括食物链上的传播可能导致生态系统的紊乱。

另外，美国"孟山都"公司出售的"转基因农作物"种子是可以发芽的，但是这些"转基因农作物"的种子种植的农作物收获的种子却是不育的，他们用了什么技术呢？很显然也是转基因。吃了这些具有"不育基因的农作物"的人会怎样呢？这也是人们所必须知晓的信息，可是没有谁做过解答，其实，"转基因"科学家也不敢做回答，因为他们根本就没有做过相关的系统实验——所有实验都没有进行完实验动物的完整生命周期，而作为主粮和主要食物是陪伴人类一生并被终身"享用"的东西，以有限时间的实验结果来判断食用一生"都安全"的结论，显然过于"儿戏"。

和"转基因"相关的信息的"支离破碎"让大家感到不安。

欧盟国家曾在卢森堡举行环境部长会议，会上达成一致意见：在新法规制定出来前，暂停转基因农作物的种植和流通。大豆生产大国巴西也宣布，在查清转基因农作物对环境产生影响之前，暂时停止生产转基因大豆。

20 世纪 50 年代流行的"DDT""666"等"有机氯系列农药"，还有西药"反应停"引起的无胳膊、无腿畸形"海豹儿"等的惨痛教训依然历历在目，难道我们要等到"外源'基因'"转移到全人类的身体里面，并且证实确实有害的时候才觉醒吗？按照以往的经验，大概最少又需要四五十年，但是那时候会有多少人已经成为受害者。近 40 年的"一孩"政策已经在中国造就了超过 25% 的 60 岁以上的老年人口。四五十年的"全面铺开""转基因"会导致多少"基因变异"发生？难以设想。

曾经让"转基因"科学家"引以为傲"的理由——"'转基因农作物'产量高"，也已经被袁隆平院士的超级杂交水稻和蒋高明的有机小麦所打破。而且"转基因西红柿"在早些年就因为"食味不好"和"产量低"，而被农民自主淘汰，从农田里"下架"。

所以，从最基础出发，做好"基因技术"的生物安全性试验，才是负责任的科学家的所为。

进口"转基因农作物"种子，还可能导致农业生产全面崩溃，造成国家和民族危机。

小资料
4-8

袁隆平谈转基因食品（节录）

"90 后"的 1000kg 目标

2011 年，袁隆平在湖南隆回的超级稻百亩试验田里交出了新的成绩单——亩产 926.6kg。"这不算啥子，等我变成了'90 后'，亩产 1000kg 一定能实现。"他使劲地挥挥手，并不满足于这个数字。

袁隆平笑称自己是"80后"，尚且年轻，等再过几年到了"90后"，"那家伙更厉害"。"我管这叫'矮子爬楼梯，一步一步走'，大家一齐努力。"

作为举足轻重的农业专家，袁隆平自称是"中间派"。"转基因有两派，一个是反对派，一个是赞成派，我是中间派，因为反对派和赞成派都很有道理。"他分析说，"反对派的道理在于转基因抗病抗虫的功能来自毒蛋白基因，虫吃了是要死的，人吃了怎么办？会不会威胁健康？"赞成派也有站得住的理由，"他们解释说，昆虫的死亡是因为气孔闭塞了，但这跟人的消化道完全是两码事。"

虽然袁隆平自称是"中间派"，但他仍认为，在没有实验结果作为根据的前提下，将转基因用于主粮生产是"要慎重的"。"他们赞成转基因的，是用小白鼠做的实验，可是小白鼠和人能一样吗？他们有人类食用转基因的实验结果吗？"

袁隆平坦言："人民不是小白鼠，不能这样用那么多人的健康和生命安全做实验，来冒险。"他说："我愿意吃转基因食品，来亲自做这个实验，但是问题是我已经没有生育能力了，转基因对性能力和遗传性的影响是需要实验证明的，如果有年轻人自愿做实验，吃转基因食品在两年以上，不影响生育和下一代的健康，那才安全。"

袁隆平一直笃信一句话——没有调查就没有发言权。"没有亲自试验过，也就没有发言权，所以不要轻易地肯定或否定，也不要猜测和推论，要用事实说话。"

——人民网《中国经济周刊》2012 年 3 月 13 日

小资料 4-9

有机农业饿不死人——一位中科院学者的试验（节录）

农作物秸秆不焚烧

实际上，在整个农场里，生态农业就是围绕着牛舍里喂养的 100 多头肉牛展开。农作物秸秆加工成饲料饲养肉牛。肉牛产生的牛粪一方面用来制造沼气，提供能源；另一方面用来做有机堆肥，为农作物提供有机肥料。

根据多年试验结果，"农场场主"蒋高明在一篇研究中计算道，"每 7kg 左右秸秆配合 2kg 粮食可转化 1kg 活牛重。这样，500 亩大田区产出的 600t 秸秆，加上 170t 粮食，可转化为 85t 活牛重、同时可生产 3000 多 t 鲜牛粪，用于生产能源和有机食物，利用反刍动物实现了秸秆等废弃产物的第一次升值。"

如何处理害虫和杂草

据曾彦介绍，农田里的害虫通过"物理加生物"的方法防治，整个生长季节用诱虫灯捕获害虫，捕获的害虫可用来养鸡，或直接在玉米田里养鸡养鹅，将害虫变成鸡、鹅的饲料，粪便又成为肥料。

……在弘毅生态农场，所有的植物、动物和微生物形成一个完整的、无污染的生态链。

效果：村里的低产田取得了高产

这片土地是村里最差的低产田，土层厚度只有薄薄的 20 多厘米，下面是一些碎石。

因为地里打不出多少粮食来，30 年前公社生产队曾将这片地辟为打麦场，还一度成为建筑垃圾堆放场。

让村民们意外的是，蒋高明种地的秘诀居然是六个不用：不用化肥；不用农药；不用除草剂；不用添加剂；不用农膜和转基因技术。

当然，让蒋高明最自豪的还是他证明了不用化肥也能取得高产……2011 年"农场小麦亩产产量 450kg，玉米 550kg，接近周围农田产量的一倍"。就这样，村子里没人要的低产田变成了高产田。

"化学农业经济模式"需反思

最近因焚烧秸秆造成的雾霾天气以及媒体爆出内地大棚菜地土壤污染严重问题引人关注。事实上，近几年人们一直为农残问题以及中国农业的出路焦虑不安。蒋高明认为，取消国家对化肥农药的补贴和提高生态农业的直接补贴是解决这一问题最有效的办法。

"弘毅模式"是否具有可复制性？

弘毅生态农场的试验证明，生态农业不仅不会降低粮食产量、饿死人，而且可以让人吃得更好。但这种不施化肥不用农药的农业模式是否适合在全国大面积推广呢？"最大的困难就是 3 年的轮换期和劳动力投入……

在蒋高明看来，在发展有机农业上，由于人工成本等问题，发达国家并不具备有利条件。而对于国内的有机农业试验者来说，如果得到政府与消费者的配合，依靠中国人的技术完全能够解决"吃得饱、吃得好"问题。

蒋高明提醒道，现代农业科技采取的是与大自然对抗的办法，不从造成粮食安全的源头开始治理，盲目学美国，让少数人养活多数人，"长期下去是很危险的"。他说，传统的可持续的农业需要现代科学技术的武装，但关键的出路要找对。

——有机会网 2012 年 6 月 26 日

小资料 4-10

亩产 1203.36kg：袁隆平团队超级杂交稻再创纪录

记者 29 日从河北省科学技术厅获悉，"杂交水稻之父"袁隆平及其团队培育的超级杂交稻品种"湘两优 900（超优千号）"再创亩产纪录：经第三方专家测产，该品种的水稻在试验田内亩产 1203.36kg。

该试验田位于河北省邯郸市永年区的河北省硅谷农科院超级杂交稻示范基地，该地区多年平均降水量 527.8mm，有 60% 以上的降水集中在汛期，全年无霜期 200 天以上。

此次测产由河北省科学技术厅组织，邀请华中农业大学、河北省农林科学院等单位的 5 名专家组成专家组，在现场考察的基础上，随机抽取了 3 块土地，面积分别为 1.15 亩、1.13 亩、1.11 亩，合计为 3.39 亩，机器脱粒后，经除杂、称重等，最终评测结果为平均亩产 1203.36kg。

2017 年，该品种的水稻在试验田内亩产 1149.02kg，中国工程院院士袁隆平曾亲临测产现场，对于评测结果，袁隆平在现场写下了："亩产量遥遥领先于全世界。"

据悉，这块试验田此次共种植水稻 102 亩。专家组组长、华中农业大学资源与环境学院教授涂书新说，好的种子、好的肥料、好的管理是连续高产的基础，2018 年这里科学地增加了种植密度，从而创造了新的纪录。

——新华网 2018 年 10 月 30 日

美国人眼中的转基因食品

小资料
4-11

近一年以来，国内关于转基因话题的讨论一直如火如荼，支持和反对的两派势如水火。美国人如何看待转基因？老美是不是要靠转基因食品祸害中国人？怎么才能避免吃到转基因食品？在与美国的农民、监管人员、NGO、行业组织、企业、相关政府部门人士谈话之后，我整合了一下这些问题的答案。

一、转基因食品吃了到底安全吗？

据美国相关监管部门说法，被批准了商业化的含有转基因成分的食品和通过基因改造的作物是安全的。

二、老美是不是要靠转基因食品祸害中国人？

在美国，批准商业化种植的转基因作物有8种：玉米（包括田间玉米和甜玉米）、大豆、棉花、甜菜、芥花籽、夏威夷木瓜、紫花苜蓿、南瓜。

另一个有意思的事情是，在农业部统计数据中，全美小麦种植面积中，转基因品种为0%。据农业部相关人士介绍，转基因小麦没有被允许商业化种植，也没有市场动力去争取转基因小麦商业化审批。

三、怎么才能避免吃到转基因食品？

如果要用一句话来回答这个问题，那就是：你基本已经无法避免。

……平常老百姓并没有可靠的消息源，也没有让他们信服的了解渠道。这其实是最可悲的。

——新浪财经网 2014 年 9 月 9 日

罗援：警惕以转基因物种为武器的新型战略打击

小资料
4-12

3日开幕的全国政协十一届五次会议中，全国政协委员、中国军事科学学会常务理事兼副秘书长罗援少将在接受本社记者采访时表示，应高度重视国家生物安全问题，警惕转基因物种的无序迅速扩散和外国插手中国疫苗生产过程，警惕敌国以转基因物种和特种疫苗等为武器，针对中国人口发动新型战略打击。为此，罗援建议成立生物安全国家实验室暨鉴定中心。

他表示，目前中国面临生物安全威胁，其中最现实的威胁是转基因物种的无序迅速扩散和听任外国人插手中国疫苗以及大量其他药品生产过程，而最严重的威胁是敌国以转基因物种和特种疫苗等为武器，针对中国人口发动新型战略打击，而中国对此缺少警惕，处于几乎不设防状态，局面被动，后果严重。

罗援为此建议最高决策层提高对生物安全威胁的重视程度。生物不安全……也可以作为新型战略打击手段，从而对国家安全构成不亚于战争的巨大威胁。因此必须加强对全

民的生物安全意识教育，同时指定或建立专门的领导部门和工作机构，负责领导、协调统一的国家生物安全工作，指导对中国生物安全现状的调查，制定中国生物安全防线的国家战略和政策法规。

罗援建议成立生物安全国家实验室暨鉴定中心，在军队和地方设立平行机构，从事科研和鉴定工作，凡进口转基因生物必须同时获得这两个鉴定中心的许可证。该机构应适应生物安全威胁跨军民、跨学科、跨政府部门、跨领导任期的特点，有效构建中国生物安全盾牌。

——中国新闻网 2012 年 3 月 4 日

第四节　植树造林，保护青山绿水

绿色是大自然的本色，绿色是生命的象征。哪里有绿荫，哪里就有生命。但是，森林的锐减、草地的荒芜，正向人类展现一幅失去氧气、失去肥沃的土壤的荒凉凄惨的画面，干涸的河流、滔滔的洪水，是自然界向人类发出的一个又一个的警告。

一、环境绿化的意义

1. 森林生态系统在生物圈中的作用

森林是由乔木或灌木树种为主体组成的绿色植物群体。森林与森林中的生物和它所处空间的土壤、水分、大气、日光、温度等非生物因子相互联系、相互依存、相互作用构成森林生态系统，占有巨大的生态空间，为各种生物提供了广阔的生长、栖息环境，对生物圈具有十分重要的作用。

（1）森林是地球之肺　森林是造氧能力最强的绿地。资料显示，1hm² 阔叶林每天吸收 1t 二氧化碳，放出 0.73t 氧气。全球的森林每年大约能使 550 亿吨二氧化碳转变成木材，同时放出 400 多亿吨氧气。

（2）森林是物种基因库　森林拥有众多的物种，包括珍稀的动、植物。它们不但在维持生态平衡方面是不可缺少的，其中许多还是活的"化石"，对于了解生物的进化和生态系统的演替，具有极高的科学价值。

（3）森林是自然界物质和能量交流的重要枢纽　森林除了是二氧化碳的第二大储库外，水、氮等无机物质通过森林的交换量也是巨大的。森林每年吸收约 250 亿吨水，与相应数量的二氧化碳化合成有机物质。通过森林蒸腾的水量更大。如果地球上的森林都可看成是生长旺盛的林带，则每年约向空中蒸腾 4.8×10^{13}t 水，并吸收 10^{23}J 热量。森林生态系统通过光合作用所固定的太阳能量，占整个生物圈总量的 1/2 左右。

（4）森林是人类食物和木材来源的重要基地　森林不仅有机物的生产量大，而且除可食用的植物外，更有许多药用植物。森林又是野生动物的主要栖息地，那里有各种各样的草食、肉食动物，为人类提供数量可观的肉类和毛皮。此外，每年还提供木材 23 亿立方米以上，是人类生产和生活的重要资源。

（5）森林在环境保护中的作用　由于森林生态系统占有的生态空间最大，结构最复杂，内在调节机制最完整有效（稳定性最强），对环境的保护作用最显著。

① 涵养水源和保持水土　林地中土壤疏松，能使降落在林地上的水分储存起来不散失。据测算，无林坡地的土壤只能吸收降水的 56%，但 10m 宽的林带则可吸收 84%，如林带宽达 80m，地表径流则可完全转化为地下。1 万平方米森林相当于 1500m³ 以上储量的水库，所以森林有"看不见水的绿色水库"之称。不同地表水土流失比较参见表 4-2。

表 4-2　不同地表水土流失比较（降雨量为 346mm）

地表类型	水土流失量/(kg/hm²)	地表类型	水土流失量/(kg/hm²)
林地	60	作物地	3570
草地	93	裸地	6750

② 防风固沙　森林能降低风速，其作用显著。据测定，由林边向林内深入 30～50m 处，风速可减小 30%～40%。如深入到 200m 的地方，则完全平静无风。所以营造防护林带，意义极大。同时，发达交错的林根密布于土壤中，还具有保水固沙的作用。20cm 厚的裸露的土壤只要几十年时间即可冲刷殆尽，而在森林里，则可保留几十万年。

③ 美化环境和保护野生动物　林木是美化环境的重要因素，是风景区、旅游区和疗养地必不可少的内容，也是美化城市和整个大自然所必需的。森林更是许多野生生物的栖息地，离开森林的保护，它们就无法生存。

④ 调节气候，增加降水　树木可以减少阳光的辐射作用，调节局部小气候，通过树木蒸腾的水分，使环境湿润，增加降雨。

2. 绿色植物对城市环境和人类健康的保护作用

(1) 绿色植物有吸收毒气的作用　绿色植物除了可以制造氧气之外，还可以吸收空气中的有害气体，净化空气。据研究，在绿色覆盖面积达 30% 的地段，空气中致癌物质下降 58%，二氧化硫下降 90% 以上。在二氧化硫污染的情况下，臭椿叶子含二氧化硫量可超过正常含量的 29.8%；1hm² 柳树林每年可吸收二氧化硫 720kg，银杏、松、柏、石榴等，都有较强的抗二氧化硫能力；1hm² 的刺槐每天能吸收氯气约 42kg，红柳、合欢、橡树、槐树等也有较强的吸收氯气的能力；海桐可以吸收氟化氢。有些树木还可以吸收汽车尾气排放出来的毒气，以及多种有毒的有机气态物质。某些绿色植物还可以吸收铅、汞，吸收、过滤放射性物质等有害物质。

(2) 绿色植物有吸尘作用　绿色植物对空气中的粉尘有良好的过滤和吸收作用，并能阻挡粉尘向空气弥散。据测定，大气通过林带，可使粉尘量减少 32%～52%，飘尘量减少 30%。1hm² 森林每年可吸滞 50 多吨尘土，随着灰尘在空气中的减少，呼吸道疾病都会明显减少。

(3) 绿色植物有杀菌作用　植物的吸尘作用可大量减少致病微生物随风传播，植物本身还能分泌出具有杀菌能力的杀菌素。洋葱、大蒜汁能杀死葡萄球菌、链球菌及其他细菌。桦木、银白杨的叶子在 20min 内能杀死全部原生动物的效力。有资料表明，能分泌挥发性植物杀菌素的树木达 300 种之多。绿色植物覆盖面积大，疾病发生就明显减少。

广东省肇庆市鼎湖山自然保护区，生长着大片的原始森林，联合国专家发现林海中竟然有一个很大的"无菌区"，那里的空气也特别清新，从而使肇庆的自然保护区名扬四海。

(4) 绿色植物具有消声防噪作用　绿色植物由于其枝叶表面的气孔、粗糙的毛的作用，有很强的吸声性能。据测定，林带可吸收噪声 20%～26%，强度降低 20～25dB，将噪声的

影响消除。人们在森林、花卉中静养、呼吸，心率、血压均会相应地减缓和稳定。

（5）绿色植物的调节温湿度的作用　绿色植物可调节气温。据测定，酷夏沥青路面温度为49℃，混凝土路面为46℃，林荫下的路面为32℃，林荫下绿茵地为28℃，真是林深不知暑。绿色植物还可调节湿度。森林中空气湿度要比城市高38％，公园又比城市其他地方湿度高27％。植树造林，可消除城市的"热岛效应"造成的酷热，形成温度宜人、空气清新的环境，有益于健康长寿。

此外，绿色植物还有防止日辐射和产生负离子等作用。

印度加尔各答农业大学德斯教授对树木的生态价值作了计算：一棵50年树龄的树，每年产生的氧气价值约31200美元，吸收有毒气体、防止大气污染价值约62500美元，增加土壤肥力价值约31200美元，为鸟类及其他动物提供繁衍场所价值31250美元，产生蛋白质价值2500美元。除去花、果实和木材价值，总计价值约196000美元（是花、果、木材价值的十几倍甚至数十倍，与目前世界上普遍认同的林业与社会、生态效益比约为1：14相接近）。

"植树造林，绿化环境"是保护环境、造福人类的一项必不可少的、影响深远的重要措施。

二、植树造林，绿化环境

森林锐减给人类造成的威胁，已引起人们的广泛关注，"为了人类的生存，需要保护森林"已为越来越多的人所共识。1992年在巴西里约热内卢举行的联合国环境与发展大会上，通过了森林问题的政策声明，呼吁采取有效措施制止人类对森林的破坏，鼓励人们大力植树造林。据不完全统计，从1991年开始，全世界每年植树造林达1000万公顷。亚洲地区发展中国家，人工植树造林面积超过300万公顷。

世界各国采取的保护和造林措施，已逐渐看到了成效。据联合国粮农组织估计，由于对森林保护的重视，欧洲1980～2020年间，预计每年净增森林的面积达20万～30万公顷，总增森林面积约为400万～600万公顷。美洲的许多国家，如阿根廷、巴西、智利和委内瑞拉，人造林成就也十分喜人。

中国人民在半个多世纪以来采取各种方式植树，并有计划地进行了林业生态工程。至20世纪末已完成造林超过1800万公顷，封山育林300多万公顷。其中仅"三北防护林体系建设工程"至今就累计造林面积3000万公顷，"工程区"森林覆盖率由1977年的5.05％提高到13.57％，2018年被联合国授予"联合国森林战略规划"优秀实践奖。三北地区的生态环境也因此已有了明显改善。位于陕西省榆林市长城一线以北面积约4.22万平方公里的毛乌素沙漠，原先是畜牧业比较发达的地区，由于过度放牧而退化。但是该地降水较多（250～400mm），有利于植物生长，固定和半固定沙丘的面积也比较大。1959年以来，人们大力兴建防风林带，引水拉沙，引洪淤地，开展了改造沙漠的巨大工程。如今80％的毛乌素沙漠水土也不再流失，榆林这座"沙漠之都"已经变成了"大漠绿洲"，预计不久的将来"毛乌素沙漠"将会改称"毛乌素森林"。

1979年中国政府还规定了3月12日为"植树节"，种树、爱树、养树已逐渐成为我国人民和青少年的好风尚。据联合国的统计，近30年来中国参加义务植树的人次就有115.2亿，植树538.5亿株，成为世界上参与人数最多、成效最好的植树运动。全国种植人工林

7000多万公顷，城市建成区绿地面积超过160多万公顷，公园绿地面积超过60万公顷，人均公园绿地面积12m²，城市建成区绿化覆盖率达40%、绿地率达35%以上。极大地改善了城乡面貌和人居环境。

但是，就全国而言，由于在历史上曾经长期过分强调"自力更生"，早年更错误鼓吹"向大山要地""向大山要粮食""向大山要钱"，神州大地滥采滥伐的现象"比比皆是"，并形成了"习惯"，只要有树就有人砍伐。虽然国家早就对森林重新"定位"，要求各地有计划地"退耕还林"和采取有效措施保护森林。但是，仍然有些地方政府从短期效益出发放纵甚至鼓励地方基层组织或民间的各种各样的滥伐、盗伐、放火烧山和其他违法行为，很多地方的天然森林植被继续萎缩。加上在植树造林的具体实施过程中存在盲目性，欠缺科学指导等原因，我国的森林覆盖率的改善仍然缓慢。而随着国家经济发展需求量的增加，中国现存森林的积材量实际可供使用年限越来越少，必须大量进口。

为了尽快扭转这种被动局面，中国政府从1999年开展了大规模的"退耕还林工程"，该工程是迄今为止中国政策性最强、投资量最大、涉及面最广、群众参与程度最高的一项生态建设工程，也是最大的强农惠农项目，仅中央投入的工程资金就超过4300多亿元，是迄今为止世界上最大的生态建设工程。联合国环境规划署《全球环境展望5 亚太地区摘要》称："中国正在实施世界上最大规模的生态系统服务付费计划。自1999年以来，超过150亿美元的资金被用于将900万公顷的农田退耕还草和退耕还林。目前为止，已有20亿美元被投资于一项森林生态补偿基金当中，该基金为当地政府和社区保护重要的林区提供支持，目前该林区的覆盖面积已经达到4400万公顷。"

但是，滥采滥伐给大地埋下的祸根仍然在祸害着人们，数百年、过千年树龄的参天古树被大量砍伐，本来盘根错综的在泥土里深扎数十米甚至数百米的树根，在树干被伐以后，逐渐枯萎、腐烂。随着时间的推移，失去"大地的筋骨"固定和保护的山坡地，很容易在暴雨、洪水和地下水的共同作用下，在人们不经意的时候产生滑坡、泥石流，甚至山崩、地陷等严重地质灾害。给人民群众带来生命和财产的重大损失。比如：2010年8月7日甘南藏族自治州舟曲县城东北部山区的特大山洪引发的地质灾害泥石流；2013年7月22日四川整座山移动的汶川县草坡乡刘家河坝塌方；2018年8月11日北京市房山区大安山山体滑坡突发塌方……都和山林滥伐有直接关系。

在2012年10月13日召开的"全国巩固退耕还林成果部际联席会议第三次会议"上，贵州、四川、甘肃等十几个省区由于在"退耕还林"工程中获得环境改善的显著效果，明确要求延续退耕还林工程。还有不少省区在遭受干旱、地震、泥石流等重大自然灾害后，迫切要求扩大退耕还林面积。地方政府的要求从侧面证明"工程"对环境改善确有成效。

在中国政府和中国人民的共同努力之下，中国的绿化终于取得可喜的成就：2019年2月12日，美国航天局（NASA）兴奋地发了一条推特：据NASA两颗绕地球运转的卫星上的科学仪器观测，过去20年间，地球陆地绿化面积增长，地球越来越绿了……其中中国新增植被面积至少占地球植被新增面积的25%。

但是，"为了保护、培育和合理利用森林资源，加快国土绿化，发挥森林蓄水保土、调节气候、改善环境和提供林产品的作用，适应社会主义建设和人民生活的需要"而制定的《中华人民共和国森林法》和相关法律法规对于"砍伐"和"造林"的规定还比较"粗糙"，缺乏实施细则，往往成片成片山林被砍伐后，砍伐者迟迟不补种，或者只是象征性地少量补种，更加疏于养护和管理，为数不少的幼树就因此而夭折，以致原先浓密茂盛的森林经过砍伐以后，很多都变成"瘌痢"山。很多地方"植树造林"只注重数字，而不重视效果，甚至出现"年头种树岁暮收（死苗）""年年植树年年无"的现象，而被人们戏称为"植'数'造'零'"的现象仍时有发生。同时，即使是补种或者造林成功，中国的人造林也普遍存在树种偏少（甚至单树种）、林地结构松散和树龄短小等现象，护土蓄水能力均不能如愿，由于森林植被丧失造成的水土流失、沙尘暴等现象仍然没有得到控制，中国的荒漠化和水旱灾害依然严重。

小资料 4-13

东方网 6 月 19 日报道：记者最近在长江上游地区采访了解到，一些干部群众把过去"年年造林不见林"的现象，形象地说成是植"数"造"零"。他们呼吁：现在中央实施西部大开发，下大力气实施天然林保护和开展植树造林，有关地方必须高度警惕造林不见林问题，生态建设再也不能搞植"数"造"零"了。

"年年造林不见林"的现象在一些地方并不少见。云南省昭通地区林业局的有关同志介绍：目前全地区涉及造林的部门有农业、水利、林业和计委四家，加上群众义务植树，如果光从报表上看，我们这里可能早就绿树成荫了。但目前全地区的森林覆盖率只有17.8%，个别县只有 5% 多一点。重庆市个别区县也反映，每年的造林面积只增不减，但眼前的绿色并没增加，原因是有关部门的"数"都植在了报表上，而山头上留下来的只是一片片绿"零"地。

——《新华社电讯》2000 年 6 月 19 日

然而随着国家对环境保护的进一步重视，环境宣传教育工作的广泛开展和加强，相信国人的思想觉悟和环境意识会随着整个世界的环保事业的发展逐步得到提高，加上环境法制建设的加强，尤其是年轻的一代，面对着如此严峻的环境问题，必将猛醒。近年来，国家不断加大力度实施"退耕还林，退牧还草"措施，也将为国人改善中国环境提供更有利条件。国家还从"十二五"规划开始，把森林覆盖率和森林蓄积量作为约束性指标，并颁布《全国造林绿化十年规划纲要》等具体实施方案和管理措施。因此，中国是有希望的，中国的森林和绿地覆盖率一定能够逐步提高。

实践还告诉我们，植树造林必须根据区域的实际情况和环境条件，选取合适的树种，同时要避免少树种造林，更不能进行单树种造林，否则将事倍功半，甚至无济于事，毫无意义。

小资料 4-14

海南省政协的一位干部表示，由于××公司内部管理上的原因，几乎在每个市县都存在毁天然林改种人工浆纸林的问题。如三亚荔枝沟，一千多亩胸径在四五十厘米以上的珍贵树种被砍，甚至五指山封山区也发生了这样毁林造林的事。他认为，这样恶性开发，是以海南的生态环境为代价去满足少部分人的经济利益。

不久前，由国际绿色和平组织❶公布的××在中国"圈地"及砍伐森林行为的调查报告，再次引起各界的哗然。

---

❶ 绿色和平组织为国际性民间环保 NGO，详见附录。

这个年生产量为 110 万吨的浆纸厂需要 250 万吨的碎木作为原料，这是海南现有出口量的 12 倍。如果××能够将其在海南、广西和广东的人工林扩大一倍，并且将这 24 万公顷的人工林进行可持续的管理和经营，这么也只能满足海南浆纸厂原料需求的 72％。

这个供给缺口将有可能导致亚洲和太平洋地区其他地区的森林破坏。

××林业的负责人甚至雇用当地的农民砍伐和焚烧森林，从 2001 年至 2003 年间，××林业的行为引发了 57 场森林火灾，破坏森林达 3658 亩。

——《中华工商时报》2005 年 3 月 30 日

小资料 4-15

从蚕食到大面积砍伐　海南毁林种植呈蔓延之势

在万宁新中农场，检查组冒雨爬上山顶，发现这里的天然林满目疮痍，砍伐手段十分隐蔽：先将大树下的天然次生林、天然植被等砍光，种植槟榔等经济林木。等槟榔苗长大后，再将大树剥皮，导致其生长能力减弱，逐步枯死。这种"蚕食"的手段，一来不易被发现，可逃避法律责任；二来等大树枯死后，便可理直气壮地补种经济林木。

在被称为"海岛绿肺"的五指山，浆纸林、人工林进驻自然保护区的现象比较严重。从南圣镇直到水满乡数十公里的行程，检查组发现一路上被剃光的"癞子头"山处处可见。由于过度毁林开垦，以前水量丰沛的南圣河河床裸露，已经不见了清澈奔流的河水，即使在雨季，河水流量也很小。

——《中国环境报》2007 年 7 月 27 日

三、美化城市，创建"花园城市"

1. 创建"花园城市"的意义

城市是环境人工化程度最高的地方，也是人类改造自然，造成环境破坏最严重并导致人类脱离自然最远的地方，通过绿化和其他有效措施，改善城市环境，使之尽可能大地"回复"自然状态，是人类对自然环境破坏的一种补偿，并促使人类重新融入自然环境的重要步骤，创建"花园城市"是这一步骤的一种很好的形式。

中国的新兴城市——深圳，在 2000 年度全球百万人口以上城市的"花园城市"评比中夺魁，是中国首座国际"花园城市"。

2. 创建"花园城市"的条件

国际"花园城市"评审组织"国际公园与康乐设施管理协会"（简称"国际公园协会"）为国际"花园城市"制定的评选标准如下。

（1）园林景观的美化　指改善园林景观的设计，合理应用适合客观环境和城市文化的植物材料的种植和美化城市的其他方式。

（2）遗产管理　指现存的建筑和园林景观遗产的保护。

（3）环境保护措施　指通过制定和实施公众环境保护意识活动、公众环境保护意识提高状况、环境保护措施等，如废物回收利用、园林景观管理副产品的替代使用、合理使用农

药，以及其他环境意识范例。

（4）公众参与　指志愿者、企业和社会对园林景观美化承诺的实证。

（5）未来规划　指确保园林景观持续发展的敏感性和创造性规划指标。

绿色文明是城市建设的大主题。真正的绿色文明环保城市，需要具备6个方面的条件：第一，城市要绿起来，绿化面积要占城区的一定比例，如现在北京人均 $36m^2$ 绿地；第二，城市环境污染要得到有效控制，要达到全国模范环境城市所具备的 27 个环保指标；第三，城市基础设施建设要比较配套，如垃圾处理、污水处理等；第四，城市规划要合理，工业区和居民区混杂在一起的不合理现象一定要改正，新型的城市要将工业区和居民区严格区分开；第五，要有清洁的能源供应，解决大气污染重点是要解决能源问题；第六，城市市民要有较高的环境意识，积极参与绿色消费，在消费的同时付出环保行为，爱护自己的家园。

诚然，要建设一个符合条件的环保模范城市，并非易事，但是只要我们坚持不懈地努力，用对子孙后代负责的态度对待环境和保护环境，那么功夫必然不负有心人。

3. 创建国际花园城市，中国城市成绩喜人

国际公园协会与联合国环境规划署共同主办的"国家花园城市竞赛"活动评选活动始于 1997 年，中国城市参加申报并获得荣誉称号则始于 21 世纪。从 2000 年深圳市获得中国第一座国际花园城市称号开始，中国城市获得此称号的有 30 个城市（或区、镇），作为国家经济发展领头羊的"北、上、广、深"均入列，显示经济建设和生态文明并无实质矛盾，协调和谐是正道，也是实现"经济环境双赢"科学发展的必然成果。

四、 常用绿化树种和选用

1. 绿化树种选择的意义和原则

树种选择是造林成败的关键之一。任何树种都具有一定的生物学特性，要求一定的生态条件。选择能满足其生物学特性的立地条件，或是根据立地条件选择适宜的树种，才能达到成活、成林和具有成效的目的。

选择造林树种，应本着"生物与经济"兼顾的原则慎重进行。首先，应考虑造林树种的生物、生态学特性及其对环境条件的要求，同时考虑经济建设、人民生产及生活对环境条件的要求。两者兼顾，不能顾此失彼，更不能只顾经济而忽视生态。

树种搭配不但有经济方面的考虑，还有生态互补的意义，抗病、抗虫、抗风、共生、互生等因素，在天然林里层出不穷，尽可能"仿生""仿自然"，对于回复自然生态同样具有重要的意义。

2. 绿化树种选择

（1）用材林　选择生长迅速、干形通直、材质良好、木材商品化高、抗病虫害能力强的树种，特别是珍贵稀有树种。

（2）防护林

① 农田防护林　选择干形高大、树冠窄小、生长快、深根性、抗风力强、经济效益好的树种。

② 防风固沙林　应选用具有根系发达、萌蘖力强、耐干旱瘠薄、树冠大而紧密、抗风性能好、对土壤有较好的固定和改良作用的树种。

③ 水土保持林　应选择根系发达（特别是侧根发达）、生长迅速、萌蘖力强、树叶茂密、适应性强的阔叶树种。

④ 水源涵养林　选择生长迅速、根系发达、枝叶繁茂的阔叶树为最好。

⑤ 环保林　应选择冠形美、抗污染力强、观赏价值高、寿命长的树种。

（3）经济林　选择经济效益好、产量高、品质好、见效快、商品化程度高，能形成名、优、特、奇、稀、珍等产品的树种（品种）。

① 薪炭林　薪炭林主要是解决某些边远地区的人们的能源需要，应选择树种快、萌蘖力强、热值高、燃烧性能好的树种。

② 特用林　选择观赏价值大、珍稀树种，或专一目的的树种。

对于大气污染较为严重的地区，还可以种植"抗污"树种，或者选种"除污"树种，从而取得"一举多得"的效果。

小资料 4-16

深入环境治理 打造最美西湖

浙江环保目标：建成一个大花园

从"绿色浙江"到"生态浙江"再到"美丽浙江"，十余年的生态战略坚持，换来了浙江在绿色发展方面的显著成果，浙江也因此成为全国首个部省共建美丽中国示范区的试点地区。

"我们的环保目标，就是要将浙江建设成为一个大花园。"

浙江打出"五水共治"系列组合拳，累计消除 6500km 垃圾河、5100km 黑臭河……国家首次"水十条"考核浙江省名列第一，"大气十条"考核连续三年优秀，全省生态环境发生了优质水提升、劣质水下降，蓝天提升、PM2.5 下降的明显变化。

浙江探索创新建立党政领导班子综合考评机制，在对全省县市考评时，对 26 个县不再考核 GDP。率先实施生态保护补偿机制……并在全国率先实现河长制立法。率先开展排污权有偿使用和交易，推进资源要素市场化配置改革，排污权资金约占全国 10 个试点省份总额的2/3。

目前，浙江累计建成国家生态文明建设示范市 1 个、国家生态文明建设示范县 4 个、国家"两山"实践创新基地 3 个、国家生态市 2 个、国家生态县 39 个、国家级生态乡镇 691 个。

西湖之水清如许，百姓幸福感提升

近些年，西湖通过环湖截污、底泥疏浚、引水入湖、湖域西扩等工程措施的相继实施，水环境已得到显著提升。为进一步提高西湖水质和生态环境质量，西湖自 2009 年起，对约 70 万平方米湖区的水生植物配置进行整体优化，构建了以沉水植物为主、挺水植物为辅的水生植物群落，实现了净化水质、改善环境、优化景观的目标。

多种举措并进，帮助西湖水体更新加快，透明度持续提升。通过持续深入治理，西湖水生态环境得到显著改善，外源营养物质输入减少，西湖水质进一步提升。

河道具备自净能力离不开治理

河道治理好不好，70％～80％在于污染源治理。

傲人的成绩，离不开生态治水的科学性和多样性。一线治水人采用"食藻虫＋水下森林＋曝气复氧＋生态浮岛＋水生动植物"的工艺，根据河道特点及水质治理目标，构建以"水下森林"为主的沉水植物生产者群落，结合水生生物操纵和增氧技术，通过合理布置和搭配水生动、植物，在完善食物链的同时，全面改善水体水质，实现河道水体自净，提高水体透明度，全方位构建水上、水下层次优美、亲切自然的水生态景观。

——中国日报网 2018 年 5 月 15 日

小资料 4-17　　中国又拿下一个"全球首位"　这座城市功不可没

绿水青山就是金山银山。卫星数据表明，全球从 2000 年到 2017 年新增的绿化面积中，约四分之一来自中国，贡献比例居全球首位。消息传来，全世界都对中国投来了赞赏和钦佩的目光。

争当新时代"天府之国"，成都打造"公园城市"。成都，自古以来便被誉为"天府之国"。晋代《华阳国志》记载，"蜀沃野千里——水旱从人，不知饥馑，食无荒年，天下谓之天府也"。天府新区是"一带一路"建设和长江经济带发展的重要节点，一定要做好规划和建设，特别是要突出公园城市特点，把生态价值考虑进去，努力打造新的增长极，建设内陆开放经济高地。

公园城市，不是简单的公园加城市，而是全面体现新发展理念的城市发展高级形态，也是成都要作答的一张崭新"考卷"。按照规划，成都将打造 1275km^2 的世界最大城市森林公园——龙泉山城市森林公园；建设 1.7 万千米的全球最长绿道系统——天府绿道体系；整治 1000 个川西林盘，成为世界上林盘最密集地区。在这一项项"世界之最"的基础上，世界最大公园城市的特点正在初步显现。

"很多人用'窗含西岭千秋雪'这句诗来赞扬成都的美景。"报道说。

这句在国外都非常出名的诗句，也点出了成都发展公园城市的一个突出优势：成都是全球海拔落差最大的城市，是唯一能看见 5000m 以上雪山的千万人口级城市。

事实上，成都的优势远不止这一点。成都昔日胜景正在重现。

"舍南舍北皆春水，但见群鸥日日来。"唐代诗人杜甫在成都居住时，曾这样描绘草堂周围的环境。他还曾在成都西郊沿着江边小路漫游，留下了"市桥官柳细，江路野梅香"的咏叹。

成都不仅有绿水，也有青山。张籍的一句"锦江近西烟水绿，新雨山头荔枝熟"，让成都的景致顿时活色生香起来。

而串联起青山绿水的，则是一条条花路。陆游的"二十里中香不断，青羊宫到浣花溪"，让人们对"二十里寻香道"心生向往。

如今，随着公园城市的建设，那些"绿满蓉城、花重锦官、水润天府"的昔日胜景正逐渐重现。

杜甫曾走过的西郊河岸边，现在已建成总长 14km 的绿道，一路串联起青羊宫、宽窄巷子、浣花溪和杜甫草堂等十多个文化景点。

而成都规划建设的三级天府绿道体系，总长将达 1.69 万千米！

思 考 题

1. 土地具有哪些特征？中国土地资源有哪些特点？

2. 什么是固体废物？为什么说废物不废？

3. 固体废物有哪些显著特点？固体废物分为哪几类？

4. 阐述固体废物对各环境要素的危害。

5. 简述固体废物的转化迁移对土壤的影响。你对减少生活垃圾有何好建议？

6. 针对固体废物污染有哪些管理措施？

7. 阐述固体废物资源化的五个途径。

8. 简述固体废物减量化、资源化、无害化的重要意义。

9. 防止土壤污染有哪些常用的方法？

10. 固体废物处理处置技术体系一般包括哪几个方面？

11. 固体废物有哪些基本处理方法？

12. 一般固体废物和工业有害废渣分别有哪些处置方法？

13. 简述森林在环境保护中的作用。

14. 绿色植物对城市环境和人类健康有何作用？

第五章
摸不着的公害与其他污染

随着科学技术的迅猛发展，一些过去不为人们注意的无形的物理污染也逐渐显露其危害性，并为世人所关注，如噪声、放射性、电磁波、热及光等的污染。这类污染不具备"实在"的污染物，所以又被称为"摸不着的公害"，但是对环境和生物同样存在污染和危害性，不容忽视。

第一节　喧嚣的世界——噪声污染

一、令人烦恼的声音

生活环境中不能没有声音。自然世界中的风声、雨声、虫鸣、鸟叫、流水声，汇成了大千世界的美妙乐章，听来清新、和谐、悦耳。声音在人们的日常生活、工作和学习中有着非常重要的作用。

然而，随着工业生产、交通运输、城市建设的高速发展和人类阔步向信息社会迈进，出现了许多人们不需要的，甚至是刺耳、嘈杂，使人厌烦的声音，如交通工具的轰鸣声、打桩机的撞击声、高音喇叭声乃至商店播放的嘹亮的音乐和歌声等，影响了人们正常的工作、生活和休息，这就是噪声。从环境保护角度来说，凡是不需要的，使人厌烦并对人类生活和生产有妨碍的声音都是噪声。

噪声的来源可分为四大类：一是工业噪声，例如运转中的鼓风机、空气压缩机、织布机、电锯等；二是交通运输噪声，例如运行中的各种汽车、摩托车、火车、飞机等；三是建筑施工噪声，例如运转中的打桩、混凝土搅拌、压路机等；四是社会生活噪声，例如日常生活中的高声喧哗吵闹，家用电器使用声以及卡拉OK、音乐声等。

在大庭广众下高谈阔论、喧哗吵闹，都属于讨人嫌的噪声范畴。

开展"广场舞"锻炼身体，有益健康，诚然是好事，但是有些舞者，用高音喇叭在公园、广场甚至在居民小区的开阔地播放"伴舞音乐"，甚者直至深夜，则是扰民的噪声，招致群众举报投诉在所难免。

在影响城市环境噪声的主要来源中：工业噪声影响范围为8.3%；施工噪声影响范围在5%左右，因施工机械运行噪声较高，近年来扰民现象严重；交通噪声影响范围大约占城市的1/3，因其声级较高，影响范围较大，对声环境干扰最大；社会生活噪声影响范围逐年增加，是影响城市声环境最广泛的噪声来源，其影响范围已达市范围的47%左右。据环境监测表明，全国有近2/3的城市居民在噪声超标的环境中生活和工作。

据全国统计，在反映环境污染的投诉中，关于噪声污染的人民来信和来访的件数逐年增加，近年来因噪声扰民引起的纠纷不断出现，其中以反映商业、饮食服务业和建筑施工场所噪声扰民居多。

噪声污染的特点：一是影响面广；二是它不同于水污染、大气污染和土壤污染，在环境中不会产生累积，传播的距离也有限，当声源停止发声时，噪声污染立刻消失，也给投诉举证带来很大困难。

随着人类社会的城市化，人口高度集中，人为噪声也在不断增加。噪声已经成为影响我们生活和健康的重要环境问题，被称为城市新公害。1979 年联合国环境保护工作会议把噪声列为"人类不可容忍的灾害之一"。

二、噪声的危险

1. 损伤听力

噪声对听力的损害是认识得最早的一种危害。在噪声环境中暴露一段时间后，听力将下降。如果长期地受到强噪声的刺激，听觉器官就可能发生器质性病变。日常的生活噪声便是造成老年性耳聋的一个重要因素。值得注意的是，现代化的生活使得很多少年男女长时间沉湎于震耳欲聋的音乐声中或终日挂着耳机听流行音乐，也可能造成噪声性耳聋，使得听力明显下降。有检测表明：当人连续听发动机声音，8h 后听力就会受损；若是在摇滚音乐厅，0.5h 后人的听力就会受损。

2. 干扰睡眠，影响工作

连续的噪声能使人多梦，熟睡时间缩短，突然的噪声还会使人从梦中惊醒。当睡眠受到噪声干扰后，不仅影响健康，还会精神不振、头昏、思想不集中，工作效率和工作质量下降，而且容易发生事故。据世界卫生组织在 21 世纪初做的估计，美国每年由噪声影响造成的不上工、低效率及工伤事故的损失将近 40 亿美元。

3. 对人体的生理影响

实验表明，噪声会刺激肾上腺素的分泌，引起血管收缩、心率改变和血压升高。我国对城市噪声与居民健康的调查表明：地区的噪声每上升 1dB，高血压发病率就增加 3％。有人认为，噪声是造成心脏病发病率高的一个重要原因。噪声还会使人的肠、胃壁蠕动速度变慢，减少唾液、胃液的分泌，从而易患胃肠溃疡。一些研究者指出，某些吵闹的工业行业里，溃疡症的发病率比安静环境中高 5 倍。此外，在噪声的影响下，大脑长时间处于兴奋状态，头痛、耳鸣、神经衰弱和高血压的发病率，也高于安静环境中的工作人员。

4. 对人心理的影响

长时间与强噪声接触，会感到烦躁不安，注意力不能集中，易激动、发怒，甚至丧失理智，并可引发邻里纠纷。据报载，日本广岛一名青年由于隔壁工厂所发出的噪声，把他折磨得难以忍受，以致失去理智，竟用刀把工厂主杀死。此外，噪声还易使人疲劳无力，甚至会掩盖危险警报信号和行车信号，引发事故。

5. 损坏建筑物和影响精密仪器的使用寿命

噪声波具有能量。强的噪声可能损害建筑物，如使墙体开裂、瓦片损坏，甚至使楼房倒塌。英法合制的"协和式"飞机，在试飞过程中发出的轰鸣声就曾使航道下方一座古老的教堂的墙壁出现裂缝。此外，强噪声还会使精密仪器产生振动，影响仪器工作，使其性能下降甚至破坏。

6. 对儿童和胎儿的影响

在噪声环境下，少年和儿童学习时注意力不能集中，或无法听清老师的讲解，影响学习和智力发育。调查显示，吵闹中的儿童智力发育比安静中的低 20%。噪声对胎儿也是有害的，会影响胎儿的发育，甚至会造成畸形。现代医学证实，噪声能使孕妇身心及胎儿发育受到影响，流产率、畸形率增高。日本曾对 1000 名初生婴儿进行研究，发现吵闹区域的婴儿体重偏轻的比例较高。另据报道，上海市有一名婴儿被半夜燃放的爆竹惊吓而死。极强的噪声（如 170dB）可置人于死地。

在西非的加蓬，由于人类狂砍滥伐森林造成生态大破坏，引起猴群血战，仅几年时间，从 5 万只锐减至 3 万只，美国生物学家卡内罗·图廷女士认为除了生存地盘萎缩的影响以外，噪声是重要原因，人们观察到机锯的声音使猴群骚动。

由此可见，噪声危害极大，影响极广。对人类来说（应该是包括生物），噪声是一种慢性毒素和致病源。目前"噪声病"的发病率与日俱增，消除噪声的危害，将是 21 世纪人类持续生存发展的一个不容忽视的环境问题。

三、 环境噪声的控制

噪声的强度通常以 dB（A）❶ 来衡量。日常生活中，微风吹拂树叶的沙沙声为 5～10dB；大型鼓风机在 120dB 以上。在一般情况下，超过 35dB 的音响会扰人睡眠。大多数国家规定的噪声的环境卫生标准为 40dB，超过这个标准的噪声认为是有害噪声，85dB 为人耳允许的最大噪声值。图 5-1 给出一些声源的噪声级值对人的影响。噪声的传播可分为三个阶段：噪声源、传播途径和接受者。

对人的影响				以上干扰语音通信			
	安全			长期影响尚无定论	长期听觉受损、耳聋		听觉较快受损、耳聋
	很静	安静	一般	吵闹	很吵闹	难忍受	痛苦
噪声级的值 /dB	0　20　40　60　　80　　100　　120　　140						
声 源	刚好听到	郊区静夜安静	住宅、图书馆	一般建筑物	宿舍轻声耳语	一般办公室、1m 远讲话、电话机、洗衣机	公共汽车内、空压机站、泵房、金工厂、钢琴	高声谈话、电锯、纺织车间、拖拉机	钢铁厂、锅炉车间	喷气式飞机起飞、球磨机旁

图 5-1　一些声源的噪声级（A）值和对人的影响

注：摘自王翘亭等，环境学导论，清华大学出版社，1985。

---

❶ dB（A），计权声级，是模仿人耳听觉的测量计量方法，与人感觉相近。

1. 声源控制

从声源上降低噪声是控制噪声的最根本方面，包括研制采用低噪声设备和改进加工工艺等措施。比如，用无声的焊接代替高噪声的铆接，改善机械润滑性能和避免撞击，将有轨电车改成无轨电车，限制使用高音喇叭等都能达到降低噪声源本身的噪声的目的。至于生活噪声源，则可以在讲究社会公德的基础上由人们自行约束。

2. 声音传播途径的控制

声音是通过空气和固体材料等介质进行传播的，可以采用具有吸声性能的材料对噪声进行阻隔、吸收，也可运用阻尼结构，让部分声能转变为热能，使声音自然衰减。

由空气传播的声音，经阻挡体如墙体、门、窗、隔声屏等固体物，可使声音大部分被反射而不通过，一堵墙只允许十万分之一的声能透过墙去，用它作屏蔽物隔声效果是较好的。

利用吸声材料（玻璃棉、毛毡、泡沫塑料、软木、吸声砖和多孔陶瓷等多孔材料）或在气流通路上加装"消声器"，是减少排气噪声的有效手段。道路两侧可通过林带隔噪声，如图 5-2 所示。

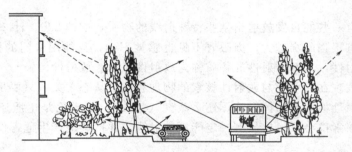

图 5-2　隔噪声林带

由机械振动引起的噪声，加大设备基础或安装减振垫层，使用"不谐振"材料，或者使用"约束阻尼结构"可以减少振动噪声的输出。

3. 个人防护

在噪声高的工作环境，应采用戴耳罩、耳塞、耳棉、防声头盔等个人防护用品来保护自己，可防止噪声的危害。采用个人防护是最有效和最经济的防噪声的办法。

4. 其他

通过教育、噪声限制及管理、城市规划等措施，以及使生活区与工业区隔离、植树绿化阻隔、加大与声源的距离等方法进行综合治理，对于降低环境噪声有实际意义。

合理地控制噪声，要根据噪声控制费用、噪声容许标准、劳动生产效率等有关诸因素进行综合分析后确定。

四、变噪声为福音，谱写优美新曲

噪声污染的日益剧烈，已引起科研工作者们的广泛注意。为了消除这一社会公害，学者们对此做了大量的研究，发现噪声也和其他事物一样，既有有害的一面，也有可以被人利用的一面。

（1）噪声是有待开发的新能源。噪声波具有能量，可以把噪声视为一种能源，变废为宝。英国科学家们进行了噪声发电的尝试，他们设计了一种鼓膜式声波接收器，将接收到的声能转变为电能。

（2）噪声可用于农业生产。科学家们发现，植物在受到声音的刺激后，加快光合作用，从而提高生长速度和产量。这种声音可以是自然噪声，或者加以"放大"后作用于农作物。

噪声还能除草。据称国外已试制出噪声除草器，用特定噪声改变杂草的生长周期，可以方便地除草。

（3）美国科学家研制出一种吸收大城市噪声的合成器，能将街市的嘈杂喧闹声变为大自然声响的"协奏曲"。

（4）噪声可用于防盗。珠海某公司发明了一种会发出令人丧胆落魄噪声的电子警犬，用于警卫和防盗。

把噪声转化为有用的事物，是解决噪声污染的最好途径。随着人类科学技术的不断发展，恼人的声音将有可能变为可造福于人类的新"福音"。

第二节　无形的污染——放射性污染

在自然界中有一些能自发放射出某些特殊射线的物质，如铀235、钍232、钾40、钴60等，这些射线具有很强的穿透力，肉眼看不见也感觉不到，只能用专门的仪器才能探测到。这种性质称为放射性，具有放射性的物质称为放射性核素。放射性污染与一般的化学污染物明显不同，主要表现在放射性与放射性核素的物理和化学状态无关，只要是在其自然衰变的时间里，无论放射性核素是固体、液体还是蒸气（气体），也不论是单质还是化合物，其中所含有的放射性核素都会放射出具有一定能量的射线，并持续地产生危害作用，有极大的危害性。

放射性污染的危险性尤其是在于人们不可能使用化学或者其他方法使放射性物质不放射出射线。唯一的方法是用坚固的足够厚度的金属容器把它们密封起来❶。

放射性元素若进入生物体内发生内照射，危害性比体表照射严重。

一、悄无声息的污染来自何方

环境中的放射性物质主要有如下两个来源。

（一）自然辐射源

自然界自身存在的，包括从地球外来的宇宙射线、地壳中的天然放射性矿藏的照射。由于人类从诞生的时刻起就一直生活在这种天然的辐射中，并已适应了这种辐射（生物适当），对人类的影响极微并可以忽略，故可以视为环境的背景（本底）值。

（二）人工辐射源

人类从20世纪40年代开始发展核能，至现在核武器的频繁试验，核工业的迅速发展，放射性元素在各个领域和人们的日常生活中得到广泛应用，但如果环境的放射性水平高于天然放射性本底，甚至超过生物可以承受的安全标准，就对环境构成了放射性污染的人工污染源。

1. 核武器试验

---

❶ 通常是用铅做容器材料，如果用非金属，则厚度要非常大，所以就算是隔着一般建筑物的墙壁也一样会受到伤害。

核武器主要指原子弹和氢弹。核爆炸一瞬间能产生穿透力很强的核辐射，而且在爆炸后留下很多继续发射射线的污染物，包括沉降下来的颗粒物和随风扩散造成全球性污染的微尘，主要是对人体危害较大的，而半衰期又相当长的锶90、铯137、碘131和碳14等。在这些物质未完全衰变之前，污染作用是不会消失的。

核试验向环境释放大量的放射性物质，是环境放射性污染的最大和最重要来源之一。

2. 核工业

核能应用于动力工业，构成了核工业的主体。核工业的中心问题是核燃料的生产、使用与回收，核燃料循环的各个阶段均会产生"三废"，排出铀、镭、钍、氡等放射性物质，都是放射性污染源。由于每一环节排放的放射性污染物种类、数量不同，对周围环境造成的污染程度不同。

据监测，核电站正常运行时释放的放射性气体和微量放射性物质，约为天然本底辐射的2%。

核能和平利用所引发的核污染往往都是由事故造成的。

据媒体报道：近半个多世纪以来，除了切尔诺贝利核电站发生大爆炸以外，全球和平利用核能也曾发生核泄漏事故十余起，苏联乃至美国、英国、日本，都发生过相似事件。比如美国的"三里岛核电站事故"、日本的"福岛核电站事故"都是危害很大的重大核事故。其中，福岛核电站事故从发生事故的时间、救援难度、放射性污染扩散的区域的广阔、污染程度的严重性和后续的环境影响等方面进行评价，更是和"切尔诺贝利核电站大爆炸"同为最高等级的超级重大事故。因此，核电建设必须慎重考虑，认真做好安全防范措施，确保安全运转。

3. 其他方面来源的放射性污染

（1）医用放射性　放射性在现代医学上得到广泛应用，如X射线用于胸透，钴60用于放射性治疗癌症等。

一般的胸部透视的放射线照射强度是平常人允许剂量的1/40～1/20，但一次CT扫描检查的剂量相当于透视的100～200倍。所以，一年内做三四次透视是不会有问题的，但是做CT检查就得谨慎了。

接受"放疗"的病人，如果采用"内置"放射源（如"粒子"治疗）的话，也可能向周围发射放射线。

（2）实验室放射性　某些用于分析、测试的设备也使用了放射性物质。

（3）居室放射性　一般居民消费品中亦有使用了放射性物质的，如夜光表等；某些建筑材料（如花岗岩、大理石）也含有放射性的气体氡，一些色泽特别白的含锆陶瓷釉料也可能带有放射性等。

二、　生存的威胁——不明不白的奇难杂症

放射性对人体健康的影响是致命的、灾难性的。人体受到放射性核素的辐射，或将细胞杀死，或者生成许多辐射前不存在的新物质（如癌细胞），或者出现不明不白的奇难杂症，结果会给人造成不可想象的损害。

当人体受到大剂量辐射后，表现为急性伤害，其有害结果几乎立即就可观察到，如全身无力、毛发脱落、神经麻木、皮肤溃烂、白细胞减少等，甚至能在瞬间杀死任何生命。例如1945年，美国在日本投放的原子弹，造成成千上万的人民无辜死亡，就是历史上最严重的急性辐射损伤事件；1986年，苏联切尔诺贝利核电站发生爆炸事故，由辐射引起的急性死

亡人数为 31 人，主要是抢险人员，其中包括一名少将；瑞典检测到放射性尘埃超过正常数的 100 倍❶。乘直升机在核电站上空拍摄爆炸的核发生器的塔斯社摄影记者瓦拉里伊·朱伐洛夫也因在那里盘旋的时间过长受到了较多的核照射而进了医院。他深有体会地说："切尔诺贝利的灾难是对每一个人的警告。"放射性急性损伤的死亡率取决于辐射剂量。当吸收剂量为 6Gy❷ 以上时，死亡率达 100%，称为致死剂量。吸收剂量为 4Gy 左右时，死亡率下降到 50%，称为半致死剂量。一般情况下，吸收剂量越大，受辐射的危害也越大。当人体受到超过容许水平的小剂量长期照射时，近期后果可能十分轻微，甚至觉察不到，要经过一段相当长的潜伏期，短则几年，长则十几年、几十年，甚至延续到下一代才能看到明显的有害效果，这就是远期效应。残留的长期辐射能诱发癌变，引起白血病、骨髓病，同时遗传给后代而生下畸形儿。1954 年，美国拍摄一部反映成吉思汗征服中亚的巨片《征服者》，影星们在外景地圣乔治沙漠进行了两个多月的紧张工作，拍摄了大量的精彩镜头，然后又运回许多沙子到摄影棚拍摄内景戏。公映后，引起很大的轰动，影星们陶醉在成功的喜悦之中。然而，在这无比喜悦之后不久，悲剧便开始了。1957 年，剧组一女影星患恶性肿瘤而死，其后的 20 多年里，剧组的 220 人中有 91 人先后患了癌症，死亡 46 人。悲剧如同他们的巨片一样，引起社会的极大震动。经科学家们认真调查发现，杀害影星的凶手竟是圣乔治沙漠的沙粒。原来，距离圣乔治沙漠 200km 的内华达州，有个美国原子弹试验基地，腾空而起的蘑菇云将放射性物质四处扩散，严重污染了沙漠，造成好莱坞影星罹患绝症。

此外，放射性物质进入环境后，可造成大气、水体和土壤的污染。放射性核素直接被人体摄入，或通过生物循环，经食物链进入人体内，在人体内仍可发出使人体受到伤害的内照射。放射性核素进入人体的途径如图 5-3 所示。放射性核素进入人体后，其放射线对机体产生持续照射，直到放射性核素蜕变成稳定性核素或全部被排出体外为止。多数放射性核素往往选择性地定位在某个或某几个器官或组织内，如碘 131 主要蓄积在甲状腺内，锶 90 主要

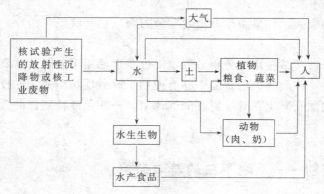

图 5-3　放射性核素进入人体途径

（引自《中国大百科全书，环境卷》）

---

❶　苏联官方报道的事故中有 203 人得放射病，8t 多强辐射物泄漏，使核电站周围 6 万多平方公里土地受到直接污染，当局在几天内从危险区撤出 13.5 万人，320 多万人受到核辐射侵害。1992 年乌克兰官方公布，已有 7000 多人死亡于本事故的核污染（联合国官方数字为 9000 人左右）。白俄罗斯共和国损失了 20% 的农业用地，220 万人居住的土地遭到污染，成百个村镇人去屋空。近核电站 7km 内的松树、云杉凋萎，1000hm² 森林逐渐死亡。

❷　"Gy（gray）；戈［瑞］"是放射能计量单位，指 1kg 任何生物组织吸收 1J（焦可）的放射能量。

主要分布在骨组织内，铀238主要蓄积在肾脏内。这些器官往往受到这种放射性物质的较多照射，造成较大损伤。有的放射性核素在体内停留时间极长，且不易排除，因此辐射致病的时间很长。一般来说，内照射难以在早期觉察，且无法隔离，长年累月之后，会大量杀伤人体细胞，损伤骨骼，引起各种癌症。

三、放射性污染的防护和治理

环境核辐射对人体危害很大，所以我们应该积极进行防护、治理。防护治理的基本出发点是避免射线对人体的照射，使照射量减到最小。由于放射性核素具有其固有的特性，所以其防治应着重在控制污染源，防护措施仅能起辅助、补救作用。

（一）防护方法

人体受到的照射量由三个因素决定，即照射时间、辐射源的距离和途径的屏蔽，因而防护工作就从这几方面考虑。

1. 时间防护

人体受照射的时间越长，累积的剂量就越多，这就要求所有接触放射性的人员操作熟练、准确、敏捷，尽可能缩短操作时间。

2. 距离防护

人距离辐射源越近，受照量越大。所以进行放射性操作时，常用长柄钳、机械手或远距离的自动控制装置。

3. 屏蔽防护

根据射线通过物质时被减弱的原理，在放射源和人体之间放置如填充有有机铅的防辐射有机玻璃、防辐射橡胶、钢、铅、水泥等屏蔽材料，以削弱放射性的作用。屏蔽材料的选择和厚度要由射线的类型和能量来决定。

4. 加强日常生活中的防范意识

一些人在进行室内装修的时候使用了石材，殊不知，随着花岗岩石、大理石的引入，其中具有放射性气体氡，会从花岗岩石或大理石里释放出来，对生物"施暴"。据报道，美国每年有两万人患肺癌与室内氡气有关。

一些放射棒、放射球等，在夜晚能发出各种磷光，很吸引人，但千万别把它们当作什么稀奇之物来玩要。巴西就曾发生过废品收购店无知的老板娘把黑夜能闪耀神奇蓝光的放射性核素铯137涂在脸上手上来欣赏，以至造成放射性伤害和污染的恶性事故。

（二）污染源的控制

1. 放射性废气、废水、废渣的处理

现在，对固体和液体放射性废物的处理，都是采用以下三种方法：一是"天葬"——远离地球，即把核废料先固化成玻璃块装到特制的合金密封容器内，外面装上隔热外套，然后用航天飞机把它带入太空，让核废料远远地离开人类生活的地球；二是"水葬"——深海封存，即将核废料装入合金密封容器，投入在深海事先开掘的竖井内，用水泥封死；三是"土葬"——把放射性废料融入玻璃块或者铸石块内，再放入深坑内用特制的密封盖封好，最后用泥土把坑封死，使放射性不外泄。值得注意的是放射性废物的半衰期❶，短的仅几天，长的可达几十万年，甚至与地球同龄。因此，即使过了上万年，埋在地下的核废料仍可置人于死地，所以留给子孙后代的警告标志至少得保持1万年。对于放射性气体的

---

❶　放射性物质的放射能量衰减50%所需要的时间。

处理，一般是先经过过滤、吸附、吸收等处理，监测合格后，最后通过高烟囱予以排放。

另外，可以通过循环使用，回收废物中某些放射性物质。这样做既不浪费资源，又可减少污染物的排放。如在废液中回收半衰期长、毒性大的放射性核素铯 137、锶 90 等，用作工业、医疗及科学研究。放射性废物的处理必须在严格管理之下，在做好充分防护的情况下由专业人员实施，以避免处理过程中发生伤害事故。

2. 全面禁止核试验

禁止核试验是全人类的呼声，但是对付一小部分战争狂人，必须掌握核武器技术，只有这样才能逼迫那些战争狂徒停止核试验。

3. 核工业选址

核工业的选址应在周围人口密度小，气象、水文和地质条件稳定的，又符合其他技术要求的地区，并在其周围和可能遭受污染的地区进行经常性的监测，所有的核装置都必须有足够的安全设施以保证正常运行，避免事故发生。一旦发生事故，要采取相应防护和应急措施，使尽可能少的人受到辐射，控制辐射剂量。

放射性物质对人类有有害的一面，也有有益的一面。事实说明，核能源、核医学以及其他方面的和平利用，对人类都做出了巨大贡献。要充分认识它，发挥它的有益作用，并采取有效的防护治理措施，抑制其有害作用。

第三节　警惕地球发烧——“热”污染

太阳光照射到地球表面，使地球变热，使地球的平均温度一直维持在 13℃ 左右，造就了生物的形成和发展条件，是“天工造物”。然而，近百年，尤其是近几十年来，由于生产力迅速发展，能源的消耗量不断增加，而人类向环境排放的热量也越来越多，使局部乃至全球环境升温。事实上，在过去的 100 多年中，全球平均温度已上升了 0.6℃。这种由人类的某些活动引起环境增温，影响和危害热循环的现象称为热污染。

一、　地球升温的忧虑

1. 海平面的升高

热污染会使气候变暖，海洋水温也随之升高，海水因升温而膨胀使海面上升。据科学家试验结果表明，当全球温度上升 1.5～4.5℃ 时，海平面可能上升约 20～165cm。近百年来随全球气温升高 0.6℃，全球海平面大约升高了 10～15cm。

海平面升高给人类带来的灾难是十分可怕的。因为，海平面上升 1m，海岸线会普遍后退 100m。而且，地球上沿海的一些城市，如东京、伦敦、香港、威尼斯、马尼拉等地将面临被淹没的厄运，对这些国家和地区的影响是很大的。届时，数以万计的人将被迫离开家园，沦为环境难民甚至葬身大海。海拔高的地区，虽然不会被淹没，但也将受到无情的冲刷，海水倒灌，良田被淹没或减少，地球陆地进一步缩小，人类将何处安身？

2. “厄尔尼诺”

地球变暖，引起气候带移动和降雨带变化，产生“厄尔尼诺”气候反常现象——部分地区异常的温度升高，或降雨量增加，一些地区频繁地出现大暴风雪天气，而另一些地区则持续干旱，沿海地区更加潮湿，洪涝灾害增加，热带风暴加强，飓风更频繁、更强大。极端异常的气候，将导致更多的自然灾害。

20世纪后期，异常气候的发生频率增加，基本上都是由"厄尔尼诺"的频繁发生所导致的。

"厄尔尼诺"不仅造成气候异常，也导致疾病流行，危害生物。

3. 传染病、病虫害肆虐

随着气候的变暖和反常，被称为"传病媒介"的那些动物、微生物和植物可能扩大分布范围，导致更多的致病病毒和细菌向人类进攻，出现全球性的流行传染病，如黄热病、登革热和霍乱等。1995年，登革热病在美洲卷土重来，14万人受到感染，其中4000人死亡。近十几年频繁发生的"禽流感"以及2002年冬至2003年春的"非典型肺炎（SARS）"也和气候变暖密切相关。

地球变暖，许多害虫在一年中要多繁殖1～3代，最终呈指数增加，农作物病虫害肆虐，蚕食的叶片不计其数，损失惨重。1996年，由于气温升高，北极圈的森林虫害泛滥，约3000万株树木被毁。

4. 夏日里的蒸锅——热岛效应

住在大城市的人，常有这样的体会，从城里走向郊区农村，越走越凉快；反之，从郊外向城里走，越走越热。有关监测表明，一般市内与郊外的气温可以相差2～5℃。之所以产生这种差异，也是因为热污染造成的热岛效应。城市人口、工业高度集中，散发的热量惊人，加上太阳的辐射热被城市地面及林立的建筑物所吸收，造成热量的积蓄，导致气温的升高。

城市的气温升高，热空气上升，郊区的冷空气就流入城市，形成"城市风"。郊区一些企业排出的污染物，源源不断地带进城市。日本旭日市的工厂大多建在郊区的山地，但大气监测的结果却是市区污染物的浓度比郊区高3倍，这正是城市热岛效应的结果（图5-4）。

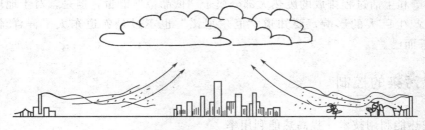

图5-4　城市风和"热岛"效应

"雾霾"之所以主要发生在城市，其实也和"热岛效应"有关。一方面是"城市风"把污染物集中到城市上空；另一方面是城市自身建筑物吸收和积蓄阳光热量形成垂直气流，导致聚集的污染物只能够上升（可是这种上升气流却又往往达不到高空的"平流层"的高度），或者在傍晚太阳下山以后缓慢下降，以至于"雾霾"一旦形成就很难扩散消失。如果没有下雨或者刮大风，已经形成的"雾霾"污染可以盘踞在城市上空很长时间。"雾霾"通常在夜间又缓慢下沉，在下半夜到太阳出来以前，接近地面尤其是在树木生长的地方，"雾霾"是最严重的。

城市热岛效应还可以造成局部地区气候异常，城区上空云量、降雨量增加，雷暴次数也明显增多。资料显示，英国伦敦市的降雨量比郊区高出30%。

5. 水的世界也不宁静

热污染一方面引起水体温度升高，使水中溶解氧减少，另一方面又使鱼类及水生动物的代谢率增高而需更多的氧，这就影响了它们正常的生存。此外，水温升高，会促使微生物迅速繁殖，疯狂生长，引起水质腐败，除有不好的味道外，还可使人、畜中毒。

2006年的"厄尔尼诺"，使太湖水污染提早暴发。

二、 人类文明进步的副产物——热污染的来源

1. 人类活动改变了大气的组成，改变了地球的能量平衡

大气中的二氧化碳是非常重要的温室气体。工业革命后，一方面，人类大量燃烧煤炭、石油和天然气等矿物燃料，使排放到空气中的二氧化碳量大大增加；另一方面，人类又不顾后果地大范围乱砍滥伐大自然中的二氧化碳的吸收者——森林。据统计，由于大气中二氧化碳含量的提高，全球平均气温已经上升了0.3～0.8℃。

人类活动排放的含氯氟烃类或氮氧化物等，也使到达地面的紫外线辐射增加，气温升高。

2. 人类活动改变地表状态，影响了地表的热能交换

由于农牧业的发展，使森林变为农田、草原，很多地区由于开垦不当而形成沙漠，这样就大大地改变了地面的反射率，改变了环境的热平衡，形成热污染。

另外，城市建设使大量的混凝土建筑物或沥青浇筑的路面代替了田野和植物，改变了地表反射率和蓄热能力，这就形成了同农村有很大差别的热环境。

3. 人类活动向环境排放热量是最直接的污染源

随着人口的增加和工业生产的发展，能源消费量增长迅速，这些能量都将以热的形式排入大气，热量十分惊人。

尽管生产和生活过程排放的废热大部分属于"低品位"能量，但是，对于地球的表面而言，却足以产生巨大的影响，要知道"厄尔尼诺"也不过是赤道东太平洋洋流温度升高0.5℃的结果而已。

三、 热污染的控制

1. 改进热能利用技术，提高热能利用率

大量的废热排放，源于热能利用效率很低，加强热能直接转变为电能的研究，既节约了能源，又大大减少热污染。美国的火力发电厂，20世纪60年代平均热效率为33％，现已提高到44％，废热排放量显著下降。

提高能源利用率的另一方面是降低能源的损耗（减少能量向环境扩散），包括运用隔热技术降低建筑物的能耗、普及节能灯具、夏季控制空调温度等措施。

2. 开发和利用无污染或少污染的新能源

从长远来看，现有矿物能源已将枯竭，必须开发新能源，利用无污染或少污染的能源，如太阳能、海洋能、风能及地热能等，将可大大减少"热"的污染源。

3. 充分利用废热

废热是一种宝贵的资源。通过技术创新，如热管、热泵等，可以把过去放弃的低品位的

"废热"变成新能源。又如，用电站温热水进行水产养殖，放养非洲鲫鱼、热带鱼类；冬季用温热水灌溉农田，使之更适宜于农作物的生长；利用发电站的热废水在冬季供家庭取暖等，也是废热利用途径之一。

4. 注重绿化

绿化是降低热污染的有效措施。多栽花种树，多培植草坪，增加植物对空气中二氧化碳的吸收，能调节小气候，不仅美化了市容，而且减轻了污染，有利于人们健康水平的提高。

*第四节 无处不在的电磁波

和放射性一样，地球上也存在天然的"电磁场"，人类从产生的那一天起就在其中生活，并无不妥。

然而，自从人类发明了"电"这种神秘的"东西"，情况就发生了变化，人们一直把它看作"福星"，它也确实给人类带来很多方便和多姿多彩的生活。可是人们在利用电和它的扩展应用造福人类的同时，在地球上就出现了几乎无法躲避的"电磁波"。

什么是电磁波污染？日常生活中，当我们正在收听一首悦耳动听的歌曲时，收音机里忽然咔咔声沙沙声混杂一片；当我们正在观看一场世界杯足球比赛的电视转播时，屏幕上突然雪花点飘飘、波浪纹起伏，这些就是我们感受到的电磁波污染。高压输电线、变电站、电台、电视台、雷达站、电子仪器、医疗设备、办公自动化设备、微波炉、收音机、电视机、电脑、电冰箱、电热毯以及移动电话等家用电器工作时都会产生各种各样不同波长频率的电磁波，并像放射线一样地向外面发射。

虽然，这些电磁波与地球本身的电磁场并无本质的不同，但是由于它的分布和强度的差异，所以给人们带来很多新的影响和麻烦。

在现实生活中，这些看不到、听不到、嗅不到的电磁波，正时刻包围着我们，而且威胁着人类的健康，科学家们称它为"电子辐射污染"。由于它和放射性物质一样可以杀人于无形，而且其传播距离更远、更广泛，人们受伤害的机会也更多，国内外迄今已发生多起电磁波辐射污染事件。联合国人类环境会议已将防治电磁辐射污染列为环境保护项目之一，"减少电磁辐射污染，防止干扰与破坏"的呼声也越来越高。

一、 电磁波污染

1. 电磁波的来源

电磁辐射是能量以电磁波的形式通过空间传播的现象。电磁辐射无色无味，只能用专业仪器才能准确测量。电磁辐射的存在不一定就会对人产生有害影响，只有当电磁辐射水平超过一定限度时，才会形成电磁污染，对人的身体产生不良影响。研究表明，电磁波的频率超过 10 万赫兹时，就会对人体构成潜在威胁。

现代科学把电磁辐射广泛应用于通信、广播、电视、航空、雷达、医疗、能量传输和其他与人类社会生产和生活密切相关的各个领域，由于实际需要，往往采用较大的功率，导致在电磁能的传送过程中对人类和生物产生有害的辐射干扰，而且传输的能量越大，影响也越大。由于受到电磁波辐射而导致人身伤害甚至致死的情况屡见不鲜。

2. 电磁污染源

（1）天然电磁污染源　最常见的是大气中的雷电电磁干扰。此外，太阳和宇宙的电磁场源的自然辐射、火山爆发、地震和太阳黑子活动等都会产生电磁干扰。

（2）人工电磁污染源　是指人工制造的各种电子系统、电气和电子设备产生的电磁辐射。包括：

① 脉冲放电　例如电力线路瞬时波动等产生的电磁干扰。

② 工频交变电磁场　如大功率电机、变压器以及输电线等附近的电磁场。

③ 射频电磁辐射　主要是指无线电等射频设备产生的辐射。

射频辐射，随着现代家用电器进入每一个家庭，它们在居室中产生的电磁波直接危害着人们的健康。

电磁波可在空中传播，也可经导线传播，都会造成电磁辐射污染。各种电气装置和电子设备以及电热毯、微波炉、移动电话、电脑等也在不断地发射电磁波。有人形象地比喻说："人类的家庭、交通工具、工作场所甚至整个生活正浸没在电子化的大染缸里。"随着经济、技术水平的提高，家用电器和各类通信设备迅速普及，电磁波发射源日益增多，在人们的生活越过越舒服、越来越方便的时候，令人防不胜防并危及人类健康的新威胁——电磁波污染已悄悄向我们袭来。

3. 不易发现的"不治之症"

人本身存在一个生物电磁场，环境中如果存在强电磁波，就会影响人体的电磁场运动，这种作用如果恰到好处，会促进人的健康，如用电磁理疗机治病；相反，就会危害人体健康。一般认为，电磁辐射的致病效应与电磁波的波长有关，微波、超短波对人体的影响是最大的，长波的影响最小。

人体受到电磁波的干扰，使机体生态平衡紊乱，出现头痛、头晕、疲乏无力、失眠、记忆力衰退、食欲减退、血压失常、白细胞减少等症状。女性可发生月经不调现象，孕妇容易导致流产和婴儿致畸等现象；个别男性性机能减退，视力下降，白内障和角膜损害。随着辐射强度的增高，还能抑制机体免疫力，引起基因突变和染色体畸变，以致引发癌症。电磁辐射有累积效应。

国外研究表明，15岁以下儿童，如果生活在电磁波为 $0.3\mu T$❶ 的房间里，那么患白血病的可能性比一般儿童高4倍。在电磁辐射污染中，最直接伤害人和生物机体的是高频微波辐射。它能穿透生物体直接对内部组织"加热"，往往表面上没有什么，而内部组织已被严重"烧伤"。

电磁辐射是一个隐藏在人们身边的无形杀手，时时刻刻不声不响地对生命体造成伤害。人们早就发现，牛、马、羊等动物都不愿意在高压输电线下活动，甚至连老鼠都不愿在那里打洞做穴。在风景名胜峨眉山的一个面向微波发射站的坡面上，由于长期遭受辐射，松树等自然植被全部枯萎而死，而山的另一面，植被却郁郁葱葱。

电磁辐射污染除了会危害人体健康外，还会对电子设备和家用电器产生不良的影响。1997年8月，某机场发生了一起因无线电干扰航空通信导致机场关闭2h的严重事件。一些装有心脏起搏器的病人因微波炉干扰而莫名其妙地感到不适，有的起搏器还失灵骤停，对病人造成威胁。

---

❶　特斯拉（T）：电磁单位，$T=10^4G$，G为高斯。

据统计，在现代社会，各种无线电台和工业、科研、医疗使用的高频设备及家用电器的年增长率都保持在20％以上，在这些现代化设施造福于人类的同时，又使人们受到电磁辐射污染的危害。民间已经普及使用的移动电话，也是很常见的辐射污染源。在一些场合下打移动电话，可以引起重大事故，如飞机偏离航线、医疗设备失常等。一些国家为了避免事故，在许多场合禁止使用移动电话，如医院、加油站、飞机上、汽车上等地方都禁用移动电话。此外，由于移动电话使用时紧贴头部，有医学专家认为，长期长时间地使用有碍健康。

瑞典某科研机构对一般的常用家用电器的电磁辐射强度进行了测量，发现距离30cm处的电磁强度大约是距离3cm处的1/10～1/6，若距离1m，则可以降低到1/1000～1/300，实验显示，在使用家用电器的时候，应该尽量远离用电器具，可以减少受到伤害。

二、 防治电磁污染的对策

随着科学技术的进步，城市规模的扩大，电磁辐射环境日益恶化，防治电磁波污染已是人类一个迫在眉睫的问题。

但是，在现代社会要消灭电磁辐射污染是不可能的，人们只有在掌握电磁辐射特性的基础上，采取适当的措施来控制其无序扩展和增强自我防护能力。

1. 控制电磁波源的建设和规模

（1）控制场源建设 在建设有强大电磁场系统的项目的时候，应组织专家论证，通过合理布局使电磁污染源远离居民稠密区，以加强损害防护。

（2）限制电磁发射功率。

（3）制定职业工作人员和居民的电磁辐射安全标准。

严格执行电磁辐射安全标准，避免人员受到过度的辐射。

2. 做好电磁辐射防护

（1）屏蔽防护 电磁屏蔽装置一般为金属材料（如钢、铁、铝等金属）制成的板或网结构的封闭壳体，亦可用涂有导电涂料或金属镀层的绝缘材料制成。屏蔽装置可以吸收和阻隔电磁波的通过，削弱其影响。比如微波炉的整个外壳就是一种防止微波泄漏的金属保护层。

（2）吸收防护 吸收防护就是在近场区的场源外围敷设对电磁辐射具有强烈吸收作用的材料或装置，以减少电磁辐射的大范围污染。

实际应用时可在塑料、橡胶、陶瓷等材料中加入铁粉、石墨和水等制成，如塑料板吸收材料、泡沫吸收材料等。

（3）个人防护 由于电磁波对人体的影响与距离的平方成反比，因此尽量增大人体与发射源的距离，可以降低其危害程度。尽量少使用移动电话，可以减少电磁波对脑细胞的活动和分裂的影响。

经常接触微波设备或较强的电磁发射源的操作人员，要做好个人安全防护措施，如穿防护服、戴防护头盔和防护眼镜等，在实际工作中应尽量避免长期处在电磁波的环境中，并注意休息。

（4）在家庭生活中的防护 正确使用家用电器，各种家用电器务必摆放妥当，如电视机、电脑和电冰箱应摆放在客厅、书房和厨房（或饭厅），不要摆放在卧室里；使用移动电话时应加上一些防护装置，或接上耳机通话，以减少对大脑的电磁辐射；使用微波炉时，一定要严格按照说明书使用，谨防电磁波泄漏；用电热毯取暖应切断电源再入睡；孕妇和儿童

应少用电脑，看电视时要保持 2～3m 距离，并开窗通气，看完还要洗脸、洗手。

如有条件，在高压输电线下居住的居民应迁移。对经常暴露在电磁场中的人群要定期做健康普查，发现征兆应及早治疗。

（5）加强区域控制，建设安全防护隔离带　凡射频设备集中使用的单位，应规定有效防护距离，设置安全隔离带，周围一般不建造居民住宅区和学校，以在较大的范围内控制电磁污染的危害。在安全隔离带做好绿化，亦是防治电磁污染的有效措施。同时，还应加强监测，尽量减少射频电磁辐射对周围环境的影响。

目前我国生态环境部已决定，建立重点污染源档案和数据库，建立健全有关电磁辐射建设项目的审批制度，使电磁污染源远离稠密居民区，把电磁污染管理纳入日常环保工作轨道。

国家对控制电磁辐射先后制定了相关的标准。例如《电磁环境控制限值》（GB 8702—2014）、《作业场所微波辐射卫生标准》（GB 10436—89）和《环境电磁波卫生标准》（GB 9175—88）等，对我国的电磁波辐射污染控制发挥了一定的作用，但是随着环境中电磁辐射的不断增强，以及人民健康保障要求的提高，这些标准有必要重新进行检讨或修订。

*第五节　光　污　染

1999 年 9 月 14 日，中央电视台宣布：我国的南京紫金山天文台由于周围的环境污染，已经无法进行正常的天文观察，需要另选地址建设新的天文台。导致这一著名天文台结束历史使命的主要污染就是"光污染"——强烈的不受控制的杂乱无章的灯光严重干扰了星空，很多低亮度的星星已经被完全淹没。

虽然，紫金山天文台在世界上不是唯一搬迁的天文台，可是对比发达国家经过长期发展才发生严重影响的情况，中国正式步入发展仅几十年就达到如此严重的地步，显然是太过"高速度"了。

一、光污染的来源

光明，一向是人们喜爱的字眼。大千世界，到处有光的色彩、光的足迹。白天，太阳高悬空中，把万道金辉洒向大地；入夜，万家灯火通明，街灯闪烁，使光明长驻，黑暗退却。有了光，才有了山青水碧，才有了花红草绿；有了光，天才会格外蓝，地才会格外阔，万千事物才会显得充满生机。光，是人类的好朋友，是人类永远不可缺少的东西。

然而，光有时也让人望而生畏，如过强过滥的光、变化过于迅速的光，都会对人和环境造成干扰和伤害。随着现代化城市的日益发展与繁荣，一种新的都市污染源——光污染，正在威胁着人们的身心健康。人们把造成光污染的光线叫"噪光"，是指人类活动造成的过量光辐射对人类活动和生产环境形成不良影响的现象。它与噪声污染一样，都是由于环境中某些物理变化而产生的。不同的是，噪声通过听觉危害人的健康，而噪光通过视觉危害人类。

有研究认为：强反射的白纸也是一种光污染，可能是造成青少年近视的重要原因。

光污染包括可见光、红外线和紫外线造成的污染。

（一）可见光污染

国际上，一般将可见光污染分成三类，即白亮污染（即眩光污染）、人工白昼和彩光污染。

1. 亮丽的景色隐藏着危机——白亮污染（眩光污染）

最基本的光污染是眩光污染。它是一种过强的光线照射，它明晃晃，炫目逼人。长时间在白色光亮污染环境下工作和生活，可以引起头晕目眩、精神紧张、注意力涣散、烦躁心悸、倦怠乏力等不适感，还会伤害人的视网膜、角膜和虹膜，导致视力下降，患白内障的危险性增加，严重时甚至可以造成失明。它还会使人几乎辨不清方向，容易造成车祸。

眩光可来自许多方面，汽车夜间行驶时用的车头大灯、电焊弧光、照相机的闪光灯、夜空闪电、玻璃或镜子对阳光的反射、建筑装饰使用的玻璃幕墙、釉面砖墙、磨光大理石、铝合金板等，人们置身其中，进入了光线的"危机"之中。据科学测定，这些光或光反射，完全超过了人体承受的极限。繁华路段的眩光，建筑物玻璃的反光，使司机出现瞬间视盲，高速行驶的汽车在这刹那间极易发生交通事故。据报道，在中国的一些大城市中，由光污染引发的交通事故已有上升的趋势。此外，玻璃幕墙的强光还会给附近的居民带来诸多麻烦。在闷热的夏天，玻璃幕墙强烈的反射光进入居民室中，室温平均升高 4～6℃，严重影响居民的正常生活，令人苦不堪言。1997 年底，国家有关部门已发出通知，要求严格控制使用玻璃幕墙。

一些特殊结构的玻璃幕墙还可能因反射光线的聚焦，产生局部过热现象，甚至引起火灾。在深圳某商厦附近，就曾发生小轿车因这些"反射光"的聚焦效应，导致汽车门窗的密封胶给烤煳而报废的事件。

德国柏林也发生过由玻璃幕墙的聚焦引起火灾等的类似问题。

小资料
5-1

白纸也有"光污染"

……据测定，特别光滑的粉墙和洁白的书籍纸张的光反射系数高达 90%，比草地、森林或毛面装饰物高 10 倍左右……有关专家认为"视觉环境是形成近视的主要原因，而不是用眼习惯"。

——《羊城晚报》2001 年 1 月 5 日

2. 令人疲惫不堪的"不夜城"——人工白昼污染

夜幕低垂，都市繁华街道上的各种各样的广告牌、闪烁跳跃的霓虹灯、瀑布灯等，使得夜晚如同白天一样，成了地地道道的"不夜城"，白昼被五光十色的灯光延伸得越来越长。对于照正常生物节律作息的居民，强光反射进居室，使人夜晚难以入睡，扰乱人体正常的生物钟，甚至导致失眠和神经衰弱，影响工作甚至发生事故。人工白昼还会影响天文观测，1985 年每 76 年回归一次的哈雷彗星重访地球，由于城市灯火通明，加上烟尘污染，使得许多拿着望远镜翘首以待的人，坐失这唯一的观赏机缘，留下终生遗憾。人工白昼亦会伤害鸟类和昆虫，昆虫特别喜欢灯火，这就破坏了昆虫在夜间的正常繁殖过程。

近些年来还有人提出"人造月亮"项目，要造就一个"没有黑暗"的城市，以节省城市夜间照明的电力。此举看似"节约能源"，可是后果呢？由城市人工照明导致的"黑白混淆"（白天和黑夜的颠倒）已经对人类和动物界的自然生物钟产生了不良影响，自然生物节律混乱，甚至影响物种的繁衍和更替，打乱自然生物平衡。但是，现有的城市照明还是局部的，可以控制的（随时可以关闭），通常到深夜也多数会被关闭。而"人造月亮"却是全面的，相对更大面积的"白夜"，而且更加严重的是"人造月亮"一旦"发射成功"，就是不可关闭的，完全不受控制的，将长年累月地照射着大地，也没有自然月亮的"月圆月缺"，形成更加严重的无可"躲避"的更强大的"光污染"。那时候不但动物界的生存受到干扰，植物和微生物也无可避免地受到干扰，后果将非常严重。因此很多科学家和环保工作者对这个"创举"提出质疑和反对意见。

但愿"人造月亮"的制造者还对自然存敬畏之心，在上面安装"毁灭装置"，在问题失控的时候可以将它永久"熄灭"。

3. 眼花缭乱的彩光污染

节日里，彩灯和焰火的光芒明暗交替，加深了节日的气氛；舞台上，聚光灯和旋转舞台灯交相辉映，使舞台更富魅力。而正是这些吸引人的彩色光源，构成了彩光污染。它们明灭不定，光线游移，让人眼花缭乱，视觉疲劳，使人感到头晕头痛，出现恶心呕吐、失眠等症状。彩光灯产生的紫外线大大多于阳光，长期在光线闪烁的环境中工作或经常出入舞厅等场所的人，视力及神经系统将受到影响。科学家最新研究表明，彩光污染还会影响心理健康。

另外，还应当注意可见光污染的两种特殊形式：一是视觉污染，指杂乱无章的环境对人的视觉、情绪和环境的不良影响。二是激光污染，这是一种可直接伤害眼底的一种光学污染。激光通过人眼晶状体的聚焦作用后，到达眼底时的光强度可增大几百至几万倍，对人眼有较大的伤害作用，甚至会伤害眼角膜、结膜、虹膜和晶状体，乃至人体的深层组织和神经系统。因此，激光污染更应引起人们的重视。

很多人出于商业宣传需要使用激光器材发射图像，的确美不胜收，但是其功率之大可能造成群众的视力损害，有关部门应该予以管制。

（二）红外线污染

红外线是一种热辐射，对人体可造成高温伤害，包括体温调节障碍，胃肠功能下降，引发日射病、热射病等。夏季，强烈的红外线容易诱发中暑。较强的红外线，可造成皮肤伤害，其情况与烫伤相似，最初是灼痛，然后造成烧伤。长期的红外线照射还可以使眼底视网膜、角膜烧伤，直至引起白内障。

（三）紫外线污染

紫外线的天然辐射源主要是太阳。人工辐射源则有焊接电弧光，紫外线杀菌灯，各种高、低压汞灯，家用日光灯以及各种霓虹灯等。紫外线对人体的直接伤害主要是眼角膜和皮肤。紫外线对角膜的伤害表现为一种叫作畏光性眼炎的极痛的角膜白斑伤害；对皮肤的伤害主要是引起红斑和小水疱、色素沉着、角质增生、引起皮肤癌等疾病。

长期的紫外线辐射还可以造成动物体的免疫系统损害，降低抗病能力。个别人还有"紫外线过敏"现象。在地球臭氧层受到损耗的情况下，紫外线辐射必须引起注意。

据科学测定：一般白粉墙的光反射系数为 69%～80%，镜面玻璃的光反射系数为 82%～88%，特别光滑的粉墙和洁白的书籍纸张的光反射系数高达 90%，比草地、森林或毛面装饰物面高 10 倍左右，这些数值都大大超过了人体所能承受的生理适应范围，构成了现代新的污染源。

二、　光污染的防治

现代光污染研究在 20 世纪 90 年代初始于美国。科学家做了一个著名的色块刺激实验，发现不同颜色（光频率）对眼疲劳的影响有着明显的差异，并指出绿色由于频率较高、刺激较深，并不是最有益于人眼的颜色。现在，欧洲和美国等一些国家，部分图书采用了黄底色纸张印刷，确实比白色要舒服一些。在欧洲（特别是德国），人们逐渐用一些浅色，主要是米黄、浅蓝等，代替刺眼的白色进行室内装修粉刷墙壁。

由于光污染的社会危害影响甚广，不少国家已经针对实行法律约束：欧美一些国家早在 20 世纪 80 年代末就开始限制在建筑物外部装修使用玻璃幕墙；有些发达国家或地区还明令限制使用釉面砖和马赛克装饰外墙，如新加坡立法规定建筑外墙面积的 90% 必须使用环保材料。但是在中国，大部分城市却把玻璃幕墙作为一种时髦装饰大量使用，城市的光污染源也在大量增加，必须引起重视。

中国的光污染是实际存在的，防止产生新的光污染是上策，尤其是建筑物中使用玻璃幕墙和其他强反光性装修，一旦建成便不易改变，因此在防治并重之中，还是以防为上。防治光污染是一项社会系统工程，需要有关部门制定必要的法律和规定，采取相应的限制措施。

（1）加强城市规划和管理，合理布置光源，减少光污染的来源。对城市主干道、立交桥、高架路两侧的建筑物外墙设计和制作提出限制，在各种交叉路口，不宜使用玻璃幕墙，多用反射系数较小的材料，不要用功率大的强光源；室外照明灯最好加装灯罩等。

（2）降低居室的光线强度。室内装潢，尤其是卧室，应避免雪白锃亮的情况。

（3）加强个人防护意识，做好防范措施。不要在光污染地带或强光照下长时间停留，必要时可戴防护眼镜（如墨镜、变色镜等）和防护面罩。

（4）加强绿化建设。在建筑物周围，栽树种花，广植草坪，以改善和调节光线环境。

第六节　困扰人类的其他污染

一、　环境荷尔蒙污染

1. 威胁人类存亡的环境荷尔蒙

近几十年来，地球上经常出现一些关于生命体的雌雄变异、无法生育繁殖、数量急剧减少的报道。例如，日本产的一种海螺，雌体身上出现了雄性特征后，数量大大减少，现在面临生殖危机；英国的河川发现雌雄同体的鲤鱼；美国的美洲狮出现发育和生殖异常的现象。据研究推断，这主要是由于大气、水体、食物中含有一类新发现的微量毒素，这类毒素与雌激素有同样作用，迫使真正的雌性激素受到抑制。这种存在于环境中，破坏生物体激素水平的化学物质，就叫作环境荷尔蒙。

（1）环境荷尔蒙的来源　可能含有环境荷尔蒙的物质有农药、除草剂、染料、涂料、

塑料制品、食品添加剂、除污剂、药物、重金属及垃圾焚烧产生的二噁英类物质等。其中具有代表性的有 DDT 等农药、PCB（多氯联苯）类工业化学物质、二噁英等毒性气体、作为女性荷尔蒙来使用的合成 DES（己烯雌酚）等医药品以及家畜的饲料添加剂。其中不乏国家早已明令禁止使用的物质或组分，而据最近的调查报告，仍有不少个人或部门在继续大量应用，继续毒化着环境。

环境荷尔蒙主要通过以下三种途径进入生物体内：①空气；②水源；③食物。尤其是食物，由于食物链的浓缩作用，以及食品包装材料中的环境荷尔蒙成分，使人类摄入了难以估量的环境荷尔蒙。

（2）环境荷尔蒙的危害　环境荷尔蒙的最大特点是极其微小的量产生巨大破坏力，1mL 血液中即使只存在十亿分之一克（即"纳克"，ng，$1ng = 10^{-9}g$）的荷尔蒙，就可发挥作用。环境荷尔蒙通过食物、水和空气进入生物体后，可以不断累积在内脏和血液等各个部位，并且有相当一部分是难以分解和排出体外的，所以可以达到远远超过环境中原来所存在的浓度，从而造成包括人类在内的生物的异常现象。

科学家发现，环境荷尔蒙进入人体后，搅乱了人体本来的荷尔蒙的正常工作，会导致甲状腺损害，人体免疫力下降，过敏症状增加，促使恶性肿瘤病发，出现人体性机能异常现象，婴儿先天性畸形、发育不全和儿童智能低下、精神痴呆症的发生率增高。

人体正常的荷尔蒙分泌，不但具有调节机体新陈代谢、生长、发育、繁殖等重要作用，而且具有调节精神、安定情绪、控制行为的作用。环境荷尔蒙进入人体内以后，打乱了各种内分泌成分的平衡状态，给人体的正常发育和身心健康带来不良后果。

环境荷尔蒙的泛滥，已使地球环境和地球生态系统出现了种种异常现象，鱼类和鸟类等动物大量异常死亡的现象不断发生，动物雌雄异变、畸形的紧急报告接连不断。地球生态平衡已经遭到极为严重的破坏。

联合国环境规划署在《全球环境展望 5 决策者摘要》中指出："诸如干扰内分泌的化学品、环境中的塑料、露天焚烧，以及纳米材料和化学品的制造及在产品中的使用等正在出现的问题需要采取行动，以加深理解，并防止对人类健康和环境造成危害。"

2. 如何避免环境荷尔蒙的危害

在日常生活中注意减少与可能带有环境荷尔蒙的物质发生接触，是避免受到环境荷尔蒙危害的基本途径。因此，应该养成"绿色的健康生活习惯"，注意如下事项：

（1）少用一次性用品，少用室内杀虫剂，少用合成洗涤剂，多用肥皂；

（2）不用塑料容器加热食品，不用泡沫塑料餐具泡方便面，不用聚苯乙烯杯子喝热水和热饮料；

（3）少给孩子买塑料玩具，少给婴幼儿喂豆浆，尽量用母乳（搭配牛乳或羊乳）喂养婴儿，不用塑料奶瓶给婴儿喂奶；

（4）少吃罐头类食品，少吃近海鱼类，少吃鱼类内脏，少吃肉类，多吃蔬菜，多食用当地生产的时令蔬菜水果，多吃富含纤维素的食品，适当食用乳制品；

（5）多饮用净化水，多饮用茶水，少饮用碳酸饮料，少饮用带色素饮料，不吃颜色鲜艳的食品和漂白的食品；

（6）少服用口服避孕药，尽量使用以自然材料为主的化妆品；

（7）少用发胶，少烫发和染发，少用含药物的洗发水；

（8）少用农药，少用化肥，尽量使用农家肥；

（9）少进行衣服干洗，与人体直接接触的衣物、被褥应经过泡洗后再使用，避免残留化学品的危害；

（10）简化居室装修，避免毒性物质和致癌物质的危害，不要焚烧可能产生有毒气体的物品。

二、"餐桌污染"

"餐桌污染"是一个新名词。人类和其他生物一样，每时每刻都需要消耗能量，理所当然地需要摄取食物中的营养物质，由于各种原因而带到食物中的污染物质，自然也就随之而来，成为餐桌上的污染。

1. 餐桌上的"安全"

"疯牛病"使欧洲人陷入食肉危机，接着又传来鱼类的"二噁英"污染，连饮水中污染物也超标，法国人似乎到了"欲食不敢，欲喝不能"的地步。

某些商家在禽畜的饲料中加入激素、抗生素、"瘦肉精"；某些养鱼池施用雌激素、抗生素；大量的色素和其他药品也以饲料添加剂的名义被混进饲料中❶，经过肉类转送到人类的身体内，大量的抗药性"菌株"在人体内长期存在，正逐步形成无药可治的"超级病原"，一旦暴发将不堪设想。

某省卫生防疫部门跟踪调查发现，1997 年检出农药主要为乐果、氧化乐果和甲胺磷，检出率为 36％，2000 年检出残留品种骤增至 26 种，检出率高达 61％，最高竟达 80％以上。

据统计，中国的蔬菜、水果、粮食的污染超标率分别达到 22.15％、18.79％和 6.2％。环境污染已经直接把矛头对准人类了，甚至连人们十分信任的"保鲜袋"，也发现含有一种代号为"DEHA"的可能有干扰人体内分泌作用的物质。

2001 年 5 月 22～23 日，91 个国家政府签署《关于持久性有机污染物（POPs）控制斯德哥尔摩公约》，该"公约"涉及使用于食物的包装物的污染控制。

受污染的食物造成的食物中毒事件时有发生，并见于传媒，因此而导致的死亡事故也不时发生。

食品安全还和"监督管理'标准'"密切相关，20 世纪末，中国的食品安全标准只有600 多项，香港地区有 6000 多项，而日本有 6 万多项。近十年来，由于发生过多次的重大食品安全事件，促进了国家在食品安全方面的关注。目前，中国制定的食品安全标准已经翻番，达到 1224 项。

"餐桌上的'安全'"已经成为人们心头的迷茫。

2. 存在安全未知数的"基因工程"食物

"基因工程"作为一种新兴的生物技术，在近几十年来有很大发展，部分科学家把该技术应用于农业生产，开发"转基因"农产品，意图解决现代农业生产中的病虫害以及提高农产品品质，并取得进展。然而，实验中也发现不少问题，尤其是有科学家发现种植在同一块土地上的不同种类植物植株之间出现"经过改造的'基因'"发生直接转移的现象（这种现象在传统的"杂交"改良育种的植物植株上从未发生），还有人发现"经过改造的'基因'"可以通过植株的根系向土壤转移，这些现象引起"负责任"的科学家们的高度重视，为了避

---

❶　甚至有人把致癌的"苏丹红""孔雀石绿"色素等直接加进食品中。

免"化学物质-环境激素""灾难"的重演，他们以对人类负责的态度，坚持不懈地继续深入研究试验，并把"疑窦"向社会公开。

"餐桌污染"再一次向人们敲响了"生存质量"的警钟。

农药的危害

小资料 5-2

我国大规模使用农药已经有 20 多年了。中国蔬菜农药残留超过国家标准的比例为 22.15%，部分地区超标比例为 80%。

美国环保局证实，92 种以上的农药可以致癌，90% 的杀虫剂可以致癌。受残留农药毒害所造成的癌症、先天畸形胎儿、唐氏综合征胎儿、两性儿、神经系统失调、心脑血管疾病、消化道疾病等触目惊心，随处可见。

一、对孩子的危害

1. 残留农药让要孩子的妈妈怀不上宝宝；

2. 残留农药使怀上宝宝的妈妈流产、死胎或生出畸形儿；

3. 百万分之三的残留农药就会使 7 岁前的儿童出现脑发育障碍；

4. 残留农药会危害 16 岁前的孩子的生长发育；

5. 造成儿童性早熟。

二、对成年人的危害

1. 导致身体免疫力下降；

2. 可能致癌；

3. 加重肝脏负担；

4. 导致胃肠道疾病；

为了自己的身体，也为了子孙后代，请远离有毒蔬菜的危害。

——中国食品报网 2014 年 10 月 30 日

三聚氰胺

小资料 5-3

据《西雅图时报》今晨报道，世界卫生组织昨日称，联合国负责制定食品安全标准的国际食品法典委员会为牛奶中三聚氰胺含量设定了新标准，今后 1kg 液态牛奶中三聚氰胺含量不得超过 0.15mg。

世卫组织专家表示，三聚氰胺含量标准指食品中三聚氰胺自然的、不可避免的含量，而非人为添加的含量。制定三聚氰胺含量上限标准，有助于各国区别食品中无法避免且对健康无碍的三聚氰胺含量与蓄意添加三聚氰胺的行为。

向食品中添加三聚氰胺从未获得过联合国食品法典委员会的批准。

2011 年 4 月 20 日，我国五部委就三聚氰胺问题发布公告，规定除婴儿配方食品中三聚氰胺限量值为 1mg/kg，其他所有食品（注：包括液态奶）均不得超 2.5mg/kg。

——《法制晚报》2012 年 7 月 5 日

多款面粉含致癌物且无法检测（节录）

**小资料
5—4**

目前国内面粉业仍在使用增筋剂，专家称其毒性尚无检测标准，分解物具毒性，建议禁止使用。

国内多款面粉添加增筋剂。目前，偶氮甲酰胺作为面粉处理剂，允许被作为食品添加剂使用。国内多款面粉的配料表中，就标明含有这一成分。

在欧盟，偶氮甲酰胺因怀疑其对人体致癌而被禁止用于食品添加，即使是儿童使用的塑料地垫里，法国等国也不允许生产商添加这一成分。

记者在随机查询其在线出售的二十款面包粉中，配料表中标明含有这一成分的共有五款。在北京一家大型超市里，记者看到，货架上出售的十余款面粉中，标明含有偶氮甲酰胺成分的有三种。

世界多国不允许食品中使用偶氮甲酰胺，欧盟禁止在食品中添加偶氮甲酰胺成分。2005年进一步禁止偶氮甲酰胺在食品包装中使用。2010年，比利时政府要求所有泡沫地垫中禁止使用偶氮甲酰胺。澳大利亚、新西兰、日本、新加坡等绝大多数国家均不允许在食品中使用偶氮甲酰胺。

中国最新修订版的《食品添加剂使用标准》中，仍标注"偶氮甲酰胺"的功能是面粉处理剂，允许作为食品添加剂在中国使用，使用范围是小麦粉，最大使用量为0.045g/kg。

国际食品包装协会常务副会长兼秘书长董金狮表示，我国目前对于很多添加剂的使用标准更多借鉴美国和国际卫生组织，但其有相应的监管环节和检测标准。我们在检测环节却处于真空状态。

国家药物安全评价监测中心病理学顾问、北京大学医学部公共卫生学院毒理学系教授李寅增则认为，对添加剂，做单一的毒理实验是不够的。因为现代人会同时接触到多种人工添加剂。多种添加剂加在一起，对人到底是有好处，还是有坏处？国内这方面做的毒理实验很少。而国外在这方面的发展非常快。

增筋剂分解物毒性超标90倍。专家表示，偶氮甲酰胺的致癌嫌疑来自其分解物氨基脲，其含量超现有标准90倍。我国尚无相应检测标准和方法。

据外媒报道，世卫组织曾将偶氮甲酰胺与呼吸问题、过敏和哮喘等联系在一起。美国消费者维权团体"公共利益科学中心"指出，偶氮甲酰胺在烘焙过程中会形成氨基脲和尿烷，而氨基脲会导致老鼠罹患肺癌和血癌，尿烷也会使老鼠致癌。

据国家粮食局标准质量中心原高级工程师谢华民介绍，偶氮甲酰胺的致癌嫌疑来自其分解产物氨基脲，而目前禁用的兽药呋喃西林的代谢产物也是氨基脲。氨基脲属于中等蓄积毒性物质，具有剂量增加而效果递增的毒性关系，对心脏、肝和肾均有损伤作用，并且具有致突变作用，对雄性小鼠具有生殖毒性。专家建议食品和面粉中禁止使用。

谢华民认为，应该禁止在食品中使用偶氮甲酰胺，"面粉增筋剂并非食品的必要添加物，却长时间被使用在老百姓的日常饮食之中。我们不是因为食物无毒或者少毒才选择进食。"

相关法律人士对记者表示："《食品安全法》作为卫计委标准的上位法，如果随着科技的进步，发现以前不能检测而目前来看存在风险的添加剂，卫计委的新标准作为下位法，应当遵守上位法的规定，进行随时更新。"

欧盟的态度是"如果国际标准与欧盟标准相比不能提供高标准人类健康保证，则国际标准只做参考"。

中国农业大学食品学院副教授范志红则表示，偶氮类物质可能会影响儿童对于微量元素的吸收，应该禁止该添加剂的使用。

——《新京报》（微博）2014年3月26日

草莓中检出乙草胺

小资料 5-5

草莓竟含致癌农药？！4月26日，央视财经频道在一档求证类节目中，公布了对北京市随机购买的8份草莓样品的检测结果：全部样品都检出百菌清和乙草胺两种农药，前者检出值在国家标准范围内，后者在我国不允许使用于草莓种植中，属b-2类致癌物。

消息一出，有关草莓含致癌农残的消息迅速传播开来。到底草莓还能不能吃？如何清除草莓上的农药残留？生活中还有哪些农残需要警惕？《生命时报》记者第一时间采访农林、园艺、食品、中毒医学等权威专家，解答你的种种疑惑。

专家：草莓中检出乙草胺很奇怪

三名专家均表示，从草莓的标准种植过程来看，使用乙草胺并导致其残留超标的可能性很低。

在江西省某农村承包了五六亩地种植大棚草莓的蒋先生说，他家种草莓七八年，只在种植草莓之前使用过除草剂，草莓种下去之后从未使用过。不过他也表示，如果种植前期的防病工作没做好，草莓又经常生病的话，不排除有个别人在此过程中使用农药的可能。

乙草胺到底有多大毒性？

首都医科大学附属北京朝阳医院职业病与中毒医学科主任医师郝凤桐在接受《生命时报》记者采访时表示，报道中将检测结果与欧盟标准进行比对，从而得出超标数倍的结论只能作为参考。

首先明确两个常识：

第一，"检出农药残留"跟"危害健康"不是一回事。

第二，"有多少种农药"跟"有害剂量"是两回事。

中国农业大学食品科学与营养工程学院副教授朱毅表示，果蔬农残分两类：一种是附着式，农残只是在果蔬表面；另一种是内吸式，农残已经渗入果蔬皮中。对于前者，可以通过冲洗等去除部分农残，而后者只能削皮。

实在担心农残问题的人可以统一用削皮的方式处理，能去皮的果蔬全部削皮。

——《生命时报》2015年4月28日

三、　绿色食品渐入人心

有机农业于 20 世纪 20 年代发源于德国和瑞士，而最早的有机农场是被尊称为美国有机农业之父的罗代尔在 20 世纪 40 年代建立的"罗代尔农场"。随着"化学农业"对人类健康威胁的恶果的逐渐显现，发达国家农民在 60 年代开始自发开始有机生产，至 1972 年由美、英、法、瑞典和南非发起建立国际有机农业联盟（IFOAM）非政府组织，截至 2000 年上半年，IFOAM 有来自 105 个国家的 718 个成员，2017 年 11 月 9 日至 11 日，第 19 届 IFOAM 世界有机大会（19th IFOAM OWC）在印度新德里召开❶，中国代表参加了会议。

图 5-5　"绿色食品"标志

实际上，所谓"绿色食品"并不是指"绿颜色"的食品，而是指按照特定的质量标准体系生产、加工、检测，被专门机构认定，获得中国"绿色食品"标志（正圆形图案，上方太阳，下方叶片，烘托中心的蓓蕾，见图 5-5）使用权的，并标有"经中国绿色食品发展中心许可使用我国现行的绿色食品标志"字样的食品被称为绿色食品。这说明这种食品出自纯净、良好和无污染的生长环境，并已通过中国绿色食品发展中心根据国际、国内一系列严格标准而进行的检测。

我国现行的绿色食品标准又分为两个技术等级，即 A 级和 AA 级❷。

A 级标准对应的是限制使用农药、化肥等化学合成物的可持续农业产品。AA 级绿色食品对应的是有机食品，即在生产过程中不使用化学合成的农药等生产资料，在我国现有绿色食品的比例中只占到 10% 左右。

1990 年 5 月，中国农业部向全世界宣布中国已开始开发绿色食品。这种出自最佳生态环境、带有最强生命活力的"绿色食品"，有五大类近 1000 个品种，如粮食的初级产品及加工品、油类、肉禽蛋鱼、水果、蔬菜等。各地相继建立了一批"绿色食品"的生产基地。尽管"绿色食品"的价格高于普通食品，但其纯天然、营养高却赢得了广大消费者的青睐。1994 年在上海举办首届绿色食品展销会时，黑龙江大米、甘肃的苹果梨、新疆的葡萄干等一批名优绿色食品异彩纷呈，数十万与会者争相购买。可以说，享用绿色食品已成为愈来愈多的都市人所追求的时尚（图 5-6）。

"绿色食品"概念进入中国近 30 年以来，它所倡导的消费观念和质量标准正被越来越多的消费者所接受。

随着国民环境保护意识的日益增强，人们对食物的安全要求也越来越高，对于"绿色食品"的需求也迅速增加，"市场需求就是发展的动力"的市场经济原则有力地促进了"绿色食品"。统计数字显示中国的"绿色食品"已经开始进入发展的"快车道"：从 1990 年起步到 2006 年，中国的"绿色食品"总数已经发展到 12868 个，实物生产量从 35 万吨到目前已经超过 7200 万吨，销售总额超过 1500 亿元，出口额达 20 亿美元。

中国的绿色食品消费者快速增长，也是国民食品安全意识提高的具体表现，这种增长自然也会对"绿色食品"的持续发展产生良好的刺激。

---

❶　印度农业耕地面积比中国多 33.3%，有机农业生产者接近 60 万，占世界的 25%，有机农地面积达到 118 万公顷。印度政府是世界少数认可并推进 PGS 发展的政府之一，其法规禁止在获得有机认证的土地区域内使用化学肥料、化学农药、生长调节剂、激素、添加剂和转基因品种。

❷　国际上的"有机食品"只有一个等级：不使用任何化学品。和我们的"AA"级相当。

图 5-6　生长在深圳某生态农场的悬吊在棚架下的"地瓜"

　　绿色食品的开发，不仅给人类带来了安全的食品，保障了人类的身体健康，具有明显的社会效益，而且随着人们环境意识的增强，在购物时都优先选择绿色食品，从而带来了巨大的经济效益。

思　考　题

　　1. 什么是噪声？对人体有什么危害？控制噪声污染有哪些措施？

　　2. 你身边有哪些噪声污染困扰？你对控制这些噪声污染有何建议？

　　3. 什么是放射性污染？什么是半衰期？放射性污染的来源和危害有哪些？

　　4. 什么是城市的"热岛效应"？产生的原因是什么？

　　5. 什么是电磁污染？有什么危害？举例说出你身边的一些电磁污染源。

　　6. 什么是光污染？可见光污染有哪几种形式？

　　7. 现代建筑中，玻璃幕外墙有什么危害？

　　8. 什么是环境荷尔蒙？对人类有什么致命的危害？

　　9. 什么是绿色食品？它的标志图案是怎样的？

【开放作业题】

　　1.（1）课后准备：搜集本章内容的各种环境问题的有关资料，按照现象、结果、原因、实例、防治措施几部分，以四人小组为单位制作资料卡片。（2）堂上互动：将准备好的各类卡片随意混合，分发给各小组，各小组阅读、讨论卡片的内容，准备回答问题；各组依次宣读本组的现象卡，其他成员应立即找出相应的结果卡、原因卡、实例卡、防治卡宣读抢答。答对加 20分，答错倒扣 10 分。

　　2.（1）课后准备：录制各种美妙的自然界声音并定名；录制各种城市人为噪声。汇总为一盒《声音》的专辑。（2）堂上互动：在讨论课上选播并讨论总结。

　　3. 进行本地区的本章相关内容的环境调查，写出调查报告。

　　4. 自行选择课文中某一具体的环保主题，创作环保标语。

下篇

友善对待地球，
促进发展与环境友好

第六章
让污染物无以遁形的环境监测

第一节　环境监测概述

一、环境监测的意义和作用

环境监测是指间断或连续地测定环境中污染物的浓度，观察、分析其变化和对环境影响的过程。

由于最早引起注意的环境污染事件主要是由化学污染物造成的，所以最先出现的是环境分析这门科学。环境分析的主要对象是各种污染物，是对一些物质的污染指标进行定性、定量分析，既可以在现场直接测定，也可以采集样品在实验室中进行测定。

利用监测数据，可以描述和表征环境质量现状，预测环境质量的发展趋势，采取必要的环保措施及治理方案。所以，环境监测不仅仅是各种测试技术，还应包括对污染物、污染源、被污染环境及周围环境的相关因素的分析、评价等技能，以及具体测试目标的布点技术、采样技术、数据技术等，这就要求监测人员不仅要有坚实的分析化学基础，还要有足够的物理学、生物学、气象学、生态学、地学、工程学等方面的知识。

环境监测是环境保护工作的眼睛，是环境保护技术的重要组成部分。人们长期收集大量的环境监测数据，便可弄清有害物质的来源、分布、数量、动向、转化规律，对环境污染趋势做出预报。在此基础上开展模拟研究，正确评价环境质量，确定环境污染的控制对象，完善以污染物控制为主要内容的各类控制标准、规章制度，使环境管理逐步实现从定性管理向定量管理、单向治理向综合治理、浓度控制向总量控制转变。因此，可以说环境监测是环境科学研究工作和环境质量管理的基础，是制定环境保护法规的重要依据，是搞好环保工作的中心环节。这样，从环境科学的研究成果，经由环境控制又回输到人类生活、生产活动、自然环境中去，达到改善环境、造福人类的目的。而离开环境监测，环境保护将是盲目的，加强环境管理也将是一句空话。

随着环境科学的发展，对环境监测提出的要求越来越高。环境监测不断地向新的深度和广度发展，通过更加先进的监测技术获得准确的、有代表性的、有可比性的数据，涉及的范围日益扩大，监测手段越来越多。

二、环境监测的目的和任务

1. 环境监测的目的

（1）为环境质量评价、环境质量变化趋势预测提供信息。包括判断环境质量是否符合国

家制定的环境质量标准；预测污染的发展动向；评价污染治理的实际效果。

（2）为各项环境管理活动提供科学依据。包括制定切实可行的环保法规和环境质量标准；制定环境污染综合防治对策；做出正确的环境决策及科学的环境规划；全面监测环境管理的效果。

（3）积累环境本底资料。为保护人类健康和合理使用自然资源，确切掌握环境容量和进行污染总量控制提供科学依据。

（4）揭示新的环境问题，探讨新的污染因素、原因及控制的途径。分析污染物迁移、转化的规律，为环境保护科学研究提供可靠的数据。

2. 环境监测的任务

（1）对大气、水体、土壤、生物等环境要素进行监测，及时发现环境污染情况，并进一步查明其污染源以及污染的原因。

（2）对污染源进行定期的监测，检查各单位对国家规定的污染物排放标准的执行情况。

（3）在定期环境监测的基础上，进一步掌握污染的动态变化，当发现环境污染严重时，迅速查找原因并及时提出防治措施。

（4）经过长期的连续监测资料的综合分析，摸清污染途径和规律，进一步为生产的合理布局及城市建设规划提供科学依据。

三、 环境污染的种类和特征

1. 环境污染的种类

（1）按污染的来源，分为天然污染和人工污染；

（2）按环境要素，分为大气污染、水体污染、土壤污染、食品污染等；

（3）按污染物的性质，分为生物污染、化学污染和物理污染；

（4）按污染物的形态，分为废气污染、废水污染和固体废物污染，以及噪声污染、辐射污染等；

（5）按污染影响的范围大小，分为全球性污染、区域性污染、面源污染、点源污染等；

（6）按污染影响的程度，分为轻度污染、中度污染、重度污染、严重污染等；

（7）按污染产生的原因，分为工业污染、农业污染、交通污染和生活污染；

（8）按污染物在环境中物理、化学性状的变化，分为一次污染和二次污染。

2. 污染源的形式

大多数污染物质是以散逸至大气或排入水体的方式进入环境的。污染源的形式有以下几种。

（1）点污染源　浓稠集中的排放，如从工厂烟囱或污水排出口处排放。

（2）线污染源　如移动着的汽车在街道上排放尾气。

（3）面污染源　稀淡分散的排放。如降水对大气的淋洗污染物质进入水体。

污染源形式还可以按污染源存在的形式，分为固定污染源和移动污染源；按污染排放的时间，可分为连续源、间断源和瞬时源等。

污染源的存在形式对污染物质的扩散、分布和迁移、转化有很大的影响。

3. 环境污染的特征

（1）作用时间长　污染物可能长时间存在于环境中，如大气污染、放射性污染等，可能对环境中的生物产生长久作用。

（2）影响范围广　环境污染涉及的范围广、人口多，可造成大范围甚至全球性污染危害。

（3）作用机理复杂　污染物经大气、水体等的稀释、扩散，浓度一般较低，但它们可通过理化和生化作用发生转化、代谢、降解和富集，改变其原有的性状和浓度，产生不同的危害作用，而且环境受污染后，往往多种毒物同时存在，而发生联合作用及危害。

（4）不易觉察危害　污染危害往往在长时间作用后才被发现或查明原因。有的受害者在相当一段时间内可以完全无症状，呈隐性、慢性危害。

（5）污染容易治理难　环境一旦被污染，要想恢复原状，不但费力气、代价高，而且难以奏效。

四、 环境监测的分类

环境监测的分类方法有很多，主要有以下几种。

1. 按监测的目的分

（1）研究性监测　研究确定污染物从污染源排出后的运动、转化规律，并确定它们对人体、生物和其他物体及环境的影响。

（2）例行性监测　监测环境中已知污染物的来源、浓度、污染变化趋势和控制措施的效果。

（3）事故性监测　对事故性污染等进行监测，确定污染的范围及其影响程度，以便采取措施。这类监测一般以流动监测、空中监测、遥感监测为主。

2. 按监测对象分

（1）大气污染监测　测定大气中污染物及其含量，如颗粒物、二氧化硫、氮氧化物、光化学烟雾、一氧化碳和其他毒害性气体的监测，在核工业或其他装置周围环境，需要时还应进行放射性尘埃监测。

在监测大气污染物的同时，必须测定风向、风速、气温、气压等气象参数。

（2）水质污染监测　对江、河、湖、海及地下水的评价和污染源排水口的监测。主要测定：固体悬浮物、浊度、pH值、生化需氧量、化学需氧量、氮、磷、金属毒物（汞、铬、镉、铅、砷、氰、氟、亚硝酸盐等）、有机化学毒物（有机磷、有机氯农药、酚类、聚氯联苯、苯并［a］芘等）、油类污染物、放射性污染物、生物污染物、感官污染物等。

（3）土壤污染监测　土壤污染主要由工业废物或化肥农药引起。监测的主要项目是对生物有害的重金属、残留的有机农药等。研究工作需要进行"过剩的"化肥或者其他人造物质的监测。

（4）生物污染监测　动植物都是从大气、水体、土壤中直接或间接吸取各自的营养，环境受到污染，有害污染物就会在生物体内富集。这些生物用于人类的生活时，就会危害人体的健康。

此外，还有固体废物污染监测、能源污染监测等。

五、 环境监测的程序和原则

1. 环境监测的程序

① 现场调查与收集资料；

② 确定监测项目；

③ 布设监测点及选择采样时间和方法；

④ 保存好环境样品；

⑤ 分析测试环境样品；

⑥ 处理数据及上报结果。

2. 环境监测的原则

影响环境的污染物种类繁多，在环境监测中，由于人力、监测手段、经济条件、仪器设备等限制，不可能包罗万象地监测分析所有的污染物，应根据需要和可能，并坚持以下原则确定优先监测的污染物。

① 对环境和生态影响大的污染物。

② 已有可靠的监测方法并能获得准确的数据的污染物。

③ 已定有环境标准和其他规定的污染物。

④ 在环境中的含量已接近或超过规定的标准浓度，并有污染趋势上升的污染物。

⑤ 有广泛代表性的污染物。

此外，还要充分考虑经济与效果二者的关系，要全面规划、合理布局，采用适当的技术路线，综合优化布点、严格监测质量控制，实现最优环境监测。

六、 环境监测的内容和特点

1. 环境监测的内容

（1）环境要素的监测　为了解和掌握环境质量的状况以及变化趋势，需对大气、水体、土壤等环境要素的污染现状进行定时定点监测。

（2）污染源的监测　为了解污染源所排放的污染物是否符合现行排放标准的规定，掌握污染物排放对环境造成的影响，需对各类污染源的排污情况进行常规监测。

（3）特殊目的的监测　为某一目的而进行的特定指标的监测，如污染事故监测、仲裁监测等。

2. 环境监测的特点

与一般分析工作相比，环境监测具有下列显著特点。

（1）监测项目种类繁多　环境监测的对象不仅有基本的化学污染物质，还有污染物不同价态、状态、环境因素等问题，对环境和生态的危害性各有不同，应分别测定。中国目前已确定进行监测的环境污染物已达 260 多种❶。

（2）监测物质变异性大　污染物的特性和它的性质、状态、浓度、排放情况及气象条件

---

❶ 目前国内还只有部分城市和经济发达地区，如北京、上海、天津、重庆、广州、武汉、深圳、大连等地可以进行较多项目的监测。而在发达国家，如美国，单是"优先监测"项目就有 200 种以上，可见仍有很大差距。

有关，它的浓度是随时间、空间而变化的。例如，二氧化硫能扩散到很远的地方，而汞蒸气因受重力作用，扩散能力较弱。另外，污染物在环境中可能发生物理、化学作用及生物分解，引起待测物发生变异。如硫化氢在有臭氧存在的空气中，能借助雾、烟微粒表面迅速变为二氧化硫。所以只靠少数样品的静态分析数据很难对环境状况做出正确可靠的评价，而只能采用动态分析的方法，并在现场进行测定。

（3）被测物含量低　环境污染物含量极低，属痕量（$10^{-9} \sim 10^{-6}$）和超痕量（$10^{-12} \sim 10^{-9}$）分析范围，同时由于扩散，污染物分布区域极大，浓度进一步降低，给监测带来很大困难。

（4）被测物的毒性大　污染物通常是对人畜有毒害的物质，侵入机体后，可能产生病理改变。具有剧毒的污染物即使痕量存在，也会危及生物体的生命，必须重视对它们的监测。

（5）监测方法和手段的多样性　环境监测作为环境保护工作的"耳目"，其深度与广度远远超过一般分析化学的范围。它除了利用近代分析化学实验技术、物理测试技术的各种先进成果外，也从生物化学、应用数学等学科吸取先进技术来武装自己。还有研究和发展借助卫星和飞机进行大环境遥感遥测的方法和技术，使环境监测具有极丰富的内涵。

（6）环境监测的连续性　由于环境具有时空性等特点，只有坚持长期测定，才能从大量的数据中揭示其变化规律，并据此预测其变化趋势，数据越多，预测的准确度就越高。因此，监测网络的建立、监测点位的选择一定要注意科学性，而且必须长期坚持监测。

（7）环境监测的追踪性　环境监测包括众多的环节，任何一步的差错都将影响最终数据的质量。为使监测结果取得足够的准确性，并具有一定程度的可比性、代表性和完整性，需要建立环境监测的质量保证体系。

（8）涉及的社会面广　环境监测除了分析一些固定样品外，早已超出个人或一个实验室的工作范围，而联系着某个地区或某一流域或水域，大气污染监测甚至是国际性的。监测工作涉及的社会面很广，监测工作量相当大，相互间的协作性强。监测工作很多时候还需要跨区域、跨国甚至洲际组织进行。

跨境监测通常需要通过国际性环境保护组织进行联络和组织。

第二节　环境监测的要求

一、环境监测的基本要求

环境监测几乎采用了当代的分析化学及各有关学科发展起来的各种分析方法和测试手段。由于每种方法都有其特定的适用对象和范围，选用何种方法应根据监测分析的目的、监测对象、浓度水平以及实验室的仪器设备条件来决定。选用的方法应满足以下要求。

1. 准确可靠

监测数据的准确性，不仅与评价环境质量有关，而且与环境治理的经济问题也有密切的联系。不准确的监测数据，既浪费资金，还会因此得出错误结论，甚至产生严重后果。环境监测数据关系到人类生存和有关方面的经济利益，因此，首先应保证其准确性。

2. 快速灵敏

由于很多污染物的浓度水平很低，或者样品的绝对量极小。因此必须采用各种高灵敏度的测试手段，并尽可能快速完成，才能真正反映环境的污染情况，及时采取防护措施。

3. 简便适用

在保证监测质量的前提下，所用的方法和仪器愈简便愈快速愈好，以利于普及推广和在实验室外进行监测工作。

4. 选择性好

环境监测对象成分复杂，要求分析方法对被测组分具有良好的选择性，最好是特效方法，以避免（减少）干扰，使预处理简化，并提高测定的准确度和速度。

5. 方法标准化

环境监测工作具有广泛的社会性，为了保证监测质量和监测数据的可比性，需要有统一的标准化分析方法。一些重要的环境污染物，国际标准化组织已经颁布了一系列统一的标准方法。

二、 环境监测分析方法及选择

1. 环境监测的分析方法

在环境监测分析工作中，由于污染因素性质的不同，所采用的分析方法也不同。一般可分为以下两大类。

（1）化学分析法 化学分析法是以化学反应为基础，也是环境监测分析的基础。它包括滴定法（酸碱滴定、氧化还原滴定、沉淀滴定、配位滴定）和称量法。滴定法具有操作简便、快速、准确度高、应用范围广的特点，但灵敏度较低，适用于一些待测组分含量较高的项目的分析，主要用于水中的酸碱度、氨氮、化学需氧量、生化需氧量、溶解氧、氯化物、硬度等的测定。称量法主要用于悬浮微粒、降尘量、烟尘、污水中油类等的测定。

（2）仪器分析法 仪器分析的种类很多，最常用的有光学分析法（分光光度法、原子吸收分光光度法、发射光谱法、荧光分析法等）、电化学分析法（电位分析法、电导分析法、库仑分析法、阳极溶出法等）和色谱分析法（气相色谱、高效液相色谱、离子色谱、色谱分离法等）。此外，还有质谱法、中子活化法、核磁共振法、电子能谱法等。仪器分析灵敏度高、选择性强、快速、容易自动化，适用于微量、痕量组分的测定。

2. 分析方法的选择

环境样品试样数量大，组成复杂并且污染物的含量差别很大，所以在环境监测中，要根据样品和待测组分的情况，权衡各种因素，有针对性地选择适宜的测定方法。一般来说，应注意以下几点：

① 尽可能选择采用国家现行的环境监测标准统一分析方法。

② 含量较高的污染物，可选择准确度较高的化学分析法；含量低的污染物，根据条件选择适宜的仪器分析法。

③ 在条件许可的情况下，尽可能采用具有专属性的单项成分测定仪。

④ 在经常性的测定中，尽可能利用连续性自动测定仪。

⑤ 在多组分的测定中，如有可能，应选用同时具有分离和测定作用的分析方法。

三、 环境标准

环境标准（environmental standards）是国家为了保护人民健康，促进生态良性循环，实现社会经济发展目标，根据国家的环境政策和法规，在综合考虑本国自然环境特征、社会经济条件和科学技术水平的基础上，对环境保护工作中需要统一的各项技术规范和技术要求所作的规定。

环境标准规定环境中污染物的允许含量和污染源排放污染物的数量、浓度、时间和速度、监测方法，以及其他有关技术规范。

环境标准是国家环境保护法规的重要组成部分，环境保护规划的具体体现。

环境标准具有法律效力，是进行环境规划、环境管理、环境评价和城市建设的依据。

我国现行的环境标准分为国家标准和地方标准。地方标准是国家标准的补充。

环境标准和其他"标准"一样，也不是一成不变的，与一定时期的技术经济水平以及环境污染与破坏的状况相适应，并随着技术经济的发展、环境保护要求的提高、环境监测技术的不断进步及仪器普及程度的提高而进行及时调整或更新，并尽可能与国际标准接轨。

"标准"修订时，标准号通常是不变的，变化的只是标准的年号和内容。

1. 环境标准的分级管理

三级标准是国家标准、地方标准和行业标准。

国家标准是由国家制定的，适用于全国的环境保护工作，是在全国范围（或特定地区）内统一的环境保护技术要求。

地方标准是由地方，如省（自治区、直辖市）、市和地方人民政府依照法定程序，对国家标准中未作规定的项目，或对某些项目提出更高要求而制定的地方性的环境标准，是国家环境标准的补充、完善和具体化。

国家环保部门从1993年开始制定环保行业标准，从而使环境管理工作实现规范化、标准化。

三级环保标准是相互补充的。

2. 环境标准的分类

（1）环境质量标准　为了保护人类健康、生态平衡和社会物质财富，对环境中有害物质和相关因素所作的限制性规定。它是各类环境标准的核心和制定依据，是国家环境政策目标的体现。按照环境要素和污染要素分为大气、水质、土壤、噪声、放射性和生态环境质量标准等，如《地表水环境质量标准》（GB 3838）、《环境空气质量标准》（GB 3095）等。

（2）污染物控制、排放标准　为实现环境质量目标，结合技术经济条件和环境特点，对排入环境的有害物质浓度、有害因素和污染物的总量所作的控制规定。它是实现环境质量标准的主要保证，也是对污染物进行强制性控制的主要手段。

国家污染物排放标准按其性质和内容分为部门行业污染物排放、通用专业污染物排放、一般行业污染物排放、地方污染物排放四种排放标准，如《大气污染物综合排放标准》（GB 16297）、《污水综合排放标准》（GB 8978）等。

（3）环境基础标准　在环境保护工作范围，对有指导意义的名词术语、符号、代号、指南、导则等所作的统一规定，是制定其他环境标准的基础，如《制定地方大气污染排放标准的技术方法》（GB/T 13201）等。

（4）环境方法标准　在环境保护工作中为试验、检查、分析、抽样、统计计算等对象制定的标准。污染环境的因素繁杂，污染物的时空变异性较大，对其测定的方法可能有许多

种，但从监测结果的准确性、可比性方面考虑，环境监测必须制定和执行国家或部门统一的环境方法标准，如《城市区域环境噪声测量方法》（GB/T 14623）等。

（5）环境标准样品标准　在环境保护工作中，对用来标定仪器、验证方法、进行量值传递或质量控制的材料或物质所作的规定。

（6）环境保护的其他标准　如仪器设备标准、环境管理办法、产品标准等以及其他需要统一协调的技术规范，作出统一规定。

截至"十二五"末期，国家已经累计发布环保标准共1941项，其中含现行标准1697项，废止标准244项，环境质量标准16项，污染物排放（控制）标准161项，环境监测类标准1001项，管理规范类标准481项，环境基础类标准38项，通过备案的地方环保标准148项。这些环境标准覆盖了大气、水质、土壤、噪声、辐射、固体废物、农药等领域。已开展了环境质量周报和日报、污染源监测、污染事故应急监测、污染物总量控制监测、污染源解析监测、环境污染治理工程效果监测等，监测的污染因子达百余种。同时，还理顺了国家标准和地方标准之间的关系，促进了地方环保标准的快速发展。

为了加强环境保护管理，国家还专门出台了"环境"类专用标准编号，比如：GHZB——国家环境质量标准；GWPB——国家污染物排放标准；GWKB——国家污染物控制标准；HJ——国家环境保护部标准；HJ/T——国家生态环境部推荐标准。这些新标准编号的推出，可以使我国的环境标准系列进一步系统化、科学化，更有利于环境标准系列的建设和发展，有利于环境管理和环境法治的强化。

四、环境监测的管理

环境监测管理是环境监测工作全过程的管理。它是以环境监测质量、效率为中心对环境监测系统整体进行的科学管理。环境监测管理的具体内容包括：监测标准的管理、监测点位的管理、采样技术的管理、样品贮运保存管理、监测方法的管理、监测质量管理、监测综合管理和监测网络管理等。总的可归纳为：监测技术的管理、监测计划管理、监测网络管理和环境监督管理。

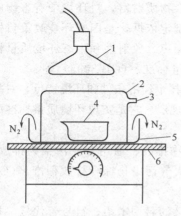

图 6-1　简易洁净蒸发装置
1—红外线灯；2—外罩；3—经过滤的氮进口；4—蒸发皿；5—培养皿；6—电热板

环境监测管理的内容很多，核心内容是环境监测质量保证。由于"一个错误的数据比没有更坏"，监测质量保证是非常重要的。

环境监测对象成分复杂，时间、空间量级上分布广泛，且随机多变，不易测定。特别是在区域性、国际性大规模的环境调查中，常需要在同一时间内，由许多实验室同时参加、同步测定。这就要求各实验室从采样到结果所提供的数据具有规定的准确性和可比性，才能作出正确的结论。环境监测结果是由环境监测过程中各个环节的质量予以保证的，因此必须加强环境监测实验室、监测人员和监测系统的科学管理。

实验室是获得监测结果的关键部门，要使监测质量达到规定水平，必须有合格的实验室和合格的分析操作人员。包括实验室的清洁度（如图 6-1 所示为简易洁净蒸发装置）和安全工作；仪器的正确使用和定期校正；化学试剂的选用；溶液的配制和标定；试剂的提纯；分析测试工作人员的操作技术和业务素质；数据处理和报告等。

此外，对试样的采取、样品运输和贮存等过程，包括采样点的设置、采样时段的选择，采样器、流速和定时器的校正，固定剂、吸附剂的要求，采样管和滤膜的安装，样品贮存的条件和运输过程都要符合规定要求。总的来说，环境监测管理原则如下。

（1）实用原则　监测不是目的，而是手段，监测数据不是越多越好，而是越实用越好；监测手段不是越现代化越好，而是越准确、可靠越好。

（2）经济原则　确定监测技术路线和技术装备，要经过技术经济论证，进行费用-效益分析。监测全过程的质控要点及控制要求见表6-1。

表 6-1　环境监测全过程的质控要点及控制要求

监测系统过程	质控要点	控制要求
布点系统	1. 监测目标系统的控制 2. 监测点位点数的优化控制	控制空间代表性及可比性
采样系统	1. 采样次数和采样频率优化 2. 采样工具方法的统一规范化	控制时间代表性及可比性
贮运系统	1. 样品的运输过程控制 2. 样品固定保存控制	控制可靠性和代表性
分析测试系统	1. 方法准确度、精密度、检测范围控制 2. 分析人员素质及实验室质量控制	控制准确性、精密性、可靠性、可比性
数据处理系统	1. 数据整理、处理及精度检验控制 2. 数据分布、分类管理制度的控制	控制可靠性、可比性、完整性、科学性
综合评价系统	1. 信息量的控制 2. 成果表达控制 3. 结论完整性、透彻性及对策控制	控制真实性、完整性、科学性、适用性

第三节　环境监测的发展

一、环境监测的发展历程

环境监测是环境保护工作的重要手段，所以环境监测是随着环境保护事业而发生、发展的。其发展过程大致分为以下三个阶段。

1. 被动监测阶段（污染监测阶段）

环境科学作为一门学科是20世纪50年代才开始发展起来的。由于当时缺乏对环境污染的全面认识和技术条件的限制，基本上是哪里发现污染，就到哪里监测，采样是零星的，是对局部范围的监测，监测方法也是普通的化学方法。

2. 主动监测阶段（目的监测阶段）

到了20世纪70年代，随着科学的发展，发达的工业国家饱尝了污染的危害，人们逐渐意识到影响环境质量的因素不仅是化学因素，还有物理因素和其他因素。环境中各种污染物之间，污染物与其他物质、其他因素之间所存在的增强或抵抗作用，也逐步为人们所认识。环境监测的手段除了化学的，还有物理的、生物的等，并逐步采用专用仪器监测。监测的范

围也从点污染的监测发展到面污染以及区域性的监测。

3. 自动监测阶段（污染防治监测阶段）

20 世纪 80 年代初，环境监测技术迅速发展，美国、日本、荷兰等发达国家相继建立了自动连续监测系统，并使用了航测、遥感、遥测、卫星监测等手段，监测仪器用电子计算机遥控，数据自动传输，由电子计算机处理。因此，可以在极短时间内观察到空气、水体污染浓度变化，预测预报未来环境质量，及时采取保护措施。监测项目由工业和生活排放的化学物质及多余的能量发展到致癌、致畸、致突变的各种污染因子。为保证监测数据的准确性、代表性和可比性，建立了监测质量保证系统，发展了监测数据（库）中心、监测信息管理系统。环境监测真正成为环境管理的基础。

二、 环境监测网络

由于污染源强度、地理条件、气象条件等因素的不同，污染物质的分散性、扩散性、化学活性等的差异，污染物排放后的污染的范围和影响也就不同。如果仅在某一地点或地区设立一两个监测点，则所取得的数据在反映环境质量方面是不全面的，往往缺乏代表性。因此，必须在预定的范围内设立监测网络，在统一组织和领导下，共同协作，开展各项环境监测活动、资料汇总和综合整理、评价，才能更好地反映污染物的时间分布、空间分布和环境质量。环境监测网络是社会监测工作纵向与横向相互配合协调的一种组织形式，监测网络的建立，对节约资金、提高效能、减少监测重复劳动等都具有十分重要的意义。

1. 中国的环境监测网络

2016 年，全国已经建成由 352 个监控中心、10257 个国家重点监控企业组成的污染源实时在线环境监控体系。

国务院还批准新建 18 个、调整 5 个国家级自然保护区，对 446 个国家级自然保护区人类活动开展遥感监测。

国家环境监测网包括：338 个地级及以上城市的 1436 个城市环境空气质量监测点位，978 条河流和 112 座湖泊（水库）的 1940 个地表水水质评价、考核、排名断面（点位），338 个地级及以上城市和部分县级城市近 1000 个酸沉降监测点位，338 个地级及以上城市的集中式饮用水水源水环境监测网，417 个近岸海域环境监测点位，338 个地级及以上城市的近 80000 个城市声环境监测点位，全国 31 个省（区、市）的 645 个生态点位、10 个区域重点站和 1 个定位监测站。

2. 全球环境监测网络（GMES）

全球环境监测网络是于 1974 年在联合国环境规划署主持下建立的。其目的是监测全球环境污染状况及其趋势，了解环境污染对人类健康、生态系统以及气候的影响，收集环境污染资料并做出环境质量评价和预报，向全世界提供环境状况信息。目前已进行的监测主要有：有关气候监测；可更新资源监测；海洋监测；环境卫生监测。GMES 系统测定了环境中的许多有用参数，为人类提供了大量环境状况的有价值的资料，如臭氧空洞、大气中二氧化碳的含量、酸雨沉降、河流和海洋中的重金属污染等，为全球环境保护做出了贡献。

中国"环境一号"卫星系统已经于 2012 年 12 月 9 日全面投入运行，成为"全球环境监测网络"的重要组成部分。

三、　环境监测的新发展

1.　在线监测

环境污染物的生成和排放是与生产同时发生的，但环境违法者为了减少治理费用，往往会偷偷排放，或者使用一些"容器"或者其他暂时存放设施，把污染物存放起来，然后伺机偷排，也有某些"环保设备公司"在治理设备上设置"短路管道"，表面上是经过处理装置，实际上却没有处理。对付这种逃避处理或检查的污染企业，过去环保部门几乎是无从下手。但是随着监测科学技术的发展，现在不但国际上有"在线监测"设备，有些仪器中国自己也能够制造，并运用于实际监测。

"在线监测"仪器设备的推广应用，对于遏制环境违法分子具有积极意义。

"环境一号"卫星系统的全面投入运行，相当于建立了全国大气污染的"在线监测网络"，对及时掌握全国大气污染的实时状态具有重要意义。

2.　群众性环境监测

环境保护是一个全社会的事业，它不仅是领导者、决策者的事，同时也是广大群众的事，时时刻刻与每一个人有关。没有全民族环境意识的增强，不可能搞好关系到全民族命运的环境保护事业。因此，创建一个绿色、文明、爱护及崇尚自然的环境，要从我们自己身边做起。每一个人不一定是环境破坏的制造者，但却是环境破坏的直接受害者，更应该是环境破坏的抵制者和改造者。地球很大，污染范围很广，只有依靠群众，发动群众对一切违反环境法规、破坏环境的行为进行强有力的监督和斗争，才能控制和解决严重的环境问题。

洁净的空气，优雅的环境，是人类的共享资源，每个人都应对环境保护尽一份义务。只有社会上每个人都积极参与对环境违法行为的抵制、谴责和监督，形成良好的环境意识、社会公德及公众监督的社会风气，才能建设具有美好生态环境的生存空间，为子孙后代造福。

环境违法者对专业监测往往抱有侥幸心理，甚至有违法者破坏"在线监测仪器"，或者收买监测人员，但是由于公众是直接受害者，他们不会允许环境违法行为。国外很多环境污染或破坏都是公众揭发的。

3.　污染物的生物监测

在环境监测中，除使用仪器进行监测外，还可用生物的一些变化来反映环境质量状况，叫作生物监测技术。

生物监测是环境监测的一个重要分支，是利用生物个体、种群或群落对环境污染或变化产生的反应，从生物学角度为环境质量的监测和评价提供依据。如植物生长情况、发育情况，鱼类的活动、呼吸和繁殖情况等，都可以反映环境的质量变化。自然界中的某些生物对环境中污染物质十分敏感（表6-2，图6-2），当受到有害物质损害时，会表现出各种症状，根据生物所表现的症状，就可了解大气、水、土壤受污染的范围和严重程度，因此在实际工作中，这种生物监测也常常用来补充物理、化学分析方法的不足，尤其适合于公众监督监测。

表 6-2　大气污染敏感性植物

污 染 物	敏 感 性 植 物
二氧化硫 $0.4×10^{-6}$	紫苜蓿、菜豆、大麦、小麦、燕麦、棉花、菠菜、芥菜、牵牛花、小红萝卜、非洲菊、散沫花、美人蕉、紫菀、天竺葵、彩叶草、酸草、木槿、黄桦、矢车菊、万寿菊、三叶草、大豆、向日葵、甜菜、松柏类等
氟化氢 $3×10^{-9}～4×10^{-9}$	油菜、萱草、燕麦草、麦瓶草、西风古、秋水仙、马兰、铃兰、水仙、仙客来、唐菖蒲、风信子、鸭茅、沙列布、杏树、李树、樟叶槭、细子龙、阿尔卑斯忍冬、金丝桃、郁金香等
氯 $100×10^{-9}～800×10^{-9}$	鸡冠花、茄子、西红柿、紫苜蓿、女贞、大叶女贞、百日草、蔷薇、郁金香、秋海棠、枫树、桃树、梨树、云南松等
光化学烟雾	烟草、玉米、大豆、土豆、花生、蚕豆、豌豆、葱、扶桑、菊花、苤草、柑橘、光叶榉树、秋海棠、合欢、樱花、松树、香瓜、春榆等
二氧化氮	向日葵、杜鹃、莴苣、西红柿等
乙烯	兰花、石竹、西红柿、玫瑰、香豌豆、黄瓜等

注：表中数字为敏感浓度。

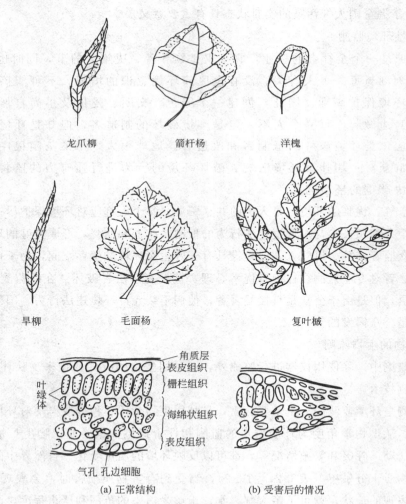

龙爪柳　　　　箭杆杨　　　　洋槐

旱柳　　　　毛面杨　　　　复叶槭

角质层
表皮组织
栅栏组织
叶绿体
海绵状组织
表皮组织
气孔 孔边细胞

(a) 正常结构　　　　(b) 受害后的情况

图 6-2　受损害的敏感性植物叶片

许多植物和动物对污染反应的灵敏度比人高，在污染物质达到人体最高允许浓度以前，敏感性植物就表现出受害的特性，敏感性的小动物也会有所表现，如出现鸣叫、激动、逃跑等异常动作，可以用来作监测污染的"指示器"。在大气监测中，空气中氟化氢含量达 0.005×10^{-12} 时，桃、杏、梅等植物，在 $7 \sim 9d$ 就受损害；在水质监测方面，水中的浮游生物、鱼类是重要的指示生物，当水中浮游生物正常生存、鱼类正常活动时，标志着水体未遭受污染，当有害、有毒废水排入水体后，敏感性水生生物受到抑制、消失，甚至引起大批鱼类死亡或消失等；大气中的有害物质溶解入水也可以引起鱼类的异常活动。

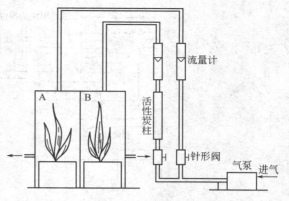

图 6-3 植物监测器系统

由于"敏感"生物到处可见，容易进行，是群众性环境监测的重要手段。但是，环境系统十分复杂，生物监测只有与物理、化学监测结合起来，才能取得更好的效果。

为了便于观察和养护，用于环境生物监测的敏感植物，可以采取盆栽形式进行栽培，并有计划地分别布放，以利于监测和评价。安置在专用的监测装置内，用经过活性炭净化的气体进行对照测定，效果更好（图 6-3）。受到损害的"标志植物"，可收集后统一救护和整理，以备后用。

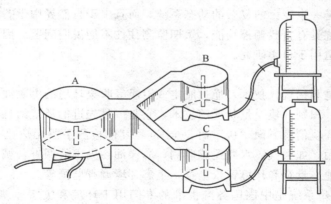

图 6-4 鱼类敏感性监测器

当利用污染敏感性水生生物或鱼类进行水污染生物监测的时候，可以采用图 6-4 和图 6-5 等装置。

4. 生物监测

对受污染的生物体进行监测，可以直接了解生物体受到污染的危害及其积累影响，一方面可以监测到污染物的排放对环境的破坏程度，另一方面可以从中获取防治污染病（由环境污染引起的疾病）的相关信息，是环境保护工作的重要组成部分。

污染生物体可以直接从污染现场获得，也可以利用某些"生物监测"装置，进行人工"培养"，后者主要用于科学研究。

5. 生态监测

随着人们对环境问题及其规律认识的不断深化，环境问题不再局限于排放污染物引起的

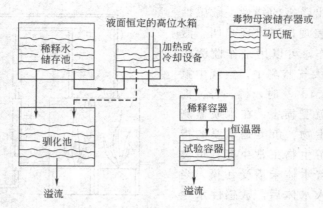

图 6-5　流水式水生生物监测装置

健康问题，还包括自然环境的保护、生态平衡和可持续发展的资源问题。因此，环境监测正从一般意义上的环境污染因子监测向生态环境监测过渡和拓展。除了常见的各类污染因子外，由于人为因素影响，灾害性天气增加，森林植被锐减，水土流失严重，土壤沙化加剧，洪水泛滥，沙尘暴、泥石流频发，酸沉降等，使本已十分脆弱的生态环境更加恶化。这促使人们重新审查环境问题的复杂性，用新的思路和方法了解和解决环境问题。

　　生态监测是运用各种技术测定和分析生命系统各层次对自然或人为作用的反应或反馈的综合表征，以此来判断和评价这些干扰对环境产生的影响、危害及其规律，为环境质量的评估、调控和环境管理提供重要科学依据的过程。

　　生态系统本身是一个庞大的复杂的动态系统，而且由于自然界中生态过程的变化十分缓慢，同时，生态系统具有自我调控功能，短期监测往往不能说明问题。因此，运用生态学的环境监测目前还只适用于科学研究。

　　6. 遥感监测

　　环境遥感监测是利用现代技术，通过航空或卫星等收集环境的电磁波信息，对远距离的环境目标进行监测，识别环境质量状况的技术，它是一种先进的环境信息获取技术，在获取大面积同步和动态环境信息方面"快"而"全"，是其他检测手段无法比拟和完成的，因此得到日益广泛的应用，如大气、水质遥感监测，海洋油污染事故调查，城市热环境及水域热污染调查，城市绿地、景观和环境背景调查，生态环境调查监测等。

　　"环境一号"卫星系统是中国国务院批准的专门用于环境和灾害监测的对地观测系统，由两颗光学卫星（HJ-1A 卫星和 HJ-1B 卫星）、一颗雷达卫星（HJ-1C 卫星）组成，分别于2009 年 3 月 30 日和 2012 年 12 月 9 日投入运行。"环境一号"卫星系统拥有光学、红外、超光谱多种探测手段，具有大范围、全天候、全天时、动态的环境和灾害监测能力。随着遥感地理信息系统及全球定位系统等空间技术的快速发展，中国的环境监测已从地面发展到空间，发展到天地协同的全天候监测的国际先进水平。

　　7. 环境监测及监测仪器的新发展

　　① 以目前人工采样和实验室分析为主，向自动化、智能化和网络化为主的监测方向发展；

　　② 由劳动密集型向技术密集型方向发展；

　　③ 由较窄领域监测向全方位领域监测的方向发展；

　　④ 由单纯的地面环境监测向与遥感环境监测相结合的方向发展；

⑤ 环境监测仪器将向高质量、多功能、集成化、自动化、系统化和智能化的方面发展；

⑥ 环境监测仪器向物理、化学、生物、电子、光学等技术综合应用的高技术领域发展；

⑦ 利用"大数据"，在实时环境监测基础上对环境动态变化进行"前瞻性"分析和预测。

环境监测是一项复杂的系统工程，它对环境监测工作者提出了更高的要求。环境监测的最终结果，是对环境质量进行评价从而提出污染治理方案。环境监测技术将为更深层次的环境管理和决策部门服务，目的是建立天地人和的生态环境。

思　考　题

1. 试述环境监测的意义。
2. 环境监测的内容和特点是什么？
3. 环境监测有什么分类方法？
4. 试述环境监测的基本要求。
5. 环境监测管理的主要内容是什么？
6. 开展群众性环境监测和全球性环境监测的意义是什么？
7. 制定环境标准的意义是什么？国家标准与地方标准的关系是什么？

第七章
环境保护对策

第一节　环境宣传、教育和公众参与

环境教育是保护环境和进行可持续发展的重要内容，是环境保护的一项基础工程，开展环境教育，提高全民环境意识，是保护和改善环境、维护生态平衡、实现可持续发展的根本措施之一。

小资料 7-1

中国主办 2019 年世界环境日，聚焦"空气污染"主题！

第四届联合国环境大会于 2019 年 3 月 11 日至 15 日在肯尼亚内罗毕联合国环境署总部召开，来自 170 多个国家、国际组织和非政府组织的 5000 余名代表出席会议。肯尼亚、法国、斯里兰卡、马达加斯加总统，卢旺达总理，联合国常务副秘书长出席高级别会议开幕式并致辞。由生态环境部、外交部、国家发展改革委和常驻环境署代表处组成的中国政府代表团参会。

大会主题是"寻求创新解决办法，应对环境挑战并实现可持续消费与生产"，讨论海洋塑料污染和微塑料、一次性塑料产品、化学品和废物无害化管理等全球环境政策和治理进程，听取全球环境状况最新评估报告，对推进后续工作做出 25 项决议。会议通过部长宣言，呼吁各国加快全球对自然资源管理、资源效率、能源、化学品和废物管理、可持续商业发展及其他相关领域的治理进程。

代表团长、生态环境部有关负责同志在高级别会上发言。他指出：

中国政府将形成可持续消费和生产方式作为推动生态文明建设和绿色发展的重要内容，发布实施了一系列政策措施，取得积极进展。他呼吁各方携手努力共同构建人类命运共同体，建设清洁美丽的地球家园。代表团全面参与各议题谈判，为促进达成共识发挥积极、建设性作用。

会议期间，生态环境部有关负责同志与环境署代理执行主任共同宣布，中国主办 2019 年世界环境日，聚焦"空气污染"主题，并会见了环境署候任执行主任，欧盟、美国、挪威、智利、巴基斯坦、罗马尼亚、日本、韩国等代表团团长，就双方关心议题及加强未来合作进行交流和探讨。此外，还应邀出席了法国政府和肯尼亚政府联合举办的"一个星球"峰会和金砖国家环境协调会议。

　　（原题《第四届联合国环境大会召开　中国政府代表团出席会议》）

——福建环境微信公众号 2019 年 3 月 20 日

一、全民环境教育的意义

　　"环境问题"是与自然界同时产生的，也曾造成物种大灭绝（如恐龙的灭绝），但是在人类出现以前，一切都处于"自然状态"，甚至在几个世纪前，由于世界人口较少，生产力较低下，人类活动和自然运动所产生的有害物质被大自然的力量消除了，故未造成对人类和其他生物的危害。随着人类的发展，人类对环境的影响越来越大，环境问题发展为与全人类以及地球生物都密切相关的问题，并开始受到全人类的广泛注意。开展全民环境教育的意义如下。

　　第一，开展环境教育，提高人们的环境意识，认识环境与人类息息相关，生死与共。认识到只有使自己的环境行为符合环境保护的要求，才有可能解决环境污染和生态破坏问题。

　　第二，环境教育是促进可持续发展得以实施的重要手段。帮助人们增长知识、改变观念和行为方式；使人们认识自己对地球的责任，积极参与可持续发展的实施。

　　第三，加强环境教育，不断提高人们的环境意识，是精神文明建设的重要内容。应当使人们认识，并自觉养成热爱环境和保护环境的良好习惯。

　　第四，加强环境教育，可以促进人们正确地认识发展与环境的关系，促进经济与环境达到协调发展。

　　第五，加强环境教育，提高人们执行环境保护的各项法规、政策、方针、制度的自觉性，并使这些法规、政策、方针、制度在执行中得到完善。

　　莫依大学环境研究学院院长乌马在联合国环发委员会举行的听证会上说："环境问题人人有责，发展问题人人有责，生命和生计问题人人有责。我认为问题的解决办法就在于推行群众性的环境'扫盲'……"他的这番话说明了环境"启蒙"教育的重要性。

二、环境宣传的重点

　　环境宣传作为提高全民环境意识的有效途径，从 20 世纪 70 年代起一直受到我国政府部门的高度重视。进行环境宣传教育，要注重以下几个方面。

　　（1）真实传达环境现状和问题，使人们认识人类自身的危机。要把当前全球性环境状况和出现的各种严重的环境问题如实地、不断地传达给人们，引起人们的警觉。今天全世界出现的恶劣环境形势，大气与水体的严重污染已经发展成跨地区、跨国家的甚至全球性的灾难，资源的匮乏严重地阻碍了世界经济的发展，土地的沙漠化、森林的锐减、物种的消失使人类面临着重大的环境问题。通过众多客观现实的宣传，使人们认清自身面临的危机，提醒人们关心环境、节制自己的行为，承担起保护环境的责任。

（2）大力宣传环境保护方针、政策、法规，树立现代文化观念。对环境保护的方针、政策、法规进行及时的宣传，使人们了解环境保护事业的发展历程及前景。树立法制观念，能够用环境保护法维护自身的环境权利，自觉地同违反环境保护法、破坏和污染环境的行为做斗争。通过宣传教育使人们认识到"只有一个地球"和"明天与今天一样重要"，看到持续发展的重大意义，并清楚地认识到，人类只不过是地球生态系统中的一员，必须尊重自然规律，珍惜自然资源，树立起在资源和环境方面人人平等，认识环境与资源不仅属于我们，而且更属于后代人的现代文化观念。

（3）开展环境日、环境月和其他与环境保护有关的活动。通过开展"环境日"活动，宣传各种环境污染防治措施和方法，整治和保护环境的途径，鼓励全国人民行动起来，为保护地球环境做出贡献。

三、 环境教育的内容

（1）"环境忧患"意识教育　要有环境危机感，认识到中国的环境保护形势的严峻性，树立为改善中国的环境做斗争的艰巨性和长期性，不能幻想某一天就能成功。

（2）环境基础知识教育　包括自然环境的构成，环境要素及由它们形成的复杂的生态系统，环境要素的相互依存和相互制约关系；环境破坏的原因、形成和对策；环境污染的根源；环境恢复的途径、措施和实施；环境保护和发展的协调等方面的知识。

（3）环境道德学教育　认识人类既是生态系统的组成部分，又是一种对生态系统有巨大影响的群体；使人们意识到对自然和环境的不道德，实际上也是对他人和社会的不道德，人类必须以道德的责任为维护生态平衡而约束自己的行为，要充分认识"保护环境人人有责"的现实意义；不能只考虑局部利益，而要树立保护全球环境的观念，建立环境道德规范。

（4）开展开源节流的教育　使人们学会自觉地抑制过度消费的不可持续发展生活模式，学会为子孙后代着想。

（5）加强环境法制教育　提高执行环境保护法律法规的自觉性。学好、用好环境保护法规。

中等职业教育的学生，是我国社会主义建设的未来高素质蓝领（或灰领）队伍的主力军。必须学习并掌握环境科学的基础知识，了解环境保护的方针、政策和法规，加强环境意识，提高自身素质，为将来在实际工作和生产中，自觉做好环境保护工作打下基础。

在进行环境教育的时候还要注意多从正面引导，注重真相，避免"以偏概全"。

中国是发展中国家，发展必定需要消耗能源，这是毫无异议的，所以总能源消耗增加是可以理解的，问题是现在我们不仅仅是总能源消耗增加，而是单位 GDP 的能源消耗增加或者浪费严重，距离国际先进水平有一定差距。总能源消耗则更加可怕。所以我们必须把单位GDP 的能源消耗尽可能降下来，既可以迅速降低发展成本，也可以减少发展对环境的破坏和影响。

又比如，当人们在议论"植树造林"的时候，也有人捧出"英国某研究机构"的"树木不能降低地面水的蒸发"的"研究成果"，认为植树"有害无利"，一些"敏感"的媒体在转载时甚至在字里行间"透露""砍树有理"。"树木不能降低地面水的蒸发"本来就早为人知❶，不寄予期望，植树造林的根本目的是改善综合生态环境。而且，树木吸收地下的水蒸发到空中本身就是自然水循环的一个环节。

这些混淆概念的"悖论"是完全经受不起辩驳的，可是由于中国人的环境意识相对薄弱，也很有市场，所以在进行环境教育的时候必须充分注意。

四、 环境保护的公众参与

1. 公众参与的意义

（1）人类既是环境破坏的实施者，也是环境破坏的受害者　人类是环境的破坏者，但不等于每个人都是环境的破坏者，即使是破坏者之一，其所起的破坏作用也不一样。但是，当环境受到破坏的时候，每个人都会受到伤害。因此，公众参与其实是在维护自己的安全和正当权益。

环境破坏发生以后之所以得以继续，是因为没有人去制止。因此，受害者的"维权"对于遏制环境破坏具有积极意义。

（2）社会监督对遏制环境破坏具有无可替代的作用　遏制环境破坏甚至环境违法行为需要管理、法治，对环境管理者和环境法治的执行者的管理活动和执法行动实行社会监督，也充分体现"人民权力归人民"的社会公义，也是实行"人民民主"的具体落实。

社会监督还包括对"环境破坏"和"污染环境"者的直接监督。

（3）公众参与可以促进公民自觉行动　实行公众监督，首先需要监督者自身环境意识的提高，世界著名心理学家莫斯罗说："人们之所以会发生危险，是因为当事人不知道危险的所在。"人民群众之所以会做出破坏环境、污染环境的行为，也是在于他们并不知道自己的行为是在破坏环境，是在危害自己乃至子孙后代的生活、生存条件。

联合国环境规划署《全球环境展望5决策者摘要》指出，环境治理需要：多层级、多利益攸关方参与；加强推行辅助性原则；地方各级的治理工作；政策协同增效和消除冲突；战略性环境评估；重视自然资本和生态系统服务的账户制度；改进信息获取，提高公众参与，增强环境正义；加强所有参与方的能力；改进目标设定和监测制度。

通过教育使广大人民群众了解环境，认识环境，认识环境保护的重要意义，了解保护和整治环境的途径。一个有觉悟的群体，当然也应该是一个自觉的群体。公众监督建立在公民环境教育和环境意识提高的基础之上，有觉悟的公民的自觉环保行动也就是自然而然的了。

（4）只有公众监督，环境保护才能持续巩固　"环境保护"其实是非常复杂的，既关乎人类社会的社会架构，也关乎社会的科学技术水平，还关乎不同的利益集团、不同位置上的人群、不同认识水平的不同层次的人群，他们之间既有共同的利益和利益的冲突以及它们的交叉和分配，也有责任的分解和责任与权利的匹配和权衡以及矛盾。但是，在一个"'公众参与环保'社会"里，由于大家都有一个共同的目标，那么一切都可以通过洽商、和解解决，当然也不排除争论、辩论，在某种特定情况下，甚至需要采取某些"斗争"手段获得

❶　见本书第四章日渐贫瘠的土地第一节相关内容。

解决。

全民环保意识的确立和提高，是建设全民环保社会的基础和必由之路。

2. 环境保护和公众监督的起源

（1）世界环境保护的起源　1972年在瑞典的斯德哥尔摩召开的第一次世界环境大会上，一本由经济学家芭芭拉·沃德、生物学家勒内·杜博斯牵头，由58个国家152位成员组成的通讯顾问委员会共同完成的《只有一个地球》的书，以"非正式报告"的形式在大会上发表，引起了与会者的共鸣，在大量采纳了该书中的重要观点的基础上，大会发表了《人类环境宣言》，宣告世界性的环境保护运动的掀起。

世界环境大会的召开，给先前已经成立并展开了群众性环保活动的"世界自然基金会""绿色和平组织""地球之友"等非政府环保组织（NGO）极大的鼓舞，也促使了一些新的非政府环境保护组织陆续诞生。从此，一个世界性的环境保护运动全面展开。

（2）中国的环境保护的起源　20世纪50年代以前，中国的经济基本上属于农业经济，和现代经济存在比较大的差距，与环境保护发生关联，更是在"第一次世界环境大会"以后的事情。

从1972年参加"第一次世界环境大会"的中国代表团赴会，就吹响了中国环境保护运动的前奏。1973年8月在北京召开的中国第一次"全国环境保护会议"，进一步确定了中国环境保护的基本方针，即"全面规划，合理布局，综合利用，化害为利，依靠群众，大家动手，保护环境，造福人民"，并向全国展开。

中国的环境保护在"改革开放，发展经济"的政策推动下积极开展，环保意识也逐步深入人心。

3. 政府环保职能

"发展靠市场，环保靠政府"。人民群众和政府配合行动才可以达到"事半功倍"的效果。

发挥政府的环境保护职能，推动中国的环境保护事业发展，为华夏大地环境保护贡献力量。图7-1为公众对周围生活环境满意程度统计图。

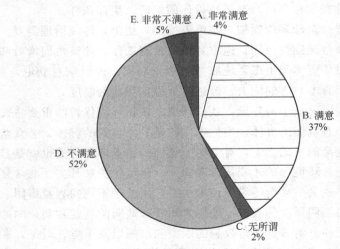

图 7-1　公众对周围生活环境满意程度统计图

资料来源：中国政法大学环境资源研究和服务中心《关于"公民维权意识和
环境法律需求"的调研报告——对西部五省区调查问卷的统计分析》

小资料
7-2

"能耗降低目标未能实现 责任在领导"

对环境保护重要性的认识，干部不如群众清楚。山西省环保局此前公布的一项问卷调查显示，在接受调查的人群中，93.31%的群众认为，环境保护应该与经济建设同步发展，然而却有高达91.95%的市长（厅局长）认为加大环保力度会影响经济发展。这说明，在环境保护和经济建设的关系上，一些干部的认识仍然模糊。

各级领导干部应该多读点书，多增强环境保护的意识。

——曲格平在2007年2月11日中国科学院举办的《中国可持续发展总纲（国家卷）》新闻发布会上的讲话

小资料
7-3

"民间环保组织已成为政府拟定政策的参谋和助手"

30日在京开幕的中华环保民间组织可持续发展年会上，国家环保总局副局长对民间环保组织的作用予以肯定。

据介绍，我国目前民间环保组织已有2700多家，近年来这些组织日趋活跃，成为连接政府与公众的纽带。2004年，北京地球村等民间环保组织发起了"26摄氏度空调行动"，倡议企业参与节能行动，该行动影响范围逐年扩大；2005年，自然之友等民间环保组织在北京发出倡议，希望广大市民"每月少开一天车"，2007年深圳出台了《民间生态公约》，把该倡议写入其中。周建指出，民间环保组织已经成为推动我国环保事业的重要社会力量。

——《新华社》2007年10月31日电讯

4. 支持民间环保组织，扶助民间环保组织，构建全民环保社会

中国的民间环保组织"启动"得比较晚，组织规模也比较小，这样一来力量"单薄"，社会影响也比较小，而且也不利于组织效率的提高，有些民间环保组织还可能存在素质偏低的情况。但是，他们在推动中国的环境保护方面已经在发挥作用，而且也取得一定的成绩，中国的"绿色和平组织"的代表还受到时任联合国秘书长潘基文先生的邀请，2007年9月30日在联合国的讲台上向世界国家首脑发表演说。生态环境部对这些民间力量也一再加以肯定。因此作为"推动环保事业的重要社会力量"，很有必要借助这股"东风"加速发展和提高组织效率。

中国的民间环保组织还不够多，也不够强大，而且总体素质还不尽如人意，需要继续发动、扶助、壮大和提高，这样才能更有力地推动中国环境保护的深入和持续发展。

另外，还要注意的就是，因为民间环保组织人员素质参差不齐，很多成员来源于"草根"，而且缺乏资金支持，在一些问题上的观点也未必完全正确，认识上也不一定全面，提出的意见、建议也不一定完美，甚至可能有错误。那么，作为科学技术水平相对高的专家、学者，或者我们的官员，是帮助他们提高，给予适当的专业指导，还是挑剔，或者是嘲笑，甚至攻击，其实也是我们对待环境保护的态度。当然，如果我们的专家、学者也能够参加到适当的民间环保组织里去，相信将会给中国的环境保护事业发挥巨大的推进作用。

中国的环保事业需要更多的民众参与，政府应该为民间环保组织发挥更大的作用创造条

件，为构建全民环保社会做出贡献。

第二节　环境管理

　　环境管理是协调人类社会经济发展与环境保护关系的重要途径和手段，也是环境保护工作的重要内容之一。其实有识之士很早就有了环境保护意识，某些国家或地区也制定过一些环境保护的法规。但是"环境管理"作为一个明确的概念，则是1974年在墨西哥召开的联合国环境规划署（UNEP）和联合国贸易与发展会议（UNCTAD），"资源利用、环境与发展战略方针"专题研讨会上才被正式提出，并获得通过。由于"环境管理"具有明确的目的性，很快就为全球所确认。

　　环境管理通过运用法律、经济、技术、教育和行政等手段，对破坏环境的人为活动进行监督和控制，通过协调经济发展与环境保护的关系，来实现保护人体健康和发展经济的目的。

一、环境管理的含义、内容和特点

　　（一）环境管理的含义

　　狭义的环境管理主要是指采取各种措施包括法律、法规、各种经济措施等手段的控制污染的行为。

　　广义的环境管理，是指综合运用行政、法律、经济、技术、教育等手段，限制人类损害环境的活动，通过全面规划协调经济发展与环境保护的关系，处理国民经济各部门、各社会集团和个人之间有关环境问题的相互关系，达到既要发展经济满足人类的基本需要，又不超出环境所容许的极限，实现人类社会和经济可持续发展的目标的管理。

　　环境管理的根本目标是协调发展与环境的关系，因此，环境管理是一个动态过程，它必须随着社会科技的发展及时调整策略和方法，并需要全世界各国之间的协调合作。

　　（二）环境管理的内容

　　环境管理的内容可从两个方面来划分。

　　1. 按环境管理的性质分

　　（1）环境规划与计划管理　首先，是制定好环境规划，使之成为经济社会发展规划的有机组成部分，然后是执行环境规划，用规划指导环境保护工作，并根据实际情况检查和调整环境规划。

　　（2）污染源管理　包括点源管理和面源管理。不仅是消极的"末端治理"，更要积极地推进"清洁生产"。其中，特别要针对污染源的特点，实施有效的法律和经济手段。

　　（3）环境质量管理　环境质量管理是为保持人类生存、健康所必需的环境质量而进行的各项管理工作。通过调查、监测、评价、研究、确立目标、制订规划与计划之后，要科学地组织人力、物力去逐步实现目标。实施中，要经常进行监测和对照检查，采取措施纠正偏差。

　　（4）环境技术管理　通过制定技术标准、技术规程、技术政策以及技术发展方向、技术路线、生产工艺和污染防治技术进行环境经济评价，以协调技术经济发展与环境保护的关系，使科学技术的发展既能促进经济不断发展，又能保护好环境。

2. 按环境管理的范围分

（1）资源（生态）管理 资源（生态）管理包括可再生的与不可再生的各种自然资源的管理，如水资源、海洋资源、土地资源、矿产资源、森林资源、草原资源、生物资源、能源等的保护与可持续开发利用。

（2）区域环境管理 区域环境管理主要是指协调区域经济发展目标与环境目标，进行环境影响预测，制定区域环境规划等，包括整个国土的环境管理、经济协作区和省、自治区的环境管理、城市环境管理、水域环境管理以及其他具有区域含义的环境管理等。

（3）部门环境管理 部门环境管理包括工业（如冶金、化工、轻工等）、农业、能源、交通、商业、医疗、建筑业及其他企业、事业部门的环境管理等。

（三）环境管理的特点

环境管理具有三个显著的特点，即综合性、区域性和公众性。

（1）综合性 环境管理是环境科学与管理科学、管理工程学交叉渗透的边缘学科，具有高度的综合性，包括其管理对象、内容以及管理手段等方面的综合性。

（2）区域性 环境问题由于自然背景、人类活动方式、经济发展水平和环境质量标准的差异，存在着明显的区域性，这就决定了环境管理必须根据区域环境特征，因地制宜，进行以地区为主的区域环境管理。

（3）公众性 环境问题是关系全社会的问题，没有公众的合作将难以取得实效。因此，必须通过环境教育，使人们认识到必须保护和合理利用环境资源，争取尽可能多的公众的积极参与和舆论的强大监督力量，这样才能搞好环境管理，成功地改善环境。

二、 环境管理的任务

环境保护作为我国的一项基本国策，是在 1983 年召开的中国第二次全国环境保护会议上明确的。会议还提出了"三建设、三同步、三统一"的战略方针，确定了强化环境管理为环境保护工作的中心环节。因此，环境管理担负重要的任务。

（1）贯彻国家和地方的环境保护方针政策、条例、规划和计划。

（2）采取适当手段，合理开发自然资源，减少环境污染和破坏，维护生态环境的良性循环，促进国民经济的持续发展。

（3）创建一个清洁、优美、生态健全和高度文明的人类生存环境，保护人民的身心健康。

（4）开展环境科学研究、环境监测和环境教育，普及环境科学知识，提高广大公民的环境意识，为保护环境服务。

小资料 7-4

谁在放纵环保"钉子户"

国内首份排污大户黑名单出炉。2009 年环保部监测的 7043 家国家重点监控企业中，有 2713 家企业超标排污，占监测总数近四成。中西部正成为污染大户集中的地区；污水处理厂也上了黑名单，1587 家国控城镇污水处理厂中，47% 的污水处理厂

全年部分和全部测次超标（4月3日《21世纪经济报道》）。

四成国企成环保"钉子户"，我首先想到的不是企业怎么了，而是执法部门干什么去了。因为此前有媒体曾报道，某企业连续三年领到环保红牌，仍旧违规排污。该企业凭什么能够如此牛气冲天？在废水废气污染"双超"的情况下，三年来竟然无动于衷，唯一的表示就是向环保部门交罚款。因废水废气排放不达标，2009年广东省环保局对该企业罚款2000多万元，追缴200多万超标排污费。

不得不将矛头指向环保部门。为什么企业超标排污，环保部门没有进一步的措施？《中华人民共和国大气污染防治法》和《水污染防治法实施细则》明确规定，严重违规企业逾期未完成治理任务的，将责令其停业或者关闭。像连续三年吃红牌、实力雄厚的广石化本可以将罚款投入到污染治理当中，可就是长期消极对待，恐怕这里边的奥妙只有执法部门和企业知道——像这样的企业每年治污费用会远远超过它所上缴的"罚款"。公权力本来属于全社会，而一些部门却将其当作自身利益的"摇钱树"。譬如曾有媒体曝光，山东省高青县质监局以"科学发展观"等名目，明目张胆地收取所谓的"服务费"。当然，这种"执法经济"比较露骨。该企业多年"双超"，多年"红牌"，多年不在重点治理行列，不是企业麻木了就是执法部门眯眼了。试想，不治理每年都能不劳而获2200多万元，如果企业排污达标了，这些钱不是打了水漂了吗？

——南方网 2010 年 4 月 4 日

金沙江水电报告（节录）

小资料 7-5

昨日，《东方早报》用多个版面密集刊发"金沙江水电报告"，将人们的目光再次聚焦于这段占长江水力资源40%以上的水域。此时此刻，它正面临着总装机容量4倍于三峡的超巨型水电站群建设，规划、建设中的25级水电大坝会让大江被分割成一段段静水，平均不到100公里就将拥有一座梯级水库。

金沙江水电建设已然不算新的公共议题，近些年来针对单个水电工程或整体水电布局的媒体报道、专家质疑，从未真正停歇。但从此次报道所披露出的金沙江水电建设情况观之，其严峻程度并未有丝毫降低。大型水电项目所对应的环评虚置、移民难题以及生态隐患等诸多通病，在金沙江开发中若隐若现，这本可能将又一次推给历史的所谓"欠账"，本身却容不得拖欠，很多更无法事后救济和补偿。

星罗棋布的水电建设布局，平均不到100公里就一座水库的密度，很难想象，这是经过了科学、周密论证的结果。事实上，在金沙江水电开发的过程中，所能见到最多的，还是一场场"跑马圈水"、未批先建的资本竞赛。而环保部有专家也对此表达担忧，"遍地开花"、干支流"齐头并进"式的无序开发，生态日益破碎，水库淹没和移民安置不当，引发一系列社会问题和次生环境灾害。事实上，被三峡、华润、大唐、华电、华能5大国有水电巨头把持的金沙江96%的在建工程，多个项目本身在环评阶段便频遭质疑。

程序上的悖论尚不仅如此，但环评在实质上无法发挥作用，甚至出现"资本绑架环评"的乱象，却从一开始就注定了结局的不堪。在此背景之下，对于相关水电项目的所谓科学论证，长期缺乏反对意见的充分呈现与表达平台。或者说，即便不同意上马的意见可在媒体上有所表达，却始终无法影响决策。

重要决策的慎重，需要健全程序的保障，而绝非只是事后罚款。环境和生态隐患欠账，事后难以弥补，必须事前充分预警与论证。"重大情况让人民知道，重大问题经人民讨论"，金沙江水电建设，被集合起来比照，且数倍超越三峡工程的规模，就应当打包作为一项重大国家项目，效仿和激活类似三峡工程的决策程序。作为 1949 年以来唯一由全国人大表决的单项工程，三峡工程应当为后来者竖起起码的程序标杆。金沙江水电开发，兹事体大，由全国人大启动和组织充分的专家论证，并付诸大会表决，应当而且必须。

——《南方都市报》2012 年 5 月 7 日

三、 环境规划和环境目标

（一）环境规划

1. 环境规划的含义及作用

环境规划是国民经济与社会发展规划的有机组成部分，是环境决策在时间、空间上的具体安排，是对一定时期内环境保护目标和措施所作出的规定，使经济与环境协调发展。

20 世纪 70 年代以前，人们把环境问题主要看成污染问题、局部问题，由于未能抓到问题的根源，环境保护工作收效不大。

经过多年的努力，人们对环境问题的认识有了新的突破，1992 年，联合国在巴西里约热内卢举行了"环境与发展大会"，183 个国家和 70 个国际组织的代表一致同意要改变发展战略，走可持续发展的道路。可持续发展的定义是："既符合当代人的需求，又不致损害后代人满足其需求能力的发展。"显然，可持续发展鼓励经济增长。强调通过经济增长提高当代人福利水平，增强国家实力和社会财富。不仅要重视经济增长的数量，更要追求经济增长的质量。因此，可持续发展要求在严格控制人口增长、提高人口素质，不超越资源和环境的承载能力、资源永续利用，保护环境、保持良好生态环境的条件下进行经济建设、保证以可持续的方式使用自然资源和环境成本，使人类的发展控制在地球的承载力之内。

环境规划应充分体现环境保护以预防为主的方针，给环境的综合整治指出明确方向，并为环境管理提供科学依据。

2. 环境规划的分类及其内容

环境规划可按规划的时间期限和规划的性质进行分类。

按规划的时间期限可以把环境规划分为短期、中期和长期规划。通常情况是短期规划以 5 年为期，中期规划以 15 年为期，长期规划以 20 年、30 年、50 年为期。

按规划性质又可把环境规划分为污染控制规划、国民经济整体规划和国土规划三大类，往下还可以按范围、行业或专业再细化成子项规划。环境规划分类形式和内容见表 7-1。

（二）环境目标

环境目标是环境规划的重要内容之一，确定恰当的环境目标是制定环境规划的关键。目标太高，超过经济承担能力；目标过低，不能实现环境整治目的。

表 7-1　环境规划分类形式和内容

环境规划类别	分类形式和内容
污染控制规划	工业污染控制规划,包括布局规划、技术改革和产品改革规划等
	城市污染控制规划,包括布局规划、能源规划、垃圾处理规划、绿化规划等
	水域污染控制规划
	农业污染控制规划,包括防治农药、化肥、污水灌溉造成的污染等
国民经济整体规划	在国民经济发展中相应地安排环境规划,是公有制基础上执行的一种计划体系。遵照有计划、按比例的原则,纳入国民经济和社会发展规划中,随着国民经济计划的实现达到保护和改善环境的目的
国土规划	包括区域规划、流域规划和专题规划

1. 环境目标的内涵

环境目标是在一定的条件下,决策者对环境质量所想要达到(或希望达到)的境地(结果)或标准。

2. 环境目标的分类

环境目标一般分为总目标、单项目标、环境指标三个层次。

(1)总目标　指全国、地区、城市的环境质量所要达到的境地、要求。

(2)单项目标　为实现总目标,根据环境区域的环境要素、环境特征以及环境功能确定的环境目标,如大气环境、水环境等要求的目标。

(3)环境指标　体现环境目标的具体指标,并形成指标体系。

3. 环境目标的确定

环境目标的确定必须充分考虑目标的特点,做到以下几点。

(1)重点突出,主次分明　要合理分配资源、财力,力求以有限的环保资金解决急需优先整治的环境问题。

(2)必须明确目标的完成期限　有计划、有步骤地为实现目标而努力。

(3)注重目标的系统性　在环境目标纵横交错的体系中,保证下一层的目标实现能为上一层的目标奠定基础。

(4)制定目标必须合理,要兼顾先进性和可行性　既不要好高骛远(可制定分期目标),更不能把目标定得太低——缺乏前瞻性,对推动环保失去意义。

4. "环境目标"的实现

联合国环境规划署《全球环境展望5决策者摘要》指出:"即便此类貌似成功的政策得到了更加广泛的实施,对于当前某些全球不利环境趋势能否得到扭转,信心仍然不高,把握仍然不大——创新方法绝对必要。此外,除了明智选择政策之外,越来越有必要停止应对环境退化所带来的影响,转而解决各种根本动因。能切实改变个人与企业行为的以信息为基础的市场化监管政策,可以成为变革的真正杠杆。此外,所检验的许多政策之所以成功,部分程度上是由于有利的环境或当地情况。因此可以得出结论,政策的移用和复制尽管是一种广为奉行的方法,但却总是需要仔细研究当地情况,且需要在着手之前进行充分的可持续性评估。"

(三)全国生态保护"十三五"规划目标和任务

1. 主要目标[1]

---

❶ 《全国生态保护"十三五"规划纲要》二、2016年10月。

到 2020 年，生态空间得到保障，生态质量有所提升，生态功能有所增强，生物多样性下降速度得到遏制，生态保护统一监管水平明显提高，生态文明建设示范取得成效，国家生态安全得到保障，与全面建成小康社会相适应。

具体工作目标：全面划定生态保护红线，管控要求得到落实，国家生态安全格局总体形成；自然保护区布局更加合理，管护能力和保护水平持续提升，新建 30～50 个国家级自然保护区，完成 200 个国家级自然保护区规范化建设，全国自然保护区面积占陆地国土面积的比例维持在 14.8% 左右（包括列入国家公园试点的区域）；完成生物多样性保护优先区域本底调查与评估，建立生物多样性观测网络，加大保护力度，国家重点保护物种和典型生态系统类型保护率达到 95%；生态监测数据库和监管平台基本建成；体现生态文明要求的体制机制得到健全；推动 60～100 个生态文明建设示范区和一批环境保护模范城创建，生态文明建设示范效应明显。

2. 主要任务❶

"十三五"时期，紧紧围绕保障国家生态安全的根本目标，优先保护自然生态空间，实施生物多样性保护重大工程，建立监管预警体系，加大生态文明示范建设力度，推动提升生态系统稳定性和生态服务功能，筑牢生态安全屏障。

（1）建立生态空间保障体系

① 加快划定生态保护红线 制定发布《关于划定并严守生态保护红线的若干意见》。按照自上而下和自下而上相结合的原则，各省（区、市）在科学评估的基础上划定生态保护红线，并落地到水流、森林、山岭、草原、湿地、滩涂、海洋、荒漠、冰川等生态空间。2017年底前，京津冀区域、长江经济带沿线各省（区、市）划定生态保护红线；2018 年底前，各省（区、市）全面划定生态保护红线；2020 年底前，各省（区、市）完成勘界定标。在各省（区、市）生态保护红线的基础上，生态环境部会同相关部门汇总形成全国生态保护红线，向国务院报告，并向社会公开发布。

② 推动建立和完善生态保护红线管控措施 到 2020 年，基本建立生态保护红线制度。推动将生态保护红线作为建立国土空间规划体系的基础。各地组织开展现状调查，建立生态保护红线台账系统，识别受损生态系统类型和分布。制定实施生态系统保护与修复方案，选择以水源涵养和生物多样性保护为主导功能的生态保护红线，开展一批保护与修复示范。定期组织开展生态保护红线评价，及时掌握全国、重点区域、县域生态保护红线生态功能状况及动态变化。推动建立和完善生态保护红线补偿机制。

③ 加强自然保护区监督管理 制定《全国自然保护区发展规划（2016—2025 年）》。开展自然保护区人类活动遥感监测，国家级自然保护区每年遥感监测 2 次，省级自然保护区每年遥感监测 1 次，重点区域加大监测频次，定期发布监测报告。开展自然保护区生态环境保护状况评估。强化监督执法，定期组织自然保护区专项执法检查，严肃查处违法违规活动，加强问责监督。优化自然保护区布局，以重要河湖、海洋、草原生态系统及水生生物、小种群物种的保护空缺作为重点，推进新建一批自然保护区，加强生态廊道、保护小区和自然保护区群建设，到 2020 年，全国自然保护区面积占陆地国土面积的比例维持在 14.8% 左右（包括列入国家公园试点的区域）。提高自然保护区管理水平，强化自然保护区管护能力建设，完善自然保护区范围和功能区界限核准以及勘界立标工作，推进自然保护区开展综合

---

❶ 《全国生态保护"十三五"规划纲要》三、2016 年 10 月。

科考和本底调查。2020年前完成200个国家级自然保护区规范化建设。推动自然保护区土地确权和用途管制。推动建立自然保护区公共监督员制度。有步骤地对居住在自然保护区核心区与缓冲区的居民实施生态移民。

④ 加强重点生态功能区保护与管理　重点生态功能区是我国生态空间的集中分布地区，要积极协调相关部门推动重大生态保护与修复工程优先在重点生态功能区布局，不断扩大生态空间。加强重点生态功能区县域生态功能状况评价，推动制定实施重点生态功能区产业准入负面清单，强化生态空间用途管制。推动协调相关部门和地区针对目前人为活动影响较小、生态良好的重点生态功能区，特别是大江大河源头及上游地区，加大自然植被保护力度，科学开展生态退化区恢复与治理，继续实施防沙治沙和水土流失综合治理。以主要的山脉、江河、海岸带等防护林体系为脉络，构建形成大尺度国家生态廊道，提高生态保护区域的连通性。加快推动易灾地区生态系统保护与修复。

（2）强化生态质量及生物多样性提升体系

① 实施生物多样性保护重大工程　以生物多样性保护优先区域为重点，开展生物多样性调查和评估，彻底摸清我国生物多样性家底。加强就地保护和迁地保护，完善保护网络体系，确保国家战略性生物资源得到较好保存。恢复生物多样性受破坏的区域，开展生物多样性保护与减贫示范，促进西部生物多样性丰富地区传统产业转型升级和脱贫。加强生物多样性监管基础能力建设，全面提升各级政府生物多样性保护与管理水平。协调有关部门落实工程所需资金，组织有关部门实施好重大工程，推进实施《战略与行动计划》和"十年中国行动"。

② 加强生物遗传资源保护与生物安全管理　加强生物遗传资源保护与管理，建立生物遗传资源及相关传统知识获取与惠益分享制度；规范生物遗传资源采集、保存、交换、合作研究和开发利用活动，加强出境监管，防止生物遗传资源流失。强化生物安全管理，开展转基因生物环境释放风险评估、跟踪监测和环境影响研究；加强环保用微生物菌剂环境安全监管。积极防治外来物种入侵，开展外来入侵物种调查和生态影响评价，加强入侵机理、扩散途径、应对措施和开发利用途径研究，建立监测预警及风险管理机制，探索推进生物安全和外来入侵物种管理制度化进程。

③ 推进生物多样性国际合作与履约　组织协调相关部门，共同履行好《生物多样性公约》及其《卡塔赫纳生物安全议定书》《名古屋遗传资源议定书》等国际公约，以国内工作支撑完成履约责任。积极参与"生物多样性与生态系统服务政府间科学-政策平台（IPBES）"的相关工作。做好2020年《生物多样性公约》第15次缔约方大会（COP15）的申办和筹备工作。

④ 扩大生态产品供给　丰富生态产品，优化生态服务空间配置，提升生态公共服务供给能力。加大城市生态保护力度，推动城市生态建设与空间布局优化，提升城市生态服务能力。推动加大风景名胜区、森林公园、湿地公园等保护力度，适度开发公众休闲、旅游观光、生态康养服务和产品，加快城乡绿道、郊野公园等城乡生态基础设施建设。

（3）建设生态安全监测预警及评估体系

① 建立"天地一体化"的生态监测体系　加强卫星和无人机航空遥感技术应用，提高生态遥感监测能力。建立生物多样性地面观测体系，到2020年新建、改建或扩建50个陆地生物多样性综合观测站，建成800个以上生物多样性观测样区。建设一批相对固定的生态保护红线监控点。优先在长江经济带、京津冀地区建立观测站和观测样区。

②　定期开展生态状况评估　加强年度重点区域生态环境质量状况评价和五年生态环境状况调查评价。2016 年启动 2010～2015 全国生态状况调查与评估，2020 年完成"十三五"时期全国生态状况调查与评估，形成全国生态状况定期评估机制。全面开展生态保护红线、重点生态功能区、重点流域及城市生态评估，系统掌握生态系统质量和功能变化状况。研究建立生态系统和生物多样性预警体系，开发预警模型和技术，对生态系统变化、物种灭绝风险、人类干扰等进行预警。推动建立统一的监测预警评估信息发布机制。开展县域生态资源资产评估试点。推动将生态状况评估结果应用于产业布局、土地利用、生态环境保护、城乡建设等规划编制，并作为生态补偿、领导干部政绩考核、生态环境损害责任追究、自然资源资产离任审计等生态监管制度的重要参考。

③　建立全国生态保护监控平台　建立生态保护综合监控平台，对生态保护红线、自然保护区、重点生态功能区、生物多样性保护优先区域等的开发建设活动实施常态化和业务化监控，实现由被动监管转为主动监管、应急监管转为日常监管、分散监管转为系统监管。2016 年，启动以自然保护区为重点的监管平台建设，作为全国生态保护监控平台一期工程；各省（区、市）应依托全国生态保护监控平台，加强能力建设，建立本行政区监管体系，实施分层级监管。2018 年，完成生态保护红线监管平台建设，作为全国生态保护监控平台二期工程。加强生态监管信息化建设，充分运用大数据、互联网、遥感、物联网等技术手段，集成建立国家生态保护和生物多样性数据库，并纳入生态环境大数据系统。

④　加强开发建设活动生态保护监管　以"生态保护红线、环境质量底线、资源利用上线和环境准入负面清单"为手段，强化空间、总量、准入环境管理。发挥战略环评和规划环评事前预防作用，减少开发建设活动对生态空间的挤占，合理避让生态环境敏感和脆弱区域。强化矿产资源开发规划环评，优化矿产资源开发布局，推动历史遗留矿山生态修复。合理确定和布局大坝建设，加强调度监管，有效保障最低生态需水量；加强生态设施建设，科学合理开展水生生物增殖放流。合理布局旅游基础设施建设，基于生态承载力确定游客数量。推动交通设施建设合理避让生态环境敏感区域，加强生物廊道建设，减少生态阻隔；加强交通设施建成后的生态恢复和运营期的管理。

（4）完善生态文明示范建设体系

①　创建一批生态文明建设示范区和环境保护模范城　深入实施生态省战略，以市、县为重点，分类指导，梯次推进，广泛开展生态文明建设示范区创建，提高示范区建设的规范化和制度化水平，到 2020 年，创建 60～100 个生态文明建设示范区。修订《国家环境保护模范城市创建与管理工作办法》和《国家环境保护模范城市考核指标》，加强创建计划性和区域平衡性，强化分级管理和过程监管，加快审议命名 2016 年前通过考核验收的城市。生态文明建设示范区和环境保护模范城创建要加强统筹整合，并全面对接国家生态文明试验区建设标准，打造成国家生态文明试验区制度成果的转化载体。

②　持续提升生态文明示范建设水平　编制生态文明建设示范区和环保模范城创建指南，指导各地生态文明建设实践。加强创建与环保重点工作的协调联动，改革完善创建评估验收机制。强化后续监督与管理，开展成效评估和经验总结，宣传推广现有的可复制、可借鉴的创建模式。充实专家队伍，建立专家委员会。继续开展中国生态文明奖评选表彰，充分发挥典型示范引领作用，广泛凝聚全社会力量。开展生态文明建设理论及实践研究，协助推动建立生态文明建设目标评价考核机制。

四、 环境质量评价

（一）基本概念

1. 环境质量

质量是客观事物的性质和数量的反映。

环境质量是指环境素质优劣的程度。衡量环境好坏的标志是：是否适宜人类健康生存和美好生活；是否适宜工、农业的持续发展；是否适应人类社会物质文明和精神文明不断增长的需求，即是否具有良好的生态环境、社会及经济效益。环境质量包括自然环境质量和社会环境质量。自然环境质量可用自然因素的质和量来描述，如自然灾害、砍伐森林、围湖造田及污染物质排放，均可使自然环境质量和自然生态系统受到损害。社会环境的质量，如出行、就医、上学、购物、文体设施、园林绿化、生活设备等情况及舒适程度。鉴于当前全球性生态破坏和污染对环境质量的影响比较突出，"环境保护"侧重讨论自然环境质量。

2. 环境质量评价

环境质量评价就是对环境素质优劣的定量描述。环境质量的优劣，应当以环境对人们的生活、生产，特别是对人们的健康起着怎样的影响作为判别的标准。人们生活在环境之中，对环境评价的概念并不陌生，如在污染严重的生产场地或其他环境的窒息感，在鸟语花香的公园里自然发出"空气清新"的感慨，实际上就是对大气质量的一种评价。

环境质量评价比较全面的表述是：根据环境本身的性质和结构，环境因子的组成或变化，对人及生态系统的影响，按照不同的目标要求，对拟评价区域的环境要素的质量状况或整体环境质量，予以评定并合理划分其类型和级别，在空间上按环境质量性质和程度上的差异划分为不同的质量区域。

3. 环境质量评价的原则

（1）要客观地、实事求是地分析、评价开发建设活动对环境影响的有利和不利方面。要严格按照有关规范、条例进行，在证据不足的情况下，不要匆忙下结论。

为了确保"环境评价的'客观性'和'可靠性'"，根据《中华人民共和国环境影响评价法》规定，全国的环评机构已经于2016年年底前，按照环保部的安排分期分批与"环境保护管理机构"完全脱钩，原属于"环境管理机构"内部的"环评组织"同时撤销或剥离。

（2）要善于搜集、分析和利用有关各方面已有的资料，尤其注意历史资料和别人的经验和教训，以提高结论的可靠性。

（3）注意选用先进的、适用的方法和技术手段，提高评价工作效率和可靠程度。

（4）注意评价方法的实用性。评价应紧密联系开发建设项目，不要和科研工作混淆，也不要盲目追求"先进性""精确性"。

（二）环境质量评价的目的和意义

人类社会的经济发展、自然生态的维持，以及人类本身的健康状况都与其所在地区的环境质量状况密切相关。人类的行为，特别是人类社会的经济发展行为，对环境的状况和结构产生很大影响，并引起环境质量的变化。环境质量评价，就是为此而提供定量的科学结论，是认识环境、研究环境的一种科学方法。

通过环境评价，使人们对拟开发项目在环境方面是否合理、适当有所了解，及时修正，并且确保任何可能的环境损害在项目建设的前期得到重视。

20世纪70年代以来世界各国都开始重视环境质量的研究工作，并取得很大的进展，在引导各自的经济走向可持续发展方面取得了显著的成效，对全球环境保护也是一种促进。

（三）环境质量评价的类型

环境质量评价的分类方法很多，其中最基本的是按时间因素进行的环境现状评价、环境影响预断评价和建设项目后评价三种类型。

1. 环境现状评价

着眼当前情况，对一个区域内现有环境进行评定，称为环境现状评价。通过这种形式的评价，可以阐明环境质量的现状，为区域环境污染的综合防治提供科学依据。

2. 环境影响预断评价

在一项工程动工兴建以前，对它的选址、设计以及在建设施工过程中和建设投产后可能对环境造成的影响进行预测和评估，称为环境影响预断评价。目的是防止人类不恰当的活动和新污染源的产生。中国政府已经把这种形式的评价列为一项环境法律制度。

3. 建设项目后评价

建设项目后评价又称项目后评价。在项目建成投产并达到设计生产能力后，通过对项目前期工作、项目实施、项目运营情况的综合研究，衡量和分析项目的实际情况及其与预测（计划）情况的差距，确定有关项目预测和判断是否正确并分析其原因，从项目完成过程中吸取经验教训，制订补救方案和予以落实。

项目后评价还为进一步改进项目准备、决策、管理、监督等工作创造条件，并为提高项目投资效益提供经验。

第三节　环境法治

一、环境法治的意义

法律是以国家的强制力保证执行的，调整人们社会关系的行为规范，也就是人们行为必须遵守的准则。环境法治，就是国家通过制定法律，把环境和资源保护工作纳入了法治的轨道。

历史经验证明，进行经济建设，必须同时搞好环境建设，这是不以人们意志为转移的客观事实。但是，并非所有的人都认识和承认这个道理，知道此道理的人也并非都能付诸实施，这就需要在采取科学技术、行政、经济等措施的同时，采取强有力的法律手段，使环境保护工作制度化、法制化。国家机关、各级环境保护机构、企事业、单位乃至社会成员，在环境保护方面都有明确的责任、权利和义务。

实施环境法治，有了环境保护法规，环境保护工作就有法可依、有章可循。只要大家认真执行环境保护法，就一定能促进环境保护工作的顺利开展，使环境问题得到切实解决，达到保护和改善生态环境与生活环境，防治污染和其他公害，保障人体健康，使经济、社会与环境协调发展。

二、环境保护法

1. 环境保护法的定义

环境保护法是国家为了协调人类与环境的关系，保护和改善环境，保护人民健康和保障经济社会的持续、稳定发展而制定的，它是调整因保护环境和自然资源，防治污染和其他公

害而产生的各种社会关系的法律规范的总称，又称"环境法"❶，是人们在开发利用、保护和改善环境的活动中所产生的各种社会关系的法律规范的总和。由于人类与环境之间的关系不协调，影响乃至威胁着人类的生存与发展。"环境保护法"代表国家的意志，以国家强制力保证其实施，同时规定了环境法律关系主体的权利和义务。

环境保护法的目的在于通过协调人类与环境的关系，保护和改善环境，保护人们健康和保障经济社会的持续、稳定发展。

环境保护法所要保护和改善的是作为一个整体的环境，而不仅是一个或数个环境要素，更不是某种特定的自然资源。

2. 中国环境保护法体系

环境保护法在世界各国的立法体系中是一个新兴的法律，它是国家整个法律体系的重要组成部分。在一些发达国家，环境法已经成为一个独立的法律部门。中国的环境保护法经过40多年的建设与实践，特别是在"十五"期间，环境法规建设取得了重大成就，国家先后制定或修订了一批环境保护的法律、行政法规、规章和标准，批准了一批国际环境条约，地方也出台了一系列地方性环境法规、规章和标准，使我国的环境法律体系更趋完善。我国的法律体系基本结构如下：

（1）宪法　中华人民共和国宪法是中国的根本大法，是中国环境保护法的立法依据，是中国环境保护法体系的基石。

在中国的宪法（2018修正）中明确规定："矿藏、水流、森林、山岭、草原、荒地、滩涂等自然资源，都属于国家所有，即全民所有；由法律规定属于集体所有的森林和山岭、草原、荒地、滩涂除外。国家保障自然资源的合理利用，保护珍贵的动物和植物。禁止任何组织或者个人用任何手段侵占或者破坏自然资源。""国家保护和改善生活环境和生态环境，防治污染和其他公害。国家组织和鼓励植树造林，保护林木。"

（2）综合性的环境保护基本法　环境保护基本法是中国环境保护法的主干。它依据宪法的规定，确定环境保护在国家生活中的地位，规定国家在环境保护方面总的方针、政策、原则、制度，规定环境保护的对象，确定环境管理的机构、组织、权力、职责，以及违法者应承担的法律责任。1979年9月13日第五届全国人大常委会第十一次会议通过了中国第一部综合性环境保护法律《中华人民共和国环境保护法（试行）》。经过试行和修订，1989年12月26日第七届人大常委会第十一次会议确定为《中华人民共和国环境保护法》。现行《中华人民共和国环境保护法》，是2014年4月24日第十二届全国人民代表大会常务委员会第八次会议修订，从2015年1月1日起施行的。

现行的新《环境保护法》共有七章70条，规定了生态环境保护的基本原则、基本制度。作为环境领域基础性、综合性法律，新《环境保护法》在基本理念创新、健全政府责任、提高违法成本、推动公众参与等方面有很多突破和创新，被誉为中国历史上最严的环保法。

新《环境保护法》具有三个鲜明特点：一是对现实的针对性。新《环境保护法》针对环保领域存在的行政执法不到位、政府责任不落实、企业违法成本低等突出问题，规定了许多措施，体现了源头严防、过程严管、后果严惩的要求，回应了社会各界对碧水蓝天的期盼，表明了我们党和国家对加强环境保护、建设生态文明的坚定意志和坚定决心。二是对未来的前瞻性。新《环境保护法》立足于实现中华民族伟大复兴的中国梦和两个"一百年"奋斗目

---

❶　《中国大百科全书·法学》。

标，按照党的十八大、十八届三中全会关于深化生态文明体制改革的部署，从破解中国发展面临的资源环境瓶颈制约出发，提出了许多新的理念和指导原则，规定了许多新的制度和管理措施，展示了很强的前瞻性和长远指导性。三是权利义务的均衡性。新《环境保护法》既规定了公民个人、企业单位、社会组织、各级政府、环保部门等各方主体的基本职责、权利和义务，也规定了相应的保障、制约和处罚措施，推进各方主体积极参与、各尽其职、各负其责。

新《环境保护法》将"推进生态文明建设，促进经济社会可持续发展"列入立法目的，提出了促进人与自然和谐的理念和保护优先的基本原则，明确要求经济社会发展与环境保护相协调。

（3）环境保护单项法　单项的环境保护法规是中国环境保护法的分支，是以宪法和环境保护法为基础，为保护某一个或几个环境要素或为了调整某方面社会关系而制定，是宪法和环境保护基本法的具体化。

迄今为止，根据宪法关于国家保护和改善生活环境和生态环境，防治污染和其他公害的规定，我国已经制定了环境保护单项法 20 多部，包括《中华人民共和国大气污染防治法》《中华人民共和国水污染防治法》《中华人民共和国固体废物污染环境防治法》《中华人民共和国海洋环境保护法》《中华人民共和国噪声污染防治法》《中华人民共和国环境影响评价法》《中华人民共和国清洁生产促进法》《中华人民共和国放射性污染防治法》《中华人民共和国森林法》《中华人民共和国草原法》《中华人民共和国煤炭法》《中华人民共和国矿产资源法》《中华人民共和国渔业法》《中华人民共和国水法》《中华人民共和国土地管理法》《中华人民共和国野生动物保护法》《中华人民共和国水土保持法》《中华人民共和国防沙治沙法》《中华人民共和国海域使用管理法》《中华人民共和国种子法》《中华人民共和国可再生能源法》《中华人民共和国文物保护法》《中华人民共和国气象法》《中华人民共和国专属经济区和大陆架法》以及《中华人民共和国环境保护税法》等。

（4）行政法规　环境行政法规是指国务院制定的有关合理开发、利用和保护、改善环境和资源方面的行政法规。如：国务院制定了《中华人民共和国环境保护税法实施条例》《农业转基因生物安全管理条例》《报废汽车回收管理办法》《噪声污染防治条例》《海洋倾废物管理条例》《水产资源繁殖保护条例》《危险化学品安全管理条例》《退耕还林条例》《医疗废物管理条例》《危险废物经营许可证管理办法》《国务院关于落实科学发展观加强环境保护的决定》等行政法规和法规性文件。

（5）环境与资源保护的部门规章和标准　环境与资源保护行政规章，是指国务院所属各部、委和其他依法有行政规章制定权的国家行政部门制定的有关合理开发、利用、保护、改善环境和资源方面的行政规章。与国务院制定的行政法规相比，国务院所属各部门制定的部门规章和标准数量更大、技术性更强，是实施环境与资源保护法律法规的具体规范。如国家环境保护局制定的《环境保护行政处罚办法》，根据环境保护法、行政处罚法等法律法规的规定，对环境保护的行政处罚规定了详细的程序和办法。与法律法规相比，部门规章和标准具有更强的可操作性。

（6）环境保护部门规章　是由国务院有关部门为加强环境保护工作而颁布的环境保护规范性文件，如《城市环境综合整治定量考核实施办法》等。

（7）环境保护地方性法规和地方政府规章　是指有立法权的地方权力机关人民代表大会及其常委会和地方政府制定的环境保护规范性文件，是对国家环境保护法律、法规

的补充和完善，它以解决本地区某一特定的环境问题为目标，具有较强的针对性和可操作性。

（8）环境标准　我国环境法规体系中的一个重要组成部分，也是环境法制管理的基础和重要依据。环境标准包括主要环境质量标准、污染物排放标准、基础标准、方法标准等，其中环境质量标准和污染物排放标准为强制性标准。

（9）国际环境保护公约　是中国政府为保护全球环境而签订的国际条约和议定书，是中国承担全球环保义务的承诺，根据环境保护法规定，国内环保法律与国际条约有不同规定时，应优先采用国际条约的规定（除我国保留条件的条款外）。

至此，我国的环境保护法律体系构建已经基本完成。

当然，立法"完成"并非"法治"的完成，更不是"万事大吉"，落实执行和推进，以及在执行中不断完善，是更加艰巨而细致的工作。

三、 环境违法的追究和惩处

环境保护法同其他的法律一样具有国家强制性。环境法中关于违法或者造成环境破坏、环境污染者应承担的法律责任的规定是它的重要组成部分。为了保证环境法的实施，应当依法追究各种违法者的法律责任。违法者所造成的社会危害的程度不同，违法者所应承担的法律责任也不同。

1. 环境行政责任

环境行政责任是环境法律责任中最轻的一种，是指违反环境保护法的行为人所应承担的行政方面的法律责任，这种法律责任又可分为行政处分和行政处罚两类。

环境保护法规定的行政处分，主要是对破坏和污染环境，危害人体健康、公私财产的有关责任人员适用。行政处分包括警告、记过、记大过、降级、降职、开除留用、开除七种。

行政处罚是行政法律责任的一个主要类型。就环境保护法来说，主要是警告、罚款、没收财物、取消某种权利、责令支付整治费用和消除污染费用、责令赔偿损失、剥夺荣誉称号等。

2. 环境民事责任

环境民事责任是指从事了违反环境法的行为或造成环境污染和环境破坏而侵害人的民事权利者，依环境保护法律、法规规定应当承担的法律责任。环境民事责任是一种特殊的侵权责任，它是因为环境保护方面的民事侵权行为所导致的民事责任。在这些环境保护方面的民事侵权责任中实行无过错责任，即使行为人主观上没有故意或过失，也应该承担赔偿对他人造成的损失，并且不要求一般民事责任案件中通常意义上的损害事实，只要有危害或者妨碍的状态即可。

3. 环境刑事责任

环境刑事责任是指因故意或者过失违反环境法，造成严重的环境污染和环境破坏，使人民健康和财产受到严重损害者应当承担的以刑罚为处罚形式的法律责任。

2015年8月29日第九次修正，2015年11月1日实施的《中华人民共和国刑法》第六章第六节"破坏环境资源保护罪"规定：

（1）违反国家规定，排放、倾倒或者处置有放射性的废物、含传染病病原体的废物、有毒物质或者其他有害物质，严重污染环境的，处三年以下有期徒刑或者拘役，并处或者单处罚金；后果特别严重的，处三年以上七年以下有期徒刑，并处罚金。

（2）违反国家规定，将境外的固体废物进境倾倒、堆放、处置的，处五年以下有期徒刑或者拘役，并处罚金；造成重大环境污染事故，致使公私财产遭受重大损失或者严重危害人体健康的，处五年以上十年以下有期徒刑，并处罚金；后果特别严重的，处十年以上有期徒刑，并处罚金。

（3）违反保护水产资源法规，在禁渔区、禁渔期或者使用禁用的工具、方法捕捞水产品，情节严重的，处三年以下有期徒刑、拘役、管制或者罚金。

（4）非法猎捕、杀害国家重点保护的珍贵、濒危野生动物的，或者非法收购、运输、出售国家重点保护的珍贵、濒危野生动物及其制品的，处五年以下有期徒刑或者拘役，并处罚金；情节严重的，处五年以上十年以下有期徒刑，并处罚金；情节特别严重的，处十年以上有期徒刑，并处罚金或者没收财产。在禁猎区、禁猎期或者使用禁用的工具、方法进行狩猎，破坏野生动物资源，情节严重的，处三年以下有期徒刑、拘役、管制或者罚金。

（5）违反土地管理法规，非法占用耕地、林地等农用地，改变被占用土地用途，数量较大，造成耕地、林地等农用地大量毁坏的，处五年以下有期徒刑或者拘役，并处或者单处罚金。

（6）违反矿产资源法的规定，未取得采矿许可证擅自采矿，擅自进入国家规划矿区、对国民经济具有重要价值的矿区和他人矿区范围采矿，或者擅自开采国家规定实行保护性开采的特定矿种，情节严重的，处三年以下有期徒刑、拘役或者管制，并处或者单处罚金；情节特别严重的，处三年以上七年以下有期徒刑，并处罚金。

（7）违反国家规定，非法采伐、毁坏珍贵树木或者国家重点保护的其他植物的，或者非法收购、运输、加工、出售珍贵树木或者国家重点保护的其他植物及其制品的，处三年以下有期徒刑、拘役或者管制，并处罚金；情节严重的，处三年以上七年以下有期徒刑，并处罚金。

（8）盗伐森林或者其他林木，数量较大的，处三年以下有期徒刑、拘役或者管制，并处或者单处罚金；数量巨大的，处三年以上七年以下有期徒刑，并处罚金；数量特别巨大的，处七年以上有期徒刑，并处罚金。

非法收购、运输明知是盗伐、滥伐的林木，情节严重的，处三年以下有期徒刑、拘役或者管制，并处或者单处罚金；情节特别严重的，处三年以上七年以下有期徒刑，并处罚金。

盗伐、滥伐国家级自然保护区内的森林或者其他林木的，从重处罚。

（9）单位犯破坏环境资源保护罪的，对单位判处罚金，并对其直接负责的主管人员和其他直接责任人员，依照本节各该条的规定处罚。

但是，中国目前的"环境法律"仍然有不够完善的地方：

首先是有一些条款不够明细，存在较多的"灵活性"。其次是还存在有可以被"违法者"利用的漏洞，比如在法制较完善的发达国家实行的行之有效"法律责任举证转移——由'有环境违法的行为人举证'（证明自己没有违法或者违法轻微）"的做法，可以有效地保护受害者，但在中国的环境法中却没有，往往由于受害者无力取得足够证物（因经济、时间和其他因素所致），而让违法者逍遥法外。最后是中国环境监管力量尚较为薄弱，某些环境违法行为也不一定会被查处。而且"罚款的力度"也没有明确，仍然可能存在"违法成本低于治理成本"，罚款和治理成本明显不对称现象，还会有一些环境排污者宁可被"惩罚"，也不肯投资"整治"。国际上，"对环境违法者的处罚即使未达到'倾家荡产'，最少也要求'入不敷出'——'违法所得尽数罚没'"的

做法，对环境违法者具有强烈的震慑作用。

某些法律条文不够明确，也容易被违法分子利用。比如《中华人民共和国森林法》规定砍树要补种，可是没有明确的补种质量要求，要是种下的是"死树"——使用"废苗""残苗"检查的时候是活的，但是不久（或者一些时间）后死了又怎么办？而在欧洲，1975年德国颁发的《中华人民共和国森林法》明确规定：任何单位和个人，必须经过州一级主管部门批准才可以砍伐树木，而且必须保证栽活同样多的树木。为了确保达到要求，种树者往往都会多栽种一些，以至于现在德国森林的面积甚至已经到了需要"适当控制植树数量"的时候了。

还有就是存在"法律缺位"的问题，比如《节约能源法》只对工业企业的能耗比作了明确要求，而对其他产业（或非产业部门）却无明确的规定。像"2007年夏天当杭州频繁地拉闸限电的时候，竟然出现像'冰雕展'那样的巨量'电老虎'胆敢对省长的批示'当你没来'"的咄咄怪事仍有可能出现。

此外，环境执法人员的水平和素质也很重要，有些生产单位用自己制作的比较简单的回收处理设备实现了废弃物的回收利用"自身循环"，或者某些生产单位的某些"污染物"由于数量太少，自己专门处置成本太高，而交给专业回收部门处理，一些执法人员自己不懂却因为没有看到他们"意识"中的"回收处理设备"，认为这些单位没有进行回收处理而强行"关、停"执法的现象仍时有发生。

"环境执法"也是政府的"窗口"，既要"严格"，但也不能"过度"，否则也可能造成不利发展的结果。

在新的《中华人民共和国环境保护法》实施的第一年即2015年，全国通过"010-12369"环保举报热线处理群众来电、留言及网络举报共38689件，受理举报1145件。从举报类型看，涉及大气污染的有896件、水污染的有356件、噪声污染的有265件、固废污染的有59件（个别举报涉及多项污染类型，累计总数多于受理总数）。从查处情况看，群众反映的环境污染问题属实和基本属实的有751件。从举报范围看，河南、江苏、广东、山东、天津等省（市）投诉较为集中，华中、华南等地区举报量多于西北、西南地区。从涉及行业看，化工业、非金属矿产加工业、金属冶炼加工业的举报较为集中，合计占总受理量的52%。

小资料 7-6　在国家环保总局最近对11个省区126个工业园区的检查中，发现有110个存在违规审批、越权审批、降低环评等级和"三同时"不落实等环境违法问题，占检查总数的87%。

与国家节能减排的决心相比，一些工业园区死抱"黑色GDP"，一项项节能减排令在当地企业、政府的"软执行"之下变成了纸上谈兵。一方经济的增长亮点，为何会成为高污染、高耗能的重灾区？

……

"中华环保世纪行"执委会主任指出，工业园区成"污染园区"，其中主要原因是"政绩工程""面子工程"的驱使，不少地方招商引资急功近利，不同程度地存在"媚商"现象，"唯GDP论"在某些领导干部中还有相当大的市场。

——《中国青年报》2007年8月3日

小资料
7-7

污染企业的违法成本太低

一位全国人大代表算了一笔账让人震惊。他在最近国家环保总局挂牌督办的黄河沿岸一家重点污染企业做调研时发现，去年这家企业应当缴纳排污费116万元（实际上只交了36万元），加上环保部门对其罚款4万元，这家企业一年违法排污总成本为120万元，违法100年也不过1.2亿元。但是这家企业的环保要达标至少需要投入1亿多元。为此王锡武说："违法成本与守法成本真是天壤之别。"（新华社3月6日电）其实，对于污染企业来说，"宁愿认罚不治污"是目前的普遍现象。有许多企业的排污设备搁置在那儿，只有应付检查时才启动。一位企业老板就对我说过，这些设备的运转成本比排污费和罚款要高不少。这就是常说的，违法成本低于守法成本。

——《新京报》2006年3月9日

小资料
7-8

近年来，生态灾害和环境污染的事件频繁发生，一位水利专家介绍，一个湖泊周边20年内建设了大量宾馆、度假村，获得20亿元的产出，却为湖泊污染投入了40亿元的治理费用，表面看创造了60亿元的GDP，实际上却是一种负增长。

……

一位著名湿地专家透露，她参与过3个自然保护区论证，尽管专家大部分认可，最后却遭到否决，原因是有领导担心设立保护区会使资源开发受影响。

——《新华每日电讯》2006年9月30日

小资料
7-9

……广东××制碱有限公司从2003年至今，在未取得废弃物海洋倾倒许可证的情况下，……每年就向海洋倾倒碱渣约十万吨。尽管这是一起明知故犯的严重破坏海洋环境的违法行为，但南海总队却只能依照《海洋环境保护法》第七十三条的规定，对该制碱公司处以19万元的罚款。

……

据统计，从2000年至2006年，中国海监依据《海洋环境保护法》和《海洋倾废管理条例》《海洋石油勘探开发环境保护管理条例》《防治海洋工程建设项目污染损害海洋环境管理条例》等法律、法规，开展了一系列海洋环境执法工作，共依法作出相关的行政处罚1383件，但这上千宗案件中没有一件被移交刑事处罚。

——《法制日报》2007年9月11日

第四节 环境保护的国际合作

一、 国际环境保护公约

解决环境保护问题，谋求人类经济、社会和生态环境的持续发展，已经成为当代人类的历史使命。但是，要想真正做到这一点，还需要全世界人们的共同努力。特别是对于许多全球性环境问题，仅仅靠一国或几国的努力远远不能达到解决问题的目的。因此，伴随着以全球性污染为特征的第二次全球环境问题高潮的到来，人们也开始了全球性环境保护的高潮。1992年6月，联合国在巴西里约热内卢召开了有史以来规模最大、级别最高的环境与发展大会，有183个国家和地区、70多个国际组织的代表出席了会议，102位国家元首和政府首脑到会和讲话，中国的总理参加了该次大会并发表重要讲话，阐明了中国在一系列环境和发展问题上的一贯立场和认真态度，会议还通过了《21世纪议程》《里约宣言》《联合国气候变化框架公约》《联合国生物多样性公约》和《关于森林问题的原则声明》等多项重要文件。

事实上大量的已制定的国际环境保护公约为环境与发展大会的召开提供了比较成功的模式并奠定了良好的基础。大量国际性环境保护公约都延续到21世纪，了解这些重要的国际环境保护公约及其内容，有助于了解全球性重大污染问题以及人类为控制这些污染所做出的巨大努力，强化环境保护意识。

主要的国际环境保护公约，如：

（1）《联合国人类环境宣言》 宣言于1972年6月在瑞典首都斯德哥尔摩召开的联合国人类环境会议上通过。宣言呼吁各国政府和人民为保护和改善人类环境，并为造福全体人民和子孙后代而共同努力。

（2）《保护臭氧层维也纳公约》 条约在1985年3月签订于奥地利首都维也纳，以保护人类赖以生存的臭氧层为宗旨，进行国际性协调合作。我国于1989年加入该条约。

（3）《关于消耗臭氧层物质的蒙特利尔议定书》 议定书于1987年9月在加拿大蒙特利尔签订，以《保护臭氧层维也纳公约》为基础，对氟利昂等臭氧层破坏物质进行控制，并制定出减少生产和使用量乃至全面废除的时间表，要求缔约各国遵守这一时间表。

（4）《关于"消耗臭氧层物质的蒙特利尔议定书"的修正》 修正案于1990年于英国首都伦敦签订。鉴于日趋严重的臭氧层破坏状况，本修正议定书强化了对氟利昂的控制，将减少生产和使用量乃至全面废除的时间表进一步提前。1991年6月，中国加入修正后的议定书。

（5）《控制危险废物越境转移及处置的巴塞尔公约》 公约在1989年3月签订于西班牙巴塞尔。目的是保证人类健康和防止危险废物的转移和扩散，加强危险废物越境转移及其处置的管理和控制。

（6）《北京宣言》 发展中国家环境与发展部长级会议的《北京宣言》，于1991年6月通过。宣言主要针对发展中国家的环境问题，提出发展中国家对于解决全球性环境问题所采取的方针和立场。表明在不妨碍经济发展的前提下，发展中国家将充分参与保护环境的国际努力，同时强调，如果发达国家能做出积极的努力和反应，从而形成一个适合于全球合作的气氛，发展中国家将和发达国家一道，共同为自己和后代开创一个更加美好的未来。

（7）《联合国气候变化框架公约》 公约在1992年6月签署于巴西里约热内卢环境与发展大会。鉴于全球气候正在变暖和朝着不利于人类生存的方向变化，公约要求缔约各国控制二氧化碳等温室气体的排放，并将大气中温室气体的浓度稳定在防止气候系统受到危险的人为干扰的水平上。

（8）《生物多样性公约》 公约在1992年6月签订于巴西里约热内卢环境与发展大会。公约的主要目的是保护地球上生物多样性，使其能持久存在并为当代人和后代人所利用，避免因环境变化等人为因素造成生物多样性锐减。

（9）《关于保护海洋环境免受陆上活动污染的华盛顿宣言》 1995年11月世界各国环境

部长会议通过。

（10）《关于持久性有机污染物（POPs）控制斯德哥尔摩公约》 2001 年 5 月有 91 个国家政府签署，2016 年缔约方已经超过 150 个国家。

其他"环境保护"国际公约：《世界自然资源保护大纲》《内罗毕宣言》《关于环境与发展的里约热内卢宣言》《南极条约》《联合国防治荒漠化公约》《国际湿地公约》《东南亚及太平洋植物保护协定》《保护候鸟及其栖息环境协定》《大陆架公约》《世界气象组织公约》《生物议定书》《关于特别是水禽生境的国际重要湿地公约》《关于森林问题的原则声明》《联合国海洋法公约》《防止海洋石油污染的国际公约》《捕鱼与养护公海生物资源公约》《防止因倾弃废物及其他物质而引起海洋污染的公约》《国际油污损害民事责任公约》《国际防止船舶造成污染公约》《国际捕鲸管制公约》《关于禁止发展、生产和储存细菌（生物）及毒素武器和销毁此种武器的公约》《关于油类以外物质造成污染时在公海进行干涉的议定书》《濒危野生动植物种国际贸易公约》《关于各国探测及使用外层空间包括月球与其他天体之活动所应遵守原则之条约》《核材料实物保护公约》《核事故或辐射事故紧急情况援助公约》《核事故及早通报公约》《禁止在海床洋底及其底土安置核武器和其他大规模毁灭性武器条约》等。

二、 ISO 14000 标准与国际环境保护

过去的几十年间，伴随着经济发展而产生的资源破坏、生态恶化、环境污染，给人们留下了沉痛的教训。人类在从大自然获取进步和富裕的同时，也为自身营造了"苦难和噩梦"。现代人类醒悟到这一点，并找到了可持续发展的途径——两者协调发展。可持续发展是人类在全面总结自己的发展历程，重新审视自己的经济社会行为后提出来的一种新的发展思想和模式。它把人们的环境观念拉向更高更远。作为可持续发展一项具体配套措施，ISO 14000 国际环境管理系列标准就在这样的基础上于 1996 年正式推出。

ISO 14000 系列标准是由国际标准化组织（ISO）第 207 技术委员会（ISO/TC 207）组织制定的环境管理体系标准，其标准号从 14001 至 14100，共 100 个，统称为 ISO 14000 系列标准。该系列标准是顺应国际环境保护的发展，并依据国际经济贸易发展需要而制定的。

在全球经济发展的路途上，环境保护显得越来越重要，措施也更加严格，不但新制定了一批用于贸易制裁的国际环境公约、法律标准，已有的贸易协定中也增加了环境保护的内容，同时还设立专门机构处理贸易与环境问题。ISO 14000 系列标准的公布和实施，引起国际的共同关注。据统计，在"ISO 14000 系列标准"推出后，仅 1997 年一年，全世界就有 3000 余家企业获得 ISO 14000 的认证。其中日本、德国、英国等国家走在世界前列。

按照 ISO 14000 系列标准对企业进行审核和认证，是中国环境政策的一项新的内容。这项政策对符合该标准的企业发给特别证书，从而有利于企业在市场竞争，特别是国际市场竞争中获得更有利的地位。ISO 14000 系列标准也促进了中国环境管理体系的审核工作，促进企业节约资源，降低能耗，学习国外先进环境管理审核的经验，促进中国环境保护事业与国际接轨。

目前，最新的"ISO 14000 系列标准"已经实施至"2015 版"，并把全球环境保护推向新的台阶。

三、 国际环境保护科学交流

发达国家在环境问题上走过的路不能重复（人类总要从失败中吸取教训，否则就不是高智慧生物）。但发达国家的成功经验却应该借鉴，通过各种渠道开展国际性的环境保护科学技术交流，对于加速各种不利环境因素影响的消除，促进环境恢复是百利而无一害的大好事，对于人类、对于环境、对于其他生物，都只有好处，应该大力提倡、大力扶持。

随着中国各方面的对外开放，与国际接轨进程的加快，国际性的环境科学交流也应加速进行，国家领导人在这方面也一再地强调。北京、上海、广州、深圳、香港、天津、武汉、重庆、福州等地区与美国、日本、加拿大、法国、德国等国家之间，在环境保护科技，包括各种清洁生产技术、污染预防、各种废物的整治，特别是在生物技术上的研究和设备等方面的各种交流活动频频进行。由于保护地球是全人类的共同事业，各种各样的科技交流都取得较好的进展，这也是"洋为中用""中外结合"。许多院校、科研机构在微生物治理污水、净化环境等方面取得成果，并用于"实践"，对中国的环境保护做出了贡献。

2019 年 3 月 25 日，"中法全球治理论坛"在巴黎拉开帷幕。论坛开幕式在法国外交部报告厅举行。与会代表围绕"'一带一路'与互联互通""多边主义与全球治理""数字治理的挑战与机遇""气候变化和生物多样性"等议题进行研讨，并达成了广泛共识。国家主席习近平在闭幕式上讲话，指出："和平与发展仍然是时代主题""中法友谊源远流长"。两国政府和人民应该在共建"一带一路"中继续加强双边合作，尤其是"加强气候变化合作，全面落实《巴黎协定》，推动联合国气候峰会取得积极成果，为两国人民和各国人民谋福祉"。

积极开展国际性环境保护科学技术交流，必将对中国的环境保护产生很大的促进，也是中国在世界环保事业中发挥影响和促进作用的大舞台。

思 考 题

1. 从你身边的事例和切身体会谈谈全民环境教育的重要意义。
2. 什么是环境管理？它具有哪三个显著的特点？
3. 什么是环境质量？衡量环境质量好坏有哪些标志？
4. 谈谈进行环境法治的意义。
5. 什么是环境保护法？违法者所应承担的法律责任有哪三种？
6. 为什么要签订"国际性环境保护公约"？目前已经签订的公约有哪些？
7. 什么是 ISO 14000 系列标准？按照 ISO 14000 对企业进行审核和认证有何意义？

第八章
拯救地球，人类别无选择

第一节　保护生态环境是人类
不可推卸的责任

一、七十五亿人只有一个家❶

地球之所以呈现出"迷人"的蔚蓝色，究其原因是地球上的液态水，人们常说：生命离不开水和空气。但是，多数的人不知道支持生命的水必须是液态的水，至少对于较高等的生物来说是如此。另外是空气，也是指现在的地球上所能见到的这种由适当的氧气、氮气，还少量二氧化碳和其他气体组成的"空气"（即使是纯氧气也不适合于人类和生物生存和生活）。因为人类和现在在地球上生存的所有生物，都是在这种液态水和现有组成的空气中诞生和进化的。据说在地球的形成和发展过程中，空气的成分曾发生过很大的变化，不过资料显示，数亿年来地球空气的组成变化并不大，近一亿多年来更是比较稳定，倒是近一个多世纪以来人类的活动引起空气成分较大的变化，并在一些受到较大影响的地方引起了某些呼吸系统疾病。

还有，就是地球的温度及温度变化规律、臭氧层的保护、引力场等，都是现今在地球上生活着的生物所必需的环境。

"人类既是他的环境的创造物，又是他的环境的创造者。"❷ 尽管人类是现今地球上生物进化的最高层次，但是仍然是生物的一员，同样地需要稳定和适合的自然环境，离不开这"蔚蓝色的星球"。

早期，人类处于发展初期，仅有简单的工具、肤浅的知识，艰苦地在大自然中奋斗、抗争，艰难地、缓慢地发展着自己，与自然生态相安无事。人类也在与自然界的抗争中不断积累经验，提高为自己创造舒适生存和生活条件的能力，继续不断扩大"战果"。

然而，由于人类的目光短浅，不顾一切地向自然索取、掠夺，又利用这些资源拼命地发展自己、武装自己，增强自身力量，以继续向自然索取，导致人类自身的不断膨胀。结果又使已拥有的资源显得不足，再加大开发力度，形成一个又一个的恶性循环，最后形成不可收拾的局面。如今，已经超过了 75 亿大关的人类，只能在这颗并不富饶、不堪重负的星球上，

---

❶　截至 2019 年 04 月 10 日，全球 230 个国家人口总数为 7579185859 人。
❷　1972 年斯德哥尔摩"人环境宣言"，其意为：人类是环境的产物，又是环境的创造者。

继续生存下去。

七十五亿人只有一个家！

二、 人类破坏的环境， 只能由人类来恢复

地球环境的破坏，归根结底是由于人类对大自然的过度开发，说确切一点，应该是人类的掠夺、滥用自然资源和大自然力量的恶果。把地球形成以来几十亿年积累下来的各种无机的、有机的资源，在几百年间挥霍过度，面临枯竭，如此下去，很可能在一两百年，甚至更短的时间内就毁灭于自己手中。

任何一个人，当知道自己的生存受到威胁的时候，都会作出相应的反应（其实只要有一点思维的生物都会如此），问题是怎样做才能使人类避免走向灭绝，不但要避免，还要继续发展和进步。

人类不愧为高智慧生物，人类之中有不少能人、先知先觉者，他们善于观察、善于发现问题，早于一般人发现人类在"改造"自然的"斗争"中犯了各种各样的错误，向人们提出过警告，也做过各种各样的纠正和其他措施，古今中外都有。如大禹❶以"疏导"治理黄河水患；《吕氏春秋》记载："牺牲不用牝"❷ "孟春三月，草木萌动，命祀山木川泽，毋用牝……" "仲春之月，毋作大事，毋竭川泽，毋漉坡地，毋毁山林"；先哲孟子也说："不违农时，谷不可胜食也。网罟不入夸池，鱼鳖不可胜数也。斧斤不入山林，材木不可胜用也"；又如秦始皇曾经在"万里长城"沿线建造了一条规模可观的榆树林带，后来汉武帝又拓展成超出"万里长城"的"榆溪塞"，给闻名中外的"万里长城"增加了一道生态屏障依靠，更加"牢不可破"，在客观上又改善了当地的生态环境；1975 年，中国考古学家还在 2000 多年前的秦代古墓里，发掘出具有明确的环境保护内容的"竹简"——《田律》，对当时的山林、生态保护和农业生产发展作出了具体的规定，是少有的珍贵文献；又如 1952 年的英国"伦敦烟雾"熏出了世界第一部《空气清洁法》；1962 年美国著名女生态学家 R. 卡逊发表了《寂静的春天》，向全世界化学农药的使用敲起了警钟……

近几十年来，人们已经开始认识到环境与人类的生存和发展有着非常密切的关系，国际科联在 1968 年便设立了环境问题科学委员会。1972 年 6 月 5 日联合国在瑞典斯德哥尔摩召开了人类史上第一次"人类环境会议"，发表了《人类环境宣言》，提出"只有一个地球"的口号，并规定每年 6 月 5 日为"世界环境日"。有力地推动了世界性的环境保护事业的开展，"为了人类的未来，保护环境"的信念逐步得到人们认同，环境保护、"绿色和平"正逐渐成为"时尚"。不少曾经"臭名远扬"的环境污染"重灾区"，都在当地政府和人民的努力之下，得到不同程度的整治，恢复了昔日的欣欣向荣的生态系统，甚至还有所发展。

英国的曾经风景如画的泰晤士河，在"工业革命"中由于严重污染而变成了死河，臭气冲天，沿河的国会大厦也要用厚厚的绒布封闭窗户，防止臭气干扰。1961 年英国政府根据科学家 A. 惠勒的调查报告，开展了对泰晤士河的治理工程，采取了从堵截污染源、清理沉积物、消除毒害物质到对排放入河的各种污水的净化处理等一系列有效的整治措施，经过近

---

❶ 大禹古人，相传治理黄河水患功劳卓著。
❷ 祭祀祖先天地时，不要用雌性动物，以保护种群的繁衍功能。

几十年的努力，如今的泰晤士河碧波荡漾、游鱼如梭、鸟语花香，再也不见当年被污染的烟雾弥漫，如今伦敦"雾都"已"徒有虚名"了。为了巩固环境整治成果，英国政府又规定：凡用水单位，在用水以前必须先领许可证。

被称为"印度的明珠"的泰姬陵，曾一度受到酸性污染气体的困扰，印度政府根据生态学家的建议，在其周围种植了大批桑树，不但有效化解了二氧化硫的侵蚀危机，保护了泰姬陵，还给陵墓增添了一种富有诗意、生气勃勃的新景色。

中国人民也在重建家园生态环境方面进行了大量试验，并取得一定的成果。长城沿线的人民群众，在当地政府的领导下，从 20 世纪 80 年代起，营造了三条防护林带和大片大片的林地，有效地抑制了沙漠的扩张，并逐渐向沙漠深入，建成一片片的良田和草地❶。广东省的林业部门也进行了在采石场的裸露岩石上重新建立植被的试验，在珠海市实地应用获得成功经验后，已经向全省铺开。

事实证明，被人类破坏和污染的环境，只要还没有达到"最后关头"，及时地采取恰当的措施，还是有可能挽救的，假以时日，持之以恒，就有可能使被破坏的环境恢复青春。

然而，现实并不像人们想象的那样简单。

首先，一方面是人类中的先知先觉者不断地发出呼吁、警告，发动和组织各种各样的世界性的、地区性的环境保护宣传、教育以及具体的环境保护活动，进行环境综合整治。而另一方面，却仍然有为数不少的人们为了局部的利益继续破坏着环境，大量地排放着各种各样的污染物，继续毒化和破坏着已经百孔千疮的地球。这里边更多的是欠发达国家和地区的人们，他们不知道一时疏忽造成污染可能要付出沉重的代价，不知道"污染一旦形成，就可能需要几十年、几百年、几千年甚至更长的时间才可能恢复，有一些甚至可能完全不能恢复"。由于对环境破坏的严重性缺乏认识，人们往往只顾眼前利益，不负责任地继续实施不可持续发展的、错误的生产和生活方式，而置子孙后代于不顾。另外，也有部分发达国家或地区的人们，在"发展经济"的幌子底下，把污染向第三世界输出，给欠发达国家和地区带来生态灾难。

还有，在某些环境整治和恢复过程中，还会发生反复，尤其是在沙漠的整治方面，人沙大战各有进退的现象时有发生。还有，很多被破坏的环境并不都能像"泰晤士河"那样，而是需要更长的时间和更复杂的整治，也使环境保护成为"痛苦的磨难"。这些都是不容忽视的问题，也是近几十年来，人类在全球性环境保护工作中进展不大，地球家园的环境危机仍然化解无期的主要症结所在，亟待解决。

整治地球环境需要全人类的共同行动！

此外还要注意的就是：一些环保措施在特定的条件下实际上仍然会破坏环境，比如不加区分地对各种不同污染程度的污水"统一收集""统一输送""统一处理"，不但会由于"重度污染水"的加入带来的难降解污染物增加了处理难度，还由于某些"重度污染水"在污水系统中实际上并非均匀分布，当"重度污染水"浓度高时出现处理不足的状况，而当"重度污染水"浓度低时出现处理过度的状况，为了避免这种现象，只能增大基础投资，造成投资浪费，处理费用普遍增加。另外，这些"重度污染水"的长途输送，还可能使污染扩散，如

---

❶　实践证明对于沙漠治理，种草可能比植树效果更加显著。对于已经退化的但尚未完全沙化的沙质草原，甚至只需要停止放牧，很快就能够自行恢复，某些地方甚至还出现了"人退沙退"——草原自动向沙漠推进现象。

果这些"重度污染水"带有致病因素，更可能引起疾病流行或扩散。某些城市的生活污水处理系统，摒弃了"传统"的历史经验证明是行之有效的节能"化粪池"，而采用人畜粪便通过"专用"收集渠道长途输送进行统一处理，沿途臭气散发，还严重地浪费了自然资源❶。结果，一是大大地增加污染处理费用，增加人民用水成本；二是浪费了有机肥资源，增加农业生产成本，而且没有有机肥料供应的农田依然只能依靠化肥，仍然不是生态农业。再就是这些本来不需要完全分解的"有机体"，在污水处理过程中被完全分解为二氧化碳，也增加了温室气体排放，形成二次污染。

还有一些企业在"循环经济"的光环下不顾条件地组织"内循环"经济，在企业"内部'消化'"污染物，以换取"环保型企业"名誉，可是在实施的时候，所花费的资源比简单的治理要多得多，对环境的破坏实际上有增无减。从保护环境的本义上认识："环保型企业"首先必须是对环境的影响最小，资源消耗最少，并尽可能消灭或减少环境污染物的排放的"环境友好"企业，而不仅仅是实行某些局部意义上（某些方面）的环保措施。

垃圾的处理一向是城市的难题（现在已经扩展到成为"农村和城镇的难题"），垃圾焚烧虽然是一种行之有效的"缩容"手段，但是对于没有分类的垃圾进行焚烧，却具有"不环保"的一面：各种垃圾中的可以回收的物资在付诸一炬后，只有热量成为回收的资源，更多的有用物质如废纸、塑胶、金属、玻璃乃至可以发酵利用（回收沼气和有机肥料）的食物残渣等，统统都变成了废物，只能用于铺路或者填充于建材中。为了使其中的某些不容易燃烧的部分也充分焚烧，还要添加助燃物质（包括添加燃料）。而且，即使是"最充分的燃烧"，以目前的"现代技术"也仍然无法避免燃烧产物（烟气、灰尘和残渣）中存在某些有害物质毒化环境。而且当中有些原先是属于液体或者固体的成分，在经过高温燃烧后转化为气态物质（如二噁英、汞蒸气等），还可能向更大的范围扩散，形成更严重的污染。因此，没有配套相应的废气处理装置的"垃圾焚烧炉"又成为新的污染源。

垃圾分类收集是实现"垃圾处理""环保化"的重要环节，把不同的垃圾分别投入不同的垃圾桶或者垃圾袋。

交通运输系统的环境保护也是一个必须认真注意的问题，随着我国的公路交通运输事业的发展，国民的万人汽车保有量在不断增长，汽车尾气的污染已经成为环境污染的重要部分。由于交通管制和道路配置的不合理，中国的道路交通阻塞在世界上恐怕也是出了名的，特别是城市里的道路——不堵车才是新闻。有人会说："没关系了，很快就不再生产传统能源汽车了，再堵也不污染了。"

事实并非如此，因为任何的新能源汽车（包括"太阳能汽车"因为到目前为止"太阳能电池"的效率仍然无法完全满足汽车行驶的需要，需要另外补充充电）都需要从"大能源网络"上获取能源补充，而"大能源网络"都是使用传统能源的（最少目前还是大部分使用传统能源），它们的运行仍然会向环境排放污染物，它们的优势是比分散的能源装置系统效率高，污染物可以集中处理。但是汽车上路的时间越多，"大能源网络"供应二次能源越多，换言之消耗的传统能源越多，排放的污染物也就越多，对环境的影响越大。而且还有一个由一次能源转化为二次能源，然后再转变为动力和比直接能源转变为动力的效率问题。

如何让汽车上路的时间尽量缩短，是摆在我们的交通管理部门面前的不可推卸的责任。

---

❶ 粪便在"化粪池"里自然进行的厌氧处理比有氧处理更加高效，而且省时免费，还进行了"自然高温消毒"，杀灭了致病源。同时，经过厌氧处理的粪便是高效的有机肥料，是构成循环型农业的重要环节。

千亿巨资十年再造秀美山川

小资料
8-1

　　天然林保护工程正式启动。近日，国务院正式批准了《长江上游、黄河中上游地区天然林资源保护工程实施方案》等……天然林保护工程规划期为 2000 年到 2010 年，总投入 962 亿元，其中政府投资 784 亿元……

——《经济参考报》2000 年 12 月 7 日

含油污水处理实现"零污染"

　　广西桂林环保工程公司运用物质亲疏特性原理研制成功的先进含油污水处理装置，目前在广西百色油田投入运行，该装置所处理污水的各项技术指标均达到油田回注水的要求。

——《中国化工报》2001 年 1 月 20 日

三、 开发外星世界不能代替地球

　　当人们在为保护和拯救地球环境做出努力，向全人类发出"保护环境　人人有责"呼吁的时候，有人却在鼓吹"太空移民"（其中不乏世界上有名望的著名科学家、专家、学者），他们认为只要把人类的一部分迁移到"另一个'地球'"上去，就可以解决地球上人类太拥挤的问题了。

　　然而，这是不现实的（可能只是一种妄想），且不说迄今为止，人类还没有在地球以外找到一定适合人类生存和发展的"另一个'地球'"，就算找到了，也把"部分"人类迁移出地球了，地球被破坏了的环境就能自行恢复了吗？！如果不能（如果不加整治的话，肯定不能），那么留驻地球的人们，又会生活在什么样的环境中呢？他们有可能像在新"地球"上生活的人们那样"幸福"吗？

　　科学研究证明，发射各种太空飞行器的高能燃料和燃烧产物都具有很强烈的毒害性，发射时排放的有害物质以及发射中抛弃的助推火箭里的残留物，可能威胁数以万计的人群的健康，给大气层带来严重的污染，需要经过很长的一段时间才能为大自然所化解。还有，就是太空飞行器的发射产生了大量的"太空垃圾——飞行废弃物"，由于具有"第一宇宙速度"而继续原来的轨道环绕着地球"飞行"，这些空中"垃圾"，一方面会妨碍新的太空飞行器的发射，另一方面有些"太空垃圾"还可能掉到地面上。1978 年，苏联带有核装置的宇宙 954 号卫星就掉在加拿大北部的土地上（庆幸的是没有发生重大事故）。

　　2001 年 3 月 25 日"和平号"太空站的安全陨落，就动用了全俄的太空控制系统和世界上相关的太空组织的力量。

　　有资料显示，发射升空的太空飞行器所形成的大大小小的"太空垃圾"已经遍布地球上空，其中大于 10cm 的碎片超过 7000 块，小一些的约有 350 万块之多，已经威胁新太空飞行器的安全发射，1983 年美国航天飞机"挑战者"就因与一块直径 0.2mm 的涂料剥离物相撞受损而被迫折返地球。"哈勃太空望远镜"的天线上也有一个大洞，美国国家航天局

在 20 年来更换过 60 多个"太空窗"。

俄罗斯前总统叶利钦的科学顾问 A. 雅波科夫在研究中还发现，每发射一枚大型火箭，即可能使方圆几百公里的广大地区受到严重污染。目前，俄罗斯境内已有 3 亿公顷土地受火箭发射污染，不但野外的动、植物受到伤害，当地居民也因此而发生莫名其妙的严重疾病，并累及初生婴儿。

据研究分析，地球臭氧层的破坏中，频繁发射火箭的影响也"功不可没"。火箭带到高空的人工物体中的低沸点元素，还会对电离层带来不良影响，甚至可能使其出现空洞，产生前所未有的环境问题。

科学研究和试验尚且如此，真的实行"太空移民"情况又会是如何？不得而知。

可以断言，迄今为止地球仍然是人类在宇宙中唯一可以生存的"蔚蓝色"星球。人类就像希腊神话中的巨人"安泰"，必须不断地从大地母亲那里汲取力量，才能取得战斗胜利。人类一旦脱离生他、养他的母亲——地球，就会一事无成，甚至走向灭亡。因此，人类必须正视现实，脚踏实地地保护地球，认识到"保护地球就是保护人类，只有保护地球才能保护人类"的真谛！

此外，人类开发太空仍然需要依靠地球基地，而且太空开发本身就是一项远期目标，不解地球环境恶化的燃眉之急。

再说，人类在外太空的探索中已经耗费了大量的资源并造成了严重的环境问题，也是人类必须面对的实际问题。

此外，到目前为止，能够进入太空飞行的航天员的候选人员已经是几十万人挑一，甚至几百万人里挑一，真正能够上太空的更是少之又少。那么，最后能够获得"太空移民"资格，飞到另外的"新地球"上去的地球人究竟会有多少，本身也是一个无法预测的未知数。而且如何克服那个数光年（甚至过千光年）的遥远的旅程的重重难关，最后"立足"并建立"新地球村"，还有更多的"关卡"需要一个一个地解决，时间、技术、资金，都容不得一丝一毫的含糊。

四、良好的生态环境是人类文明持续发展的基础

人类文明离不开生物，也就是说人类文明需要生态环境的支持，而要获得良好的生态环境，则人类必须确立正确的生态道德观和生态文明思想，并努力维护生态环境的平衡。中华民族的母亲河——黄河，纵横华夏大地，哺育了亿万炎黄子孙，创造了历史悠久的、光辉灿烂的中华文化。这一切，依靠的难道是黄河常年的旱涝交替，连年的断流，甚至寸草不生和收成无着吗？回答当然是否定的。因为，任何一种生物都不会在不适宜生存的地方扎根繁衍，何况是高度智慧的人类。因此，可以肯定地说，远古的黄河流域、黄土高原，一定是非常富庶、环境优美的地方。

华夏文明如此，古埃及文明如此，古希腊文明也如此，还有古巴比伦、古印度等，都有相类似的历史。

考古研究已经用大量的文物古迹从实物上支持了这一论点。即便非洲撒哈拉沙漠，我国新疆的柴达木，还有很多沙漠等不毛之地，在远古的时候都曾经有丰富的水源……但是，某些游牧民族，某些奉行"挪窝"耕作或放牧的人群，某些急功近利的人，一味索取，只管要求，不去种植、栽培，不去呵护环境，结果大自然被破坏了，水土流失了，地面干燥了，于

是人也溜了，遗留下的是坑坑洼洼、片片沙地、座座荒山……

现代人之所以大力开展科学研究，发展高科技，探索太空秘密，其最终目的都是改善生活、改善生存环境条件和发展现代文明。而这一切，如果没有了良好的生态环境的支持，没有了自然生态这个物种丰富的、数量巨大的、可再生资源库雄厚的物质基础，人类的现代文明是不可能实现的。要知道，人类尽管已经发明创造了各种各样的直接利用无机物质制造日常用品的方法，但至今仍然无法"合成"可以直接供人类食用的真正安全的食物。而各种各样的"合成物质"的潜在危险性，却正在不断地被发现。还有，就是很多由其他生物"完成"的"自然循环"环节，人类也是无能为力的，人类脱离了自然生态系统继续生存的可能性，也就可想而知了。

另外，环境和生态的破坏也给社会带来巨大的损失。如日本"水俣病"20多年共赔偿损失达 2021 亿日元（1999 年度价格计），而如早期采取防治措施则仅需 15 亿日元。又如日本的"痛痛病"，至 1989 年共计赔偿 428 亿日元，如早期防治只需 96 亿日元。

2001 年世界银行的一项调查估计：中国 1995 年燃烧低质煤产生的悬浮颗粒对环境的破坏损失相当于这一年国内生产总值的 8%。再加上自然灾害等因素造成的损失，不管是民政部公布的 1989～1992 年自然灾害直接经济损失 525 亿元、616 亿元、1215 亿元和 854 亿元（分别占当年新增 GNP❶ 的 27.4%、36.5%、49.2% 和 22.4%），还是 1991 年淮河、太湖流域洪水直接经济损失 2100 亿元，或者是 1998 年长江和嫩江大洪水直接经济损失 2550 亿元（占 GDP❷ 达 3%～4%），还是《人民日报》披露的 1994 年生态环境破坏造成直接经济损失 4200 亿元（接近同年的 GDP 的 10%），这些不容争辩的事实，已经严重地制约社会的经济发展。而实践经验告诉人们，进行环境预防性整治的投入却明显少得多，也就是说，如果在环境保护方面多做些工作，做到发展与环境协调，那么 GDP 增长幅度应该大很多❸。但是就是这"少得多"的投入还往往被"省略"或被侵占掉，以至于作用甚微，甚至毫无意义。据世界银行对 20 世纪 90 年代初的估计，与自然保护有关的活动费用支出，发展中国家占 GDP 的 0.01%～0.05%，发达国家占 0.04%。实际上，由于发展中国家的经济力量薄弱，其环境投入明显不足。

不言而喻，要实现人类文明的持续发展，必须有良好的生态环境。既然良好的生态环境是人类文明持续发展的基础，即使是从单纯为了人类的自身利益的一己之私的角度出发，保护生态环境也是我们义不容辞的责任。

《联合国亚太地区经济与社会五年报告》曾指出：亚洲正酝酿一次新的地区危机，未来 30 年，亚洲大约需要 30 万亿美元来维持生存环境。执行总干事金哈克·苏说："这就是新千年亚洲所面临的巨大挑战。警钟业已敲响，国际社会必须给予足够关注。"对于中国，警告更意味深长。

《联合国环境方案》曾告诫人们："我们不是继承父辈的地球，而是借用了儿孙的地球。"❹ 这句寓意深刻的话值得我们深省。

---

❶ GNP——国民生产总值。

❷ GDP——国内生产总值。

❸ 按中国的统计惯例，环境整治的支出也作为"产出"，而国际上是把支出作"负值"。

❹ 此话源于美国绿党的口号，原话是："我们不是从父母手里继承了地球，而是从子孙那里借来了这个星球。"

第二节　清洁生产是人类的唯一选择

一、"废物"　不废，　只在于如何处置

"废物"不废，这一点我们在前文已经作了讨论，不再赘述。

南宋哲学家朱熹❶早在 800 年前就提出富有环保意识的"天无弃物"观点，主张"物尽其用"。

1. 清洁生产的概念

清洁生产被联合国环境署定义为："一种必须连续实施的，作用于产品、生产过程和服务的有利于环境的战略。清洁生产技术的目标是合理利用自然资源，减缓资源的耗竭，减少污染物的生成和排放，促进工业与环境的协调。"

按照这一定义，要实现"清洁生产"，必须做到以下几点。

① 把好原料选择及产品设计关，防止对环境的不利影响，不采用对环境有害的原料，不生产对环境有害的产品。

② 改造生产工艺，更新生产设备，最大限度地提高生产效率，减少污染排放。

③ 加强生产管理，减少和杜绝"跑、冒、滴、漏"。

④ 进行产品的生命周期评价或清洁生产审计，对症下药地提出清洁生产方案，并进行可行性分析。

由于生产场所是最严重的污染环境，所以"清洁生产"不只是社会的需要，也是在生产场地工作的生产者和管理者的"福音"。

2. 清洁生产的基本方针

通过技术创新、技术进步以及生产规模化、集约化等途径，把产品生产所需要的原材料中的可用成分，尽可能充分利用，并配套副产品的综合利用及"废弃物"的处理工艺技术，实现"废物"资源化、能源化；同时在生产中应用"清洁能源"，尽可能利用"可再生资源"以及对"低品位"能源的再回收利用，从而最大限度地消灭污染，是"清洁生产"的基本方针。

在生产过程中不用或少用有毒性的原材料，是清洁生产的重要组成部分。

对于生产过程而言，清洁生产包括节约原材料和能源，淘汰有毒原料并在形成排放物和废物之前，就减少它们的数量和毒性。

对于产品而言，清洁生产旨在减少产品从原料提炼到产品的最终处置的整个生命周期对环境的影响。

清洁生产不但要实现生产过程的"清洁"化，而且在产品本身的生命周期中也不损害环境。"清洁生产"强调在生产过程中不产生或尽量少产生废物，是对于传统工业的"末端治理"的被动管理模式的根本变革。按照这一重大变革，清洁生产要求把产品生产的环境代价纳入成本，从而实现经济效益和环境效益相兼顾的环境保护与可持续发展的根本目的。

---

❶　朱熹（1130—1200）南宋哲学家、教育家，曾任秘阁修撰等职。古典唯物主义者，强调"天理"与"人欲"的对立，要求人们放弃"私欲"，服从"天理"。

3．清洁生产的内涵

（1）**清洁能源** 清洁能源主要是太阳辐射能、风能❶、水能、地热能、氢燃料、生物能、海洋波浪能、海流能、海水温差能、潮汐能等能源。这些能源蕴藏着巨大的能源，而且利用后不会产生任何污染物。表 8-1 为海洋能蕴藏量估算值。

表 8-1 海洋能蕴藏量估算值

类　别	世　界		中　国			
	理论蕴藏量 /10^8 kW	可供开发量 /10^8 kW	理论蕴藏量 /10^8 kW	可供开发量 /10^8 kW	理论蕴藏量 /(10^8 kW·h/a)	可供开发量 /(10^8 kW·h/a)
潮汐能	27	2	1.1	0.21	2750	579
海浪能	700	27	1.5	0.3	—	—
海流能	50	0.5	0.5～1	—	—	—
海水温差能	500	20	60	1.2	—	—
海水盐度差能	35	3.5	1.5	—	—	—

注：引自刘静玲等《人口、资源与环境》，化学工业出版社出版，2001 年 1 月。

开发"低品位"能源的回收、利用和"增强"技术。

统计数字表明，太阳每年输送给地球的能量达 2×10^{21} kJ，人类只要利用太阳照射到地面的能量的 1/3000❷，就可以不再使用其他能源了。

生物质能也是可供开发的"新资源"，大量的生物废物，如秸秆等传统农家燃料，经过发酵产生沼气，既提高了"品位"，残渣还可以"还田"弥补土壤的有机质肥损耗，一举多得。据试验结果测算，1t 秸秆可以代替近 1t 煤，而且不产生二氧化硫，几乎没有残留物，更没有开采煤炭、石油那样的环境破坏，长途运输等等消耗和环境影响问题，是不可小觑的"老资源新用"，也是解决广大农村能源的重要途径。

最近几十年来世界上掀起一股"生物能源开发"热潮，这本来是好事，可是很多人急功近利地把"人类的口粮"——玉米、大豆等作为原料，这种做法势必导致"食物饥荒"，国内也有相似情况发生。真正的"生物能源开发"应该把目标放在不影响人类生活和生态环境的非食物生物资源上。否则，将落入越开发，人类越挨饿，越开发，环境越恶劣的怪圈。英国《卫报》2007 年 11 月 6 日发表题为"西方对生物燃料的大量需求正导致贫穷国家出现饥荒"的文章，指出：如果倡导使用生物燃料的各国政府不彻底改变政策，那么生物燃料引发的人道主义危机会超过伊拉克战争的影响。数百万人会流离失所，还会有数亿人不得不忍饥挨饿。这将是对人类犯下的一个复杂的"反人类罪"罪行。

现有的矿物能源，如煤、石油、天然气，应该转化为生产原料，并做好综合开发和综合利用。

核能虽然属于比较"清洁"的能源，但由于核燃料的提炼、废料处理和尚未解决的其他相关问题，尤其是核事故的预防、事故救援以及善后等问题，都仍然存在一定的危险，所以也应该控制使用。

"水电"从发电的角度看是"环保"的，但是建设水库、蓄水却会给周边和河流下游带

---

❶ 据估计，全世界可利用的风能约为 10×10^8 kW，比水力资源多 10 倍。

❷ 一般是 1/15000，即太阳在 40min 内投射到地球上的能量，便可满足人类全年的能量需要。

来环境问题，有些甚至是非常严重的，必须谨慎对待。有些水电由于对生态环境的严重破坏，还给周边群众带来贫困，这种现象已经"屡见不鲜"。

联合国环境规划署在《全球环境展望5决策者摘要》中也指出："水电生产可以在部分程度上导致水系分割，而某些太阳能基础设施的建设则要耗费大量的水，且往往是在已经缺水的干旱环境下。随着缺水问题加剧，某些地区将被迫更多地依赖雨水收集和流域管理。咸水淡化也可能会有所助益，但是目前尚需大量的能源、财政和人力资源，以及实施方面的技术援助。"

中国近二三十年来经济呈现迅速增长势头，但能源消费也在增长，1993年后变为石油进口国。部分国家的能源消耗见表8-2，由于技术落后，节能难度大（同时也预示在运用先进技术方面的潜力很大）。

表 8-2　部分国家的能源消耗

国家	每1美元GDP能耗/J	与日本比较	国家	每1美元GDP能耗/J	与日本比较
日本	9797	1.	意大利	10989	1.12
英国	14591	1.49	印度	26348	2.69
德国	11304	1.15	中国	43394	4.43

注：据"世界资源研究所，伦敦国际环境和发展研究所《世界资源观》1988～1989"资料整理。又据茅以升等《现代工程师手册》，1975年中国单位产值能耗为日本5.5倍。

中国的资源利用存在严重的浪费，国家统计数据显示（表8-3和表8-4）：20世纪末，中国产生的"GDP"总额只占世界的3.3%，却消耗了世界1/3的钢材和煤炭，1/2的水泥；中国的单位"GDP"能耗是美国的5.5倍，德国的7.5倍，日本的11.5倍。2006年中国GDP占世界GDP的5.5%，却消耗了世界54%的水泥、30%的钢铁、15%的能源。中国水污染、空气污染、酸雨等环境污染现象严重，一些持久性有机污染物、重金属、辐射、电子垃圾等新的环境问题也在不断增多。

表 8-3　2000年世界最大的能源消费国（《世界的资源与环境》）

国家/地区	消费量/10万吨油当量	占能源总量/%	人均消费量/kg	国家/地区	消费量/10万吨油当量	占能源总量/%	人均消费量/kg
世界	88527	100	1462	加拿大	2439	2.8	7832
美国	21589	24.4	7750	法国	2276	2.6	3852
中国	8841	10.0	692	英国	2241	2.5	3810
俄罗斯	5796	6.5	3945	乌克兰	1528	1.7	3028
日本	4604	5.2	3632	韩国	1438	1.6	3221
德国	3277	3.7	3984	墨西哥	1371	1.5	1369
印度	2980	3.4	294				

表 8-4　2001年世界主要石油消费国（《世界的资源与环境》）

国家/地区	消费量/10^7桶	占世界总量/%	国家/地区	消费量/10^7桶	占世界总量/%
世界	27481	100	韩国	816	3.0
美国	7166	26.1	印度	756	2.8
日本	1981	7.2	法国	742	2.7
中国	1840	6.7	意大利	710	2.6
德国	1023	3.7	加拿大	708	2.6
俄罗斯	896	3.3			

《2006年各省、自治区、直辖市单位GDP能耗等指标公报》称：全国单位GDP能耗三年来首次由升转降，但各个地方的完成情况并不尽如人意，只有北京达到十一五规划规定的年降耗要求。然而，北京的成功却主要是来源于经济结构调整——把高能耗的重化工业"请"出北京，使第三产业达到70%以上。这样的经验在其他地方大概是无法复制的。从这一点看中国的节能降耗道路依然艰难，见表8-5和表8-6。

表8-5　我国单位GDP能耗与其他国家或地区相同GDP阶段的能耗比较

国家或地区 达到1000美元/人的年份	中国大陆 （2003年）	日本 （1953年）	中国台湾 （1967年）	韩国 （1970年）
人均GDP/美元	1000	1000	1080	985
单位GDP能耗/美元	1680	60	10	25

表8-6　2017年各省、自治区、直辖市万元地区生产总值能耗降低率指标公布

地区	万元地区生产总值能耗 上升或下降/±%	能源消费总量增速 /%	万元地区生产总值电耗 上升或下降/±%
北京	−3.99	2.5	−2.01
天津	−6.24	−2.8	1.83
河北	−4.42	2.0	−1.19
山西	−3.37	3.4	3.53
内蒙古	−1.57	2.4	6.77
辽宁	−1.61	2.5	0.63
吉林	−5.00	0.0	0.03
黑龙江	−4.02	2.1	−2.63
上海	−5.28	1.3	−3.88
江苏	−5.54	1.2	−0.71
浙江	−3.74	3.7	0.46
安徽	−5.28	2.8	−1.37
福建	−3.50	4.3	−0.69
江西	−5.54	2.8	0.49
山东	−6.94	−0.1	−6.17
河南	−7.90	−0.8	−1.72
湖北	−5.54	1.8	−1.62
湖南	−5.24	2.3	−2.07
广东	−3.74	3.5	−1.19
广西	−3.39	3.6	−1.14
海南	−2.03	4.8	−0.84
重庆	−5.12	3.7	−1.81
四川	−5.18	2.5	−2.92
贵州	−7.01	2.5	1.19
云南	−4.92	4.1	−0.41
陕西	−4.19	3.4	1.46
甘肃	−0.75	2.8	5.55
青海	−4.71	2.2	0.44
新疆	−0.89	6.7	1.46

　　尽管近些年发现了一类称为"天然气水化物"的新能源物质，据报道其藏量超过现有能

源藏量的 10 倍以上，《日本经济新闻》2001 年 4 月 20 日报道，日本将于今后 5 年开发海底新能源——"冰状甲烷"以替代进口天然气。但"天然气水化物"仍然存在二氧化碳和"热"的散发（即产生"温室气体"和"热污染"）的问题，不如太阳能、风能、海洋能那样"清洁"没有污染。因此，其只能被视为与天然气相同的"较清洁能源"，作为在人类还没有能够完全使用"清洁能源"以前的"替代能源"或"过渡能源"，给人类增加了一个"无能源缓冲期"而已，如果以此为理由而推迟"清洁能源"的开发利用，将是一个根本性的历史错误。

（2）无污染工艺　在生产中，采用无毒或低毒性的原材料取代有毒原材料，以及采用新的生产技术和高效设备尽量减少生产过程中的各种危险性因素，如高温、高压、低温、低压、易燃、易爆、强噪声、强振动等，采用可靠和简单的生产操作和控制方法，对物料进行内部循环利用，完善生产管理，不断提高科学管理水平，以消除或控制污染物的产生和排放的工艺。

"无污染工艺"和现有的"污染物治理"的根本区别在于：前者是立足于在生产过程中不产生或少产生污染物，而后者则以"末端"治理为着眼点。

（3）无污染装置　无污染装置指在生产过程中不排放污染物的生产装置和设备。某些产品的生产过程中仍然有废物产生，则要求把它们减至最少。

无污染装置还要注意消除噪声、辐射线、振动等对环境的影响。

（4）清洁产品　在产品方面，更新产品性质，实现无污染产品或可生物降解产品的生产；尽可能生产耐用的产品，减少产品使用后的"废物"对环境的占用和影响，减少人类对初始资源的需求和"开发"，并做好产品使用后的弃置物的回收利用和处理工作。

4．加强生产和技术管理措施

应该说，就目前而言，对于多数的产品，真正的"清洁生产"尚处于探索之中，还需要做大量艰苦细致的工作。但是以现有技术为基础，通过加强生产管理和技术管理措施，提高原材料的利用率，把生产中产生的废物尽可能地减少，并为这些数量较少的"废弃物"寻找适当的利用或处置途径，比如说把某些废渣经过适当的"无害化处理"后，用以生产建筑材料或要求不高的填充物料，或者用于废矿坑的回填以恢复地形地貌等，都将大大减少它们对环境的污染。

通过现代质量管理，确保产品质量优良，也是提高材料利用率、降低能源消耗、减少废物的重要环保措施。

联合国专家认为："工厂对环境的污染往往不仅通过事故或设计，更主要的是由于劳动者对环境遭到破坏严重无知。"因此，通过环境教育、环境管理，加强人员业务素质教育，提高劳动者的总体素质水平，以及"少废生产"的实现，可以为全面发展"清洁生产"打下坚实的社会基础。

5．综合利用，物尽其用

（1）清洁生产对综合利用的要求　按清洁生产的要求，"综合利用"不再是简单地为产品生产过程的副产品寻求出路，而是要从根本上把生产原材料中的有用成分都派上用场，实现"物尽其用"，用得其所。

（2）"综合利用"必须未雨绸缪　从产品的生产方法、工艺路线、原材料的选用、生产设备的设计开始，就进行综合考虑、综合平衡，择优选取最佳方案，做到最后排放的"无法利用"的物质的量最少，是"清洁生产"的综合利用与"传统的"综合利用的根本区别，也是"清洁生产"之所以能够实现"无废"和"物尽其用"的关键所在。

由于"综合利用"自身也有降低成本的要求，也有"生产规模"的问题。为了保证清洁生产的低成本运行，未雨绸缪就更加重要。

（3）实施"循环经济"模式，把人类经济纳入自然循环 全国人大原环境与资源委员会主任委员曲格平呼吁，循环经济是解决污染的根本之路。实行"资源—产品—再生资源"的生产和生活方式，对于减少资源开发导致的环境破坏，保护环境，减少能源消耗，降低生产成本，减少废物"最后处置"的工作量、"最后处置"的环境占用，以及减少远期污染的危险性，都具有特别重要的意义，是实现"可持续发展"的必由之路。

实施把地球作为一艘太空飞船的"太空飞船循环经济"模式，本质是把人类经济发展融入自然循环中，与中国古代很多有名哲学家强调人对自然的尊重和爱护的"天人合一"哲学思想异曲同工，也是人类对自然界生生息息循环不止的再认识，以及对人类掠夺自然所造成的恶果的反思。

清洁生产是一个相对的概念，是永无止境的，企业不可能通过一个审计过程，就解决了所有的问题。为了达到更高的清洁生产水平，需要继续实施清洁生产审计，这样的工作过程可以不间断地继续下去……在新的基础上不断研究发展防污的新技术，不断对企业职工进行清洁生产的培训和教育。把思想教育和业务教育结合起来，努力提高企业员工素质，是加快实现清洁生产的一个重要步骤。

> **小资料 8-2**
>
> 太原钢铁公司老工人李双良，1983 年退休后，不要国家投资，组织了 60 多名退休老工人承包了太钢加工厂渣厂。他们搬走了一座高 23m，占地 2km²的废渣山，回收废钢 83 万吨，价值 1.57 亿元。还与渣厂职工合作投资建设了以高炉渣为主要原料的免烧砖生产线。1988 年，被联合国环境规划署授予"全球 500 佳"金质奖章。太原钢铁公司在渣山上为他塑了一尊铜像，以表彰他的治渣功勋。
>
> ——摘编自《绿色浪潮》

二、 综合整治，防止环境污染

1. 严格控制"最后的"污染物排放，防止新污染发生

世事无绝对，在实行"清洁生产"的过程中仍然会因为某些客观或者主观的原因，放弃生产原材料中的某些成分。

最常见的理由主要有：

① 某些成分所生产的产品社会需求不多，或生产过剩；

② 某些方面的产品尚有待市场开拓；

③ 某些综合利用项目投入产出极度"不相称"；

④ 某项成分含量过低，且总量也不多，无回收利用价值；

⑤ 某一项目的综合利用技术尚未成熟。

……

这些"理由"是否成立，必须通过论证和鉴定，办理必要的审批手续，避免被某些人钻空子，即使"特准"的排污，仍然需要按清洁生产的要求，做好"废物"的无毒害化（减毒

害化）、减量化处理，并征收"排污"费用。

2. 做好"最后的"废物的处置

对于实行"清洁生产"后仍然有需要排放的"废物"，必须本着实事求是的原则、认真负责的态度，通过加强生产和技术管理措施使"最后的"废物尽可能减少后做最后处置，并注意做好善后工作，把对环境产生的影响减至最小。

3. 加强对"旧污染"的整治，早日恢复环境的生态青春

对于以往遗留的污染所形成的环境问题，必须有计划、有步骤地在尽可能短的时间里，争取早日整治，以避免环境的进一步恶化并利于被破坏的环境及早恢复。

在环境整治过程中，还要注意综合治理措施的经济性和避免二次污染，在整治中尽可能运用新技术、新工艺、新材料，并尽可能降低治理成本。

经过30多年的整治，至2017年，全国463个监测降水的城市（区、县）中，酸雨频率平均为10.8％，出现酸雨的城市比例为36.1％，酸雨频率在25％以上的城市比例为16.8％，酸雨频率在50％以上的城市比例为8.0％，酸雨频率在75％以上的城市比例为2.8％，全国降水pH年均值范围为4.42（重庆大足区）～8.18（内蒙古巴彦淖尔市）。其中，较重酸雨（降水pH年均值低于5.0）和重酸雨（降水pH年均值低于4.5）的城市比例分别为6.7％和0.4％，相关数据都较1997年有了很大进步，比2016年的数据也有进一步改善。这显示了"一分耕耘一分收获"，只要我们继续努力，不断前进，大自然一定会给予我们应有的回报。

4. 充分发挥经济杠杆作用，开征"环保税"，促进防污和整治

"排污者"之所以不治理，说到底还是"钱"作怪。"环境"我用了，"费用"大家付，只要有钱赚哪管他什么"对不起乡亲父老兄弟"，只求"对得起腰包"，什么事都可以干。为什么？因为不用交付"环境费用"，而"超标准罚款"多是"象征性的"，还可以讨价还价。一些环保部门也乐意，因为可以"创收"，加上以往的"罚款"通常都远低于"治理"费用，某些收受"罚款"的部门更"睁一只眼闭一只眼"，往"低处"罚，为排污者省下了大笔的钱财。改征"环保税"，既可以避免此弊端，还可以全国统一调配，重点扶持。

"环保税"还可以按超标污染程度加征"超标税"（即分级征税），使他们无利可图。"环保税"还可以对"使用者"和"受益者"征收，如长江中下游、嫩江中下游等地区和有关部门。那么造林、脱硫、"南水北调"，乃至为保护环境而做出无私奉献（牺牲局部利益）者的补贴或嘉奖费用等都有了资金保障。

以瑞典为例，自从开征环境税以后，仅一年时间，大气污染物排放就减少了35％以上，排入水体的镉、汞、铜、铅和锌减少了86％～97％。据估计，目前中国每年因为水污染损失约500亿元，大气污染损失约200亿元，生态环境破坏和自然灾害损失约2000亿元，其他污染如固体废物、噪声污染等约130亿元，总共约为2800多亿元，加上前面提到的由于缺水而损失的2000多亿元，数目之巨大，触目惊心。如果通过开征"环境税"能使之减少30％～50％，效益将相当可观。

一些破坏环境的产品，如一次性筷子、泡沫饭盒等，可以通过征收高倍率特种"环保税"抑制其生产，扶持"环保"产品。有些国家对破坏环境的产品征收的"环保税"的税率达100％、200％甚至更高（尤其是出口产品），使那些产品的生产和销售无利可图，只好停止生产。

如在意大利，商店里每卖出一个价值50里拉的塑料袋，就要交100里拉的"塑料税"。

这些发达国家和地区的成功经验，难道我们不可以实行"拿来主义"吗?! 发泡胶的制品均污染环境，可以从原料就征收"环保税"。为了下一代，必须痛下决心!

2016 年 12 月 25 日，中国的第一部环境税法终于诞生了，期待税法能够在促进中国环境保护中发挥作用。尽管这部税法还比较粗糙，还有待在执行中不断完善。

三、 开发可持续发展农业迫在眉睫

在开发清洁工业生产的同时，农业生产方面也应该寻求新的发展道路——开发可持续发展农业。或者说，要对旧的农业生产方式实施革命，摒弃不利于水土保持、破坏土地结构、浪费水资源的落后的生产方法。研究、探讨、试验和推广应用各种符合自然规律、有利于保护土地资源、保护土地生产力的新式的农耕模式，促使大地恢复青春。

美国政府在"大平原"变成"大荒漠"后成立了专门机构调查研究，验证了马克思在《资本论》中关于"资本主义农业的任何进步，都不仅是掠夺劳动者的技巧的进步，而且是掠夺土地的技巧的进步"❶ 的警告，认识了旧式农业的弊端。从 20 世纪 40 年代起，美国开拓了"生态农业"的新模式，并不断地向美国农民宣传和推荐。"免耕法""少耕法""滴灌技术"……这些曾经被我们的某些"权威"们贬斥为"连篇笑话""花样文章""懒人哲学"……的事物，孰知却是先觉者在惨痛教训后的反思。联合国粮农组织 1991 年提出的"可持续发展农业"的定义："管理和保护自然资源基础，调整技术和机制变化的方向，以便确保获得并持续地满足当今和今后世代人们的需要。因此是一种能够保护和维护土地、水和动植物资源，不会造成环境退化，同时技术上适当，经济上可行，能够被社会接受的农业。"正在被逐步地得到世界各国的认同。

曾任德国某大型化工企业的化肥代表何塞·卢岑贝格先生，在长期实践中发现化肥对于农业生产具有强烈的负面影响，倡导并著写《自然不可改良》，1988 年获得诺贝尔特别奖，继而出任巴西环境部长，并获维也纳大学名誉博士学位，是著名的生态学家。他指出化肥对于植物是一种"不均衡的养料"，会导致"发育不良"，以致对昆虫发生引诱从而发生虫害（天然有机肥料培植的作物对害虫具有抵抗性），化学农药（包括除草剂等）则从另一方面加剧了这一现象，而且化学农药对于所有生物都具有毒害性，甚至某些化学农药本身原来就是杀人的化学武器。化肥和化学农药在环境中的迁移转化还可能导致不可预见的严重后果。何塞·卢岑贝格先生据此提出"与其消灭害虫，不如促进植物的健康生长"等一系列与权威论调相左的观念和措施，引起强烈反响。然而，"'回归自然'说"的正确性，正不断地被事实所证明，"绿色食品"正是沿着相仿的道路前进。

何塞·卢岑贝格先生用大量事实证明："'集约经营'的饲养业"是非常浪费自然资源的产业，它一方面抛弃了禽畜的自然觅食功能，却又耗用大量人类的粮食去喂养，而肉类收率仅 1/20～1/4，形成禽畜与人争食的格局，为地球增加了"饥民部落"；另一方面"集约饲养"在经济效益的驱使下，必然导致大量使用饲料添加剂、激素、抗生素，甚至色素和其他有毒物质，同时还容易发生流行病（近十几年来发生的"疯牛症""禽流感"等就是很好的例证）。因此，无论是对于解决人类的粮食，还是对于农业的可持续发展，甚至对于食用"集约饲养"禽畜的人们，无疑都存在大量未知的不良影响因素。

---

❶ 《马克思恩格斯全集》第 23 卷第 552 页。

　　联合国的研究报告指出:"在过去的35年内,人类通过使用可提高产量、一年多熟、抗病性强的新品种;使用更多的化肥,化肥的消耗量增加了9倍以上;使用更多的农药,用量增加了32倍……但是非洲的粮食平均生产率与欧洲相比低了一半至1/5,比较好的亚洲地区也有明显差距。"

　　中国农民在近50年来施用化肥的实践中也发现:肥料用量逐年增加,但产量却增长甚微,在使用农药方面情况更为不妙,往往是"虫未消灭人先中毒"。这些事实从另一个侧面印证了何塞·卢岑贝格的论点。

　　原国家环保总局自然保护司早在1999年年底发表的《中国生态问题报告》中就指出:我国的化肥使用量逐年增加,比世界平均水平高出2.6~4倍。这些过度施放的化肥通常都流失在环境中,造成土壤物理性质恶化、土壤板结、肥力下降,多余的化肥进入植物体,还会形成各种对生物有害的物质;过量的化肥进入水体,可以导致水体富营养化,继而滋生蓝藻、红潮,从而破坏水体本来的用途。过量施用化肥会给人类和环境带来危害。农药方面的情况更为严重,不合理的施用可以造成不堪设想的后果。

　　化学肥料的施用也是导致土地污染的重要原因,实验证明,有机肥料能够在植物需要的时候被植物根系的分泌物分解吸收,而无机肥则可以容易地溶解在灌溉水中而随水转移,并因此导致土地盐碱化。由化学氮肥转化的硝酸盐大部分通过土壤渗透转移进入地下水系中。

　　有研究指出:化学氮肥的使用,还会大大增加环境中的一氧化氮含量,而这种具有毒性的化学物质是比二氧化碳强烈300倍的温室气体,同时也是"臭氧杀手"。因此,控制化肥的使用也有利于控制气候变化和保护臭氧层,并减少生物受到不必要的伤害的机会。

　　开发生物农药、生态肥料、以虫治虫、以菌治菌、以菌治虫;杜绝滥用化肥、化学农药,避免土壤的污染和衰竭;开发和培植新的农牧渔业物种,开拓人类食物"资源库"物种"多元化"的新道路;还有轮耕制、休农(牧、渔)制等。对于恢复土地元气和整个农牧渔业的自然生态,实现农牧渔业的可持续发展都具有重要意义,还可以腾出大量的人力物力,从事恢复环境的各种工作。对饱受农药和其他人造物质污染之害的野生动植物也是极大的福音,对修复臭氧层的穿洞也会发挥不可忽视的作用❶。

　　中国的"原生态"农业本来就有许多可取之处,正如曲格平在《环境保护知识读本》一书中肯定的如"广东、江苏模式"的"桑基鱼塘——水陆交换生产系统"(图8-1)、"农-渔-禽水生生态系统"和"山区综合开发的复合生态系统""多功能农副工联合生态系统"(图8-2)等多种形式的中国式的"生态农业",是中国广大农业生产和科研人员的辛勤劳动结晶。尽管在组织结构上比较粗糙,却都具有典型"生态循环"的基本模式。

　　美国曾任美国威斯康星大学农业物理学教授,美国农业部土壤管理所所长土壤学家富兰克林·金早在距离现在100多年前出版的专著《四千年农民》(1911)中,就积极提倡向中国农民学习,认为中国以豆科作物为中心的合理轮作、施用厩肥、堆肥等八个方面都值得美国农民借鉴。

　　据悉,我们的祖先在4000年前使用的一种灭蚊的"土"办法,已经被英国人发掘并研究应用取得成效。由于施用除草剂会引起严重的环境问题和食物安全问题,美国人从我们古代的"刀耕火种"中得到启发,在近年来开发了一种对杂草进行"火攻"的农机——"火焰除草机",一个工人一小时可以除草30亩(2公顷),而且在除草的同时还可以杀灭害虫和

---

　　❶　有资料显示:由于大量施用合成氮肥转化为氮氧化物而产生的对臭氧层的影响不亚于氯氟烃。

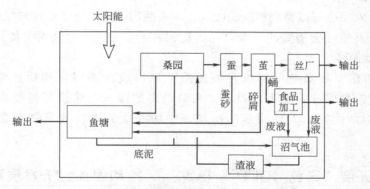

图 8-1 桑基鱼塘——水陆交换生产系统

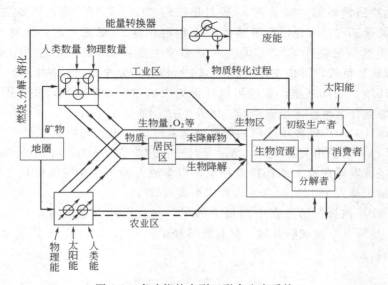

图 8-2 多功能的农副工联合生态系统

致病细菌，一举多得。"转基因""超级杂草"终于遇到"克星"。这些，都是中国开发"可持续发展农业"的社会基础。问题在于如何去学习"先人"的经验和世界先进经验，扬长避短。

开发可持续发展农业对养殖业的发展也是很大的促进，因为半个多世纪的"种""养"分离，割裂自然生态的"化学农业"拒绝消化养殖业的禽畜排泄物，以至必须加以"处理"，极大地增加了养殖成本（有人作过测算，对这些"污染物"的消化的费用，大概要给养殖业增加 15％甚至更高的成本开支）。农业部曾经发文称"目前中国每年有 37 亿吨（仅集约饲养部分）禽畜排泄物"成为需要消除污染物。回归自然生态循环，养殖业的禽畜排泄物正好用来生产有机肥料，养殖业的这部分开支节省下来，成本下降的结果是对生产者和消费者都有利。

由于从养殖业那里过来的原料成本很低，生产出来的有机肥料的成本也相应比较低，种植户因此又降低了肥料成本，更重要的是他们所生产的农产品属于"有机系列"，没有化肥和化学农药的毒副作用，食用者身体健康了，生产者也脱离毒性环境，整个社会的医疗开支也可以减少。另外，据测算每年 37 亿吨的禽畜排泄物如果完全生产有机肥料，足够中国农民使用 4 年还有剩余，多余的部分可以生产"沼气"，作为"干净燃料"供应农村甚至城镇

居民生活燃料，农民也可以得到相应的收入。本来使用于生产化学肥料和化学农药的矿物原料可以用于生产其他社会需要的工业产品，造福社会。总之，"开发可持续发展农业"是"一荣俱荣"的大好事。

　　虚心向一切在农牧渔业可持续发展道路上取得成就的国家和民族学习，"古为今用，洋为中用"，我们一定能为世界上"人口最多的国家"建设可持续发展的"生命能源"基地。中国是世界上人口最多的国家，中国农业的可持续发展对全人类具有举足轻重的意义。

四、 全面开展"绿色'GDP'核算"，推动国民经济发展环保化

　　"GDP"是经济发展的"寒暑表"，但是传统的"GDP"核算是，只要是发生了"经济活动"就算。就像某省投资建设旅游基地，20年内获得20亿元产出，却投入40亿元整治环境（但结果仍然是污染严重），但是在统计数字上显示为60亿元的"GDP"。像这样的"发展"本来应该是负数，可是在传统的"GDP"核算中完全没有反映出来。结果是人们越是疯狂地掠夺环境，破坏环境，就越可以获得更大的"GDP"政绩，获得更大的光环。那么中国的环境要到什么时候才能够得到"休养生息"呢？

　　环境保护部针对中国的环境问题的严重性，及时地提出在国内首先进行"绿色'GDP'核算"，并且已经开始了相关的试验，结果又是一个"惊人"的信号：中国的很多省、自治区、直辖市的经济发展在极大地损耗着环境，很多地方的"GDP"年增长达到10％，可是所带来的环境损失却大于10％，言下之意"不言而喻"。

　　"绿色'GDP'核算"已经在中国播下种子，并且已经开始发芽，可以相信，中国的"绿色'GDP'核算"一定能够开展。只有能够经受"绿色'GDP'核算"考研的经济发展才是真正的发展。

绿色GDP增长速度已超越同期GDP增长速度

小资料 8-3

　　《中国绿色GDP绩效评估报告（2018年全国卷）》在京发布。报告由华中科技大学国家治理研究院"中国绿色GDP绩效评估研究"课题组与《中国社会科学》编辑部联合发布，这也是以欧阳康教授为首席专家的跨学科研究团队，第四次发布中国绿色GDP绩效评估系列研究报告。

　　此次报告采集国家统计局、国家发展和改革委员会等权威部门公开发布的653325个统计数据，利用具有自主知识产权的"绿色发展大数据分析平台"，运用37个分析图和38个数据表，客观呈现了全国内陆31个省、区、市从2014至2016年间GDP、人均GDP、绿色GDP、人均绿色GDP、绿色发展绩效指数的年度变化情况，并对其未来发展提出了合理可行的对策性建议。

　　报告认为，中国的绿色发展已经取得显著成就。

　　第一，中国的绿色GDP增长速度已经开始超越同期GDP增长速度。

　　第二，中国的人均绿色GDP增长速度稳步增长，成绩喜人。

　　第三，中国的绿色发展绩效指数稳步提升，各省、区、市均在努力实现绿色发展。

与此同时，报告也指出中国的绿色发展还存在一些"短板"亟待解决。

第一，绿色发展的人均短板突出。

第二，绿色发展的不平衡问题明显。

第三，绿色发展指标出现不同程度的震荡。

该课题组组长欧阳康教授说，连续三年的测算表明，当前我国绿色发展正在呈现以下新形势、新挑战：

第一，绿色化的中国新经济版图正在逐步形成。

第二，中国各省、区、市的经济发展机制进入新的调试期。

第三，中国绿色发展进程中的"东中西梯度分布现象"仍将持续一段时间。

为此，该课题组对中国绿色发展提出了四条总体性建议：

第一，继续强化绿色发展意识。

第二，深入推进领导决策改革，积极引入大数据等先进技术手段。

第三，积极创新绿色治理机制，理清自然资源统计等治理机制。

第四，加强政府与智库机构的积极互动，推动全社会绿色发展的协同治理。

与会专家建议相关政府机构积极引入该研究成果，进一步开展绿色发展精准治理的政策研究。

——《湖北日报》2018 年 12 月 18 日

第三节 通向可持续发展道路的基石
——控制人口增长

一、 人口增长是环境问题的根源之一

1．"人口爆炸"和环境恶化

人口问题是世界环境问题的重要命题，纵观人类发展历史不难发现：环境破坏和环境污染（火山喷发自然污染物等）是地球与生俱来的，可是在地球的历史长河中，仅是在近代的数百年，尤其是最近的百年，才突现其影响和显著的危害，究其根底就是在人类种群的大发展。

远古的人类曾经与大自然完全融合，相安无事地和平共处。

人类利用智慧和力量改造自然、扩张自己，经过百万年的漫长岁月，在公元前 1000 年前后，人口达到 1 亿。随后，又经过 2500 多年，公元 1650 年达到 5 亿，从此人类进入加速发展时期并在 20 世纪里先后突破 20 亿、30 亿、40 亿、50 亿和 60 亿大关。就像英国经济学家马尔萨斯神父在 1789 年所指出的"几何级数增长"那样，势不可挡。

人口的接连"突破"，逼迫人类大肆"开发"自然界、发展生产，结果却引发了一系列人为的环境问题。

对照地球环境的恶化状况不难发现，地球森林覆盖率的减少速度与人口的增长的曲线"高度对称"，如图 8-3 所示。

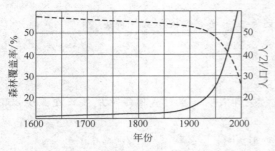

图 8-3　人口增长与环境破坏
注：实线表示人口，虚线表示森林覆盖率

2. 无私却有限的地球

以美国科学院（NAS）和美国科学艺术研究院（AAAS）的成员为核心的"美国地球俱乐部"在 1988 年 9 月发表的一个声明中说："引人注目的全球人口增长问题的重要性，在人类的议事日程上应当仅次于避免核战争的问题。当前人类困境的主要方面，包括不可更新的资源迅速耗尽、环境恶化（包括气候迅速变化）以及日益加剧的国际紧张局势，都与人口迅速增长和人口过剩问题有密切联系。"1989 年，三个声望卓著的科学组织在华盛顿共同举办的以"全球变化"为主题的科学讨论会，与会者一致认为："人口增长是导致可以预见到的大灾难的一个实质性因素。"

地球是一个资源有限的星球，不可能无限制地养活很多人。马尔萨斯神父在 200 年前发表的《人口论》中指出："人口的增长是按几何级数的速率增长的，而粮食的增长则是按算术级数的速率增长的。""人类的过分增长，会导致贫困人口大量增加，饥荒和失业就不可避免了。"他劝谕人们晚婚，以控制人口的过度增长。马尔萨斯的论点在中国曾被强烈批判。不幸的是马尔萨斯先生所言几乎全中，全球人口在 200 年来增长了近 6 倍，而全球的农业生产和其他方面的生产的增长率却远低于此。

由于人口的过度膨胀，导致环境的过度开发，使土地贫瘠、收成无着，又促使人类更加疯狂地"开发"大自然，并因此形成了恶性循环。南亚、中亚、中东地区，由于争夺水源引起的冲突可以追溯到 5000 年前。近几十年来中国的黄河、塔里木河等水源较少的河流，也在沿河居民的一再拦截下，连连发生断流现象。

无情的事实和惨痛的教训，科学家们的疾呼，政治家们的行动，促使"世界人口会议"接二连三地召开，世界各国领导人终于达成了"必须控制人口"的共识。在无可辩驳的事实面前，包括基督教、天主教、穆斯林、印度教等信奉"'人类'是'上天所赐予'，不应该由人类自己控制"的自然主义信条的世界性教派，也接受了"控制生育是必要的"，并已经在付诸行动。

中国著名的经济学家马寅初先生是中国人口问题的"先知者"。早在 20 世纪 50 年代初期就针对中国的人口发展趋势，提出了以"计划生育"来控制人口的"新人口论"。

武汉市赫然耸立的"我们已不再拥有地大物博，而只剩下人口众多！"巨大警示牌，可以说是中国人的一种觉醒！中国科学院 1998 年国情分析研究报告《生存与发展》中提出："我们必须开诚布公地告诉人民，我们既无条件与美国等发达国家的资源消费水平相比，也无能力与香港、澳门、台湾地区同胞的消费水平相比。我们的选择并非出于自愿，实在是迫不得已。"

人口的增长还造成资源的人均占有量下降，结果使生活素质急速下降，又引起生产积极性和劳动效率下降以及其他社会问题，并因此扰乱社会秩序，造成不堪设想的后果。

随着世界环保革命的兴起和绿色理念的升华，国际上已经把环境和自然生态资源作为衡量一个国家富裕程度的重要内容之一。在联合国公布的世界各国人均财富的报告中，澳大利亚因拥有丰富的自然生态资源而被排为第一，中国被列为第 163 位，较原来按人均 GNP 排名更后些，事实上中国人均财富不足世界人平均值的1/13，见表 8-7。

表8-7　中国人均资源量及其比较

项　　目	世界平均	中国	苏联	美国	巴西	印度	中国为世界均值的/%
土地总面积/hm²	2.77	0.91	8.07	3.92	6.28	0.43	32.9
耕地面积/hm²	0.31	0.10	0.84	0.8	0.56	0.22	32.3
草地面积/hm²	0.66	0.27	1.35	1.01	1.22	0.02	40.9
森林面积/hm²	0.84	0.13	3.37	1.11	4.15	0.09	15.5
河川径流量/万立方米	0.968	0.25	1.7	1.24	3.83	0.23	25.7
可开发水能量/kW	0.47	0.36	0.97	0.78	0.67	0.09	76.6
矿产资源总值/万美元	1.77	1.04	5.06	5.67	1.90	缺	58.8

必须注意，人固然是一种生产力，但其本身首先也是一个消费者，而且，在人的生命周期中，"消费"的时间远比"从事生产"的时间要长，随着寿命的延长，这个差距将越来越大。因此，不管从哪一个角度看，人类都必须抑制无序的增大。

二、　控制人口才能抑制环境的过度开发和破坏

1. "透支环境"等于毁灭地球

常言道"民以食为天"，为了解决最基本的生存条件——"食"的问题，饥饿的人群会拼死与猛兽搏斗，也会不顾什么法律规章，什么污染与破坏。在"……只管我们这一辈子……"的短视思想指导下，不顾一切地狂砍滥伐，使中国不断萎缩的森林覆盖面积一再减少（表8-8）。一些环境学家批评中国的环境问题，说是"走西方工业化国家的老路，先污染后处理"，而实际上在多数情况下，是有过之而无不及，是"只管污染不管处理不管浪费"。

表8-8　中国森林面积变化

时　　期	有林地面积/10⁴hm²	森林覆盖率/%	国家公布的森林覆盖率/(年;%)
"四五"（1971～1975年）	1200	12.7	1949;5
"五五"（1976～1980年）	1153	12	1978;12.5
"六五"（1981～1985年）	1031	11.1	1987;12.7①
"七五"（1986～1990年）	964	10.3	1993;13.92①
"八五"（1991～1995年）	871	9.4	1998;13.98①

① 为当年中央电视台新闻报道。

注：引自延军平等《跨世纪全球环境问题及行为对策》，数据来源于《中国国土资源数据集》（一），1998年。

饥饿的人群不顾一切后果地掠夺自然资源，人们不光把自己的份额消耗殆尽，还把子孙后代的环境也"透支"了。

另外，环境的过度开发和破坏，又反过来给不发达和欠发达国家和地区的人民带来新的贫穷落后。就像在中国大地上的滥伐："越穷越开山，越开山越穷；越穷越砍树，越砍树越穷！"陷入恶性循环的怪圈。

B. 沃德女士在《只有一个地球》一书中一针见血地指出："贫穷是一切污染中最坏的污染。"

10 年后的 1972 年，印度总理英迪拉·甘地在首次联合国人类环境大会上，再次说出"贫困是最大的污染"的惊人之语。

不难发现，不发达地区的人们终日所想的是解决饥饿，祈求通过增加劳动获得更多的基本生活必需品，最简单的当然莫过于增加人口了。但是由于思维错误，结果沿着"不发达—人口增加—资源贫乏—落后—贫穷—更加不发达……"的道路在贫困线上挣扎的人们更不顾一切地砍树，指望能换回一点钱，种一点粮食。殊不知砍光了森林，"树倒山空"，生态破坏又给人们带来更大的贫困。贵州省西北部长江、乌江分水岭的毕节市行署的一位领导说："我们穷就穷在生态上。"

事实证明"贫穷"确实是污染，是心理和心灵的污染，这种污染的危害性在于灵魂是一切行动的"根"！而"贫穷"本身又主要来源于人口过度增长造成的资源和财富的耗竭。

局部地区经济发展而产生的地方保护主义，也是导致环境污染和污染整治收效不大的重要因素，生态环境部公报揭示：淮河流域已经关停的部分污染企业又有"反弹"现象，其中尤以小造纸厂为最，加上沿线计划修建的城市污水处理工程进度缓慢，全长 1100 多千米的淮河已经变成了"毒河"。说到底还是把发展置于环境之上之过。

挪威红十字会秘书长奥德·格兰说："发展中国家所有灾害的问题，本质上来说都是没有解决的发展问题。因此防止灾害主要是发展的一个方面，这必须是在可持续的范围内的发展。"

资源的短缺导致国民受教育状况的欠缺，国民素质[1]不尽如人意也是国民环境意识不高的重要原因（表 8-9）。

表 8-9　世界部分国家 6 岁以上居民文化程度构成　　　　　　　单位：%

国　别	年　份	大　学	高　中	初　中	小　学	文盲＋不明
美国	1981	32.2			64.4	3.3
日本	1990	21.2	44.5		34.3	0.0
加拿大	1986	19.3	6.0	53.5	19.9	1.2
印度	1981	2.5	11.3	13.7		72.5
菲律宾	1980	15.2	18.9	54.1		11.7
阿根廷	1991	12.0	4.0	12.5	56.9	5.7
中国	1990	1.4	8.0	23.3	37.1	15.9＋14.3
	2001	3.6	11.1	33.9	35.7	6.7＋9.0

注：据《跨世纪全球环境问题及行为对策》和第五次人口普查公报资料整理。

在中国政府和全国各族人民的共同努力下，中国的人口增长率已经得到控制，20 世纪末中国人口控制在 13 亿内。然而，中国人口总体素质偏低（甚至某些较发达地区也还有年轻的文盲），环境保护意识有较大的欠缺，对中国的环境保护是一个极大的消极因素。

统计数字显示，国民受教育程度有所提高，对于国家发展具有促进意义。但是需要注意

---

[1]　人口素质包括文化素质（科学文化水平）和身体素质（健康状况）。人们往往注意前者而忽略后者，其实二者一样重要，在某些方面，后者的影响还更大些。大量的"低能人口"将成为社会的沉重负担，一些国家已经立法控制，如限制"低能儿"的繁衍等。

的是：具有高文凭只代表曾经接受过"'高'教育"而不等于高素质，尤其是在环境保护方面。

2. 人口控制是环境保护的重要组成部分

不发达与人口的过快增长，并无必然联系，却又往往共生并存。

科学家们测算认为，地球最多能够养活100亿～150亿居民。

联合国2005年3月公布的一份研究报告称："过去50年间世界人口的持续增长和经济活动的不断扩展给地球生态系统造成了巨大压力。人类活动已给地球上60％的草地、森林、农耕地、河流和湖泊带来了消极影响。地球上1/5的珊瑚和1/3的红树林遭到破坏，动物和植物多样性迅速降低，1/3的物种濒临灭绝。"

在沉重的人口压力面前，经济发展、社会进步与环境保护等人类共同的理想受到巨大威胁。

人口问题本来就是环境问题不可分割的一个组成部分。认识环境恶化与人类的过度增长之间的关系，对于推动环境保护工作的普及具有举足轻重的意义。

中国是资源相对贫乏的国家，不控制人口的过快增长，根本无法解决继续发展经济的所必需的资源。但是，过度地限制生育，却可能形成消极因素，有可能引起生产力衰退，甚至导致民族衰败（曾经称霸欧洲的盛极一时的罗马帝国的衰落和他们的生育率过低也有一定联系）。因此，唤起民众生存危机感、民族的忧患感、改革的紧迫感和历史的责任感，以及民众的广泛参与是国家可持续发展的不可忽视的要素。科学地在保护中合理地开发利用环境，提高环境资源的利用率，比简单地限制生育更加重要。国家根据社会发展需要调整人口计划，其实也是适应自然生态发展的需要。此举也从侧面印证了几十年前提出控制人口的北大校长马寅初先生建议的先见性❶，若先生泉下有知应该感到欣慰。

中国必须接受现实和科学观点实行生育控制，既要遏制中国早年的人口过度增长，又要避免民族老化和衰落！

中国是世界上第一个完成国家级《21世纪议程》的国家，《中国21世纪议程——中国21世纪人口、环境与发展白皮书》把人口控制摆在非常重要的地位，也显示了国家在控制中国人口发展方面的决心。

为了实现《中国21世纪议程》的既定方针，必须：一是要牢固树立以人为本的观念，一定要把最广大人民的根本利益作为出发点和落脚点。二是要在全社会树立节约资源的观念，培育人人节约资源的社会风尚。三是要彻底摒弃以牺牲环境、破坏资源为代价的粗放型增长方式。要在全社会营造爱护环境、保护环境、建设环境的良好风气，增强全民族的环境保护意识。四是要牢固树立人与自然相和谐的观念。自然界是包括人类在内的一切生物的摇篮，保护自然就是保护人类，建设自然就是造福人类。

发展经济要充分考虑自然的承载能力和承受能力，坚决禁止过度放牧、掠夺性采矿、毁灭性砍伐等掠夺自然、破坏自然的做法。要研究绿色国民经济核算方法，探索将发展过程中的资源消耗、环境损失和环境效益纳入经济发展水平的评价体系，建立和维护人与自然相对平衡的关系。中国的人口资源环境工作的任务依然艰巨繁重。

---

❶　马寅初先生指出：由于中国人口基数太大，不控制的话，经济发展赶不上人口增长，会造成严重社会问题。提出"一个太少，三个多了，两个刚好"的人口控制建议。

　　2015 年 9 月 25 日上午，"联合国可持续发展峰会"在纽约联合国总部开幕，150 多位国家元首和政府首脑集聚联大会堂，通过一份推动世界和平与繁荣、促进人类可持续发展的新协议：《改变我们的世界——2030 年可持续发展议程》（以下简称《议程》）。《议程》涵盖 17 项可持续发展目标，是结束贫穷、为所有人创建有尊严的生活、不落下任何一个人的路线图。《议程》呼吁世界各国在"人类、地球、繁荣、和平、伙伴"5 个关键领域采取行动。

　　为了推动《协议》的落实和纵深发展，定位为"开放、包容、自愿的国际合作网络（沟通平台）"，旨在推动将绿色发展理念融入"一带一路"建设，进一步凝聚国际共识，促进"一带一路"参与国家落实《联合国 2030 年可持续发展议程》，并为《议程》的实施做出贡献的"一带一路'绿色发展国际联盟"于 2019 年 4 月 25 日在北京正式成立。联合国对中国在推进国际环境保护和"绿色发展"的新一轮环保浪潮中发挥的巨大作用，给予高度赞扬。

　　中国政府和相关机构对《议程》作出的努力，同时也是对国内环境保护和绿色发展的有力促进。

思 考 题

1. "我们不是继承父辈的地球，而是借用了儿孙的地球"的寓意是什么？
2. 为什么说人类必须对环境的破坏负责？环境的恢复和创建良好的生态环境是人类不可推卸的责任？
3. 为什么说"外星世界"很精彩，可是不能代替地球？
4. 怎样理解"良好的生态环境是可持续发展的基础"？
5. 何谓"清洁生产"？其理论依据是什么？
6. "清洁生产"的方针是什么？其主要含义是什么？
7. 为什么说"传统农业"是巨大的污染源，开发"可持续发展农业"迫在眉睫？
8. 为什么说目前环境保护工作没有做好的关键是认识问题？"非不能也，是不为也"？
9. 何谓"人口爆炸"？为什么说人口爆炸与环境恶化密切相关？
10. 为什么说"透支环境"就是自毁家园？
11. 为什么说"人口控制是保护环境的重要组成部分"？
12. 通过本课程的学习，你对"环境保护"有什么心得？

写 在 最 后

环境一旦被破坏，如果单靠自然的力量，是不可能迅速恢复的。

人类只有一个地球，"人类只有一个家"。人类要在地球上继续生存下去，就必须保护环境，保护地球家园。只有保护好地球，才能保护人类。

应该说，中国人已经开始觉醒了，2001 年"世界环境日"开展的全国性的《环境警示教育图片展》，观众被严峻的环境形势所震撼，留下了深感忧患的字句："痛定思痛，绝不能将未来建设为生命的禁区！""我想哭。我不知能说些什么，只希望能干些什么。"这是发自参观者心灵深处的呼声，希望这种"震撼"和"呼声"能够在中华民族中引起共鸣，引起轰动，并变为脚踏实地的保护环境的行动。

中国人也开始动作了，世纪之初的 2001 年，北京以其包括环境保护在内的各个方面的巨大努力及成果，获得国际奥委会的批准，主办 2008 年 29 届夏季奥运会；接着，祖国南大门广州也重振"花城"本色，通过全球百万人口级的"世界花园城市"评审，成为世界上荣获"花园城市"殊荣的人口最多的城市，并同时获得国家建设部颁发的"中国人居环境范例奖"和"迎'九运'城市基础设施建设及环境综合整治特别奖"双重奖励。800 里洞庭在经过 1998 年大洪灾的血的洗礼后，沿湖人民在国家的支持下，经过三年的"退耕还湖"，重新"长"大了 1/5。国家还鼓励媒体进行环境监督，对破坏环境的行为曝光。对于人口众多、情况复杂的中国，这些进步显然是微不足道的，但是，有点进步总比不动好！

最后，在课程结束以前，让我们从生态经济学的角度认识中国目前的环境状况。

中国的人口密度是世界平均值的 3 倍。

中国人均资源大体是世界平均值的 1/2；其中森林人均面积只达世界人均面积的 1/10，名列 100 位以后。

中国的单位产值之矿产资源与能源消耗量约为世界平均值的 3 倍；单位面积国土污水负荷约为世界平均数的 16.5 倍。

中国的污染总量增长率为总产值增长率的数倍。

中国的经济波动系数为世界平均水平的 4 倍以上。

在消耗大致相同的水量时，美国的 GNP 是中国的近 14 倍，日本的 GNP 是中国的25 倍。

中国生产 1t 合成氨的用水量是发达国家的 40～80 倍。

由于森林的过度砍伐，中国所有能够流失的土地已经全部在流失。

……

国家发改委报告透露，2010 年中国单位国内生产总值能耗是世界平均水平的 2.2 倍，比日本、德国、美国都高出很多倍，甚至高于印度。

2017 年，全国能源消费总量 44.9 亿吨标准煤，折算 31.4 亿吨原油，其中 60.4％为煤

炭，实际当年消耗原油应该为 12.4 亿吨。也就是说一个储藏量 50 亿吨的超级油田❶即使完全采净，也仅够中国用四年。因此，提高能源利用率，降低单位 GDP 能耗是中国能否实现可持续发展的关键。

造成中国单位 GDP 能耗畸高的另一个重要原因是以往我们都把自己定位为"世界工厂"，其实是制造业大国，而不是制造业强国。我们之所以只能够生产"低端"产品，其中在教育方针的定位上也很值得商榷——没有高水平、高素质的蓝领（或者"灰领"），就不可能生产高水平、高质量的产品。香港人就是我们的榜样，他们建造的房子质量都比我们的好，要知道，他们连钢筋捆扎工——很多人认为"简单"到"眼看就懂"的工种，都需要经过培训和考核合格才可以上岗。

由于缺乏高水平、高素质的蓝领，在生产过程中也容易忽视生产控制过程的环境保护，包括生产安全问题、质量控制问题所带来的环境问题——安全事故、质量事故造成的材料损耗，产品再加工能源消耗、成本增加、污染物泄漏甚至环境破坏，还有事故善后造成的效率降低、费用增加等等。

"罗马俱乐部❷"的《增长的极限》中的"警告"，对于中国来说，到现在还一点也不过分。

因此，中国人民必须确立"环境忧患意识"，也只有确立"环境忧患意识"，才能真正认识"环境问题"的严重性和迫切性，才能真正确立"保护环境"的责任感，切实搞好环境保护！

当然，我们也不应该过于悲观，中国的自然环境虽然存在不少问题，但也并非极端恶劣，甚至在人们认为极其缺水的西部，以色列专家说："这里的水比以色列多得多，应当好好利用。"据媒体报道：宁夏有一个没有受过专业教育的 64 岁的牛姓老汉，经过十年的奋斗，用他自己创造的"牛氏滴灌"，在"水比油贵"的西吉县，创造了仅靠 0.2hm² 山坡地就能解决全家的"吃、穿、用"需要的"奇迹"（比先前种 2.2hm² 地的收成还多得多），被称为"恶劣环境中生存的智者"。按这位"'牛'老汉"的成果推算："0.2hm² 山坡地"就解决了最少 6 口人的"'吃、穿、用'需要"，那么，中国人均 0.09hm² 的耕地如果用上"土办法"的"牛氏滴灌"或者"洋办法"的"以色列滴灌"，或是其他的节水灌溉技术，难道不可以在解决中国人的"吃、穿、用"的同时还节约大量的农业用水吗?! 难怪专家们说："西部缺的并不仅是水，还缺科学、管理和机制（而这是更重要的）。"如果与以色列的用水比较，西部可以说是相当奢华了。因此，只要我们用科学的、实事求是的态度去认识问题、解决问题，彻底摒弃过去那种"'雨天任水流，旱天骂老天'，就是不骂自己"的只会怨天尤人而不检讨自己的错误思想，那么，中国的环境改善是完全有可能的。

中华民族是伟大的民族，一定能够在国家和地方各级人民政府的领导下，学会尊重自然，爱护自然，认识人类是大自然之子，树立"天人合一""天人和谐"的新环境观，在积极发展经济、建设现代化祖国的同时，和全世界人民一起认真整治环境，共同建设一个和平、发展、进步的美好世界。

绿水青山就是金山银山！

---

❶ 中国最大的油田——大庆油田储藏量 57 亿吨，已经进入世界"十大油田"序列，但是现在也只剩余不到 2 亿吨的石油可以再开采了。

❷ 20 世纪 60 年代欧美 10 个发达国家 30 位有识之士发起的非正式国际环保团体，向世界发出警报的《增长的极限》是他们的代表作。

只有绿水青山，才能够造就全民健康！！

只有全民健康，才有全面的小康！！！

保护环境需要知识，更需要决心和恒心，要用科学态度好生对待环境，呵护环境；也要用科学的方法去整治环境，恢复环境，恢复生态平衡。但愿明天会更好！

互动作业——对某些环保问题的讨论（辩论设计）

说明：

1. 可以从互联网上搜索相关资料。

2. 题目中的相关论据只是"要点"设计时应该补充材料，尽可能详尽，达到"有理、有利、有节"以理服人。

3. 需要的时候可以参考本"作业"另外设计"问题"，但应该提供"参考资料"。

4. 也可以采取"小论文"形式，做学习总结式的"论述"。总而言之，通过形式多样的"作业"帮助学生巩固相关知识。

问题一　某"林-浆-纸联合企业"是环保企业，其建设没有破坏环境

［"挺'某林-浆-纸联合企业是环保企业'"方论据］

1. 该企业是"林-浆-纸一体化"企业，已经通过 ISO 14000 认证。

2. 该企业的林地是新造人工林。

3. 该企业的人工林采取轮作制，可以循环生产。

［"反'某林-浆-纸联合企业是环保企业'"方论据］

1. 该企业的认证并不包括"厂外"部分，而这"厂外"部分正是问题的症结所在。

2. 该企业未造林先砍伐天然林地。

3. 该企业的造林规划远低于造纸计划（实际执行更少），必然需要长期通过砍伐天然林地获得原料，他们在国外一贯如此，已经受到抵制。

4. 该企业是某国的濒临破产企业，来中国发展是企图逃债。

5. 该企业利用中国官员缺乏环保意识和环保知识的缺点，钻中国的法律和政策的空子。

问题二　桉树的大量种植不会破坏环境

［"挺'桉'"方论据］

1. 桉树是改良环境的优良树种，图片显示：桉树木片加工场内，随处可见飞鸟围绕木片堆盘旋；高桉树林场中有蝎子、蜘蛛；桉树林中，杂草生机勃勃。

2. 桉叶油可以制药，树袋熊以桉树叶为食物，所以桉树是无毒性树种，不会破坏环境。

3. 人们从林地上拿走的大量的木材，主要是植物利用 CO_2 和 H_2O 通过光合作用制作出来的碳水化合物，而不是从土壤中取走数量如此巨大的养分。

［"反'桉'"方论据］

1. 某林-纸公司在云南划地 3000 万亩（15 亩＝1 公顷，后同）种植桉树（相当于云南林地的 1/10 面积），由于云南实际上并没有足够的荒山，所以当中大部分需要砍伐原先的"生态价值很大的天然杂木林"才可以种植，此举必然严重破坏云南的自然生态。其他省份情况也基本如此，目前中国桉树人工林面积已达 170 万公顷，超过中国耕地面积的 1.5%。

2. "挺'桉'方"提供的图片中只有单个的"飞鸟、蝎子、蜘蛛"并不是"文章"所说的众多生物，而且种类也很少，进一步说明没有形成"生物多样性"。图片中的"杂草"也只是生长在桉树林的边缘，图片中的比较稀疏的桉树下，却没有"可观"的"杂草"或其他植物群落，是自打嘴巴。

3. 华南植物园一位生态环境学专家接受记者采访时指出，桉树有四大危害：首先它会分泌一种化工物质，这种物质会抑制和排斥其他植物的生长，使得桉树底下的植物都长不起来；桉树枯枝落叶少，不利于土地肥力的恢复，容易造成水土流失；桉树还有很强的蒸腾作用，用水量很大，严重影响到水土保持；另外桉树还可能会污染水源，破坏水质。

4. 不恰当的"造林"可能产生"绿色荒漠化"。

5. 任何植物的生长过程都离不开"肥料"，长叶子需要氮肥，长枝干需要钾肥，而且都残留在植物体内（草木灰中就含有大量的钾肥），高速生长的"速生林"离开大量的肥料是不可能速生的。

6. "考拉"可以吃桉树叶，是因为千百万年的适应——体内有抗毒能力。就像鸡能吃蜈蚣难道能够说蜈蚣无毒吗！有毒的毛毛虫也是小鸟的"美餐"。桉叶油可以制药，根据医学知识"是药三分毒"，正是由于桉叶油可能含有对人体不利的成分，所以没有人把它作为食用油。

7. 澳洲的其他树林呢？难道不是被桉树所排斥吗！

8. 海南种植桉树400万亩，一个品种的树木占当地商品林的30%，林地总量的15%，合理吗？

问题三　桉树不是"抽水机""抽肥机"

["挺'桉'"方论据]

1. 桉树属于节约水分的树种，每生成1kg生物量（干重），松树需要消耗1000L水，相思、黄檀、香蕉、咖啡需要800L以上，而桉树只需要510L。

2. 人们认为桉树需水多，耗水量大，是因为在同等单位时间内轮伐的次数多，生产的木材总量大所致。

3. 有资料显示，桉树对氮、磷、钾的抽取量分别为：$76kg/(hm^2 \cdot a)$、$6kg/(hm^2 \cdot a)$和$43kg/(hm^2 \cdot a)$，较其他经济树种少。

4. 桉树人工林的产量有可能达到$3\sim4$米^3/（年·亩），可以节约很多林地。

[反'桉'"方论据]

1. 桉树的成材速度是其他经济树种如马尾松等树种的6倍以上（桉树轮伐期为$3\sim4$年，马尾松为$20\sim25$年，非经济树种则需要50年以上——"百年树木"），他们的耗水量最少是其他树种的3倍（$510\times6\div1000=3$），现实也是如此。如果按$3\sim4$米^3/（年·亩）计算，则每年每亩地要被抽取水分$1.5\sim2t$，每公顷达$23\sim30t$，相当于普通树种的$5\sim6$倍，绝对是抽水机。

2. 一般地说，植物的耗肥量与其生长速度基本上是成正比的，因此桉树的耗肥量可以肯定要高于一般树种（某专家的论据是与其他"非木材"经济树种比较，而且故意不列出一般树种，以避开核算）。

3. 旁证资料可以证明桉树的种植对当地的水源有显著的危害（澳大利亚现在的干旱本身并不证明桉树不是抽水机——远古的世界都是潮湿的，非洲的"撒哈拉"原先也是海，澳大利亚的干旱本身很可能就是由于桉树"抽水"的结果）。

4. "'节约'林地"与"是不是'抽水机''抽肥机'"是不同命题，并不能说明桉树不是"抽水机""抽肥机"。

动 手 做

一、大气降尘的监测

目的 学习大气中"降尘"的监测方法。

要求

(1) 学会监测方法；

(2) 学会制作简易测定装置；

(3) 学会实际测定。

监测原理 降尘是指大气中粒子直径大于 $10\mu m$（微米，千分之一毫米）的悬浮固体颗粒状物质，当大气流动速度较低的时候，会自动沉降，所以称为"降尘"。用专用收集器定期收集，即可进行测定。

测定装置 如图1所示。可以直接采用，也可以参照用废饮料瓶或其他器具仿造，能达到收集功能即可（该装置还可以用于收集雨水，进行"酸雨"测定）。

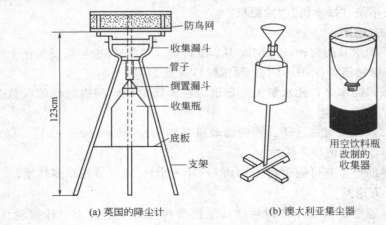

(a) 英国的降尘计　　　　　　　　(b) 澳大利亚集尘器

图1 简易的雨水、尘土收集器结构图

测定操作 先在收集瓶里放入约 1/3 纯水（如饮料瓶装"蒸馏水"），然后套上收集器，把仪器放置在不受阻挡且距离局部污染源较远的空旷地，并注意不要受到外来干扰。

定期收回采样器（通常是一个月），倒出瓶中的水和尘土，并用纯水冲洗，盛于已知质量的蒸发皿内，小心蒸发至干，称量，即可求得收集器面积的降尘量。

二、"酸雨"的测定

目的 监测降雨的酸度，检测大气中是否含有酸性污染物。

要求

(1) 学会收集降水；

(2) 学会试样的 pH 值测定。

监测原理 降水吸收了空气中的酸性污染物，如二氧化硫、氮氧化物或其他酸性物质，当其 pH 值小于 5.6 时即可确认为是酸雨。pH 值的测定可以用 pH 试纸，有条件的最好用

pH 计测定。

测定操作

（1）先把实验一的收集器清洗干净，并晾干；

（2）把收集器放置于不受干扰的地方，并于雨后及时回收，倒出雨水测量雨量；

（3）用试纸（或 pH 计）测定雨水的 pH 值，并记录；

（4）把每一次的降雨量和降雨的 pH 值数据加以整理并分析，绘制降雨量-pH 值曲线图。

_____年____月份测定记录

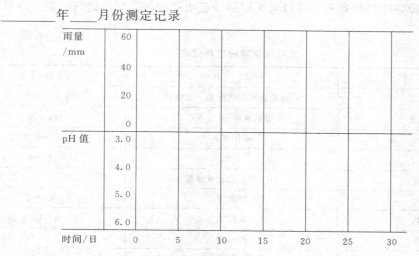

降雨量及酸雨记录表（如果降雨量超过表格可以用数字标示）。

三、大气污染生物监测

目的 学习使用敏感性植物进行大气污染的监测。

要求

（1）学会栽培敏感性植物；

（2）学会敏感性植物受损害程度的判断。

监测原理 某些植物对大气污染物具有敏感性，当受到微量污染气体时会发生伤害，可用于大气污染的监测。

监测操作

（1）选取敏感性植物，根据教材提供的名单，在当地选取适当的敏感性植物，也可以从民间寻找适当的敏感性植物，并以盆栽形式栽培（两份以上）；

（2）取其中一份，在其近旁放置可以产生敏感污染物的物质（如用挥发性酸——盐酸、硝酸等，也可以用氨水），待其自行产生酸气（或氨气），使敏感性植物受到伤害，并与"健康"植株作对比；

（3）有条件的时候，可以做不同污染物浓度对敏感性植物的影响的比较试验；

（4）绘制受损害植物的外部形态图，并做好记录。

四、大气气态污染物的简易测定

目的 学习用简易的检测方法进行气态污染物的测定。

要求

（1）学会制作试纸；

（2）学会运用试纸进行简易测定。

监测原理　气态污染物能够与某些化学试剂反应生成特定的有色物质，并与被测物质的浓度有一定的比例关系，可以半定量地进行污染物的监测。

试纸制作

（1）按表列要求配制试剂溶液；

（2）用干净滤纸浸润溶液，沥干，于无污染处，避光自然风干；

（3）把已风干的试纸裁成小条，于阴凉、无污染处保存备用；

（4）为取得较好的检测效果，可以人工配制一定浓度的污染气体进行试验，以求取得较好的测定结果。

常见污染物检验用试纸

污　染　物	试　剂	颜色变化
二氧化硫	亚硝基五氰络铁酸钠＋硫酸锌	浅玫瑰→砖红
二氧化氮	邻甲联苯胺(或联苯胺)	白→黄
汞	碘化亚铜	奶黄→玫瑰红
氨	石蕊	红→蓝
氟化氢	对二甲基偶氮苯胂酸	棕→红
氯化氢	铬酸银	紫→白
砷化氢	硫酸铜	蓝→暗棕
硫化氢	醋酸铅	白→褐
氰化氢	二苯卡巴肼汞	白→红
氯	荧光黄＋溴化钾	黄→红
磷化氢	硝酸银	浅棕→深棕

注：摘自张世森主编《环境监测技术》。

检测操作

（1）取"适用"的试纸一小片，用微量纯水稍稍湿润，悬挂于污染物流动的路径上。

（2）当有污染气体流动并经过数分钟后，取下试纸，与"标准"色板比较，根据所显示的颜色，判断有否污染物，并粗略估计污染物的浓度（明显、有、很少、怀疑等）。

（3）"标准"色板制作：①人工制造"污染"气体，使之与"试纸"接触并显色；②同样条件，但使气体浓度减少一半进行试验；③把所制"色板"用无色清漆（或石蜡）"封闭"，以利保存。

（4）本法主要做"定性"测定，即测试污染物属于什么物质。

五、水污染监测方法设计

目的　水中悬浮物质含量测定。

要求　提出监测方法，包括取样方法、注意事项、测定用仪器、测定操作。

说明

（1）本项可以以小组（4～7人）为单位进行，以发挥集体智慧。可以先由每一个学生都提出方法，再进行讨论汇总。

（2）在进行本项目活动的时候，教师应根据需要和可能，先提出有关参考书目，供学生选用。

六、社会调查

你和周围的人的日常生活中是否实行"环保规范"并通过调查进行环保宣传，以提高人们的环境意识。

注意 "正人先正己"在进行社会调查的时候，学生必须学好《规范》，并认真执行《规范》，以身作则，并以此影响周围的人群，促进《规范》的普及。

【50条环保行为规范】（摘自《新快报》2001年1月22日）

① 节水为荣——随时关上水龙头，别让水空流

② 监护水源——保护水源就是保护生命

③ 一水多用——水的重复使用

④ 阻止滴漏——检查维修水龙头

⑤ 慎用清洁剂——尽量用肥皂，减少水污染

⑥ 关心大气质量——别忘了你时刻都在呼吸

⑦ 随手关灯——省一度电

⑧ 节约使用电器——为减缓地球变暖出一把力

⑨ 少用空调——降低能源消耗

⑩ 支持绿色照明——人人都用节能灯

⑪ 利用可再生资源——别等到能源耗竭的那一天

⑫ 做"公交族"——以乘坐公共交通车为荣

⑬ 当"自行车英雄"——保护大气，始于足下

⑭ 减少尾气排放——开车人的责任

⑮ 用无铅汽油——开车人的选择

⑯ 珍惜纸张——就是珍惜森林与河流

⑰ 使用再生纸——减少森林砍伐

⑱ 替代贺年卡——减轻地球负担

⑲ 节粮新时尚——让节俭变为荣耀

⑳ 控制噪声污染——让我们互相监督

㉑ 维护安宁环境——让我们从自己做起

㉒ 认识"环境标志"——选购绿色食品

㉓ 使用无"氟"产品——保护臭氧层

㉔ 选无磷洗衣粉——保护江河湖泊

㉕ 买环保电池——防止汞镉污染

㉖ 选绿色包装——减少垃圾灾难

㉗ 认绿色食品标志——保障自身健康

㉘ 买无公害食品——维护生态环境

㉙ 少用一次性制品——节约地球资源

㉚ 自备购物袋——少用塑料袋

㉛ 自备餐盒——减少白色污染

㉜ 少用一次性筷子——别让森林变木屑

㉝ 旧物巧利用——让有限的资源延长寿命

㉞ 交流捐赠多余物品——闲置浪费，捐赠光荣

㉟ 回收废塑料——开发"第二油田"

㊱ 回收废电池——防止悲剧重演

㊲ 回收废纸——再造林木资源

㊳ 回收生物垃圾——再生绿色肥料

㊴ 回收各种废弃物——所有的垃圾都能变成资源

㊵ 推动垃圾分类回收——举手之劳战胜垃圾公害

㊶ 拒食野生动物——改变不良饮食习惯

㊷ 拒用野生动植物制品——别让濒危生命死在你手里

㊸ 不猎捕和饲养野生动物——保护脆弱的生物链

㊹ 制止偷猎和买卖野生动物的行为——行使你神圣的权利

㊺ 做动物的朋友——善待生命，与万物共存

㊻ 不买珍稀木材用具——别摧毁热带雨林

㊼ 领养树——做绿林卫士

㊽ 植树护林——与荒漠化抗争

㊾ 无污染旅游——除了脚印，什么也别留下

㊿ 做环保志愿者——拯救地球，匹夫有责

注意　本《规范》仅是众多环境行为规范中的一个例子，也可以其他《规范》作为"社会调查"和宣传的内容。

七、环境宣传

结合各种公众环境活动日，组织参加社会宣传活动，一方面可以进一步提高环境意识，另一方面可以加大"环境宣传"力度和宣传声势，促进"全民环境意识"的提高。

在参与"环境宣传"的时候，还可以自己组织、编写宣传材料和表演节目，以增加宣传气氛，强化宣传效果。

附　　录

附录 1　历年世界环境日主题
WORLD ENVIRONMENT DAY THEMES

YEAR 年	THEMES 主题
1974	Only One Earth 只有一个地球
1975	Human Settlements 人类居住
1976	Water：Vital Resource for Life 水：生命的重要源泉
1977	Ozone Layer Environmental Concern；Lands Loss and Soil Degradation；Firewood 关注臭氧层破坏，水土流失
1978	Development Without Destruction 没有破坏的发展
1979	Only One Future for Our Children-Development Without Destruction 为了儿童和未来——没有破坏的发展
1980	A New Challenge for the New Decade；Development Without Destruction 新的十年，新的挑战——没有破坏的发展
1981	Ground Water；Toxic Chemicals in Human Food Chains and Environmental Economics 保护地下水和人类的食物链，防治有毒化学品污染
1982	Ten Years After Stockholm(Renewal of Environmental Concerns) 斯德哥尔摩人类环境会议十周年——提高环境意识
1983	Managing and Disposing Hazardous Waste；Acid Rain and Energy 管理和处置有害废物，防治酸雨破坏和提高能源利用率
1984	Desertification 沙漠化
1985	Youth：Population and the Environment 青年、人口、环境
1986	A Tree for Peace 环境与和平
1987	Environment and Shelter；More Than A Roof 环境与居住
1988	When People Put the Environment First，Development Will Last 保护环境、持续发展、公众参与
1989	Global Warming；Global Warning 警惕全球变暖
1990	Children and the Environment 儿童与环境
1991	Climate Change. Need for Global Partnership 气候变化——需要全球合作
1992	Only One Earth，Care and Share 只有一个地球——一齐关心，共同分享

YEAR 年	THEMFS 主题
1993	Poverty and the Environment-Breaking the Vicious Circle 贫穷与环境——摆脱恶性循环
1994	One Earth One Family 一个地球,一个家庭
1995	We the Peoples: United for the Global Environment 各国人民联合起来,创造更加美好的未来
1996	Our Earth, Our Habitat, Our Home 我们的地球、居住地、家园
1997	For Life on Earth 为了地球上的生命
1998	For Life on Earth-Save Our Seas 为了地球上的生命——拯救我们的海洋
1999	Our Earth-Our Future-Just Save It! 拯救地球就是拯救未来
2000	2000 The Environment Millennium-Time to Act 2000 环境千年——行动起来吧!
2001	Connect with the World Wide Web of life 世间万物——生命之网
2002	Give Earth a Chance 让地球充满生机
2003	Water-Two Billion People are Dying for It! 水——二十亿人生命之所系
2004	Wanted! Seas and Oceans-Dead or Alive? 海洋存亡匹夫有责
2005	Green Cities-Plan for the Planet! 营造绿色城市,呵护地球家园 中国主题:人人参与创建绿色家园
2006	Deserts and Desertification-Don't Desert Dryland! 莫使旱地变荒漠 中国主题:生态安全与环境友好型社会
2007	Melting Ice-a Hot Topic? 冰川消融,后果堪忧 中国主题:污染减排与环境友好型社会
2008	Kick the Habit! Towards a Low Carbon Economy 促进低碳经济 中国主题:绿色奥运与环境友好型社会
2009	Your Planet Needs You-UNite to Combat Climate Change 地球需要你:团结起来应对气候变化 中国主题:减少污染——行动起来
2010	Many Species. One Planet. One Future 多样的物种,唯一的地球,共同的未来 中国主题:低碳减排·绿色生活
2011	Forests: Nature at Your Service 森林:大自然为您效劳 中国主题:共建生态文明,共享绿色未来
2012	Green Economy: Does it include you? 绿色经济:你参与了吗? 中国主题:绿色消费,你行动了吗?

YEAR 年	THEMES 主题
2013	Think eat save 思前,食后,厉行节约 中国主题:同呼吸,共奋斗
2014	Raise your voice not the sea level 提高你的呼声,而不是海平面 中国主题:向污染宣战
2015	可持续消费和生产 中国主题:践行绿色生活
2016	为生命呐喊 中国主题:改善环境质量,推动绿色发展
2017	Connecting People to Nature 人与自然,相联相生 中国主题:绿水青山就是金山银山
2018	Beat Plastic Pollution 塑战速决 中国主题:美丽中国,我是行动者
2019	空气污染

附录2　历年世界水日主题

年份	世界水日主题
1994 年	关心水资源是每个人的责任
1995 年	女性和水
1996 年	为干渴的城市供水
1997 年	水的短缺
1998 年	地下水——正在不知不觉衰减的资源
1999 年	我们(人类)永远生活在缺水状态之中
2000 年	卫生用水
2001 年	21 世纪的水
2002 年	水与发展
2003 年	水——人类的未来
2004 年	水与灾害
2005 年	生命之水
2006 年	水与文化
2007 年	应对水短缺
2008 年	涉水卫生
2009 年	跨界水——共享的水、共享的机遇
2010 年	关注水质、抓住机遇、应对挑战
2011 年	城市水资源管理
2012 年	水与粮食安全
2013 年	水合作

续表

年份	世界水日全题
2014 年	水与能源
2015 年	水与可持续发展
2016 年	水与就业
2017 年	废水
2018 年	用大自然战胜水资源挑战
2019 年	不让任何一个人掉队 (Leaving no one behind)

附录 3　历年世界地球日主题

年份	主题
1974 年	只有一个地球
1975 年	人类居住
1976 年	水：生命的重要源泉
1977 年	关注臭氧层破坏、水土流失、土壤退化和滥伐森林
1978 年	没有破坏的发展
1979 年	为了儿童和未来——没有破坏的发展
1980 年	新的 10 年，新的挑战——没有破坏的发展
1981 年	保护地下水和人类食物链；防治有毒化学品污染
1982 年	纪念斯德哥尔摩人类环境会议 10 周年——提高环境意识
1983 年	管理和处置有害废弃物；防治酸雨破坏和提高能源利用率
1984 年	沙漠化
1985 年	青年、人口、环境
1986 年	环境与和平
1987 年	环境与居住
1988 年	保护环境、持续发展、公众参与
1989 年	警惕，全球变暖！
1990 年	儿童与环境
1991 年	气候变化——需要全球合作
1992 年	只有一个地球——一齐关心，共同分享
1993 年	贫穷与环境——摆脱恶性循环
1994 年	一个地球，一个家庭
1995 年	各国人民联合起来，创造更加美好的世界
1996 年	我们的地球、居住地、家园
1997 年	为了地球上的生命
1998 年	为了地球上的生命——拯救我们的海洋
1999 年	拯救地球，就是拯救未来

续表

年份	主题
2000 年	2000 环境千年——行动起来吧！
2001 年	世间万物，生命之网
2002 年	让地球充满生机
2003 年	善待地球，保护环境
2004 年	善待地球，科学发展
2005 年	善待地球——科学发展，构建和谐
2006 年	善待地球——珍惜资源，持续发展
2007 年	善待地球——从节约资源做起
2008 年	善待地球——从身边的小事做起
2009 年	绿色世纪（Green Generation）
2010 年	珍惜地球资源，转变发展方式，倡导低碳生活
2011 年	珍惜地球资源　转变发展方式——倡导低碳生活
2012 年	珍惜地球资源　转变发展方式——推进找矿突破，保障科学发展
2013 年	珍惜地球资源　转变发展方式——促进生态文明共建美丽中国
2014 年	珍惜地球资源　转变发展方式——节约集约利用国土资源共同保护自然生态空间
2015 年	珍惜地球资源　转变发展方式——提高资源利用效益
2016 年	节约利用资源，倡导绿色简约生活
2017 年	节约集约利用资源，倡导绿色简约生活——讲好我们的地球故事
2018 年	珍惜自然资源　呵护美丽国土——讲好我们的地球故事
2019 年	珍爱美丽地球　守护自然资源

附录4　国家重点保护野生植物名录（第一批）

（国务院 1999 年 8 月 4 日发布实施）

（一）一级保护部分

光叶蕨、玉龙蕨、＊水韭属（所有种）、巨柏、苏铁属（所有种）、银杏、百山祖冷杉、梵净山冷杉、元宝山冷杉、资源冷杉（大院冷杉）、银杉、巧家五针松、长白松、台湾穗花杉、云南穗花杉、红豆杉属（所有种）、水松、水杉、＊长喙毛茛泽泻、普陀鹅耳枥、天目铁木、伯乐树（钟萼木）、膝柄木、萼翅藤、＊革苞菊、东京龙脑香、狭叶坡垒、坡垒、多毛坡垒、望天树、＊貉藻、瑶山苣苔、单座苣苔、报春苣苔、辐花苣苔、＊华山新麦草、银缕梅、长蕊木兰、单瓣豆兰、落叶木莲、华盖木、峨眉拟单性木兰、藤枣、＊莼菜、珙桐、光叶珙桐、云南蓝果树、合柱金莲木、独叶草、异形玉叶金花、掌叶木。

（二）二级保护部分

法斗观音座莲、二回原始观音座莲、亨利原始观音座莲、对开蕨、苏铁蕨、天星蕨、桫椤科（所有种）、蚌壳蕨科（所有种）、单叶贯众、七指蕨、水蕨科、＊水蕨属（所有种）、鹿角蕨、扇蕨、中国蕨、贡山三尖杉、篦子三尖杉、翠柏、红桧、岷江柏木、福建柏、朝鲜崖柏、秦岭冷杉、台湾油杉、海南油杉、柔毛油杉、太白红杉、四川红杉、油麦吊云杉、大果青扦、兴凯赤松、大别山五针松、红松、华南五针松（广东松）、毛枝五针松、金钱松、黄杉松（所有种）、白豆杉、榧属（所有种）、台湾杉（秃杉）、芒苞草、梓叶槭、羊角槭、云南金钱槭、＊浮叶慈菇、富宁藤、蛇根木、驼峰藤、盐桦、金平桦、天台鹅耳枥、＊拟花蔺、七子花、金铁锁、十齿花、永瓣藤、连香树、千果榄仁、＊画笔菊、四数木、无翼坡垒（铁凌）、广西青梅、青皮（青梅）、翅果油树、东京桐、华南锥、台湾水青冈、三棱栎、＊瓣鳞花、＊辐花、秦岭石蝴蝶、酸竹、＊沙芦草、＊异颖草、＊短芒披碱草、＊无芒披碱草、＊毛披碱草、＊内蒙古大麦、＊药用野生稻、＊普通野生稻、＊四川狼尾草、＊三蕊草、＊拟高粱、＊箭叶大油芒、＊中华结缕草、＊乌苏里狐尾藻、山铜材、长柄双花木、半枫荷、四药门花、＊水菜花、子宫草、油丹、樟树（香樟）、普陀樟、油樟、卵叶桂、润楠、舟山新木姜子、闽楠、浙江楠、楠木、＊线苞两型豆、黑黄檀（版纳黑檀）、降香（降香檀）、格木、山豆根（胡豆莲）、绒毛皂荚、＊野大豆、＊烟豆、＊短绒野大豆、花榈木（花梨木）、红豆树、缘毛红豆、紫檀（青龙木）、油楠（蚌壳树）、任豆（任木）、＊盾鳞狸藻、地枫皮、鹅掌楸、大叶木兰、馨香玉兰、厚朴、凹叶厚朴、长喙厚朴、圆叶玉兰、西康玉兰、宝华玉兰、香木莲、大果木莲、毛果木莲、大叶木莲、厚叶木莲、石碌含笑、峨眉含笑、云南拟单性木兰、合果木、水青树、粗枝崖摩、红椿、毛红椿、海南风吹楠、滇南风吹楠、云南肉豆蔻、＊高雄茨藻、＊拟纤维茨藻、＊莲、＊贵州萍逢草、＊雪白睡莲、喜树（旱莲木）、蒜头果、水曲柳、董棕、小钩叶藤、龙棕、＊红花绿绒蒿、斜翼、＊川藻（石蔓）、＊金荞麦、羽叶点地梅、粉背叶人字果、马尾树、绣球茜、香果树、丁茜、黄檗（黄菠萝）、川黄檗（黄皮树）、钻天柳、伞花木、海南紫荆木、紫荆木、黄山梅、蛛网萼、＊冰沼草、＊胡黄连、吊白菜（崖白菜）、＊山莨菪、北方黑三棱、广西火桐、丹霞梧桐、海南梧桐、蝴蝶树、平当树、景东翅子树、勐仑翅子树、长果安息香、秤锤树、土沉香、柄翅果、蚬木、滇桐、海南椴、紫椴、＊野菱、长序榆、榉树、＊珊瑚菜（北沙参）海南石梓（苦梓）、茴香砂仁、拟豆蔻、长果姜、＊发菜、＊虫草（冬虫夏草）、松口蘑（松茸）。

〔注〕标"＊"者由农业行政主管部门或渔业行政主管部门主管；未带"＊"者由林业行政主管部门主管。

附录5 国家重点保护野生动物名录（一、二级保护部分）

（林业部、农业部第一号令发布，自 1989 年 1 月 14 日起施行）

（一）一级保护野生动物名录

蜂猴（懒猴，所有种）、熊猴（蓉猴、阿萨姆猴）、台湾猴（黑肢猴）、豚尾猴（平顶猴）、叶猴（乌猿、乌叶猿等，所有种）、金丝猴（仰鼻猴、线猴、灰金丝猴等，所有种）、长臂猴（所有种）、马来熊、大熊猫（竹熊、花熊、大猫熊）、紫貂（黑貂）、貂熊（狼獾）、熊狸（熊狸猫）、云豹（乌云豹、荷叶豹、龟纹豹）、豹（金钱豹、银钱豹、文豹）、虎、雪豹（艾叶豹）、＊儒艮、＊白鱀豚、＊中华白海豚、亚洲象、蒙古野驴、西藏野驴、野马、野骆驼、鼷鹿、黑麂、白唇鹿、坡鹿、梅花鹿（花鹿）、豚鹿、麋鹿、野牛、野牦牛、普氏原羚、藏羚（角兽、西藏羚羊）、高鼻羚羊（赛加羚羊）、扭角羚、台湾鬣羚、赤斑羚、塔尔羊、北山羊、河狸、短尾信天翁、白腹军舰鸟、白鹤、黑鹤、朱鹮、中华秋沙鸭、金雕、白肩雕、玉带海雕、白尾海雕、虎头海雕、拟兀鹫、胡兀鹫、细嘴松鸡、斑尾榛鸡、雉鹑、四川山鹧鸪、海南山鹧鸪、黑头角雉、红胸角雉、灰腹角雉、黄腹角雉、虹雉（所有种）、褐马鸡、蓝鹇、黑颈长尾雉、白颈长尾雉、黑长尾雉、孔雀雉、绿孔雀、黑颈鹤、白头鹤、丹顶鹤（仙鹤）、白鹤、赤颈鹤、鸨（所有种）、遗鸥、四爪陆龟、＊鼋、鳄蜥、巨蜥、蟒、扬子鳄、*新疆大头鱼、*中华鲟、*达氏鲟、白鲟、红珊瑚、库氏砗磲、鹦鹉螺、宽纹北箭蜓、中华蛩蠊、金斑喙凤蝶、多鳃孔舌形虫、黄岛长吻虫。

（二）二级保护野生动物名录

短尾猴（断尾猴）、猕猴（广西猴、恒河猴）、藏酋猴、穿山甲（鲮鲤）、豺、黑熊、棕熊（包括马熊）、小熊猫、石貂、黄喉貂、*水獭、*小爪水獭、斑林狸、大灵猫（九江狸、麝香猫、间狸等）、小灵猫（笔猫、香猫、果子狸等）、草原斑猫、荒漠猫、丛林猫、猞猁（猞猁狲、马猞猁等）、兔狲（羊猞猁等）、金猫、渔猫、*鳍足目（所有种）、其他鲸类、麝（所有种）、河麂、马鹿（包括白臀鹿）、水鹿（黑鹿）、驼鹿、黄羊、藏原羚、鹅喉羚、鬣羚（苏门羚等）、斑羚、岩羊、盘羊、海南兔、雪兔、塔里木兔、巨松鼠、角鸊鷉、赤颈鸊鷉、鹈鹕（所有种）、鲣鸟（所有种）、海鸬鹚、黑颈鸬鹚、黄嘴白鹭、岩鹭、海南虎斑鳽、小苇鳽、彩鹳、白鹮、黑鹮、彩鹮、白琵鹭、黑脸琵鹭、红胸黑雁、白额雁、天鹅（所有种）、鸳鸯、其他鹰类、隼科（所有种）、黑琴鸡、柳雷鸡、岩雷鸡、镰翅鸡、花尾榛鸡、雪鸡（所有种）、血雉、红腹角雉、藏马鸡、蓝马鸡、黑鹇、白鹇（银鸡）、原鸡、勺鸡、白冠长尾雉、锦鸡（所有种）、灰鹤、沙丘鹤、白枕鹤、蓑羽鹤、长脚秧鸡、姬田鸡、棕背田鸡、花田鸡、铜翅水雉、小勺鹬、小青脚鹬、灰鹱鸻、小鸥、黑浮鸥、黄嘴河燕鸥、黑嘴端凤头燕鸥、黑腹沙鸡、绿鸠（所有种）、黑颏果鸠、皇鸠（所有种）、斑尾林鸽、鹃鸠（所有种）、鸮形目（所有种）、灰喉针尾雨燕、凤头雨燕、橙胸咬鹃、蓝耳翠鸟、鹳嘴翠鸟、黑胸蜂虎、绿喉蜂虎、犀鸟科（所有种）、白腹黑啄木鸟、阔嘴鸟科（所有种）、八色鸫科（所有种）、*地龟、*三线闭壳龟、*云南闭壳龟、凹甲陆龟、蠵龟、*绿海龟、*玳瑁、*太平洋丽龟、*棱皮龟、*山瑞鳖、大壁虎（蛤蚧）、*大鲵（娃娃鱼）、*红痣疣螈、*贵州疣螈、*大凉疣螈、*红瘰疣螈、虎纹蛙、*黄唇鱼、*松江鲈鱼、*克氏海马鱼、*胭脂、*唐鱼、大头鲤、*金线鲃、*大理裂腹鱼、*花鳗鲡、*川陕哲罗鲑、秦岭细鳞鲑、文昌鱼、虎斑宝贝、冠螺、大珠母贝、佛耳丽蚌、伟铗虯、尖板曦箭蜓、中华缺翅虫、墨脱缺翅虫、拉步甲、硕步甲、彩臂金龟（所有种）、叉犀金龟、双尾褐凤蝶、中华虎凤蝶、阿波罗绢蝶。

注：标*者由渔业行政主管，其余未标者均由林业行政主管部门主管。括号内为别称（部分）。

附录6　重要的环境保护纪念日

【世界卫生日】世界卫生组织是联合国的一个专门组织，总部设在日内瓦。其任务主要是指导和协调国际卫生工作，提供技术援助，提出国际卫生公约和规定，促进医学教育和培训，制订有关疾病等的国际名称以及协调各国开展卫生宣传工作等。1948年4月7日世界卫生组织《组织法》生效，这天遂被定为世界卫生日。

【世界地球日】20世纪五六十年代起，西方工业发达国家的公害事件频繁发生，为了唤起公众和各界决策者对环境问题的警觉，美国的一些环境保护工作者和社会名流于1970年4月22日首次在国内发起了"地球日"活动。这一天，全美国有2000万人，10000所小学、2000所高等院校和全国各大团体参加了这次活动。人们以集会、游行、宣讲等形式进行宣传，高举受污染的地球模型、巨画、图表，高呼口号，要求政府采取措施保护环境。

经过20年的努力，地球日的影响日益扩大，逐渐得到许多国家的认可和支持。因此，地球日的发起者们决定1990年的地球日（地球日20周年）成为第一个国际地球日。

【世界无烟日】世界卫生组织坚持向世界各国人民发出警告，吸烟有害健康。1987 年 11 月在东京举行的第六届吸烟与健康的国际会议上，世界卫生组织倡议把 1988 年 4 月 7 日（世界卫生组织成立 40 周年纪念日）作为第一个世界无烟日：告诫人们吸烟有害健康；呼吁全世界所有吸烟者在这一天主动停止或放弃吸烟，呼吁烟草推销商和个人在这一天自愿停止公开销售活动和各种烟草广告宣传。后来世界卫生组织又决定 1990 年 5 月 31 日为第三个"世界无烟日"。以后每年 5 月 31 日为"世界无烟日"。

【世界环境日】1972 年 6 月 5～16 日，在瑞典斯德哥尔摩召开了有 113 个国家，1300 多名代表出席的"人类环境会议"，这是人类保护全球环境战略的第一次会议，是人类环境保护史上的重大里程碑。同年第 27 届联合国大会确定设立"联合国环境规划署"，同时确定每年 6 月 5 日为"世界环境日"。

世界环境日象征着全世界人类环境向更美好阶段发展，标志着世界各国政府积极为保护人类生存环境做出贡献。

每一个"世界环境日"都有一定的主题。

【世界人口日】（50 亿人口日）根据联合国人口活动基金会 1987 年统计数字推算，联合国把 1987 年 7 月 11 日定为"50 亿人口日"，并开展各种纪念性活动，以引起世界各国对人口问题严重性的关注。从 1990 年开始，联合国把每年的 7 月 11 日定为"世界人口日"。

【国际保护臭氧层日】由于人类活动向大气排放氯氟烃、哈龙等气体，臭氧层出现了空洞，太阳光的紫外线照射增强，严重地损害动植物的基本结构，威胁地球生物的生存。为了保护臭氧层不受破坏，1983 年 3 月 22 日《保护臭氧层维也纳公约》在维也纳签订；1987 年 9 月 16 日又在加拿大蒙特利尔签订了《关于消耗臭氧层物质的蒙特利尔议定书》要求在 2000 年前将耗竭臭氧层的氯氟烃的生产量减少 50%，这是一个鼓舞人心的国际合作的范例，具有里程碑意义。因此每年的 9 月 16 日被确立为"国际保护臭氧层日"。

【世界粮食日】20 世纪 60 年代以来，发展中国家人口增长一直大大超过粮食的增长。世界上有 5 亿多人营养不良，发展中国家婴儿死亡率是发达国家的 5～8 倍。为了唤起各国政府对粮食的和农业重要性的认识，联合国粮农组织在 1979 年第二十届大会上决议，规定从 1981 年起，每年的 10 月 16 日为"世界粮食日"。

【国际生物多样性日】20 世纪后期，地球面临第六次大规模物种灭绝。导致这场悲剧的是人类自己，据统计，平均每天有 50 种生物从地球上消失。1987 年，联合国大会通过决议，针对生物多样性遭受严重威胁的状况，确定由联合国环境规划署组织制定一项保护世界生物多样性的法律文书，即后来的《保护生物多样性公约》。1992 年 6 月，在巴西里约热内卢召开的联合国环境与发展大会上有 150 多个国家在《公约》上签了字。1993 年 12 月 29 日《保护生物多样性公约》正式生效，这是世界各国人民共同努力的结果。为纪念这一活动，联合国大会决议，从 1995 年起，每年的 12 月 29 日被确定为"国际生物多样性日"。

【中国植树节】1915 年在孙中山先生的倡导下，中国政府规定每年的清明节为植树节。孙中山先生说："我们研究防止水灾的根本办法，就是要造林，要造全国大规模的森林。"为了纪念孙中山先生一贯重视和倡导的植树造林，1929 年政府又把植树节改为孙中山先生逝世日即 3 月 12 日。

为了动员全国各族人民植树造林，加速绿化祖国，实现孙中山先生的夙愿，1979 年 2 月 23 日第五届全国人大常务委员会第六次会议，正式决定每年的 3 月 12 日为"中国植树节"。

【爱鸟节和爱鸟周】1981 年国家林业、环保等 8 个部门联合提出开展"爱鸟周"活动，经国务院同意，确定各省、根据各自的气候条件选定每年的 4 月至 5 月初的一个星期为"爱鸟周"，并开展各种宣传教育活动，普及爱鸟知识和提高护鸟意识。

部分省、区、市爱鸟周日期表

省、区、市	爱鸟周	省、区、市	爱鸟周	省、区、市	爱鸟周
北京	4 月 1 日～7 日	陕西	4 月 11 日～17 日	浙江	4 月 4 日～10 日
上海	4 月 1 日～7 日	宁夏	4 月 1 日～7 日	福建	4 月 11 日～17 日
天津	4 月 12 日～18 日	甘肃	4 月 24 日～30 日	江西	4 月 1 日～7 日
黑龙江	4 月 24 日～30 日	新疆	5 月 3 日～8 日	安徽	4 月 4 日～10 日
吉林	4 月 22 日～28 日	青海	5 月 1 日～7 日	湖北	4 月 1 日～7 日
辽宁	4 月 22 日～28 日	四川	4 月 2 日～8 日	湖南	4 月 1 日～7 日
河北	5 月 1 日～7 日	贵州	3 月末周	广西	3 月 20 日～26 日
河南	4 月 21 日～27 日	云南	4 月 1 日～7 日	广东	3 月 20 日～26 日
山西	4 月 1 日～7 日	山东	4 月 23 日～29 日	西藏	4 月 8 日～14 日
内蒙古	5 月 1 日～7 日	江苏	4 月 20 日～26 日	海南	3 月 20 日～26 日

其他一些环境纪念日

【国际湿地日】2 月 2 日

【世界水日】3 月 22 日

【世界气象日】3 月 23 日

【全国节水宣传周】5 月 12～18 日

【世界防治荒漠化和干旱日】6 月 17 日

【世界动物日】10 月 4 日

【中国土地日】6 月 25 日

"5R"新时尚　　Reduce——节约资源，减少污染

　　　　　　　Reevaluate——绿色消费，环保选购

　　　　　　　Reuse——重复使用，多次利用

　　　　　　　Recycle——分类回收，循环再生

　　　　　　　Rescue——保护自然，万物共存

附录 7　威胁人类生存的十大环境问题

1. 全球气候变暖

2. 臭氧层的耗损与破坏

3. 生物多样性减少

4. 酸雨蔓延

5. 森林锐减

6. 土地荒漠化

7. 大气污染

8. 水污染

9. 海洋污染

10. 危险性废物越境转移

附录8　中国十大生态环境问题

1. 开发不当，加速生态失衡

2. 自然灾害频繁，强度、面积增大

3. 过量采伐，森林面积缩小

4. 草原过度农牧

5. 土地沙漠化严重

6. 水资源危机日益严重

7. 自然资源与人口分布不匹配

8. 城市污染加重，酸雨范围扩大

9. 乡镇污染已经成为问题

10. 恶性环境事件增多，威胁生命财产安全

附录9　一个孩子的心声
——在巴西里约热内卢世界环境大会上的发言（1992，6）（摘要）

"虽然我只是一个孩子，但是——

我却很担心。

因为我听说臭氧层在变薄、全球在变暖、森林正在消失、大海也被污染了。我不能控制这些事情，但它们将会破坏我的生活。

父母们为他们的孩子——世界的继承者们奉献了许多，但是今天，我们在政治上得不到重视，因为不能投票，而且当作出决策时我们也常被忘记。

然而无论怎样，我们将接受这些决策所带来的一切，今天父母们的舒适，带来的将是明天孩子们的苦难，政治家们在牺牲我们而登上宝座——他们良知何在？

大人们似乎只记着眼前的利益和观点，而忘记了他们日常行为要么赐予未来以恩泽，要么留给后人一副重担。

我们必须改变自己的价值观念和行为方式。也许作为一个孩子，我的生活和观点十分简单、直率，但我不知道那些大人们，整天沉浸在他们复杂的工作和生活中，是否已经忘记了什么才是真正重要的。

大人们去寻求真正值得的东西，难道是见不得人的吗？回想起他们自己童年时代的昆虫和小鸟，一起捕捉蝴蝶，爬树，在池塘里找青蛙，在青草地上玩耍，这些都是多么不可或缺呀！

假如世界上没有这些欢欣，那将会变成怎样？而他们在孩提时，不也是相信大人们会将世界管理的很好吗？

我认为大人们心中十分明白，什么样的价值和原则是正确的，但人们一旦长大，他们是否忘记了是什么使他们真正快乐？人们只想'现实一些'，热衷于股票、债券、政治协议和赚钱。

也许对于我们孩子来说至关重要的一件事是认识到大人们所犯的错误，并从中吸取教训，以免重蹈覆辙。

如果我们所在的工业化国家，已经走了一段毫无希望的道路——消费一切，直到无所消费'而发展中国家还没有开始这样做。我希望他们能走出我们的错误。

当我在里约热内卢时，一位社会工作者将我和我的朋友们介绍给一群街头儿童。其中的一个孩子告诉我们：'我希望变成一个富翁。假如我会的话，我将给所有的流浪儿童以食品、衣服、药物、爱和友谊。'倘若一位一无所有的流浪儿童都如此情愿地与人分享，那我们这些一应俱全的人却为什么如此贪婪？

当我们被介绍给这些流浪儿童时，我们应当明白正是我们的生活方式使他们的国家债台高筑，并夺走了他们的资源和孩子们的未来。我想要说的是，我不愿意在那种'消费一切'的社会观念中长大，而我希望那些发展中国家也能懂得这个道理。

我不需要那些买来只为暂时的欢快，而过后将之忘记或丢弃的东西，我愿意将自己的零用钱捐给那些可以更好利用它的孩子们。我能在自己的国家里帮助那些每日清晨希望吃到一顿饱饭的人们。而且我能说服我的父母和他们的父母。

地球是一个大家庭，解决问题的关键也在于家庭中，因为父母爱他们的孩子。正是这种爱将化作变革的动力。

的确，儿童们没有直接的政治权力，但我们可以影响那些拥有权力的人们。我们最好能好好地利用它，因为我们的未来寄托在此。"

——转引自《环宇危情》

参 考 文 献

[1] 颜世黉，等. 环保浪潮与中国对策. 北京：世界知识出版社，1999.
[2] 世界观察研究所. 1996 世界环境报告. 济南：山东人民出版社，1999.
[3] 库浩. 人与地球共存亡. 天津：天津科技翻译出版社，1998.
[4] 银剑钊. 拯救地球. 北京：中国地质大学出版社，1997.
[5] 欧阳志远，等. 生存的选择. 济南：山东科学技术出版社，2000.
[6] 曲格平，等. 环境保护知识读本. 北京：红旗出版社，1999.
[7] 马翼. 人类生存环境蓝皮书. 北京：蓝天出版社，1999.
[8] 伊慧民. 黄河的警示. 郑州：黄河水利出版社，1999.
[9] 朱幼棣，等. 我们家园的紧急报告. 北京：时代出版社，2000.
[10] 陈敏豪. 人类生态学. 上海：上海交通大学出版社，1988.
[11] 陈南，等. 我们的地球：环境和发展知识. 广州：广东人民出版社，1999.
[12] 延军平，等. 跨世纪全球环境问题及行为对策. 北京：科学出版社，1999.
[13] 霍立林，等. 让地球永葆青春. 北京：北京师范大学出版社，1997.
[14] 张家成. 再见，厄尔尼诺. 上海：上海科学技术出版社，1999.
[15] 圣朝. 人类自尝恶果：生存危机备忘录. 北京：解放军文艺出版社，1997.
[16] 林菁，等. 为了子孙后代：环境保护技术. 北京：科学出版社，1998.
[17] 曲格平. "绿色未来丛书" 序言. 人民日报，2001-02-10.
[18] 朱长超. 珍惜我们的家园. 上海：上海人民出版社，1999.
[19] 王奉安. 撩开地球的神秘面纱. 北京：气象出版社，1998.
[20] Houghton J. 全球变暖. 戴晓苏，石广玉，董敏，等译. 北京：气象出版社，1998.
[21] 严姗琴，等. 我心中的家园：环境科学漫步. 长春：吉林文史出版社，1999.
[22] 姚文贵，等. 环境保护趣览. 北京：新时代出版社，1999.
[23] 戚道孟. 环境法. 北京：中国环境科学出版社，1990.
[24] 李原，等. 20 世纪灾祸志. 福州：福建教育出版社，1999.
[25] B 沃德，等. 只有一个地球. 长春：吉林人民出版社，1997.
[26] 郝永平，等. 地球告急 挑战人类面临的 25 种危机. 北京：当代世界出版社，1998.
[27] 徐刚. 伐木者，醒来!. 长春：吉林人民出版社，1997.
[28] 王治安. 国土的忧思. 成都：四川人民出版社，1999.
[29] 王治安. 靠谁养活中国. 成都：四川人民出版社，1997.
[30] 王治安. 悲壮的森林. 成都：四川人民出版社，1999.
[31] 郑易生，等. 深度忧虑：当代中国的可持续发展问题. 北京：今日中国出版社，1998.
[32] 何博传. 山坳上的中国：问题·困境·痛苦的选择. 贵阳：贵州人民出版社，1988.
[33] 中国科学院国情分析研究小组. 生存与发展：中国城乡矛盾与协调研究. 北京：科学出版社，1989.
[34] 刘静玲，等. 人口、资源与环境. 北京：化学工业出版社，2001.
[35] 黄振管，等. 植物·环境与人类. 北京：气象出版社，1999.
[36] 马桂铭，等. 化验室组织与管理. 北京：化学工业出版社，1995.
[37] 何塞·卢岑贝格. 自然不可改良. 北京：三联书店，1999.
[38] 世界环境与发展委员会. 我们共同的未来. 长春：吉林人民出版社，1997.
[39] R 卡逊. 寂静的春天. 吕瑞兰，李长生，译. 长春：吉林人民出版社.
[40] 朱莉·斯托弗. 水危机. 张康生，韩建国，译. 北京：科学出版社，2000.
[41] 徐金发. 震惊世界的灾变. 北京：蓝天出版社，1996.
[42] 金岚，等. 环境生态学. 北京：高等教育出版社，1992.
[43] 国家环境保护局自然保护司. 中国生态问题报告. 北京：中国环境科学出版社，1999.
[44] 李泊言，等. 绿色政治. 北京：中国国际广播出版社，2000.
[45] 曲格平. 我们需要一场变革. 长春：吉林人民出版社，1997.
[46] 戴维·基斯. 大灾难. 邓兵，译. 北京：世界知识出版社，2001.
[47] 蔡亚娜，等. 保护生物多样性. 北京：新世纪出版社，1996.
[48] 马伟光，等. 气圈，蓝天的怒吼. 长春：辽宁人民出版社，1991.
[49] 刘文，等. 环境与我们. 上海：上海科技教育出版社，1995.
[50] 何强，等. 环境学导论. 2 版. 北京：清华大学出版社，1994.

[51] 王丽红，等. 沉疴. 北京：中华工商联合出版社，1999.

[52] 中国绿色新闻（中国环境报优秀作品选）. 北京：人民出版社，1999.

[53] 高级中学环境教育读本. 北京：中国环境科学出版社，1999.

[54] 王豪. 生态环境知识读本. 北京：化学工业出版社，1999.

[55] 窦贻俭，等. 环境科学原理. 南京：南京大学出版社，1998.

[56] 刘君卓，等. 居住环境和公共场所有害因素及防治. 北京：化学工业出版社，2000.

[57] 刘天齐，等. 三废处理工程技术手册：废气卷. 北京：化学工业出版社，1999.

[58] 于沪宁，等. 珍惜自然资源. 南宁：广西教育出版社，1999.

[59] 徐刚. 荒漠呼告. 长沙：湖南科学出版社，1997.

[60] 刘大徵，等. 共享一片蓝天. 北京：科学普及出版社，2000.

[61] 徐新华，等. 环境保护与可持续发展. 北京：化学工业出版社，2000.

[62] 王直华. 未来的生态环境. 南宁：广西科学技术出版社，1999.

[63] 董保澍. 固体废物的处理与利用. 北京：冶金工业出版社，1999.

[64] 浦野纩平. 我们的地球：让我们都来关心地球问题. 傅二林，译. 北京：科学出版社，1999.

[65] 张月娥，等. 环境保护. 北京：中国环境科学出版社，1998.

[66] 刘常海，等. 环境管理. 北京：中国环境科学出版社，1994.

[67] 刘天齐，等. 环境保护. 2版. 北京：化学工业出版社，2000.

[68] 张乘中，等. 环境管理的原理和方法. 北京：中国环境科学出版社，1997.

[69] 曹凤中，等. 环境与可持续发展. 北京：中国科学技术出版社，1999.

[70] 张国泰，等. 环境保护概论. 北京：中国轻工业出版社，1999.

[71] 蔡防，等. 可持续发展战略. 北京：中共中央党校出版社，1998.

[72] 陈志远，等. 中国酸雨研究. 北京：中国环境科学出版社，1997.

[73] 臧立. 绿色浪潮. 广州：广东人民出版社，1998.

[74] 黄秀莲，等. 环境分析与监测. 北京：高等教育出版社，1989.

[75] 我们应该觉醒（环境创刊20周年精品丛书之一）. 广东省环境保护宣教中心，2000.

[76] 奚旦立，等. 环境监测. 北京：高等教育出版社，1987.

[77] 高鹤娟，等. 食物中有害物质. 北京：化学工业出版社，2000.

[78] 张宝旭. 环境与健康. 北京：科学出版社，2000.

[79] 李光亮. 保卫蓝色天空. 北京：气象出版社，1998.

[80] 钱麟阁，等. 拯救海洋. 北京：海洋出版社，2000.

[81] 广州市环保宣教中心. 环境管理基本知识读本. 长沙：湖南地图出版社，2000.

[82] 李周，等. 中国环境问题. 郑州：河南人民出版社，2000.

[83] 樊秉安，等. 国防环境保护概论. 北京：解放军出版社，1992.

[84] 万肇忠，等. ISO 14000 环境管理体系实施指引. 广州：中山大学出版社，1999.

[85] 谢世俊. 天地沧桑. 北京：气象出版社，1998.

[86] 金传达. 祸从天降. 北京：气象出版社，1999.

[87] 刘兵，等. 保护环境随手可做的100件小事. 长春：吉林人民出版社，2000.

[88] 刘君卓，等. 居住环境和公共场所有害因素及其防治. 北京：化学工业出版社，2000.

[89] 焦秋生. 蓝色星球. 北京：中国人事出版社，1996.

[90] 焦秋生. 人与环境. 北京：中国人事出版社，1996.

[91] 关志刚. 固体废物污染防治. 广州：广州市环境保护宣教中心，1999.

[92] 刘天齐，等. 工业企业环境保护手册. 北京：中国环境科学出版社，1990.

[93] 胡善钰. ISO 14000 环境管理系列标准. 广州：广州市环境保护宣教中心，1999.

[94] 张志杰. 环境生物监测. 北京：冶金工业出版社，1990.

[95] 马忠普，等. 企业环境管理. 北京：冶金工业出版社，1990.

[96] 北京环境科学学会. 工业企业环境保护手册. 北京：中国环境科学出版社，1990.

[97] 刘常海，等. 环境管理. 北京：中国环境科学出版社，1994.

[98] 马寅初. 新人口论. 长春：吉林人民出版社，1997.

[99] 张纯元. "新人口论"新在什么地方?. 北京大学学报：哲学社会科学版，1981（3）.

[100] 孙冶方. 经济学界对马寅初同志的一场错误围攻及其教训. 经济研究，1979（10）.

[101] 崔玉亭，等. 化肥与生态环境保护. 北京：化学工业出版社，2000.

[102] 王双林. 人祸. 北京：中国民族摄影艺术出版社，2000.

[103] 张兰生，等. 全球变化. 北京：高等教育出版社，2000.

[104] 姚文宇，等. 环宇危情. 北京：世界知识出版社，1999.

[105] 易正. 中国抉择. 北京：石油工业出版社，2001.

[106] 贺璋瑢. 枯竭的源泉. 重庆：重庆出版社，2000.

[107] 车文辉，等. 超载的地球. 重庆：重庆出版社，2000.

[108] 黄贵荣，等. 失衡的世界. 重庆：重庆出版社，2000.

[109] 周毅. 对人类文明的起诉. 呼和浩特：内蒙古人民出版社，2000.

[110] 许光春. 惩罚中的觉醒. 呼和浩特：内蒙古人民出版社，2001.

[111] 彭俐俐，等. 20世纪环境警示录. 北京：华夏出版社，2001.

[112] 国家环境保护总局，等. 新时期环境保护重要文献选编. 北京：中央文献出版社，中国环境科学出版社，2001.

[113] 梅忠堂. 西部生态大扫描. 北京：长征出版社，2001.

[114] 史立皂，等. 环境保护常用语言. 北京：中国环境科学出版社，1998.

[115] 国家环境保护局自然保护司. 中国生态问题报告. 北京：中国环境科学出版社，1999.

[116] 宴路明. 人类发展与生存环境. 北京：中国环境科学出版社，2001.

[117] 王明浩，等. 人求水，水求谁?. 北京：中国城市出版社，2002.

[118] 周毅. 繁荣背后的阴影. 呼和浩特：内蒙古人民出版社，2000.

[119] 王丰. 人类沧桑的家园. 北京：国防工业出版社，2003.

[120] 吴岗. 善待家园：中国生态灾害忧思录. 杭州：浙江人民出版社，2003.

[121] 张镜湖. 世界的资源与环境. 北京：科学出版社，2004.

[122] 莱斯特·R.布朗. 地球不堪重负. 林自新，暴永宁，等译. 北京：东方出版社，2005.

[123] 梁从诫. 2005年：中国的环境危局与突围. 北京：社会科学文献出版社，2006.

[124] 杨东平. 2006年：中国环境的转型与博弈. 北京：社会科学文献出版社，2007.

[125] 宋宗水. 重建黄河生态环境. 北京：中国水利水电出版社，2007.

[126] 阿尔·戈尔（Al Gore）. 难以忽视的真相. 环保志愿者，译. 长沙：湖南科技出版社，2007.